Registrierinstrumente

Albert Palm

Registrierinstrumente

Zweite neubearbeitete Auflage

von

H. Roth und E.-G. Schlosser

Dr. phil. nat.
Frankfurt/Main

Dr. rer. nat.
Frankfurt/Main-Höchst

Mit 206 Abbildungen

Springer-Verlag
Berlin / Göttingen / Heidelberg
1959

ISBN-13: 978-3-642-92768-3 e-ISBN-13: 978-3-642-92767-6
DOI: 10.1007/978-3-642-92767-6

Softcover reprint of the hardcover 2nd edition 1959

Vorwort zur zweiten Auflage

Kaum neun Jahre sind seit dem Erscheinen der ersten Auflage verstrichen, aber es waren Jahre einer stürmischen technischen Entwicklung. Es ist daher nicht verwunderlich, daß während dieser Zeit auch die Registriertechnik nicht stehenblieb. Und doch ist man nach einem eingehenden Studium der Neuheiten überrascht von deren Fülle. Man ist geneigt zu meinen, daß unser heutiges Zeitalter eine Vielzahl anderer, teils völlig neuartiger technischer und wissenschaftlicher Probleme mit sich bringt und daß bei deren Bearbeitung kaum noch Zeit bleibt, sich einem doch schon relativ alten, in seinen wesentlichen Zügen abgeschlossenen Gebiet, dem der Registriertechnik, zuzuwenden. Daß dies keineswegs so ist, lehren die Firmendruckschriften, Ausstellungen und Veröffentlichungen der Gegenwart: Neuheiten in allen Zweigen der Registriertechnik: neuartige mechanische Registrierinstrumente, raumsparende elektrische Schreiber, leistungsfähige Lichtstrahl- und Kathodenstrahloszillographen und direktschreibende Schnellregistriergeräte, vor allem aber ein zuvor nie geahnter Aufschwung der elektronischen Kompensationsschreiber. Vielleicht verdanken die neuentwickelten Registriergeräte ihre Geburt gerade den Fortschritten und Problemen in anderen technischen Gebieten. Denn deren Lösung verlangt in großer Zahl teils neuartige Registrierinstrumente, teils verbesserte und leistungsfähigere Geräte bereits bekannter Bauart.

Die erste Auflage wurde zu einer Zeit bearbeitet, wo die Beschaffung von Unterlagen vielfach noch auf Schwierigkeiten stieß und deshalb manche Neuerung unerwähnt bleiben mußte. Wir haben uns bemüht, den modernen technischen Errungenschaften nach Möglichkeit in dieser Auflage Rechnung zu tragen. Um den Umfang des Buches gegenüber der ersten Auflage jedoch nicht zu steigern, war es notwendig, ältere Ausführungen wegzulassen. Bedauerlicherweise war es aus diesem Grunde auch unerläßlich, die Beispiele der Anwendung von Registrierinstrumenten auf technische Aufgaben zu beschränken.

Leider war es Herrn A. Palm nicht vergönnt, die Neubearbeitung seines mit großer Sorgfalt und erheblichen Mühen zusammengetragenen Buches selbst auszuführen. Wir gedenken mit dieser Auflage seines Wirkens für die Meßtechnik.

Frankfurt a. M., im Dezember 1958

H. Roth E.-G. Schlosser

Vorwort zur ersten Auflage

Das vorliegende Buch soll einen zusammenfassenden Überblick über die Registrierinstrumente in Wissenschaft und Technik geben. Bei dem vorgesehenen Umfang und der großen Zahl bekanntgewordener Konstruktionen war eine stark einschränkende Auswahl notwendig auf Instrumente von typischen oder interessanten Eigenschaften und solche, die zahlreich im Einsatz sind. Ich habe mich bemüht, alle wichtigen Apparate, soweit sie mir aus meiner Praxis oder aus der Literatur bekannt sind, zu beschreiben; von jeder größeren Gruppe ist mindestens ein Instrument ausführlich behandelt, andere kürzer. Hierbei habe ich diejenigen Instrumente bevorzugt, für welche mir besonders gute Unterlagen zur Verfügung standen. Manche wichtige Arbeit aus der Literatur war nur schwer oder gar nicht zu beschaffen. Von fast allen Herstellerfirmen des In- und Auslandes, an die ich mich wandte, habe ich wertvolle Unterlagen erhalten, die ich zum großen Teil einarbeiten konnte. Manche deutsche Firma war bedauerlicherweise bei Abschluß der Bearbeitung im April 1949 nicht in der Lage, Beschreibungen zur Verfügung zu stellen, weil durch den Krieg und seine Folgen viele Unterlagen verlorengegangen sind. Besonders tatkräftig hat mich die Hartmann & Braun AG. unterstützt, der ich seit mehreren Jahrzehnten angehöre.

Die Herausgabe dieses Buches habe ich schon 1938 mit dem Springer-Verlag vereinbart, sie hat sich durch die Zeitverhältnisse bedauerlicherweise um etwa 10 Jahre verzögert.

Ich möchte an dieser Stelle den Herstellerfirmen für die Überlassung von Unterlagen, dem Springer-Verlag für die Sorgfalt bei der Drucklegung und manchem Berufskollegen für wertvolle Anregungen meinen Dank aussprechen, besonders Herrn Dr. phil. F. Voller, der das Manuskript in freundlicher Weise einer kritischen Durchsicht unterzogen und die Korrekturen gelesen hat. Herrn Dr. H. Roth danke ich herzlich für seine eifrige Mitarbeit, die mir bei der Uneinheitlichkeit und Vielseitigkeit des Stoffes außerordentlich wertvoll war.

Frankfurt a. M., im Juni 1950

A. Palm

Inhaltsverzeichnis

Einleitung

I. Die Registriermittel

II. Triebwerke

Einleitung

Über die Bedeutung des Registrierens in Wissenschaft und Technik

Das Registrierinstrument war vor hundert Jahren noch recht unbekannt, seine technische Entwicklung hat erst in den neunziger Jahren des vorigen Jahrhunderts eingesetzt. Heute ist es überall in großer Zahl neben den anzeigenden Instrumenten zu finden und spielt in Wissenschaft und Technik eine wichtige und oft die entscheidende Rolle. Die Bedeutung der Registrierinstrumente hat VIEWEG [*1*][1] treffend charakterisiert:

„Die Eigenart manchen physikalischen Geschehens zwingt dazu, an die Stelle der Beobachtung von Einzelwerten die unmittelbare Aufnahme einer Schaulinie treten zu lassen. Es sind die zeitlichen Extreme, die hier eine Sonderstellung einnehmen. Sehr rasch sich abspielende und ebenso sehr lang andauernde Beobachtungen können im allgemeinen nicht anders durchgeführt werden als auf dem Wege der fortlaufenden Aufzeichnung. So erstreckt sich heute das Gebiet der registrierenden Instrumente über den ganzen Bereich von langsamsten bis zu schnellsten Vorgängen, wenn ich die Extreme kurz nennen darf, von der Schreibfeder bis zum Kathodenstrahloszillographen."

Man kann heute prinzipiell alle Vorgänge, die sich beobachten lassen, auch registrieren. Darüber hinaus läßt sich der Verlauf vieler Meßgrößen auch dann noch im Diagramm festhalten, wenn das Beobachtungsvermögen des Menschen versagt. Für die Anwendung der Registrierinstrumente sind im wesentlichen folgende Gesichtspunkte maßgebend:

Das Diagramm ist eine objektive Niederschrift von Meßwerten als Funktion einer anderen Größe, meist der Zeit, unter Ausschaltung subjektiver Beobachtungsfehler. Ähnlich einem Beobachtungsprotokoll ist das Diagramm meist ein zeitbeständiges Dokument, das in Form einer Punktfolge oder als ausgezogene Kurve eine große Zahl von Einzelwerten festhält. Insbesondere lassen sich bei kontinuierlicher Registrierung alle Werte entnehmen, die bei direkter Ablesung zwischen den Notierungen liegen und verlorengehen.

[1] Die in eckigen Klammern stehenden Zahlen beziehen sich auf das am Schluß des Buches gebrachte Literaturverzeichnis.

Durch die Registrierung werden Zeit und Mühe für das fortwährende Ablesen eines Anzeigeinstruments und die Notierung der Meßwerte eingespart. Dies ist wünschenswert z B. bei der Verfolgung lang andauernder Vorgänge, bei einer größeren Zahl nacheinander ausgeführter gleichartiger Versuche und auch bei gleichzeitigem Ablauf gleich- oder verschiedenartiger Vorgänge. Das Registriergerät übernimmt hier eine Aufgabe, für deren Bewältigung zuweilen eine große Zahl von Beobachtern eingesetzt werden müßte, was bereits aus wirtschaftlichen Gründen nicht tragbar wäre.

Die Registrierung ermöglicht die Aufnahme von Vorgängen, deren Änderungsgeschwindigkeit jenseits des Beobachtungsvermögens des Menschen liegt.

Das Registriergerät gestattet die Erfassung seltener und nicht vorherzusehender, aber plötzlich einsetzender Vorgänge. Hier würden aus physiologischen Gründen selbst dem gewissenhaften Beobachter wichtige Vorgänge, insbesondere beim Einsetzen des Ereignisses, entgehen, selbst wenn er fähig wäre, einen eventuellen schnellen Verlauf des Vorgangs ausreichend rasch zu notieren. Das Registrierinstrument hingegen ist jederzeit bereit, ein eintretendes Ereignis zeit- und maßgetreu festzuhalten.

Das Registriergerät ermöglicht die Aufnahme von Vorgängen an Orten, die einem Beobachter nicht oder nicht dauernd zugänglich sind oder wo die Anwesenheit eines Beobachters die Messung stört.

Stoffeinteilung

Die Registrierinstrumente sind zwar zur Genüge in den verschiedensten Werken über Meßtechnik behandelt worden, oft jedoch nur für gewisse Aufgaben. Selbstverständlich finden sich ausführliche Beschreibungen der Funktion und der Ausführung von Registrierinstrumenten in den Druckschriften der Herstellerfirmen solcher Geräte. Weiter wird über Sonderausführungen, also Instrumente, die oft nur spezielle Aufgaben bewältigen, innerhalb der gesamten technischen und naturwissenschaftlichen Literatur berichtet. Es soll der Versuch unternommen werden, in dem hier vorliegenden Buch einen kurzen, aber möglichst vollständigen Überblick über das weite Gebiet der Registrierinstrumente zu geben.

Schreiborgan und *Schreibfläche* sind die spezifischen Merkmale des Registrierinstruments; sie werden in einem ersten Teil eingehend und zusammenfassend behandelt. Die *Triebwerke* zur Bewegung des Papiers und anderer Schreibflächen werden in einem zweiten Kapitel ausführlich beschrieben. Die *Meßwerke* der Registrierinstrumente sind mit wenigen Ausnahmen im Prinzip die gleichen wie die der Anzeigeinstrumente und können als dem Leser bekannt vorausgesetzt werden; ihre Sonderheiten werden jedoch bei der Beschreibung der Registrierapparate hervorgehoben. Ein wichtiger Vorgang ist die *Übertragung des Meßwertes* vom Meßwerk zum Schreiborgan, die in einem gesonderten Kapitel an Hand von typischen Beispielen und theoretischen Erörterungen dargestellt wird.

Die *konstruktiven Ausführungen* wurden nach dem Meßprinzip in zwei Gruppen unterteilt: solche auf mechanischer und auf elektrischer Grundlage; nahezu ohne Ausnahme lassen sich die verschiedensten Ausführungen dieser Einteilung unterordnen. In einem letzten Kapitel wird ein flüchtiger Überblick über *Anwendungen von Registrierinstrumenten* gegeben.

I. Die Registriermittel

Unter *Registriermitteln* sollen hier lediglich diejenigen Teile verstanden werden, die der Aufzeichnung eines Diagramms unmittelbar dienen, also die *Schreibfläche* und das *Schreiborgan*. Am häufigsten findet man die *kontinuierliche Registrierung* mit Papier, Feder und Tinte, weshalb diese Methode an erster Stelle und ausführlich behandelt sei. Es folgt dann die Beschreibung der zahlreichen anderen Methoden. Bei der *intermittierenden Registrierung* werden die gleichen Schreibflächen wie bei der kontinuierlichen Registrierung, jedoch meist andere Schreiborgane, verwendet.

A. Kontinuierliche Registrierung

1. Registrierung mit Tinte und Feder

a) Ablaufende Streifen. In Europa ist die Registrierung auf einem *ablaufenden Papierstreifen* oder *-band* vorherrschend. Dieser hat eine Länge zwischen 10 und 100 m, ist meist auf eine Papphülse zu einer Vorratsrolle aufgerollt und wird durch ein Triebwerk abgerollt. Die Innen- und Außendurchmesser der Papierrollen betragen in der Regel 10,5 bzw. 18,5 oder 45 mm.

Die *Streifenbreite* beträgt zuweilen nur wenige Zentimeter, maximal etwa 300 mm und nur in Sonderfällen bis zu 1000 mm; sie wird durch die Ausschlagsweite des Registrierorgans, bei mehreren parallel angeordneten Registriersystemen, die auf einem gemeinsamen Streifen registieren, auch durch deren Anzahl bestimmt. Mit größer werdender Streifenbreite wachsen alle Schwierigkeiten einer exakten Registrierung. Die wirtschaftliche obere Grenze der Streifenbreite liegt bei 250 mm, höchstens 300 mm.

In den meisten Fällen, besonders für technische Zwecke, sind die Streifen mit einem *Koordinatennetz* bedruckt, das eine leichte Auswertung des Diagramms ermöglicht. Für die Breite des Aufdrucks, die meist dem Meßbereich entspricht, haben sich u. a. besonders zwei Maße eingeführt: 100 mm für mechanische Druck- und Mengenmesser und 120 mm für elektrische Registrierinstrumente. Diese Maße kommen auch bei vielen anderen Instrumenten zur Anwendung.

In der Längsrichtung des Streifens ist meist die Zeit in Stunden mit Unterteilung aufgetragen. Die *Papiergeschwindigkeiten* liegen zwischen 5 mm/h und 100 mm/s, bei technischen Registrierinstrumenten betragen sie meist 10, 20, 30, 60 oder 120 mm/h. Als Abstand der Teilstriche wählt man für beide Teilungen etwa 5 bis 10 mm; eine sinnvolle untere Grenze liegt bei etwa 1 mm. Dieser kleine Teilstrichabstand kommt aber nur selten zur Anwendung.

Der Gesamtausschlag des Registrierorgans und die nutzbare Streifenbreite werden bei der Eichung des Instruments aufeinander abgestimmt. Oft werden der Einfachheit halber Streifen mit cm-Teilung verwandt. Zur Auswertung des Diagramms gebraucht man ein *Ableselineal* aus einem durchsichtigen Werkstoff, auf welches die *Eichteilung* des Instruments aufgebracht ist und mit dem man die Kurvenwerte unter Beachtung der *Nullinie* abliest. Die Auswertung wird einfacher, wenn man Streifen mit einem der Eichung entsprechenden Koordinatenaufdruck verwendet [2]. Dies erfordert jedoch einen besonderen Druck, der teuer ist und sich nur bei größerer Stückzahl lohnt.

Die meist vorhandene *Lochung*, die zum *Transport* des Streifens verwendet wird, befindet sich entweder auf einer oder auf beiden Seiten des Streifens, in seltenen Fällen auch in der Streifenmitte. Der Transport geschieht mit Hilfe einer *Stiftenwalze*, deren Stifte in die Lochung eingreifen, wodurch ein Gleiten des Papiers vermieden wird. Die Stifte müssen sorgfältig konstruiert sein, damit sie beim Ein- und Austritt in die Lochung des Papiers möglichst lange und gleichmäßig eingreifen und dabei mit ihren Spitzen das Papier nicht beschädigen. Da die Zeitteilung und die Lochung des Papiers übereinstimmen, werden die Fehler, die infolge Änderungen der Streifenlänge durch Temperatur und Feuchtigkeit zustande kommen, von Stift zu Stift korrigiert. Der Lochabstand beträgt meist 5, mitunter auch bis zu 6 mm.

Bei schmalen Streifen genügt eine Lochreihe, die meist links neben der Nullinie, zuweilen auch rechts neben dem Skalenendwert entlangläuft. Im ersten Fall bleibt der Nullwert, im zweiten der Endwert der Streifenteilung unbeeinflußt von Änderungen der Streifenbreite, die insbesondere bei breiten Streifen merkliche Fehler verursachen können. Bei breiten Streifen findet man immer zwei Lochreihen, in die zwei Stiftenräder der Transportwalze eingreifen. Ist der Streifen mehr als 100 mm breit, so hat nur die eine, meist die linke, Lochreihe runde Löcher, in welche die Stifte genau passen und die Einhaltung der Nullinie sichern. Die andere Lochreihe hat dagegen Schlitzlöcher, welche die korrekte Führung des Streifens sichern und ein Verklemmen verhindern, aber bei Änderungen der Streifenbreite ein Ausweichen der Papierbahn ohne Zerrung oder Wölbung ermöglichen. Je größer die Streifenbreite ist, desto länger müssen diese Schlitzlöcher sein. Bei breiten Streifen sind die Lochungen mitunter nicht an den Streifenrändern, sondern im ersten und zweiten Drittel der Streifenbreite angebracht.

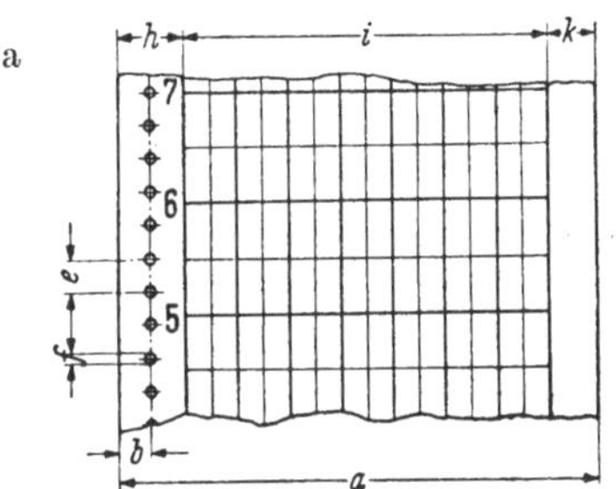

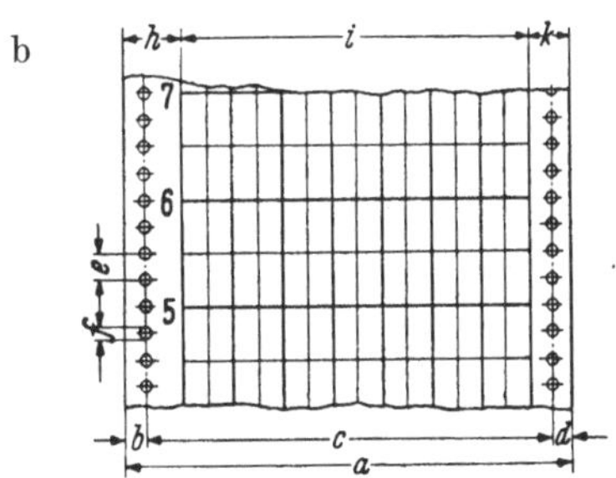

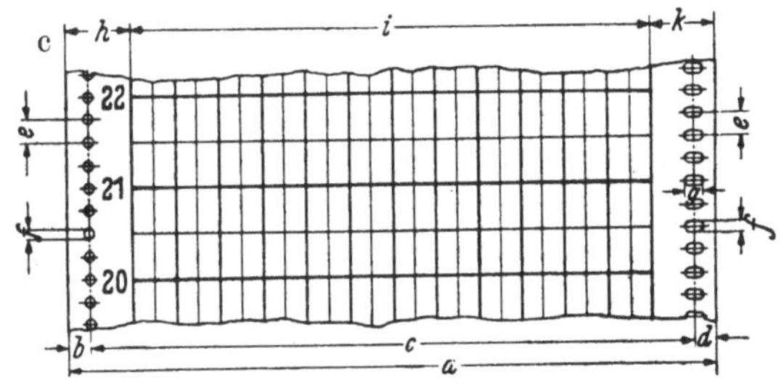

Abb. 1a–c. Registrierstreifen mit geradlinigen rechtwinkligen Koordinaten und Zentimeterteilung: a) einseitige, b) zweiseitige Rundlochung, c) links mit Rund-, rechts mit Langlochung

Zum Ausgleich der Schwankungen der Papierbreite hat man mit gutem Erfolg das rechte Stiftenrad auf einer gesonderten Rolle angebracht, die mit Nut und Keil auf der Walzenachse in axialer Richtung verschiebbar ist. Das Papier selbst, das beiderseits Rundlochung besitzt, schiebt dann diese Rolle in eine seiner Breite entsprechende Position.

Der Fehler in der Aufzeichnung, der bei Änderungen der Streifenbreite auftritt, kann selbst bei gutem Papier 1% betragen und ist schwer sicher zu ermitteln. Man läßt deshalb zuweilen durch feststehende Schreibfedern am linken und rechten Papierrand sogenannte *Basislinien* schreiben [*3*], welche eine Berücksichtigung dieses Fehlers bei der Auswertung ermöglichen.

Die Herstellerfirmen von Registrierinstrumenten und Registrierpapieren haben im Laufe vieler Jahre zahlreiche Streifenarten herausgebracht, die bei den in Betrieb befindlichen Instrumenten in ihrer Vielzahl meist heute noch gebraucht werden. Es waren in den letzten zwanzig Jahren in allen Industriestaaten ernste Bestrebungen zu einer Beschränkung der Streifenformate und -ausführungen auf wenige notwendige Arten im Gange. Eine internationale *Normung* wäre wünschenswert, sie ist aber durch die zweierlei Maßsysteme in den angelsächsischen und den übrigen Ländern zur Zeit noch nicht durchführbar. In Abb. 1 ist als Beispiel a) ein Streifen mit einseitiger, b) mit zweiseitiger Rundlochung und c) links mit Rund-, rechts mit Langlochung dargestellt. Die Abmessungen von in Deutschland üblichen Streifen und die Maße für den Aufdruck sind in Tab. 1 zusammengestellt. Es ist in dieser Tabelle der im

Tabelle 1. *Streifenabmessungen deutscher Registrierinstrumente*

Streifen-breite	Lochung						Aufdruck			Norm-vorschlag	Einfach-Schreiber (E) Zweifach-Schreiber (Z) Dreifach-Schreiber (D)	Vgl. Abb. 1
a	b	c	d	e	f	g	h	i	k			
60	2,2	55,6	2,2	5	1,5	–	5	50	5	AEG	E	b
90	5	80	5	5	2	4	10	70	10	1954	E	c
110	3	104	3	5	2	–	5	100	5	H & B	E	b
120	5	110	5	5	2	4	10	100	10	1954	E	c
140	5	130	5	5	2	4	10	120	10	1954	E	c
220	5	210	5	5	2	4	10	200	10	1954	E	c
230	5	220	5	5	2	4	10	2×100	10	1954	Z	–
270	5	260	5	5	2	4	10	250	10	1954	E	c
270	5	260	5	5	2	4	10	2×120	10	1954	Z	–
270	5	260	5	5	2	4	10	3× 70	10	1954	D	–
340	5	330	5	5	2	4	10	3×100	10	1954	D	–

Januar 1954 erschienene Normentwurf zur Neufassung von DIN 16230 und DIN 16231 (Ausgabe August 1944) enthalten. Abb. 2 zeigt vier Registrierstreifen mit Eichteilung. Sie werden mittels Rotationsdruck hergestellt unter Verwendung von Druckwalzen, die nach den Eichdaten der Instrumente individuell gefertigt werden. Es sei auf die in Abb. 2b mit „0-Planim" bezeichnete Linie aufmerksam gemacht. Es handelt sich hier um den Registrierstreifen eines Mengenschreibers, dessen Meßwerk einen Ausschlag proportional dem Quadrat der Meßgröße besitzt. Um eine lineare Anzeige zu erhalten, wird eine *Radiziereinrichtung* angewendet. Die für eine richtige Planimetrierung maßgebliche Nullinie liegt etwas außerhalb der Teilung und muß gesondert gekennzeichnet werden.

In Abb. 3 ist ein Registrierstreifen für bogenförmigen Federweg wiedergegeben. Diese Streifenart findet man hauptsächlich im Ausland. Die Registrierung in *Bogenkoordinaten* ist, von konstruktiven Gesichtspunkten aus gesehen, einfacher als die Registrierung in *geradlinigen rechtwinkligen Koordinaten*. Dies ist dadurch begründet, daß die Meßwerke meist drehende Bewegungen ausführen. In geradlinigen rechtwinkligen Koordinatensystemen geschriebene Diagramme lassen sich jedoch bequemer ablesen und auswerten, nicht zuletzt deswegen, weil diese Art der Darstellung die geläufigere ist.

b) Trommelblatt. Das *Trommelblatt* hat ebenso wie der ablaufende Streifen in der Ordinatenrichtung eine Proportionalteilung oder eine Eichteilung und in der Abszissenrichtung meist eine Zeitteilung. Die Umdrehungszeit der Trommel richtet sich nach der Versuchsdauer und beträgt Sekunden bis Wochen. Bei Registrierungen mit mehrmaligem Trommelumlauf wird, damit beim Überschreiten der Trennlinie die Feder nicht hängenbleibt, das Trommelblatt auf der einen Seite mit einem schmalen Leimstreifen versehen, um die Trommel gelegt und festgeklebt. Wird die Trennlinie bei der Registrierung nicht überschritten, wie z. B. bei Indikatoren, so ist die Trommel längs einer Mantellinie mit einer oder zwei schmalen, nahe beieinander liegenden Blattfedern versehen, unter welche die freien Enden des Trommelblattes von oben eingeschoben werden. Am häufigsten findet man zur Blattbefestigung den Spannbügel, ein schmales, leicht durchgebogenes Stahlband, das unten in einen Schlitz des vorstehenden Trommelbodens gesteckt wird und mit einer Umkröpfung über den oberen Rand der Trommel greift. Er preßt die beiden übereinanderliegenden Blattenden auf die Trommel. Zwei Ausführungen von Trommelblättern sind in Abb. 4 und 5 wiedergegeben. Das eine trägt geradlinige rechtwinklige Koordinaten, das andere Bogenkoordinaten. Das letztere entspricht DIN 5451 für Schreibtrommeln meteorologischer Registrierinstrumente. Andere Trommelblattformate werden bei gleichen sonstigen Abmessungen mit einer Höhe von 178 mm für Zweifachschreiber, von 266 mm für Dreifachschreiber ausgeführt.

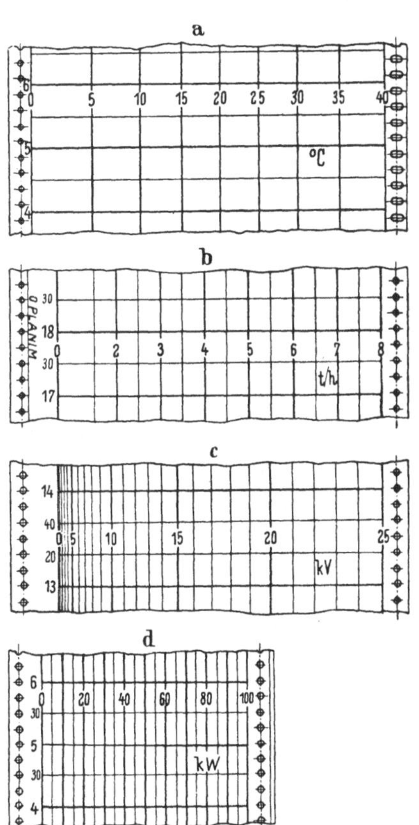

Abb. 2a–d. Registrierstreifen mit geradlinigen rechtwinkligen Koordinaten und Eichteilung für a) Temperatur, b) Menge, c) Druck, d) Leistung

Der Normentwurf vom Januar 1954 als vorgesehene Neufassung von DIN 1508 sieht für die Schreibstreifen von Trommelschreibern Blattlängen von 303, 394, 490 und 730 mm vor. Die Teilungen beginnen 10 mm vom linken Rand entfernt und laufen bis zum rechten Rand

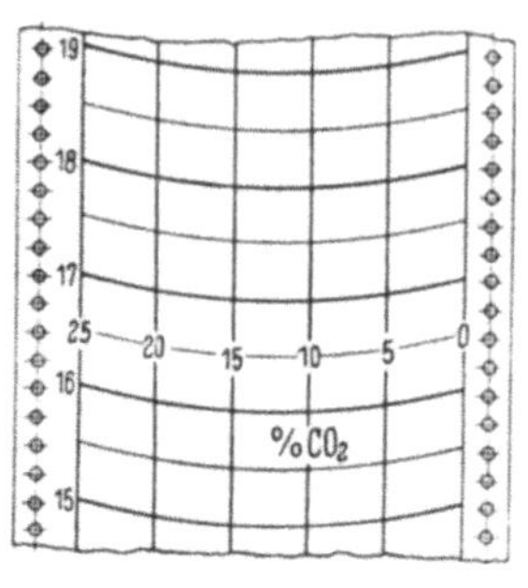

Abb. 3. Registrierstreifen mit Kreisbogenordinaten und Eichteilung

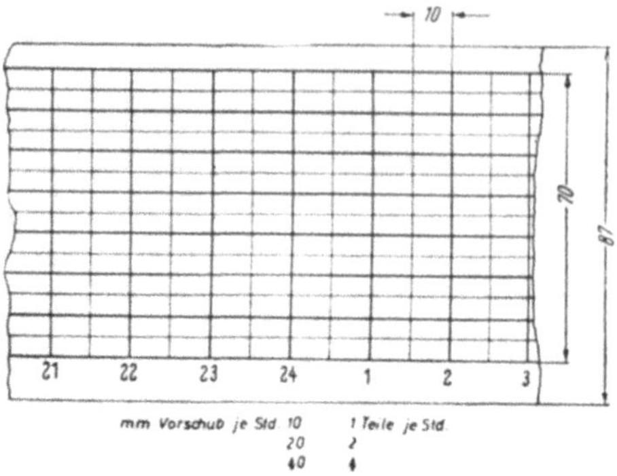

Abb. 4. Trommelblatt mit geradlinigen rechtwinkligen Koordinaten und Zentimeterteilung

durch, oben und unten beginnen sie 4 mm vom Rand entfernt. Die Blatthöhen für Einfachschreiber betragen 58, 78, 88, 108, 128, 158, 208 und 258 mm, für Schreibpegel 438 und 618 mm und für meteorologische

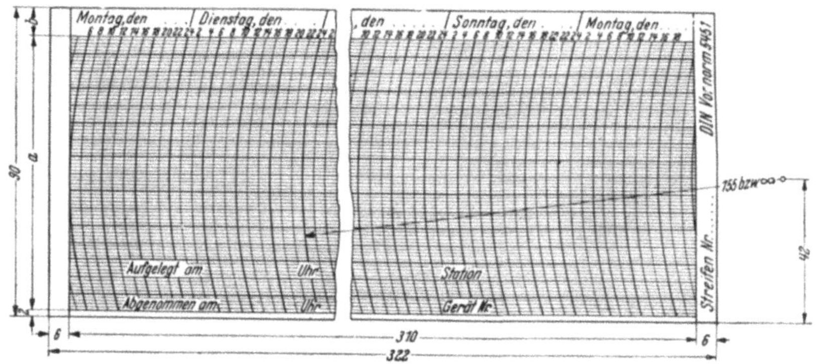

Abb. 5. Trommelblatt nach DIN 5451 mit Kreisbogenordinaten

Instrumente 90 mm. Für Zweifachschreiber sind die Streifenhöhen 156, 180 und 216 mm, für Dreifachschreiber 234, 270 und 324 mm vorgesehen. Die nutzbaren Schreibhöhen betragen dabei 2×70, 2×82 und 2×100 bzw. 3×70, 3×82 und 3×100 mm.

Das selten verwendete sogenannte endlose Trommelblatt ist ein Band, das an den Enden zusammengeklebt und über zwei Trommeln oder

Walzen geführt ist, von denen nur die eine zeitgerecht angetrieben wird, während die andere nachgiebig gelagert ist und das Trommelblatt gespannt hält.

Änderungen der Blattbreite, z.B. durch den Einfluß der Feuchtigkeit, werden meist vernachlässigt. Sollen sie jedoch berücksichtigt werden, wie z.B. bei Pegelschreibern, die starken Feuchtigkeitseinflüssen ausgesetzt sein können und mitunter große Trommelhöhen haben, so schreibt man auf der gleichen Mantellinie wie die Registrierfeder mit zwei feststehenden Federn an dem unteren und oberen Blattrand Basislinien. Änderungen der Blattlänge sind im allgemeinen von geringer Bedeutung. Dreht sich die Trommel proportional der Zeit, so ist eine Korrektur durch Aufzeichnen von Zeitmarken durch ein Zeitmarkierwerk möglich. Das endlose Trommelblatt ist meist an den Rändern mit Lochreihen versehen, in welche die Stifte der Betriebswalze eingreifen. Hierdurch wird der Fehler, der durch Änderungen der Streifenlänge entsteht, eliminiert.

c) Kreisblatt. In der Registriertechnik ist das *Kreisblatt* schon frühzeitig angewendet worden und findet in letzter Zeit immer mehr Verwendung, besonders in den USA. Kreisblätter tragen in der Regel Bogenkoordinaten. Ein Beispiel ist in Abb. 6 wiedergegeben, ebenfalls eine Zusammenstellung von Abmessungen, die nach dem 1954 erschienenen Normentwurf als Neufassung zu DIN 1510 für Deutschland vorgeschlagen sind. Ähnliche Abmessungen findet man auch im Ausland.

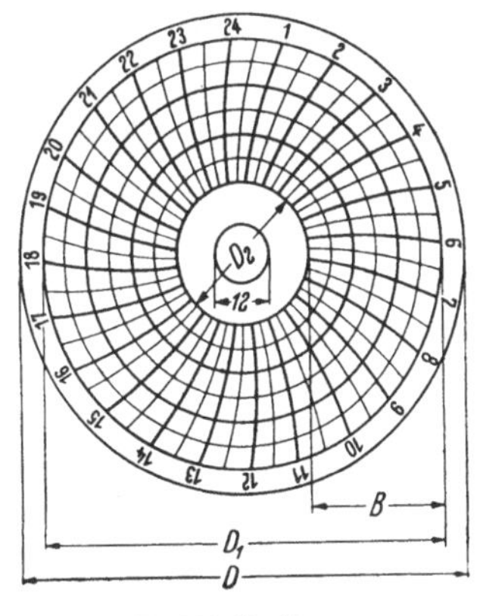

Abb. 6. Kreisblatt. Abmessungen in mm:

D	150	205	275	330
D_1	130	185	255	310
D_2	30	45	55	70
B	75	70	100	120

d) Registrierfedern. Der *Registrierfeder* kommt die Aufgabe zu, die Auslenkungen des in dem betreffenden Registriergerät befindlichen Meßsystems auf die Schreibfläche aufzuzeichnen. Es hat besonderer Sorgfalt bedurft, Registrierfedern zu schaffen, mit denen feine scharfe Linien von etwa 0,2 bis 0,4 mm Strichstärke ohne Wartung über lange Zeit hin geschrieben werden können. Von den sehr zahlreichen Arten der Registrierfedern ist in Abb. 7 eine kleine Auswahl typischer Vertreter zusammengestellt. Die Federn bestehen aus einem Werkstoff, der von der Tinte nicht angegriffen wird, z.B. Nickel, Edelmetall oder Glas. Die dünne Federspitze, welche durch die ständige Reibung auf dem Papier einer Abnutzung unterworfen ist, wird aus nichtrostendem Stahl oder Glas hergestellt. Die einfachste und wohl auch älteste Registrierfeder ist die sog. Dreieckfeder (s. Abb. 7a). Der kleine Napf wird aus Metallblech gepreßt oder gebogen und kann einen Tintenvorrat aufnehmen, der bei ruhig verlaufender Kurve bis zu mehreren Wochen vorhält. Die Spitze des Napfes ist gespalten wie eine Schreibfeder. Durch die Kapillarwirkung wird die Tinte zur Spitze gefördert. Ähnlich ist die sog. V-Feder (s. Abb. 7b) gebaut, ihre Spitze besteht aus einer gehärteten Beryllium-Kupfer-Legierung. Weiter verwendet man Federn, die als Vorratsgefäß einen Metallkegel besitzen (Kegelfedern) und deren Spitze zu einem dünnen Kapillarröhrchen ausgebildet ist (s. Abb. 7c und d). Letztere, die sog. Tänzerfeder, wird für kurzzeitige Registrierungen verwendet. Damit in den Registrierpausen die Tinte nicht eintrocknet, ist in die Kapillare ein dünner Draht eingesetzt, der beim Aufsetzen der Feder auf das Papier gegen die Kraft einer kleinen Schraubenfeder zurückgedrückt wird und eventuell eingetrocknete Tintenreste beseitigt. Ein kleines Scheibchen auf dem innerhalb des Napfes befindlichen Ende des Drahtes schließt die Kegelkanüle, wenn die Feder von der Schreibfläche abgehoben wird. In Abb. 7e, f (Hess-Feder), g und h sind Federn mit Glaskapillaren wiedergegeben, bei denen die Tinte durch die Kapillarkraft aus einem Tintentrog gesaugt wird. Bei e, f und h ist der Tintentrog an der Feder befestigt, bei g ist ein langer Tintentrog im Instrument fest eingebaut, so daß nur die feine Kapillare von dem Meßwerk bewegt zu werden braucht. Die Federn bei f und h besitzen Glasgefäße, die sog. Napffeder bei i einen Kunststoffbehälter als Vorratsbehälter, in die Metallkapillaren, oft aus Platin-Iridium, als Schreibröhrchen eingesetzt werden können. Die Störungsschreiberfeder bei k hat einen Blechnapf als Vorratsgefäß.

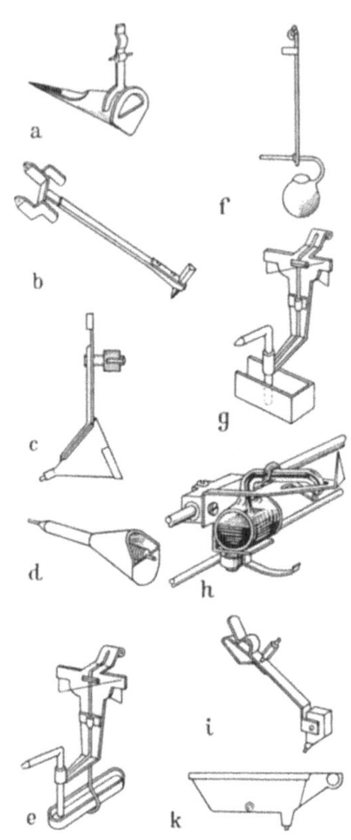

Abb. 7. Schreibfedern für Tintenschreiber

Die Schreibfeder nach Abb. 8a (Fa. Esterline-Angus) z. B. übernimmt gleichzeitig die Rolle des Meßwerkzeigers. Sie wird an der durch einen Kreis angedeuteten Stelle in eine Gabel am oberen Ende der senkrecht stehenden Meßwerkachse eingelegt. Links in dem aus Aluminium bestehenden Zeigerstumpf ist eine Glaskapillare eingerollt, deren rechtes Ende in einen feststehenden Tintentrog taucht, während das linke Ende nach unten als Schreibspitze ausgebildet ist und einen kleinen Zeiger aus

Leichtmetall trägt. Der sich von der Lagerstelle aus nach rechts erstreckende Teil dient als Gegengewicht. In England baut man Schreiber mit horizontaler Meßwerkachse und vertikalem, an der Spitze zu einem Bügel ausgebildeten Zeiger (s. Abb. 36), in den die Schreibfeder eingehängt ist. Bewegt sich der Zeiger, so schreibt die Feder auf einem horizontal geführten Stück des ablaufenden Streifens. Die hierfür gebräuchlichen Federn nach Abb. 8 b und c der Fa. Evershed & Vignoles sind entweder mit einem Saugrohr zur Tintenentnahme aus einem feststehenden Trog oder mit einem kleinen Napf versehen. Bei der Feder der Fa. Elliott Bros. nach Abb. 8 d ist die ganze Schreibfeder als Tintenbehälter eingerichtet, der am linken Ende unten eine Schreibspitze trägt. Die rechts sichtbare Spirale ist die als Gegengewicht dienende eingerollte Verlängerung der hinteren Behälterwand.

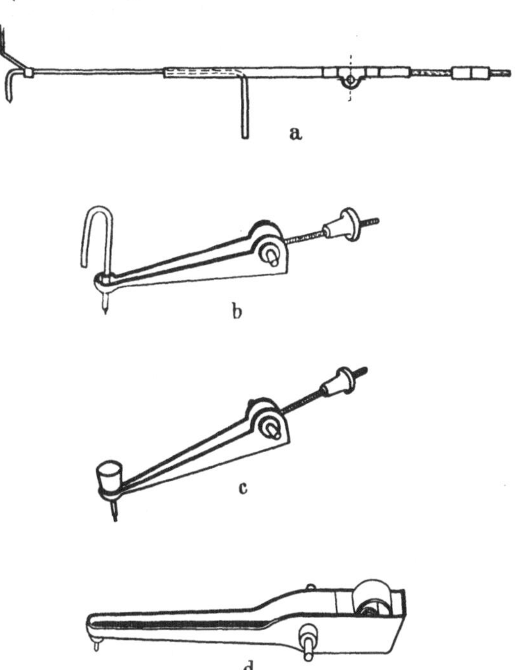

Abb. 8a–d. Weitere Schreibfedern für Tintenschreiber: a) Saugrohrfeder (Fa. Esterline-Angus), b) Siphonfeder (Fa. Evershed & Vignoles), c) Napffeder (Fa. Evershed & Vignoles), d) Trogfeder (Fa. Elliott Bros.)

An Stelle der Tintenfedern finden heute bisweilen bei kräftigeren Meßwerken *Kugelschreiber* Verwendung. Diese besitzen eine kleine Masse, verfügen über erhebliche Schreibkapazität, zeichnen sehr gleichmäßige, wenn auch nicht ausgesprochen feine Linien und sind einfach zu handhaben.

e) Registriertinte. An eine für Registrierzwecke brauchbare *Tinte* werden ähnlich wie an Schreibtinte zwei sich widersprechende Anforderungen gestellt: Einerseits soll die Tinte im offenen Vorratsgefäß nicht eintrocknen, andererseits soll das geschriebene Diagramm schnell trocknen, damit es beim Durchgang des Papiers durch die Halterung oder beim Aufrollen nicht verwischt wird oder sich auf der Rückseite einer aufliegenden Papierbahn abdruckt. Man verwendet als Grundstoff eine Glyzerin–Wasser-Mischung, deren Zusammensetzung je nach Bevorzugung der ersten oder zweiten Forderung gewählt wird. Außerdem wird man, je nachdem ob die Tinte in trockenen oder feuchten Räumen zur Anwendung kommen soll, einen größeren oder kleineren Zusatz des an sich hygroskopischen Glyzerins wählen. Man kann der Tinte auch etwas Alkohol und Dextrin zusetzen, um die Trocknungseigenschaften zu verbessern. Es wird als bewährtes Rezept angegeben [*4*, *5*]: 3 bis 10 Teile Wasser, 4 Teile Glyzerin (spez. Gew. 1,23) und 4 Teile Gummi arabicum. Als Farbstoff verwendet man wasserlösliche Anilinfarben. Methylviolett und Methylblau ergeben kräftig gefärbte Schriften, die jedoch schlecht lichtpausfähig sind. Gut pausfähig ist dagegen Methylrot. Die von den Herstellerfirmen der Registrierinstrumente entwickelten Tinten sind auf Grund langer Erfahrungen zusammengesetzt, und es empfiehlt sich, diese zu verwenden. Mit einer solchen Tinte ist es z.B. möglich, bei ruhiger Kurve und kleinem Papiervorschub, normaler Luftfeuchtigkeit und -temperatur mit einer Kapillarfeder ein Jahr lang aus einem feststehenden Tintentrog ohne Nachfüllung zu registrieren. Bei Apparaten mit großem Papiervorschub hat man bisweilen Walzen mit Löschpapier zum Trocknen der frischen Schrift verwendet.

2. Andere Registrierverfahren

a) Stift auf präpariertem Papier. An Stelle der Schreibfeder hat man, vorwiegend in früheren Zeiten, einen *Graphitstift* verwendet. Hierbei ist jedoch ein sehr kräftiges Meßwerk notwendig, da die Reibung des Stiftes auf dem Papier erheblich ist. Außerdem stört die schnelle Abnutzung des Stiftes. Schon nach kurzer Registrierdauer muß dieser angespitzt oder ausgewechselt werden. Selbst die besten Graphitstifte haben bei Dauerregistrierung versagt, so daß ihre Anwendung auf Sonderfälle bei kurzzeitiger Aufzeichnung beschränkt bleibt.

Vorzüglich bewährt hat sich dagegen ein Verfahren, das insbesondere in jüngster Zeit stark an Bedeutung gewonnen hat. Ein feiner *Metallstift* am Zeiger des Meßwerks berührt leicht den Registrierstreifen, unter dem sich unmittelbar ein Streifen aus *Kohlepapier* befindet. Die Berührung des Kohlepapiers mit dem Schreibpapier ist ebenfalls recht lose. Die Kohlepapierbahn, deren Schichtseite dem Schreibpapier zugewandt ist, wandert mit geringerer Geschwindigkeit als das Schreibpapier oder sogar in entgegengesetzter Richtung. An der Stelle, wo der Schreibgriffel das Schreibpapier in engere Berührung mit der Kohleschicht bringt, kommt es infolge des Abriebs der Kohleschicht zu einer Schwärzung des Registrierpapiers. Die Strichstärke ist etwas breiter als bei Tintenschrift, jedoch ist das Schreibverfahren sehr billig und eignet sich ebenfalls zur Registrierung rasch verlaufender Vorgänge.

Historische Bedeutung besitzt die Registrierung mit einem *Silberstift* auf Papier, das mit einer dünnen *Kreide—Eiweiß-Schicht* überzogen ist.

Hierbei entsteht eine tiefschwarze Linie, die aus feinverteilten Silbersulfidteilchen besteht. Zur Verringerung der Abnutzung des weichen Silbers wird dieses mit Messing legiert. Diese Registriermethode kam vorwiegend bei Indikatoren zur Anwendung, weshalb das Papier auch unter dem Namen *Indikatorpapier* bekannt wurde.

Wohl das älteste, auch heute noch häufig, hauptsächlich bei Kymographen verwendete Registrierverfahren, das, streng genommen, zu den Ritzverfahren gehört, arbeitet mit einem *Stift*, der auf *berußtem Papier* gleitet. Ursprünglich wurde ein feingespitzter Federkiel verwendet, heute benutzt man einen dünnen, an seiner abgerundeten Spitze hochglanzpolierten und gehärteten Stahlstift. Zuweilen, insbesondere bei der Aufzeichnung mechanischer Vorgänge, genügt ein feiner, sehr leichter Strohhalm als Schreibgriffel. Das unbedruckte oder mit Aufdruck versehene Trommel- oder Kreisblatt ist einseitig mit einer Glanzschicht überzogen. Als Schreibfläche eignet sich besonders ein einseitig glaciertes Kreidepapier (Kunstdruckpapier) von etwa 0,07 mm Dicke. Vor der Registrierung wird dieses in einer Vorrichtung über einer rußenden Flamme gleichmäßig berußt. Man verwendet Breitbrenner mit leuchtender Gas- oder Petroleumflamme oder mit geringen Terpentin- oder Benzolmengen versetzte Leuchtgasflammen. Zur Aufzeichnung eines gut sichtbaren und sehr klaren Diagramms ist bei Rußschrift infolge der geringen Reibung nur ein äußerst geringes Drehmoment des Registriermeßwerks erforderlich (etwa 0,5 mg/100° Ausschlag, bei Tintenschrift ist etwa der zehnfache Betrag notwendig). Nach der Aufzeichnung kann das Diagramm in einer alkoholischen Schellacklösung (10 Teile gebleichter Schellack in 100 Teilen 90%igem Spiritus) durch Eintauchen oder Bespritzen mit einem Zerstäuber fixiert werden, so daß die Rußschicht nach dem Trocknen unverwischbar ist. Um ein Erstarren oder Brüchigwerden der Blätter zu vermeiden, wird ein Zusatz einer geringen Menge von venetianischem Terpentin oder von Glyzerin zur Schellacklösung empfohlen. Bei schmalen Streifen kann man die Rußschicht fixieren, indem man die Streifen unter hohem Druck zwischen Stahlwalzen preßt. Die sehr scharfe Schrift von 0,1 mm und weniger Strichbreite ist gut vergrößerungsfähig und gestattet eine genauere Auswertung der Diagramme als Tintenschrift.

Heute erfreuen sich *Wachspapiere*, dies sind mit hellem Wachs oder Paraffin überzogene, meist rot, blau oder schwarz gefärbte Papiere, steigender Beliebtheit. Der dünne Überzug wird durch einen feinen, harten Stift aus Metall oder Achat geritzt, so daß die Grundfarbe des Papiers als dunkle und sehr scharfe Linie auf hellem Grund erscheint. Hierzu ist eine Auflagekraft des Schreibstiftes von etwa 20 bis 30 g bei einem Schreibspitzendurchmesser von etwa 0,6 mm erforderlich. Steht nur ein niedrigerer Druck zur Verfügung, so muß der Durchmesser der Schreibspitze kleiner gewählt werden. Von Bedeutung für die Schärfe der Aufzeichnung ist ferner die Geschwindigkeit des Papiervorschubes. Je schneller das Papier läuft, desto größer muß der Schreibdruck und um so feiner die Schreibspitze sein. Die Wachspapiere werden als Kreisblätter und als Streifen verwendet. Die auf den Papierträger aufgedruckten Koordinaten sind durch die Wachsschicht hindurch sichtbar; das geschriebene Diagramm bedarf keiner besonderen Nachbehandlung. Für Registrierstreifen werden dünne Papiere (55 g/m^2) verwendet, für Trommel- und Kreisblattschreiber dickere (155 g/m^2). Zur Ablesung bei gedämpftem oder schlechtem Licht eignen sich Papiere mit blauem Untergrund am besten. Für die Herstellung von Lichtpausen oder Photokopien werden gelb, blau oder rot gefärbte Schichten auf transparenten Trägern, sog. Pergaminpapiere, verwendet. Wachsschichtpapiere sind fälschungssicher. Ohne Hinterlassung von Spuren können Aufzeichnungen weder wegradiert noch sonstwie entfernt werden. [Der Schmelzpunkt der Wachsschicht liegt im allgemeinen über 100 °C, für Meßwerke mit kleinen Kräften bei etwa 60 °C.]

Es werden auch dünne, mit Paraffin getränkte Papiere (*Wachstränkpapiere*, z.B. bei Lokomotivschreibern) und gefärbte *Ölpauspapiere* verwendet. Erstere sind meist bläulich gefärbt. Der Schreibstift erzeugt auf dem transparenten Papier durch Trübung eine weiße Linie, die durch bloßes Erwärmen wieder unsichtbar gemacht werden kann. Ölpapiere verwendet man bei dem sog. Nadelstichverfahren. Hier trägt der Schreibzeiger eine feine Metallspitze, die dicht über dem Papier geführt wird. Durch einen Mechanismus wird der Zeiger periodisch niedergedrückt und wieder angehoben, so daß auf dem Papier eine Folge feiner Nadeleinstiche entsteht.

Die Reibung zwischen Schreibstift und Wachspapier wirkt mitunter störend. Sie läßt sich dadurch eliminieren, daß der Meßwerkzeiger in ständiger, rascher Vibration mit kleiner Amplitude gehalten wird [*6*, *7*]. Allerdings wird die Schreiblinie hierdurch etwas verbreitert und unscharf. Andere Instrumente machen deshalb Gebrauch von einem elektrisch geheizten Schreibstift, der die Wachsschicht wegschmilzt und dadurch die Reibung stark vermindert. Von Nachteil ist, daß der Heizstrom für den Stift über das bewegliche Organ des Meßwerks bis zur Zeigerspitze geführt werden muß. Dies bedeutet eine konstruktive Komplikation und eine erhebliche Erhöhung des Trägheitsmoments des beweglichen Organs. Um eine zu breite Schmelzspur und damit ein unscharfes Diagramm zu verhüten, muß die Zeigerheizung einstellbar sein und der Schreibgeschwindigkeit angepaßt werden. Moderne Registriergeräte mit Wachsschrift besitzen meist eine Automatik, welche die Schreibstiftheizung dem Papiervorschub anpaßt.

Man hat in früheren Zeiten versucht, mit einem geheizten Stift auf unpräpariertem Papier zu schreiben. Bei loser Berührung hinterläßt der

Stift auf dem Papier eine Brandspur. Bei kleiner Schreibgeschwindigkeit brennt das Papier jedoch leicht durch und zerfällt beim Herausnehmen in zwei Teile. Dieses Verfahren hat nur selten Anwendung gefunden [*8*].

b) Elektrische Registriermethoden. Bei der *Funkenregistrierung* liegt zwischen dem Meßwerkzeiger, der einen Schreibstift trägt, und einer Metallunterlage, über die das Papier geführt wird, eine Wechselspannung von 3 bis 5 kV, die das Papier fortgesetzt durchschlägt. Das Diagramm wird in Form einer Brandkurve auf dem Papier sichtbar. Diese vor Jahrzehnten beliebte Registriermethode kommt nur noch selten zur Anwendung. Als nachteilig wird die hohe Schreibspannung empfunden, die eine konstruktive Komplikation bedeutet. Es ist weiter unschön, daß das Diagramm durch die Brandspur leicht in zwei Teile zerlegt wird. Außerdem übt der überschlagende Funke dynamische Rückwirkungen auf die Schreibspitze aus und beunruhigt dadurch den Zeiger. Auch wählt der überschlagende Funke nicht immer den kürzesten Weg zur Unterlage, sondern schlägt häufig schräg über, wodurch die Kurve unscharf wird.

Das sog. *Teledeltospapier*, in der Bundesrepublik unter der Bezeichnung „Safir"-Funkenregistrierpapier bekannt (Fa. Renker-Belipa), ist in der Bildfunktechnik, besonders in den USA, zu hoher Vollkommenheit entwickelt worden und dient heute ebenfalls in der Registriertechnik zur Aufzeichnung auch von rasch verlaufenden Vorgängen. So arbeiten heute sämtliche modernen Echolotgeräte zur Schiffsortung, für Vermessungszwecke und zum Auffinden von Fischschwärmen, aber auch der Bildfunk, der Wetterkartenfunk und die Faksimileübertragung mit derartigen Papieren. Ein schwarzes, durch Kohlenstoffimprägnierung elektrisch leitend gemachtes, 0,9 bis 1,0 mm starkes Papier als Trägermaterial ist auf der Vorderseite mit einer hellen, stromempfindlichen Schicht, auf der Rückseite mit einer dünnen Metallisierung überzogen. Das Papier wird an der Stelle, wo ein elektrischer Strom von einem auf der Papieroberfläche aufliegenden metallischen Schreibgriffel (Stahl oder besser Wolfram) zur metallischen Papierunterlage fließt, augenblicklich geschwärzt. Die Schwärzung kommt dadurch zustande, daß die Weißschicht auf der Papieroberfläche aus einer elektrisch oder thermisch empfindlichen chemischen Substanz (Halbleiter) besteht, die bei Einwirkung elektrischer Energie ihre Farbe ändert. Die Registrierung kann auch derart stattfinden, daß von der Schreibspitze, die nicht auf dem Papier aufliegt, elektrische Funken die oberflächliche Weißschicht durchschlagen, wobei die Schicht ausbrennt oder zerstäubt. Die Registrierschicht spricht sowohl auf Gleichstrom als auch auf Wechselstrom, insbesondere auch auf HF-Strom, an. Der Strich bildet sich am kontrastreichsten aus (etwa 0,25 mm breit), wenn Gleichstrom verwandt wird und der Schreibgriffel positiv gepolt ist. Die Auflagekraft des Schreibgriffels (3 bis 20 g) und die Schreibspannung (50 bis 180 V) müssen der Schreibgeschwindigkeit angepaßt sein. Es gibt Papiere mit steil ansteigender Gradation, die schon bei Überschreitung eines bestimmten charakteristischen Schwellenwertes der Schreibspannung (etwa 50 bis 60 V) geschwärzt werden und solche mit langsam in Abhängigkeit von der Schreibspannung ansteigender Schwärzungskurve.

Bei den sog. *elektrolytischen Papieren* handelt es sich um Papiere, die mit einem Salz, z.B. Jodkalium, imprägniert sind. Wird eine Spannung zwischen dem Schreibgriffel und der Papierunterlage angelegt und besitzt das Papier eine gewisse Feuchtigkeit, so fließt an der Stelle, wo der Schreibstift das Papier berührt, ein elektrischer Strom hoher Dichte, der auf elektrolytischem Wege eine Verfärbung herbeiführt. Die erforderliche Feuchtigkeit beschränkt die Anwendung dieses Verfahrens auf ganz bestimmte Fälle. Der Stift wird langsam aufgebraucht und muß bisweilen erneuert werden. Die elektrolytischen Papiere, die vorwiegend bei Bildschreibern Verwendung fanden, ergeben schwarze Linien auf weißem, halbtransparentem Papier, das im Gegensatz zu dem Teledeltospapier gepaust werden kann.

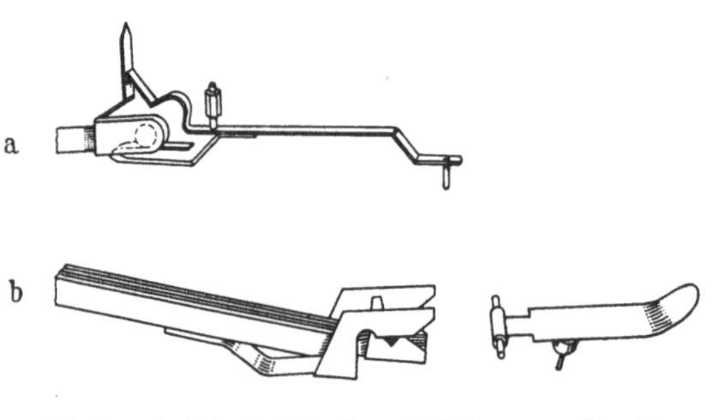

Abb. 9a u. b. Schreibelektroden mit Halterungen (Fa. AEG) a) für normale Linienschreiber, b) für Störungsschreiber

Während der letzten Jahre ist für Registrierungen aller Art das sog. *Metallpapier* (MP) bekannt geworden [*9*]. Es wird heute bereits in vielen Registrierinstrumenten verwendet, die bis vor kurzem ausschließlich mit Tinte, Feder und Schreibpapier ausgerüstet waren [*10, 11*]. Die Feder des Tintenschreibers ist durch eine Schreibelektrode (Wolframnadel) ersetzt (s. Abb. 9), die ähnlich wie eine Tintenfeder in den Schreibarm eingesetzt ist. Die Schreibelektrode liegt leicht auf dem Registrierstreifen auf, der Auflagedruck kann mit einem kleinen Gewicht eingestellt werden. Der MP-Registrierstreifen besteht aus einem Trägerpapier (wahlweise auch Kunststoffolien), auf das eine außerordentlich dünne Metallschicht (0,0001 mm) einer niedrigschmelzenden, korrosionsfesten Legierung (z.B. Zink-Cadmium) im Vakuum aufgedampft ist. Zur Registrierung wird zwischen Schreibelektrode und Metallschicht, die dem Schreibstift zugewandt ist (Stromzuführung durch eine Kohlewalze), eine Gleichspannung von 18 bis 24 V angelegt. Es bildet sich zwischen Schreibelektrode und MP-Papier ein kleiner Lichtbogen aus, der eine Brandspur in dem Metallbelag hinterläßt. Die geschriebene Linie ist scharf und gut zu erkennen. Die Stromaufnahme hängt bei diesem Schreibverfahren von der Schreibgeschwindigkeit ab und beträgt z.B. bei einem Vorschub von 20 mm/h etwa 2 μA. Die mittlere Stromaufnahme ist also derart gering, daß auch schwache Stromquellen (z.B. Anodenbatterien für Schwerhörigengeräte) genügen, um über mehrere Monate zuverlässig zu registrieren. Die Abnutzung der Schreibelektrode ist gering und beträgt nach 30000 m Schreibspur etwa 1 mm.

MP-Papiere (Fa. Bosch) werden in verschiedenen Sorten hergestellt, die sich durch Art und Dicke des Trägermaterials, weiter durch den zwischen Papier und Metallschicht aufgebrachten Lack, der farblos oder zwecks Kontrasterhöhung gefärbt sein kann, unterscheiden. Die Papiere sind pausfähig und lassen sich mit einem Raster bedrucken.

Das MP-Registrierverfahren eignet sich sowohl für kleine als auch für Registriergeschwindigkeiten bis zu mehreren m/s. Unter besonders günstigen Umständen lassen sich Schreibgeschwindigkeiten bis zu 50 m/s erreichen. Demzufolge eignet sich das MP-Registrierverfahren besonders für Geräte mit stark unterschiedlichen Schreibgeschwindigkeiten (Störungsschreiber). Außerdem besitzt das Verfahren gegenüber den Tintenschreibern eine Reihe anderer Vorteile: Es wird bei heftigen Beschleunigungen des Schreibsystems keine Tinte umhergeschleudert, es entfällt die regelmäßige Wartung der Tintenfedern, was bei Mehrfachschreibern sehr zeitraubend ist, und der Auflagedruck der Schreibelektroden ist konstant, während er sich bei Tintenfedern infolge der abnehmenden Füllung ändern kann, was zu einer Änderung der Strichstärke führt. Bei Schreibern mit feststehendem Schreibstift, z.B. bei Zeitschreibern, läßt sich die Aufzeichnung durch einfaches Ein- bzw. Ausschalten des Schreibstromes bewirken; es erübrigt sich also eine Abhebevorrichtung für den Schreibstift [*12*]. Ein Schreibsystem ist weiter zur gleichzeitigen Erfassung zweier Meßgrößen verwendbar. Hierbei werden durch ein Umschaltgerät die beiden Meßgrößen abwechselnd an das Schreibsystem gelegt. Die Schreibintervalle sind für beide Meßgrößen verschieden lang, daher entstehen Kurven, die infolge des raschen Umschaltspiels als geschlossene Linien unterschiedlicher Schwärzung erscheinen. Das Umschaltspiel kann der Meßgröße und dem Papiervorschub angepaßt werden.

c) Weitere Ritzverfahren. Die bereits beschriebene Methode der Registrierung mit einem Stift auf berußtem oder auf mit Wachs überzogenem Papier gehört, wie schon erwähnt, im Grunde zu den Ritzverfahren. Bei den eigentlichen Ritzverfahren verwendet man jedoch an Stelle des Papiers eine Zellon-, Glas- oder Metallplatte, die entweder keinerlei Deckschicht trägt oder auf die eine Kohle- oder Metallschicht aufgebracht ist. Mit einer sehr spitzen, gehärteten Metallnadel ritzt man das Diagramm in die Unterlage ein und erreicht dabei Strichstärken von 0,002 bis 0,004 mm. Diese ermöglichen bei starker optischer Vergrößerung eine sehr gute Auswertung. Es genügen sehr kleine Ausschläge der

Registriernadel, um brauchbare Diagramme zu erzielen. Das Verfahren stellt also eine Mikroregistrierung dar. Die Schreibflächen z.B. aerologischer Instrumente, die vorwiegend nach dieser Methode arbeiten (Mikrometeorographen), haben lediglich die Größe einer Briefmarke. An Stelle der Stahlnadel wird mitunter ein feiner Diamant verwendet, an Stelle der ebenen Schreibfläche auch eine Trommel. Ist bei der Auswertung des Diagramms die Vergrößerung 100- bis 200fach, so entspricht die Strichstärke derjenigen einer Tintenfeder. Zur ausreichenden Ausbildung der Ritzschrift ist es erforderlich, die Nadel mit einer Federkraft von 5 bis 10 g und mehr gegen die Unterlage zu drücken. Hierdurch ergibt sich eine zu überwindende Reibungskraft von 1 bis 2 g Diese bewirkt, daß auch bei stärkeren Beschleunigungen des Instruments das Schreiborgan sicher auf der Schreibfläche aufliegt. Aus diesem Grunde eignet sich das Ritzverfahren besonders für die Aufzeichnung relativ langsamer Vorgänge mit kleinem Schreibweg und großer Kraft, z.B. der Dehnung eines Stabes in Abhängigkeit von der Last.

d) Registrierung mit Licht- oder Elektronenstrahl. Am geeignetsten zur Aufzeichnung von sehr schnell verlaufenden Vorgängen haben sich der Lichtstrahl und der Elektronenstrahl erwiesen, denn beide vermögen bekanntlich eine Photoschicht zu exponieren. Die besonderen Vorteile dieser Verfahren gegenüber anderen Registriermethoden bestehen darin, daß sie über trägheitslose Schreibzeiger verfügen, die keine Reibung auf der Schreibfläche erleiden.

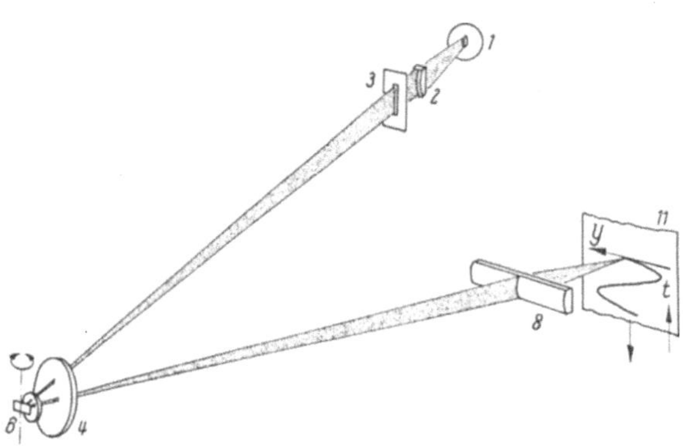

Abb. 10. Grundsätzlicher Aufbau photographischer Registriereinrichtungen: *1* Lichtquelle, *2* Kondensor, *3* Spaltblende, *4* Linse, *6* Schwinger, *8* Zylinderobjektiv, *11* Photopapier

Bei der *Lichtstrahlregistrierung* bedarf es eines Lichtbündels, das einer Lichtquelle über Blenden und Linsen entnommen wird (s. Abb. 10). Das Lichtbündel wird von dem Spiegel eines Meßwerks reflektiert. Die Auslenkungen des Meßwerkspiegels werden somit im Verhältnis 2:1 in Ablenkungen des reflektierten Lichtbündels übersetzt. Dieses wird fokussiert und gelangt als Lichtpunkt auf eine lichtempfindliche Schicht, die auf Glas, Film oder Papier aufgebracht ist. Der Strahlengang wird an Hand von Abb. 10 genauer erläutert [*13*, *14*]: Der Kondensor bildet die Lichtquelle *1* auf dem Spiegel des Meßwerks *6* ab, womit größte

Helligkeit des schreibenden Lichtpunktes gewährleistet ist. Das Linsenfenster *4* des Schwingers entwirft auf der Schreibfläche *11* ein Bild der Spaltblende *3*, und das Zylinderobjektiv *8* zieht dieses Spaltbild zusammen. Die Begrenzung des so entstehenden Lichtflecks ist also in der Horizontalen durch die Spaltbreite und in der Vertikalen durch die Höhe des Schwingerspiegels, weiter durch die optischen Verkleinerungsmaßstäbe der Linsen bedingt. Der schreibende Lichtpunkt besitzt bei richtig eingestellter Optik etwa 0,2 bis 0,5 mm Durchmesser.

Der Antrieb der Schreibflächen, die als Streifen oder als Trommelblätter ausgebildet sind, erfolgt auch hier in der bereits bekannten Weise über Transportbänder, -walzen oder -trommeln. Die lichtempfindliche Schreibfläche muß im allgemeinen in ein lichtdichtes Gehäuse eingeschlossen sein, es sei denn, man verwendet, wie weiter unten beschrieben, ein gegen Tageslicht verhältnismäßig unempfindliches Papier [*15*]. Normalerweise muß das geschriebene Diagramm in einer lichtdichten Kassette zur Entwicklung in eine Dunkelkammer gebracht werden. Dieser Umstand beschränkt im allgemeinen die Anwendung der Lichtschrift auf Laboratorien und Prüfräume; hier hat sie jedoch besonders durch die Möglichkeit, außerordentlich schnelle Aufzeichnungen vorzunehmen, weitgehende Verbreitung gefunden und sehr viel zur Erforschung und Überwachung wichtiger Vorgänge beigetragen. Die Lichtstrahlregistrierung verdankt ihre Erfolge nicht zuletzt auch der Tatsache, daß sie große Empfindlichkeit ermöglicht, was durch die Verwendung langer Lichtzeiger in Verbindung mit empfindlichen Meßwerken erreicht wird.

Die Papier- bzw. Filmbreite liegt im allgemeinen zwischen 35 mm, entsprechend dem genormten Kinofilm, und etwa 120 mm. Die Streifen sind unter Umständen 100 m lang und besitzen häufig die für Kinofilm genormte Lochung, sind aber vielfach auch ungelocht. Die gelochten Filmstreifen werden, ähnlich wie die normalen Schreibstreifen, durch Stiftenräder angetrieben, die ungelochten hingegen normalerweise durch Transportwalzen, die paarweise mit Federkraft aufeinandergepreßt sind. Mitunter finden auch Trommeln, auf die Filmblätter aufgespannt sind, Verwendung. In der Regel besitzen photographische Registrierpapiere keinen Koordinatenaufdruck. Dies macht dort, wo das Diagramm quantitativ ausgewertet werden soll, die Aufnahme von Eich- und Zeitmarken notwendig. Gelegentlich wird auch ein Koordinatennetz mitphotographiert. Es ist wichtig, daß das Koordinatennetz oder die Eich- und Zeitmarken vor der nassen Entwicklung des photographischen Papiers wegen der dabei auftretenden Maßänderung aufgebracht werden. Normalerweise tritt bei der Trocknung eine Dehnung von 1 bis 6% ein [*16*].

Da es sich bei den Lichtschreibern um reine Schwarzweißaufzeichnungen handelt, also außer Schwarz und Weiß nach Möglichkeit keine anderen Schwärzungsgrade auf dem Diagramm erscheinen sollen, so verwendet man im allgemeinen eine photographisch hart arbeitende lichtempfindliche Schicht.

Bei der Aufzeichnung mit *Elektronenstrahl*, der sehr hohe Schreibgeschwindigkeiten ermöglicht, verwendet man eine Elektronenstrahlröhre. Diese enthält Organe zur Herstellung eines Elektronenstrahls und dessen elektrischer Auslenkung. Zur Registrierung muß eine Photoplatte oder ein Film in die evakuierte Elektronenstrahlröhre eingeschleust werden, oder man verwendet ein sog. Lenardfenster, das dem Elektronenstrahl den Austritt aus der Röhre zu der außen befindlichen Photoplatte ermöglicht. Häufiger jedoch bringt man auf der Innenseite der Röhre einen Leuchtschirm an und photographiert von außen die Bewegung des auf dem Bildschirm wandernden Lichtfleckes.

e) Registrierung mit Gas- oder Flüssigkeitsstrahl. Bei den sog. Strahlschreibern ist zwar der Schreibzeiger nicht masselos wie bei den Licht- und Elektronenstrahl-Schreibern, er beeinflußt jedoch nicht das Trägheitsmoment des Registriermeßwerks. Der Zeiger des Meßwerks ist als kurze und sehr feine Düse ausgebildet, aus der unter hohem Druck ein feiner *Strahl* eines *Gases* oder einer *Flüssigkeit* austritt. Der Strahl kann auf Grund seiner hohen Geschwindigkeit eine erhebliche Strecke geradlinig zurücklegen, ohne zu zerfließen, und trifft auf das Registrierpapier. Dabei werden sowohl spezielle Tintensorten benützt in Verbindung mit saugfähigen Papieren als auch farblose Lösungen von Chemikalien, die auf präpariertem Papier eine Verfärbung hervorrufen. Früher hat man auch versucht, mit einem H_2S-Gasstrahl auf mit Bleisalzen präpariertem Papier zu registrieren [*17*].

f) Registrierung auf Magnetband. In neuerer Zeit sind von verschiedenen Seiten Versuche unternommen worden, das *Magnetband*, wie es von Tonbandgeräten zur Aufnahme und Wiedergabe von Musik oder Sprache her bekannt ist, für Registrierzwecke zu verwenden [*18*, *19*].

Bekanntlich besteht das Magnetband aus einer schmalen, bandförmigen Kunststoffolie, in die als Pulver ein spezieller magnetischer Werkstoff eingelagert ist. Der Aufnahmekopf, ein kleiner Elektromagnet, verwandelt die zu registrierenden elektrischen Schwingungen in diese äquivalente, örtlich eng begrenzte Magnetfelder, durch die das Band hindurch bewegt wird. Hierdurch werden die Magnetkörner magnetisiert. Auf dem Band kommen magnetische Bereiche zustande, deren Magnetisierung nach Betrag und Phase proportional der elektrischen Erregung ist. Zur Wiedergabe muß das Band an einem dem Aufnahmekopf ähnelnden Wiedergabekopf vorbeilaufen. Dieser erfaßt zum Teil die von den magnetischen Bereichen des Bandes ausgehenden magnetischen Feldlinien und verwandelt sie proportional ihrer Änderungsgeschwindigkeit in elektrische Signale. Diese können mit Hilfe eines Verstärkers in Ströme verwandelt werden, die ein getreues Abbild des aufgenommenen Vorganges sind.

Es ist ersichtlich, daß mit Magnetbandregistrierung unmittelbar lediglich dynamische Vorgänge (Wechselströme, Impulse, Schwingungen usw.) wiedergegeben werden können. Besitzt der zu registrierende Vorgang (z.B. Gleichstrom) keine ausreichende Dynamik, so muß er zunächst in einen ihm äquivalenten Wechselstrom verwandelt und vor der Wiedergabe wieder zurückübersetzt werden. Zur Gleichstrom-Wechselstrom-Umwandlung verwendet man eines der bekannten Modulationsverfahren: Bei der Amplitudenmodulation wird einer Trägerfrequenz der aufzunehmende Vorgang als Amplitude aufgeprägt. Da bei diesem Übertragungssystem die Linearität und zeitliche Konstanz der Organe die Genauigkeit des Verfahrens bestimmen, ist es nicht sehr empfehlenswert. Günstiger arbeitet das Frequenzmodulationsverfahren, bei dem der zu registrierende Vorgang in eine Wechselspannung mit konstanter Amplitude, aber veränderlicher Frequenz übersetzt wird [*20*]. Hierbei ist die Frequenz des übertragenen Vorganges der Amplitude des zu übertragenden Vorganges umkehrbar eindeutig zugeordnet. Weiter haben sich die verschiedenen Impulsmodulationsverfahren bewährt, bei denen der zu übertragende Vorgang in eine Impulsfolge verwandelt wird [*21*]. Hierbei kann entweder die Impulsform konstant und der Abstand der Einzelimpulse variabel sein oder bei konstantem Impulsabstand die Impulsbreite oder -höhe variiert werden.

B. Intermittierende Registrierung

Bei der graphischen Darstellung einer Funktion in einem Koordinatennetz trägt man üblicherweise eine Anzahl von Punkten auf, die, wenn sie dicht genug liegen, bereits ein Bild vom Verlauf der Kurve geben, ohne durch einen Kurvenzug verbunden zu sein. Bei den Geräten für intermittierende Registrierung, den sog. *Punktschreibern*, kommt das gleiche Verfahren zur Anwendung. Die Punktdichte wählt man mitunter so groß, daß dem Auge des Beschauers die Punktfolge in dem Diagramm als Kurvenzug erscheint. Jedoch auch bei größerem Punktabstand kann man den Verlauf der Meßgröße noch gut verfolgen, vorausgesetzt, daß diese sich nicht sprunghaft ändert. Teilvorgänge, die sich möglicherweise zwischen zwei aufeinanderfolgenden Punkten abspielen, entgehen natürlich der Beobachtung. Man verwendet aus diesem Grunde die intermittierende Registrierung vorwiegend bei sich langsam ändernden Vorgängen, z. B. Temperaturen.

1. Farbband mit Fallbügel

Bei der Registrierung mit Schreibstiften sind verhältnismäßig kräftige Meßwerke notwendig, deren Drehmoment mindestens 10 cmg, bezogen auf 100° Ausschlag, betragen soll, damit der durch die Reibung des Schreibstiftes auf der Schreibfläche entstehende Aufzeichnungsfehler in erträglichen Grenzen bleibt. Dies bringt mit sich, daß die Empfindlichkeit solcher Meßwerke nicht groß ist. Um empfindlichere Meßwerke verwenden zu können, muß man deren Einstellung von der Federreibung befreien. Diese Überlegungen führten zur sog. *Fallbügelregistrierung*. Man kann in Fallbügelschreibern (s. Abb. 11) Meßwerke verwenden, deren Drehmoment nicht größer als das von Anzeigeinstrumenten ist. Der Registrierstreifen wird an der Schreibstelle über eine dünne Walze geleitet. Dicht über dem Streifen ist ein schmales *Farbband* ausgespannt. Der an seinem vorderen Ende *messerförmig* ausgebildete *Zeiger* spielt in kleinem Abstand frei über dem Farbband. Dicht über dem Zeiger ist der sog. *Fallbügel* angebracht, der durch einen Mechanismus von einem Triebwerk periodisch ausgelöst wird und auf den Zeiger fällt, der seinerseits an derjenigen Stelle, an der er sich gerade befindet, das Farbband mit dem Registrierpapier in Berührung bringt. Hier entsteht auf dem Papier ein Farbpunkt. Der Fallbügel wird vom Triebwerk sofort wieder hochgehoben, so daß der Zeiger wieder frei spielen und sich auf einen neuen Meßwert einstellen kann. Man wählt die Periode dieses Spiels vorwiegend zu 5, 10, 20, 30 oder 60 s, je nach der Änderungsgeschwindigkeit der Meßgröße und der Einstellzeit des Meßwerks. Bei einem Papiervorschub zwischen 20 und 60 mm/h erscheint die Punktfolge praktisch als geschlossene Linie.

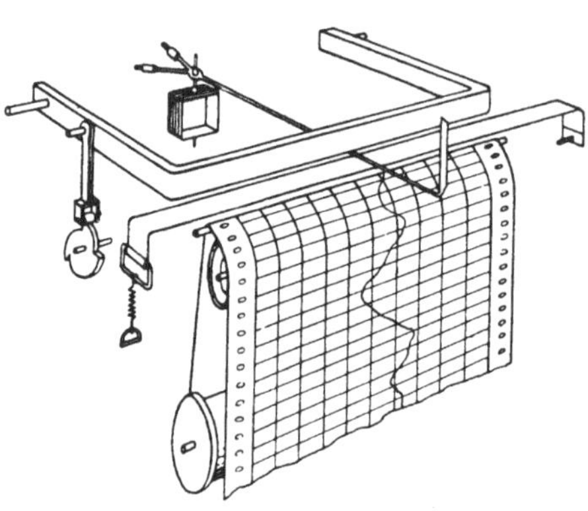

Abb. 11. Fallbügelschreiber (Fa. Joens)

Bei dieser Registriermethode kommt fast ausschließlich der laufende Streifen zur Anwendung. Während sich der Zeiger über einer bogenförmigen Skala bewegt, erfolgt die Aufzeichnung der Punkte in der Sehne dieses Bogens. Es liegt also hier eine sehr einfache Übertragung des bogenförmigen Meßwerkausschlags in die geradlinigen Koordinaten des Registrierpapiers vor. Die dabei auftretende Verzerrung des Ordinatenmaßstabs muß beim Aufdruck des Koordinatennetzes auf den Streifen berücksichtigt werden.

Bei manchen Ausführungen wird anstatt des Farbbandes ein schmales, unterhalb des Schreibstreifens angebrachtes Farbkissen verwendet. Hierbei werden die Farbpunkte auf die Rückseite des Registrierpapiers gedruckt. Da ein dünnes, durchscheinendes Papier verwendet wird, ist das geschriebene Diagramm auf der Vorderseite gut zu sehen.

Das *Farbband* besteht aus einem schmalen Gewebestreifen und wird in Ösen an den Enden federnd gehalten. Es ist auf der Oberseite, zum Zeiger hin, mit Ölseide oder einer Kunsstoffolie abgedeckt, damit der Zeiger nicht mit der Farbe des Bandes in Berührung kommt. Hierdurch wird ein Verschmutzen und Verkleben des Zeigers verhütet. Insbesondere bei *Mehrfachfarbenschreibern*, bei denen verschieden gefärbte Farbbänder abwechselnd durch eine Automatik unter den Zeiger geführt werden, ist es wichtig, daß der Zeiger keine Farbe von einem Farbband auf ein anderes überträgt. Die Farbbänder oder Farbkissen werden mit Farbstofflösungen getränkt, die ähnlich wie Registriertinten zusammengesetzt sind. Man benutzt nebeneinander bis zu sechs verschiedene Farben, um bei der Aufzeichnung von mehreren Vorgängen auf einem Streifen die Kurven unterscheiden zu können, und bevorzugt die Farben Violett, Blau, Rot, Grün, Gelb und Schwarz.

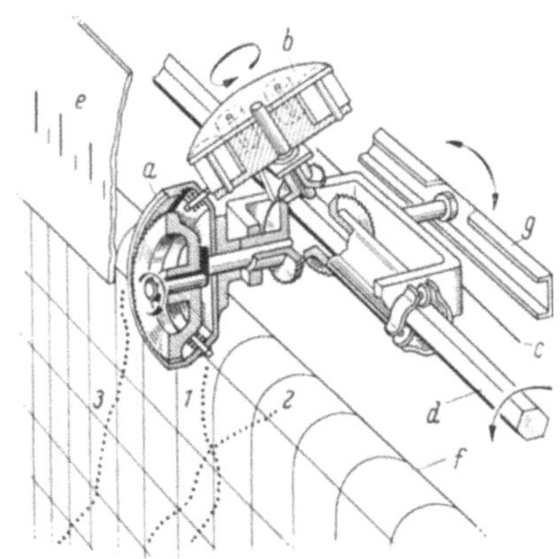

Abb. 12. Druckeinrichtung eines Kompensographen (Fa. Hartmann & Braun – Siemens & Halske): *a* Druckkopf, *b* Farbkissentrommel, *c* Seilantrieb, *d* Führungs- und Schaltstange, *e* Skalenblech, *f* Stiftenwalze für Papiertransport, *g* Schwenkschiene

Die *Kompensationsschreiber* sind, ähnlich wie die Fallbügelschreiber, Registrierinstrumente, deren Meßwerk allein zur Betätigung des Schreibstiftes zu schwach ist. Als Hilfsorgan wird hier ein kräftiger Motor verwendet, der vom Meßwerk gesteuert wird und seinerseits das Schreiborgan betätigt. Bei einigen, insbesondere älteren Typen, dem Fallbügelkompensograph oder dem Kompensationsschreiber „Micromax", wird als Schreiborgan ebenfalls der Fallbügel mit Zeiger und Farbband verwendet. Die Schreibwerke der modernen Mehrfachkompensationsschreiber jedoch, insbesondere der elektronischen Kompensographen, arbeiten fast ausschließlich mit *Meßwertdruckern.*

Zur Erläuterung der Funktion der Meßwertdrucker werden im nachfolgenden einige Ausführungen beschrieben. Der elektronische Kompensograph der Firmen Hartmann & Braun und Siemens & Halske z. B. vermag bis zu 12 verschiedene Vorgänge auf einem gemeinsamen Papierstreifen niederzuschreiben. Die Druckeinrichtung ist bei diesem Instrument als Schlitten ausgebildet (s. Abb. 12), der durch einen Seilzug *c* entsprechend dem Meßwerkausschlag auf einer Sechskantschiene *d* verschoben wird. Die Druckeinrichtung selbst besitzt einen Typenträger oder Druckkopf *a* und eine Farbkissentrommel *b*, die mit 6 verschieden gefärbten Farbkissen ausgerüstet ist. Der Typenträger ist mit 12 Typen, nämlich 6 Punkten und 6 Kreisen, ausgerüstet; entsprechend werden die ersten 6 Meßvorgänge als Punktfolgen in den 6 verschiedenen Farben, die zweiten 6 Meßvorgänge als Kreisfolgen in derselben Farbenfolge gedruckt. Die Registrierung wird durch die Ziffern 1 bis 12 neben den Spuren der einzelnen Meßvorgänge ergänzt. Die Ziffern werden in größeren Abständen und zeitlich derart gestaffelt gedruckt, daß ein Aufeinanderdrucken von Zahlen unterbleibt. Zur Erleichterung der Zeigerablesung wird die jeweils abgetastete Meßstelle als Zahl in einem Fenster des Typenträgers angezeigt. Ein Maltesergetriebe, das von einem Synchronmotor angetrieben wird, bewirkt über die Führungs- und Schaltstange *d* das Einfärben der Typen, das Weiterschalten und über die Schwenkschiene *g* das Abdrucken. Die Punktfolge beträgt bei der Normalausführung des Gerätes 4 s. Gleichzeitig mit dem Umschalten des Druckkopfes wird auch der Meßstellenschalter über das Maltesergetriebe weitergeschaltet.

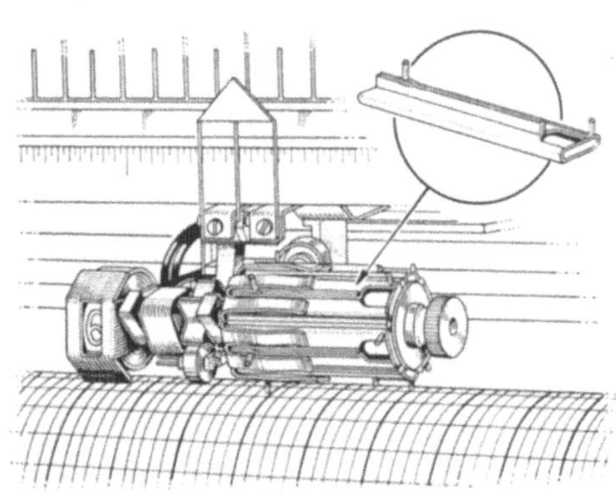

Abb. 13. Druckeinrichtung eines Kompensationsschreibers (Fa. Elliott)

Der Kompensationsschreiber der Fa. Philips druckt 12 verschiedene Meßwerte als kleine, schwarz oder anders gefärbte quadratische Punkte, wobei neben jedem die jeweilige Meßstellennummer verzeichnet ist.

Der 6fach-Kompensationsschreiber der Fa. Elliott Bros. besitzt den in Abb. 13 wiedergegebenen Druckkopf. Die 6 Federn, verbunden mit ihren, verschiedene Farben enthaltenden Behältern, sind auf dem Umfang einer Trommel mittels Blattfedern gehalten. Die Trommel wird innerhalb des Meßwerkschlittens durch ein Getriebe gesteuert, welches das schrittweise Transportieren und Abdrucken bewirkt.

Sehr bemerkenswert ist das Problem des Meßwertdruckers bei dem 4fach-Kreisblattpunktschreiber der Fa. Fielden gelöst (s. Abb. 14). Die Abbildung zeigt in einer Bildfolge, wie die an der Spitze des Schreibgestänges befindliche Federtrommel, die aus 4 Kapillarröhrchen in Verbindung mit ihren verschiedene Farbstoffe enthaltenden Vorratsgefäßen besteht, gesteuert wird. Ein durch die Zeigerachse geführtes Zuggestänge, das periodisch über ein Getriebe betätigt wird, ist mit dem Schreib-

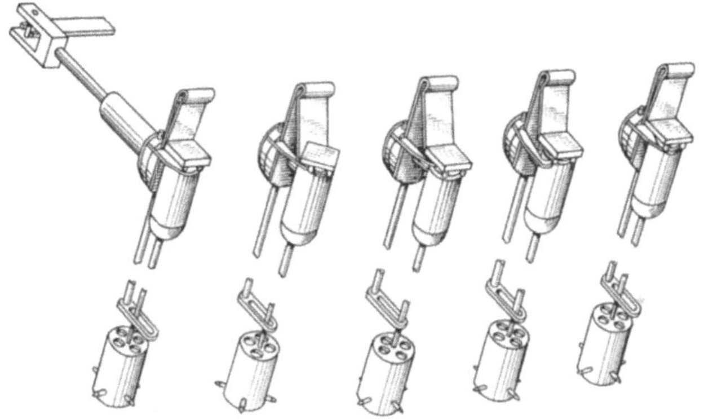

Abb. 14. Meßwertdrucker eines Kreisblattpunktschreibers (Fa. Fielden)

gestänge verbunden, dieses seinerseits durch eine Blattfeder mit dem Zeigerkopf. Bei jeder Betätigung der Zugstange erfolgt das Abdrucken einer der Farbkapillaren, beim Zurücklassen der Zugstange das Weiterfördern der Federtrommel dadurch, daß eine am Zeigerkopf befindliche Ratsche in den am Kopf des Schreibgestänges befindlichen Stiftenkranz eingreift.

2. Registrierung durch photographische Aufnahme

Zur Dokumentation der von Meßinstrumenten angezeigten Werte wird bisweilen die *Bildphotographie* verwendet [*22*, *23*]. Stellt man neben das aufzunehmende Anzeigeinstrument eine Uhr, so wird auch die zum jeweiligen Anzeigewert gehörige Zeit gleichzeitig einwandfrei festgehalten. Mehrere, einander folgende Aufnahmen lassen Rückschlüsse auf den Verlauf der Meßgröße zu. Mit einem Kinoaufnahmeapparat läßt sich der Anwendungsbereich dieses Verfahrens außerordentlich erweitern. Man ordnet die Instrumente und das für die Aufnahme wichtige Zubehör vor der Aufnahmeapparatur auf einem Gestell an und beleuchtet dieses mit Scheinwerfern. Man kann in dieser Anordnung die Anzeige jedes beliebigen Meßinstruments registrieren. Insbesondere kann man normale Schalttafel- oder Laborinstrumente in verhältnismäßig großer Zahl verwenden und hat die oft recht wertvolle Möglichkeit, gewisse Nebenvorgänge, z.B. das Aufleuchten einer Signallampe, die Stellung eines Schalters, den Stand eines Zählwerkes usw. ebenfalls auf dem Film festzuhalten. Besonders bei der Serienprüfung von Instrumenten ist die gleichzeitige Aufnahme der Anzeige einer Vielzahl von Instrumenten wertvoll. Für die Dauerregistrierung, insbesondere im Betrieb, ist das Verfahren nicht vorteilhaft, da der Aufwand zu groß ist.

3. Druckende Zähler

Vielfach sind Rechenmaschinen, Addierwerke, Registrierkassen, Zähler usw. mit Druckwerken ausgestattet. Diese Apparate gehören, da sie keinen funktionellen Zusammenhang zwischen der niedergeschriebenen Größe und einer anderen Größe (z.B. der Zeit) festhalten, nicht dem Gebiet der Registrierinstrumente an und sollen deshalb hier unberücksichtigt bleiben. Gelegentlich sind jedoch auch *Registriergeräte mit Druckwerken* ausgerüstet [*24* bis *27*]. Bei der Behandlung der registrierenden Maximumzähler und Chronographen werden wir solchen Geräten begegnen.

4. Die Meßwertlochung

Bei dem bereits erwähnten Nadelstichverfahren wird von der Lochung eines Registrierstreifens Gebrauch gemacht. Die Anwendung dieses Verfahrens bleibt jedoch auf Sonderfälle beschränkt. Eine Lochung des Registrierstreifens durch Stanzen wird hingegen zur Registrierung gewisser technischer Vorgänge häufiger angewendet. Das Lochen wird von Stanzwerken ausgeführt. Die hierzu notwendige Arbeit leistet nicht das Meßwerk, sondern sie wird von Hilfsenergiequellen aufgebracht und über Relais gesteuert. Die Stanzlöcher sind rund mit 1 bis 2 mm Durchmesser oder rechteckig. Als Registrierpapier finden schmale Streifen Verwendung, oder es wird der Rand breiterer Bahnen benutzt, auf denen gleichzeitig noch mit anderen Registrierinstrumenten geschrieben wird. Die zu registrierende Größe oder das zu registrierende Zeichen muß zunächst in Lochschrift verschlüsselt, d.h. in Lochanordnungen übersetzt werden, was automatisch geschieht. Die lochende Registrierung hat ebenso wie die Druckwerke insbesondere in Verbindung mit registrierenden Maximumzählern und bei der Überwachung von Schalt- und Signalanlagen Verwendung gefunden.

II. Triebwerke

Nur bei sehr wenigen Registrierinstrumenten steht die Schreibfläche still, und die Feder wird in zwei zueinander senkrechten Richtungen bewegt. Dies ist bei einigen der sog. *Zweiachsen-* oder *XY-Schreibern* der

Fall, die meist als Kompensationsschreiber ausgeführt sind. Bei ihnen wird der Meßwagen, mit dem die Schreibfeder verbunden ist, durch zwei getrennte Meßwerke unabhängig voneinander in den beiden Koordinatenrichtungen gesteuert. Auch bei den Zweiachsen-Lichtstrahloszillographen und insbesondere den Kathodenstrahloszillographen wird der Schreibstrahl üblicherweise in zwei zueinander senkrechte Richtungen unabhängig voneinander gelenkt, und die Schreibfläche steht fest. Bei all diesen Instrumenten wird kein Papiertriebwerk benötigt.

In den überaus meisten Fällen jedoch soll die Abhängigkeit einer Meßgröße von der Zeit registriert werden. Hierbei arbeitet man mit einem Meßwerk und einer bewegten Schreibfläche. Damit ein übersichtliches Diagramm entsteht, aus dem die Abhängigkeit der Meßgröße von der Zeit abzulesen ist, muß die Zeichenunterlage senkrecht zur Bewegungsrichtung des Schreibstiftes durch ein *Triebwerk* bewegt werden. Erfolgt der Antrieb zeitgerecht durch ein Uhrwerk, einen Motor oder dergleichen, so ist der zurückgelegte Weg des Papiers proportional der Zeit. Seltener macht man von einem weggerechten Antrieb der Schreibfläche Gebrauch. Beim Indikator z.B. ist diese Antriebsart angebracht. Hier wird der Papierantrieb, proportional dem Kolbenweg einer Dampfmaschine, von dieser selbst übernommen.

Die *Geschwindigkeit*, mit welcher eine Schreibfläche längere Zeit zeitgerecht angetrieben wird, liegt, abgesehen von den sog. *Schnellschreibern*, größenordnungsmäßig zwischen 1 mm/h und 10 mm/s. Innerhalb dieser weiten Grenzen sind *Triebwerke* verschiedenen Prinzips und verschiedener Konstruktion notwendig. Die aufzubringende Triebwerkleistung wächst mit der Geschwindigkeit, wodurch der Verwendung des Uhrwerks etwa bei der Geschwindigkeit 1 cm/s eine Grenze gesetzt ist.

Für die Meßwerke der meisten Registrierinstrumente ist ein Ausschlagfehler von einigen Prozent, bezogen auf den Endausschlag, eben noch zulässig. Das Triebwerk desselben Registrierinstruments wird man jedoch nur dann als genau bezeichnen, wenn sein Gangfehler kleiner als 1 min/Tag ist. Bei guter serienmäßiger Herstellung der Triebwerke läßt sich eine Ganggenauigkeit von $\pm$ 2 min/Woche erreichen. Dies bedeutet einen maximalen Fehler von $0{,}1^0/_{00}$. Die hohen Anforderungen an die Ganggenauigkeit der Triebwerke liegen darin begründet, daß sich während des Laufes die Fehler der Umdrehungsgeschwindigkeit fortlaufend summieren zu einem resultierenden Gangfehler. Bei Meßwerken ist dies normalerweise nicht der Fall. Ihre Anzeige ist lediglich mit einem momentanen Fehler behaftet. Da in der Regel bei jedem Wechsel eines Registrierstreifens die Zeit des Transportwerkes durch Vergleich mit einer Uhr neu eingestellt wird, sind die Anforderungen an die Ganggenauigkeit der Transportwerke jedoch nicht ganz so hoch wie bei Zeituhren.

A. Feder- und Gewichtwerke

Bei einfachen Registrierinstrumenten wurden in früherer Zeit zum Vorschub der Schreibfläche *Räderwerke* verwendet, die mit *Federkraft* oder *Gewichten* angetrieben wurden. Diese sollen, im Gegensatz zu *Uhrwerksantrieben* teurerer Instrumente, die zur genauen Einhaltung der Zeit mit Anker- oder Zylindergangreglern ausgerüstet sind, als *Federwerke* bezeichnet werden.

Zur Gangregulierung der Federwerke sind diese oft mit *Windflügeln* (s. Abb. 15) ausgerüstet. Ihr Luftwiderstand nimmt mit steigender Drehzahl zu und regelt damit den Ablauf des Werkes in gewissen Grenzen. Diese sehr einfachen Gangregler findet man vorwiegend bei Registrierinstrumenten, die lediglich zur qualitativen Erkennung von Vorgängen eingesetzt werden, z.B. Kymographen.

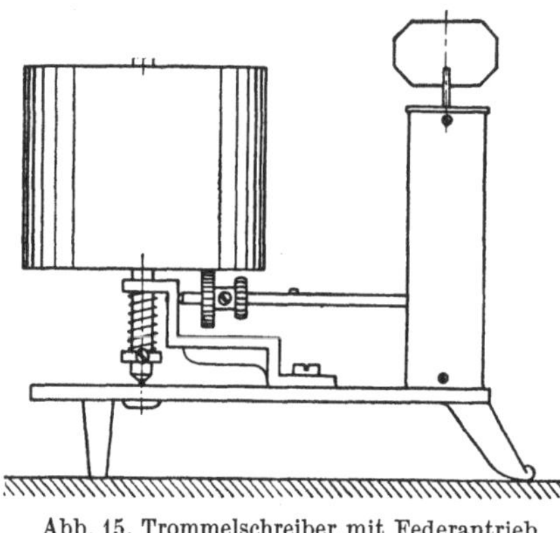

Abb. 15. Trommelschreiber mit Federantrieb, Friktionsgetriebe und Windflügelhemmung (Fa. Zimmermann)

Zur genaueren Gangregulierung kommen häufiger *Fliehkraftregler* zur Anwendung. Diese besitzen an der Rotationsachse federnd angebrachte Gewichte, deren Abstand von der Achse infolge der Fliehkraft mit wachsender Umdrehungsgeschwindigkeit zunimmt. Übersteigt die Drehzahl einen bestimmten Wert, so schleifen die Gewichte an der Innenfläche eines Zylinders, der die Drehachse konzentrisch umgibt, und bremsen die Umdrehungsgeschwindigkeit ab. Hierdurch wird die Drehzahl in viel engeren Grenzen als mit Windflügeln konstant gehalten.

Mitunter, insbesondere bei Kymographen, findet zur Gangregulierung auch der *Foucaultsche Zentrifugalregulator* Verwendung [*28*]. Hier sind an der Rotationsachse zwei Windflügel angeordnet, die aber in radialer Richtung schwenkbar sind und durch Federn zur Achse hingezogen werden. Beginnt die Anordnung zu rotieren, so werden die Windflügel durch die Fliehkraft entgegen der Federkraft von der Welle weggeschwenkt. Bei einer bestimmten Umdrehungsgeschwindigkeit halten sich das Antriebsdrehmoment und das Bremsmoment der Luft das Gleichgewicht. Es ist eine Eigenart der beschriebenen Konstruktion, daß die Umdrehungsgeschwindigkeit verhältnismäßig unabhängig vom Antriebsmoment ist, wodurch die gute Konstanz der Drehzahl erklärt wird.

Der Antrieb der Schreibfläche durch das Triebwerk wird über ein *Getriebe* bewerkstelligt. Bei dem in Abb. 15 gezeigten Trommelschreiber liegt die Trommel mit ihrem Boden auf einer Friktionsrolle auf, die vom Triebwerk angetrieben wird und sich in horizontaler Richtung zur Änderung der Trommelgeschwindigkeit im Verhältnis 1:5 verschieben läßt.

Als Sonderheit sei ein Papierantrieb erwähnt, bei dem eine schwere Trommel von Hand in Bewegung versetzt wird und während der Registrierdauer durch ihre Trägheit weiterläuft. BACKHAUS [*29*] beschreibt eine von GERDIEN angegebene Registriertrommel eines Oszillographen mit 1 m Umfang, die in der Achse ein Gewinde besitzt, in das eine Schraubenspindel von 1 cm Ganghöhe eingesetzt ist. Zunächst wird die Trommel einschließlich der Spindel in Bewegung gesetzt und bei Beginn der Registrierung die Spindel arretiert. Die Trommel schraubt sich dann vermöge ihrer Trägheit auf der Spindel weiter. Die Umdrehungsgeschwindigkeit vermindert sich während der Aufnahme nur wenig.

B. Uhrwerke

Das *Uhrwerk* hat sich zum zeitgerechten Transport von Schreibflächen schon bei den ältesten Registrierinstrumenten bewährt und sich auch bei der stürmischen Weiterentwicklung während der letzten Jahrzehnte behauptet. Die Ursache hierfür liegt in der hohen Ganggenauigkeit und besonders in der Unabhängigkeit von Netzspannungen, Zentraluhren u.dgl. Die Konstruktion der Transportuhrwerke entspricht weitgehend der in der Uhrentechnik üblichen [*30, 31*]. Es kommen fast ausschließlich Uhrwerke mit Federaufzug oder Motoraufzug und Gangregler zur Anwendung. Uhrwerke mit Gewichtsaufzug und Pendel würden zuviel Platz benötigen und zu unbequem in der Handhabung sein. Es sollen nun drei typische Beispiele von Transportuhrwerken beschrieben werden: eines dient zum Antrieb von Trommel- oder Kreisblättern, ein anderes für ablaufende Streifen bei kontinuierlicher Registrierung und ein weiteres zur Punktregistrierung.

1. Uhrwerke für Trommel- oder Kreisblatt

Die Registriertrommel, die man heute nur noch selten bei technischen Registrierinstrumenten findet, wird von einem verhältnismäßig einfachen Uhrwerk angetrieben. Irgendwelche Nebenfunktionen hat das Triebwerk nicht zu verrichten. Abb. 16 zeigt einen Schnitt durch eines der viel verwendeten, nach DIN 16242 konstruierten Transportwerke. Das verhältnismäßig kleine Uhrwerk befindet sich im Innern der Trommel, die nach dem Lösen einer Rändelmutter abgenommen werden kann. Der Aufzug erfolgt in einfacher Weise durch Drehen der Trommel mit der Hand entgegen dem Drehsinn des Ablaufs. Das Uhrwerk ist mit drei Stiften auf einer Grundplatte befestigt und hat bei einer Trommelumdrehung /24h eine Gangdauer von 3 Tagen. Sein Anker ist in Steinen gelagert. In Abb. 17 ist ein weiteres viel verwendetes Uhrwerk wiedergegeben. Die Registriertrommel wird auf die in zwei runden Platinen gelagerte Achse aufgesteckt. Der Aufzug erfolgt hier durch Drehen der oberen Abdeckplatte in der angegebenen Pfeilrichtung. Andere Ausführungen haben Ratschen- oder Schlüsselaufzug. In der mittleren Abbildung ist das Federhaus, das Triebwerk und der Ankergang zu sehen. Die Zeit für eine Umdrehung der Trommel liegt je nach Zahnradübersetzung zwischen 5 min und 192 h. Bei Registrierinstrumenten

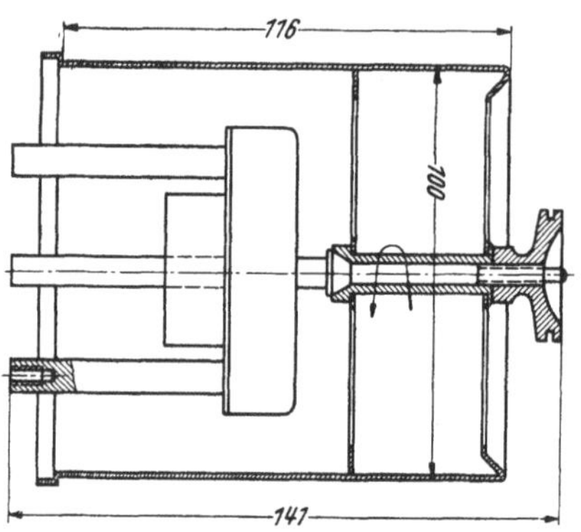

Abb. 16. Transportwerk für Trommelschreiber nach DIN 16242 mit 100 mm Schreibbreite

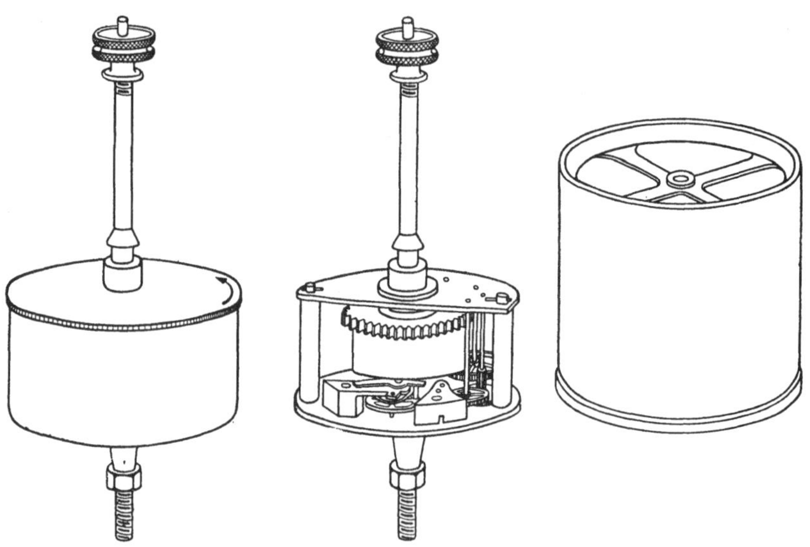

Abb. 17. Uhrwerk für Trommelschreiber (Fa. Schlenker-Grusen)

mit Kreisblatt werden ähnliche Uhrwerke wie bei den Trommelschreibern verwendet. Die Achse verläuft waagerecht und trägt mit einer geeigneten Haltevorrichtung das Kreisblatt.

2. Uhrwerke für ablaufenden Streifen bei kontinuierlicher Registrierung

Die Entwicklung von Streifenschreibern mit elektrischen und mechanischen Meßwerken hat zu sehr vielen Ausführungsformen von Uhrwerken Anlaß gegeben, die man jedoch vor einiger Zeit genormt hat. Abb. 18 zeigt das Transportwerk für Bandschreiber nach DIN 16240 und 16241 für Schreibbreiten von 100 bzw. 200 mm. Bei einer Ausführung der Fa. Schlenker-Grusen (s. Abb. 19) ist der Schreibtisch zum leichten Auswechseln des Papierstreifens nach vorn herausklappbar. Das Uhrwerk selbst mit seinem Echappement (11 Steinlager) ist in dem gut abgedichteten Kasten im oberen Teil eingebaut. Der nach vorn stehende kleine Stift dient als Arretierhebel. Oben liegen die Wechselräder zur Wahl des Papiervorschubs zwischen 5 und 120 mm/h. Das Werk hat eine Gangdauer von 8 Tagen bzw. 1 Tag bei 60 bzw. 1400 mm/h Vorschub. Die beiden seitlichen Tragplatten sind so ausgebildet, daß die Vorratsrolle unter dem Uhrwerk eingelegt werden kann. Unten ist die Aufwickelvorrichtung für den Streifen

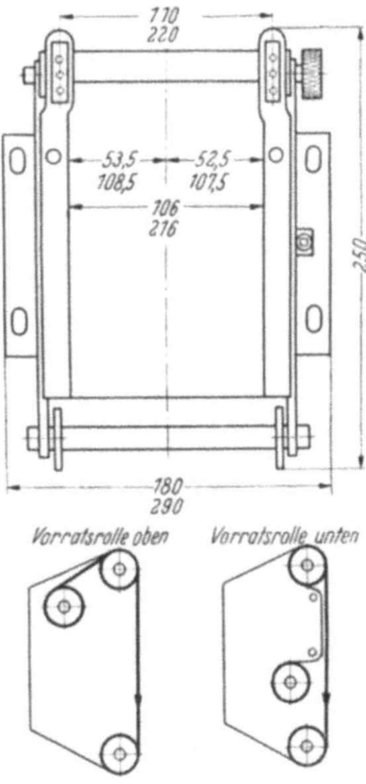

Abb. 18. Transportwerk für Bandschreiber nach DIN 16240/16241

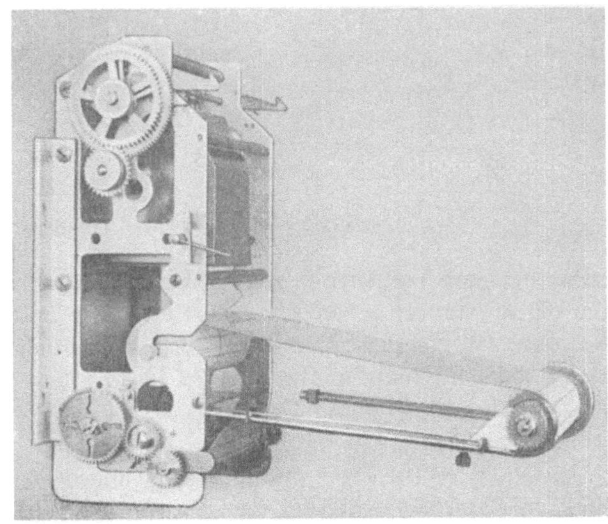

Abb. 19. Ansicht des in Abb. 18 dargestellten Transportwerks, Schreibtisch zum Streifenwechsel herausgeklappt (Fa. Schlenker-Grusen)

mit ihren zur Anpassung an den Vorschub auswechselbaren Triebrädern zu sehen. Das große Rad links unten wird mit einer geschlitzten Federscheibe auf eine zweite, hinter dem Rad liegende Scheibe gedrückt, die auf der Achse festsitzt. Es tritt ein mit wachsendem Durchmesser der Aufwickelrolle zunehmender Schlupf ein. Der Antrieb der Aufwickelrolle erfolgt durch das Uhrwerk über ein Kegelradgetriebe, das auf der nicht sichtbaren Seite von oben nach unten führt. Das Uhrwerk wird mit Hilfe eines Steckschlüssels an dem rechts angedeuteten Vierkantzapfen aufgezogen.

3. Uhrwerke für Mehrfarbenpunktschreiber

Während bei den Streifenschreibern mit kontinuierlicher Registrierung das Uhrwerk lediglich den Papiertransport zu bewerkstelligen hat, fällt ihm bei den Punktschreibern außerdem noch die Aufgabe zu,

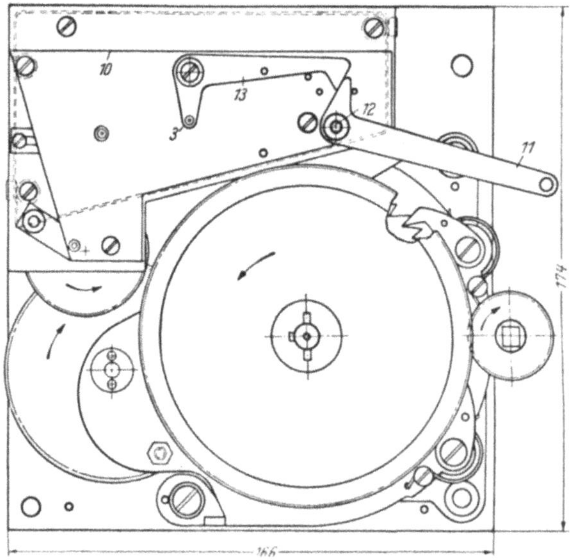

Abb. 20. Uhrwerk eines Fallbügelschreibers (Fa. Hartmann & Braun)

mehrere andere Vorgänge in regelmäßigen Zeitabständen zu betätigen. Um die charakteristischen Eigenschaften dieser Transportuhrwerke zu erläutern, soll von den zahlreichen Ausführungen als Beispiel das Uhrwerk des 6fach-Punktschreibers der Fa. Hartmann & Braun beschrieben werden. Abb. 20 zeigt die Vorderansicht dieses Werkes, Abb. 21 das Funktionsschema.

Die Maße des Uhrwerks sind in Abb. 20 angedeutet, seine Tiefe senkrecht zur Papierebene beträgt etwa 100 mm und sein Gewicht 6 kg. In das Federhaus sind zwei kräftige Uhrwerksfedern nebeneinander eingesetzt. Ihr Drehmoment beträgt bei 11 Umdrehungen für Vollaufzug 1,7 mkg. In Abb. 22 ist der Verlauf des Drehmomentes in Abhängigkeit von der Umdrehungszahl dargestellt. Die Kreuze stellen die durch einen Versuch ermittelten Werte dar, die ausgezogene Linie den Mittelwert. Die unregelmäßigen Stufen der experimentellen Kurve entstehen durch

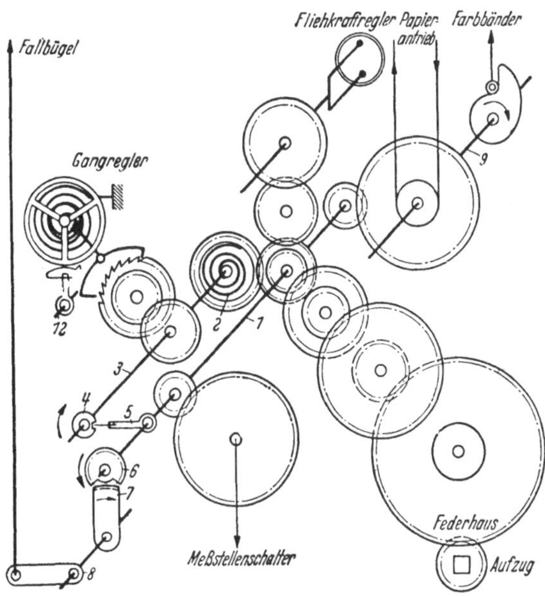

Abb. 21. Funktionsschema des in Abb. 20 dargestellten Uhrwerks eines Fallbügelschreibers

das Aneinanderkleben der einzelnen Windungen der eingefetteten Federn. Die Laufzeit eines Uhrwerks ist durch die Übersetzung vom Federhaus zum Gangregler und durch dessen Kraftbedarf bedingt. Das Uhrwerk läuft um so langsamer ab, je größer diese Übersetzung ist, um so früher wird aber auch der Punkt erreicht, bei dem vom Federhaus nicht mehr das für das Arbeiten des Gangreglers erforderliche Drehmoment aufgebracht wird. Nach KLEE läßt sich die für größte Laufzeit günstigste Übersetzung zwischen Federhaus und Gangregler dadurch aus der Drehmomentkurve ermitteln, daß man das Produkt aus Ablaufumdrehungen und zugehörigem Drehmoment bildet, welches für ein bestimmtes Drehmoment ein Maximum besitzt. Der Inhalt des in Abb. 22 eingezeichneten Rechtecks stellt diesen optimalen Wert dar. Für das betreffende Uhrwerk ergibt sich, daß das Drehmoment des Federhauses von etwa 1 mkg noch das am Gangregler erforderliche Mindestdrehmoment (etwa 1 cmg) liefern muß. Dementsprechend ist die Übersetzung 1:100000 zu wählen.

Das Federhaus und seine Aufzugsvorrichtung sind in Abb. 21 unten rechts zu sehen, sein Drehmoment wird durch eine Zahnradübersetzung auf die Hauptachse *1* übertragen. Mit dieser ist über Zahnräder die Zwischenfeder *2* gekoppelt, deren inneres Ende auf der Achse *3* befestigt ist. Beim Zusammenbau wird die Feder *2* unter Vorspannung eingesetzt, so daß auch bei stillstehender Achse *1* der links gezeichnete Gangregler noch anläuft. Als Gangregler findet eine Unruhe mit Steigbügel Verwendung. Neben dem Getriebe zum Gangregler sitzt auf der Achse *3* eine Scheibe *4* mit einer kleinen Nut, durch die bei jeder Umdrehung der Achse *3* einmal, d.h. je nach der gewählten Punktfolge alle 10, 20 oder 30 s der auf der Hauptachse *1* befestigte Hebel *5* hindurchtreten kann. Er beginnt, angetrieben durch die Uhrwerksfeder, eine Umdrehung. Ein mit der Achse *1* über ein Getriebe gekoppelter Fliehkraftregler regelt die Umdrehung der Hauptachse so, daß sich der Hebel *5* nach einer Umdrehung in wenigen Sekunden wieder langsam auf den Rand der Scheibe *4* legt. Bei dieser einen Umdrehung der Hauptachse *1* werden folgende Vorgänge betätigt:

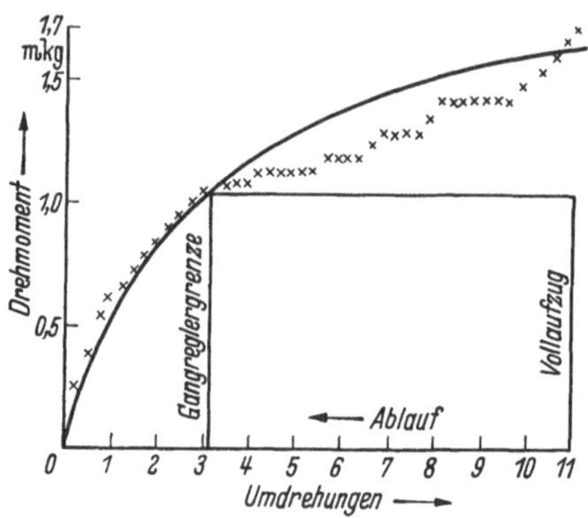

Abb. 22. Kraft–Weg-Diagramm einer Uhrwerksfeder

Die Zwischenfeder *2* wird aufgezogen, d.h. der Gangregler läuft immer mit einer nahezu gleich großen Federkraft, was eine hohe Ganggenauigkeit des Werkes bewirkt. Das mit einem Ausbruch versehene Zahnrad *6* dreht die Hebel *7* und *8* um kleine Beträge, hebt damit den Fallbügel und läßt ihn nach einer Umdrehung wieder fallen. Der Eingriff von Rad *6* und Hebel *7* ist, etwas abweichend von der Darstellung in Abb. 21, so gewählt, daß der Fallbügel in der Ruhestellung der Welle *1* gehoben ist, bei Beginn ihrer Drehung herabfällt und vor Beendigung der Drehung wieder angehoben wird. Hierdurch kann der Zeiger in der Pause zwischen zwei Registrierungen frei spielen. Der Meßstellenumschalter dreht sich bei jeder Umdrehung der Achse um ein Sechstel einer vollen Umdrehung, und zwar so, daß die Umschaltung auf die neue Meßstelle sofort erfolgt, wenn die Zeigerstellung der vorhergehenden registriert ist. Der ablaufende Streifen wird mit Stiftenrädern, die über Zahnräder und eine Kette angetrieben werden, um einen kleinen Betrag vorgeschoben. Der gewünschte Papiervorschub wird durch passende Wahl der Zahnräder eingestellt. Die verschiedenen Farbbänder zur Kennzeichnung der einzelnen Meßstellen werden durch eine Kurvenscheibe auf der Achse *9* so gesteuert, daß für jede Meßstelle das vorgesehene Farbband im richtigen Zeitpunkt unter dem Fallbügel steht.

Die empfindlichen Uhrwerksteile, insbesondere der Gangregler, sind in dem kleinen rhombischen Gehäuse *10* (s. Abb. 20) eingebaut. Bei allen Registrierinstrumenten hinterläßt das Registrierpapier im Laufe der Jahre einen feinen Staub, vor dem die empfindlichen Uhrwerksteile und auch das Meßwerk sorgfältig zu schützen sind.

Man verwendet fast immer das präzise und wertvolle Ankerechappement mit 14 bis 16 Edelsteinlagern in kräftiger Ausführung und nur selten das einfachere und wohlfeilere Zylinderechappement, das nur bei sehr tiefen Arbeitstemperaturen, z. B. für aerologische Instrumente, dem Ankerechappement vorgezogen wird.

Bei Registrierpausen wird das Uhrwerk arretiert, wofür eine ganz leichte Berührung des schwingenden Ankerrades genügt. Ist das Uhrwerk abgelaufen, so bleibt der Gangregler mit entspannter Feder stehen; er läuft, nachdem man das Uhrwerk aufgezogen hat, nicht von selbst wieder an. Deshalb muß er durch eine tangentiale Kraftkomponente über den toten Punkt geschleudert werden. Hierzu wird der Arretierhebel *11* angehoben und dreht sich um seine Achse *12*, bis sich der nach oben stehende Nocken an den linken der dort gezeichneten Anschlagstifte legt. Der nach unten stehende Nocken des Hebels *13* hält durch sein Gewicht und eine nicht dargestellte Feder den Arretierhebel *11* in der Endlage fest. Auf der Achse *12* ist im Innern des Gehäuses *10* ein weiterer kleiner Hebel gelagert, der an seinem oberen Ende eine feine Blattfeder trägt, die sich mit einer Ausbiegung bei der Drehung der Achse *12* an den Gangregler anlegt und ihn festhält. Drückt man den Arretierhebel *11* wieder nach unten, so wird der Gangregler freigegeben und hierbei durch einen kräftigen Stoß in tangentialer Richtung angeworfen. An dem nach unten stehenden Arm des Hebels *13* ist das linke Ende der Achse *3* (s. Abb. 21) gelagert. Sie wird sowohl bei der Arretierung als auch bei der Entarretierung um einen geringen Betrag nach links bewegt, die Scheibe *4* gibt den Hebel *5* frei, und die Hauptachse beginnt sich zu drehen. Die Freigabe der Welle *1* mit der Betätigung des Arretierhebels hat den Zweck, die Triebfeder *2* jedesmal ganz aufzuziehen, so daß der Gangregler sicher anläuft. Um hierbei ein übermäßiges Aufziehen der Zwischenfeder *2* zu verhindern, ist ihr äußeres Ende nicht starr im Federhaus befestigt, sondern es liegt lediglich an der inneren Trommelwand an, wo es durch Reibung festgehalten wird.

Zur genauen Einstellung des richtigen Ganges hat das Echappement einen kleinen Einstellhebel, der entlang einer Teilung um geringe Beträge verstellt werden kann, wodurch sich die freie Länge der Unruhefeder und damit ihre Schwingungsdauer ändert.

Die Anker- oder Zylindergangregler bewirken genaugenommen einen schrittweisen Vorschub des Papiers. Die Schritte sind bei normalem Vorschub jedoch so klein, daß sie nicht in Erscheinung treten. Bei großem Papiervorschub, wie z. B. bei Zeitschreibern, beginnt hingegen der schrittweise Vorschub störend zu wirken. Dieser Mangel wird durch die HIPPsche Hemmung behoben.

4. Uhrwerke für verschiedene Papiervorschübe

Die Instrumentenhersteller sind bestrebt, die Zahl der für die verschiedenen Registrierinstrumente benötigten Triebwerktypen möglichst klein zu halten. Ebenfalls haben die Instrumentenbenutzer den Wunsch, den Papiervorschub eines bestimmten Instruments den verschiedensten Vorgängen anpassen zu können, und zwar soll die Umstellung der Papiergeschwindigkeit von jedermann ausführbar sein. Diese Forderungen werden erfüllt durch Schaffung von wenigen, aber zweckmäßig bemessenen Uhrwerktypen. Bei jedem Typ ist das Getriebe mit auswechselbaren Zahnrädern ausgestattet, wodurch jeweils mehrere Papiergeschwindigkeiten erreichbar sind (s. Tab. 2). Die auswechselbaren Räder befinden

Tabelle 2. *Einteilung von Federuhrwerken in Gruppen* (Fa. Siemens & Halske)

Uhrwerk-Typ	Gangdauer	Durch Räderwechsel einstellbare Papiervorschübe
U 2 (Handaufzug)	32 Tage	2—3$^1/_3$—5—10 mm/h
U 1 (Handaufzug)	8 Tage	5—10—15—20—30—40—60—120 mm/h
U 3 (Handaufzug)	1 Tag	100—120—200—300—600 mm/h
U 4 (Handaufzug)	1,5 Stunden	1200—2400—3600—7200—14400 mm/h
U 5 (elektr. Aufzug)	6 Stunden Gangreserve	5—10—15—20—30—60—120 mm/h

sich an einer leicht zugänglichen Stelle auf der Achse der Stiftenwalze und auf der vorhergehenden Achse. Die mit den verschiedenen Uhrwerktypen erreichbaren Papiervorschübe sind so eingerichtet, daß sich die einzelnen Bereiche an den Grenzen berühren oder überdecken.

Zuweilen ist während der Registrierung ein schneller Vorschubwechsel notwendig, z. B. wenn bei einer im allgemeinen ruhig verlaufenden Meßgröße eine plötzliche Störung genauer erfaßt werden soll (*Störungsschreiber*). Eine Dauerregistrierung mit dem hierzu notwendigen großen Vorschub würde, abgesehen von dem unwirtschaftlichen Papierverbrauch, das Gesamtdiagramm sehr unübersichtlich machen. Um dem zu begegnen, hat man Uhrwerke mit Mehrfach-Schaltgetrieben, speziell mit Differentialschaltgetrieben, ausgerüstet. Durch Betätigung eines Hebels von Hand oder durch ein Relais kann der Vorschub von z. B. 10 oder 20 mm/h auf 20 oder 60 mm/s umgeschaltet werden. Durch eine erneute Betätigung dieses oder eines zweiten Hebels wird wieder der erste Vorschub eingestellt. Abb. 23 zeigt die Konstruktion zweier Differential-Schaltgetriebe. Die in Platinen *1* gelagerte durchgehende Achse *2* überträgt das von der Feder aufgebrachte Drehmoment auf den Papierantrieb. Auf der Achse *2* liegt ein Differentialgetriebe, dessen Planetenrad *3* auf einem Zapfen *4* drehbar gelagert ist, der durch einen Stift mit der Achse *2* starr verbunden ist. Das Gegengewicht *6* dient zur Ausbalancierung des Planetenrades

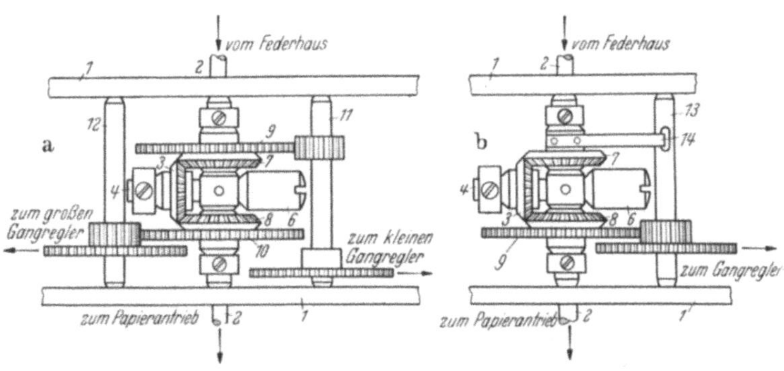

Abb. 23a u. b. Differentialgetriebe für Uhrwerke mit mehreren Vorschüben: a) mit zwei, b) mit einem Gangregler

und des Zapfens; das Planetenrad *3* steht mit den Sonnenrädern *7* und *8* im Eingriff. Diese sind mit den Triebrädern *9* und *10* fest verbunden, lagern jedoch ihrerseits lose auf der Achse *2*. Das Zahnrad *9* in Abb. 23 a treibt über das Getriebe *11* den Gangregler für den kleinen Papiervorschub an. Das Zahnrad *10* ist dagegen über das Getriebe *12* mit dem Gangregler für den großen Papiervorschub verbunden. In der Ruhestellung des Uhrwerks sind beide Gangregler arretiert. Gibt man den kleinen oder den großen Gangregler durch Betätigung von entsprechenden Hebeln frei, so erfolgt der Papierantrieb mit dem großen oder kleinen Vorschub. Die Konstruktion nach Abb. 23b besitzt das gleiche Differentialgetriebe, jedoch nur einen Gangregler. Die Achse *13* des Zwischengetriebes zum Gangregler hat einen Durchbruch, so daß die Blattfeder *14* zweimal bei jeder Umdrehung der Achse *13* an dieser vorübergleiten kann. Im übrigen liegt die Blattfeder *14* auf der Achse *13* auf. Bei jedem Vorbeigleiten der Feder an der Achse macht das Kegelrad *7* eine volle Umdrehung. Beträgt die Übersetzung zwischen den Kegelrädern *7* und *3* z.B. 2:1, dann führt auch die Welle *2* zum Papierantrieb eine volle Umdrehung aus, und das Registrierpapier bewegt sich plötzlich um einen kleinen Betrag weiter, der meist unter 1 mm liegt. Wird die Blattfeder *14*, oft auch Peitsche genannt, durch eine Arretierung festgehalten, so läuft nur der Gangregler und mit ihm die Räder *8* und *3*; der Papiervorschub ist klein. Bei freigegebener Peitsche addiert sich jedoch dieser kleine Vorschub zu der vorher erläuterten Schrittbewegung, und es resultiert ein großer Papiervorschub. Ähnliche Uhrwerke wurden auch für drei und vier Vorschübe konstruiert.

5. Uhrwerke mit Motoraufzug

Man kann den Aufzug eines Uhrwerks in gewissen Zeitabständen automatisch durch einen kleinen Elektromotor besorgen lassen. Von dieser Methode macht man heute bei vielen Registrierinstrumenten Gebrauch. Die rechtzeitige Ein- und Ausschaltung des Elektromotors besorgt das Uhrwerk selbst durch eine geeignete Kontakteinrichtung, z.B. eine Quecksilberschaltröhre. Der Zeitpunkt zum Ein- und Ausschalten des Motors wird, damit keine Überbeanspruchung der Feder auftritt und eine gewisse Gangreserve übrigbleibt, vom Lauf des Federhauses bestimmt. Durch die Gangreserve, die im allgemeinen etwa 6 Stunden beträgt, wird die Funktion des Instruments unabhängig von Netzstörungen. Der Motoraufzug vereinfacht die Bedienung eines Registrierinstruments. Da der Aufzug nach jeweils kurzen Zeiten wiederholt werden kann, kann hier ferner die Uhrwerksfeder schwächer bemessen werden. Sie arbeitet außerdem in einem kleineren Kraftbereich, wodurch die Ganggenauigkeit erhöht wird.

Man verwendet zum Federaufzug auch Motoren, die dauernd eingeschaltet sind und die Feder stets voll aufgezogen halten. Diese Motoren laufen dem durch den Gangregler gesteuerten Ablauf der Feder ständig nach. Die Motoren dürfen bei eventuellem Stillstand des Papiers keinen Schaden durch Erwärmung erleiden. Kleine Induktionsmotoren, wie sie nachfolgend beschrieben werden, eignen sich vorzüglich zum Aufziehen von Uhrwerken.

C. Elektrische Antriebe

1. Synchronmotoren

Den konstruktiv einfachsten Antrieb einer Schreibfläche erreicht man mit einem *Synchronmotor*, der mit der Frequenz des speisenden Wechselstromnetzes, also mit der Drehzahl 50 U/s oder 3000 U/min umläuft. Ein zeitgetreuer Papiervorschub ist jedoch nur dann gewährleistet, wenn die Netzfrequenz hinreichend konstant ist, was jedoch heutzutage erfüllt ist [*32*]. In seiner normalen Ausführung vermag der Synchronmotor nicht selbst anzulaufen, sondern muß mit einem Hilfsmotor auf die synchrone Drehzahl gebracht werden. Für Uhrwerke sind jedoch kleine, selbstanlaufende Synchronmotoren entwickelt worden. Der Warren-Motor z.B. läuft als Asynchronmotor von selbst an und läuft nach Erreichen seiner Solldrehzahl als Synchronmotor weiter [*33*]. Diese Fähigkeit wird durch einen Kunstgriff erreicht, der an Hand von Abb. 24 erläutert werden soll. Der aus Dynamoblech geschichtete Triebkern (Ständer) *1*, über den zur Erzeugung eines magnetischen Wechselflusses die Erregerspule *4* geschoben ist, umfaßt mit seinen Polen den Läufer (Anker), der aus gehärtetem Magnetstahl hergestellt ist. Der Läufer ist in radialer Richtung magnetisiert. Die magnetischen Kraftlinien laufen zum Teil über den magnetisch schlecht leitenden Läuferring, hauptsächlich aber über das magnetisch gut leitende Eisen des Ständers. Der Luftspalt zwischen dem Läufer und den Ständerpolen beträgt nur wenige Zehntelmillimeter. Die Pole des Ständers sind durch Schlitze in insgesamt vier Polschuhe unterteilt, von denen zwei diametral gegenüberliegende Kurzschlußringe aus Kupfer tragen. Hierdurch erhält das magnetische Wechselfeld in diesen beiden Polschuhen gegenüber den beiden andern eine Phasenverschiebung. Es entsteht ein magnetisches Drehfeld, das auf den magnetisierten Läufer einwirkt und ihn in Rotation versetzt. Der Motor vermag also wie ein Drehstrommotor auf die volle synchrone Drehzahl zu kommen, vorausgesetzt, daß der Stahl des Ankers eine magnetische Hysterese besitzt. Man hat diese Motoren daher in der Literatur auch als *Hysteresemotoren* bezeichnet.

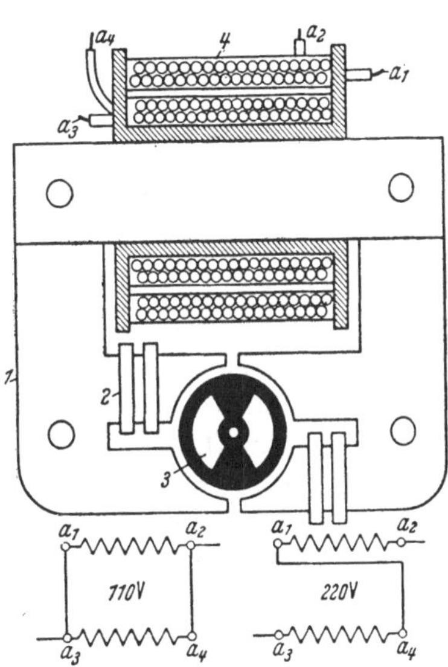

Abb. 24. Schema eines selbstanlaufenden Synchronmotors (WARREN-Motor)

Die hohe Drehzahl des Ankers von 3000 U/min bei 50 Hz Netzfrequenz wird durch ein im gleichen Gehäuse befindliches Getriebe untersetzt. An die aus dem Gehäuse herausragende Achse wird das Papiervorschubgetriebe angeschlossen. Die Getriebe besitzen die verschiedensten Untersetzungen mit Abtriebsdrehzahlen zwischen 1 und 60 U/min. Mit Rücksicht auf den Dauerbetrieb des Motors wurde der Lagerung besondere Aufmerksamkeit geschenkt. Vorzüglich hat sich Novotex als Lagermaterial bewährt. Es besitzt gutes Gleitvermögen, hohe mechanische Festigkeit und ist ölbeständig. Die Schmierung geschieht durch einen ölgetränkten Wattebausch und durch Lederscheiben. Die Ständerwicklung *4* besteht aus zwei Windungsgruppen, deren Schaltung für 110 und 220 V in Abb. 24 schematisch dargestellt ist. Die Leistungsaufnahme dieses kleinen Motors von nur 0,3 kg Gewicht beträgt etwa 4,5 W, der Wirkungsgrad 30 bis 40%. Das Drehmoment der Abtriebswelle von

2300 cmg, bezogen auf die Drehzahl 1 U/min, reicht aus, um alle durch Federuhrwerke betätigten Vorgänge, auch bei Mehrfachfallbügelschreibern, zu bewerkstelligen.

Verwendet man an Stelle des zweipoligen einen mehrpoligen Anker, so wird die Ankerdrehzahl im Verhältnis der Polzahl vermindert, z.B. bei einem 16poligen Anker auf 375 U/min. Man kann bei Verwendung solcher Motoren mitunter das Untersetzungsgetriebe einsparen. Synchronmotoren können ebenfalls zum Aufzug ganggeregelter Uhrwerke verwendet werden, wobei sie allerdings nicht auf synchronen Gang kommen und somit ihre Eigenschaften nicht voll ausgenutzt werden.

2. Klinkwerke

Zum Papierantrieb kann man auch ein elektromagnetisches Klinkwerk verwenden, das von einer Zentraluhr gesteuert wird. Diese Art des Papierantriebs ist dann von Vorteil, wenn viele Vorgänge synchron aufgezeichnet werden sollen. Das Klinkwerk besteht aus einem kleinen Elektromagneten mit Drehanker, der von einer Zentraluhr alle 12, 20 oder 60 s einen Stromimpuls erhält und das Papierantriebswerk über ein Zahngetriebe um einen bestimmten Betrag weiterdreht. Klinkwerke kommen nur selten zur Anwendung, weil außer der Zentraluhr ein besonderes Leitungsnetz mit eigener Stromquelle für die Impulsgabe erforderlich ist, dessen Erstellung und Unterhaltung im Verhältnis zu den erzielten Vorteilen kostspielig ist.

D. Papierantrieb durch eine Meßgröße

Die bisher behandelten Antriebe bewirken alle einen zeitgerechten Vorschub der Schreibfläche, das Diagramm zeigt also den Verlauf einer Meßgröße als Funktion der Zeit. Soll eine Meßgröße in Abhängigkeit von einer anderen Meßgröße registriert werden, so kann man diese Meßgröße zur Steuerung des Antriebs der Schreibfläche benutzen. Als Beispiel sei der Indikator erwähnt, der den Druck im Zylinder einer Zylindermaschine als Funktion des Kolbenweges registriert [*34*]. In der Nachrichtentechnik verwendet man einen Schreiber, der das Übertragungsmaß bzw. die Dämpfung einer Übertragungsleitung als Funktion der Signalfrequenz festhält (Dämpfungsschreiber) [*35* bis *38*]. Bei optischen Untersuchungen interessieren Geräte, mit denen man die Lichtabsorption [*38*] oder Lichtemission [*40*, *41*] von Stoffen in Abhängigkeit von der Lichtwellenlänge registrieren kann. In der Werkstofforschung wird die magnetische Induktion von Stählen in Abhängigkeit von der magnetischen Erregung in einem Diagramm festgehalten [*42* bis *49*] usw.

Beim Indikator überträgt man den Kolbenweg über einen Seiltrieb unmittelbar auf die Umdrehung einer Schreibtrommel, während die Schreibfeder von einem Manometer eingestellt wird und den Druck im Kolben aufzeichnet. Bei den anderen erwähnten Geräten kann die Schreibfläche jedoch nicht unmittelbar proportional einer Meßgröße durch diese selbst bewegt werden. Daher koppelt man den Papiervorschub bei dem Dämpfungsschreiber mit der Verstellung des Drehkondensators, der zur Erzeugung der kontinuierlich veränderten Meßfrequenz dient, bei den optischen Geräten mit der Bewegung des Prismas im Monochromator, das zur Erzeugung der kontinuierlich veränderten Lichtwellenlänge dient. Als Hystereseschreiber verwendet man meist Zweiachsenschreiber mit feststehender Schreibfläche.

III. Meßwertübertragung im Registrierinstrument

A. Die verschiedenen Übertragungsarten

1. Allgemeines

Die Übertragung einer zu registrierenden physikalischen Größe in ein Diagramm erfordert außer einer bewegten Schreibfläche und einem Schreiborgan in der Regel weitere Organe, welche die betreffende Meßgröße in einen Ausschlag des Schreiborgans übersetzen. Diesen Organen kommt also die Aufgabe zu, die Meßgröße, z.B. Weg, Beschleunigung, Kraft, Strom, Spannung usw., als Weg einer Schreibfeder bzw. Ablenkung eines Lichtstrahls wiederzugeben. Die Meßgrößen sind, wie aus der Aufzählung hervorgeht, vorwiegend mechanischer oder elektrischer Natur. Da der Federweg bzw. der Spiegelausschlag eine mechanische Größe ist, wird es verständlich, daß Instrumente zur Registrierung mechanischer Größen einfacher zu realisieren sind als solche für elektrische Größen. In der Gruppe der *mechanischen Registrierinstrumente* selbst sind wiederum diejenigen zur *Registrierung von Wegen* die einfachsten: der zu registrierende Weg braucht lediglich durch ein Gestänge auf die Schreibfeder übertragen zu werden [*50*], wie dies Abb. 25a am Beispiel eines *Wasserstandschreibers* schematisch zeigt. Hier befindet sich ein Schwimmer *1* an der Flüssigkeitsoberfläche, deren Höhenänderung registriert werden soll. Mittels einer Schiebestange verstellt er ein Schreiborgan *2* auf einer Schreibfläche *3*, z.B. einem Trommelblatt. In den meisten Fällen kommt man nicht mit einer einfachen Schiebestange zur Wegübertragung aus, da die häufig großen Wasserstandsänderungen zu große Trommelhöhen erforderlich machen würden.

Um ein Diagramm gewünschter Größe zu bekommen, muß durch eine Hebelübersetzung, eine Rollenübertragung oder bei Lichtschrift durch eine optische Übertragung der Weg des Schreiborgans in bezug auf den Meßweg im richtigen Maßstab untersetzt, bei anderen Messungen jedoch übersetzt werden.

Soll nicht die relative Bewegung zweier Körper zueinander, sondern die Bewegung eines Körpers in einem unbeschleunigten Bezugssystem

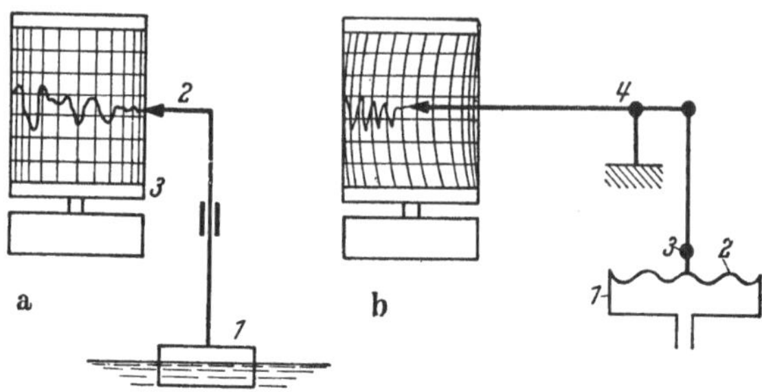

Abb. 25a u. b. Grundsätzliche Meßanordnung für a) Wegregistrierung, b) Kraftregistrierung

registriert werden, z.B. Erdbeben oder Erschütterungen eines Bauwerks durch Fahrzeuge und Maschinen, so verwendet man ein *seismisches Registrierinstrument*, wie dies in Abb. 26 schematisch wiedergegeben ist. Das Gestell *1* ist mit der Unterlage, deren Bewegung registriert werden soll, fest verbunden. Es trägt die durch ein Uhrwerk angetriebene Schreibtrommel *2* und unter Zwischenschaltung einer Feder *3* eine schwere Masse *4*. Der an ihr direkt oder über ein Übertragungssystem befestigte Schreibstift registriert auf der Schreibfläche die Vertikalkomponente der Relativbewegung des Gestelles in bezug auf die schwere Masse. Diese kann nämlich in vertikaler Richtung schwingen und bleibt bei Erschütterungen des Rahmens in Ruhe, hingegen folgt das Gestell den Bewegungen der Unterlage. Die Schwingungen des Feder-Masse-Systems werden durch eine Luft-, Flüssigkeits- oder magnetische Dämpfung gedämpft. Die Eigenschwingungsdauer des schwingungsfähigen Systems muß möglichst groß gegenüber der längsten Periode der aufzuzeichnenden Erschütterung stehen, um eine möglichst fehlerfreie Wiedergabe zu erzielen. Um mit verhältnismäßig kleinen Massen und Federn große Schwingungsdauern zu erreichen, verwendet man das sogenannte umgekehrte Pendel nach Abb. 27. Seine Masse S ruht auf Schneiden mit einem geringen Schwerpunktsabstand a über der Fläche,

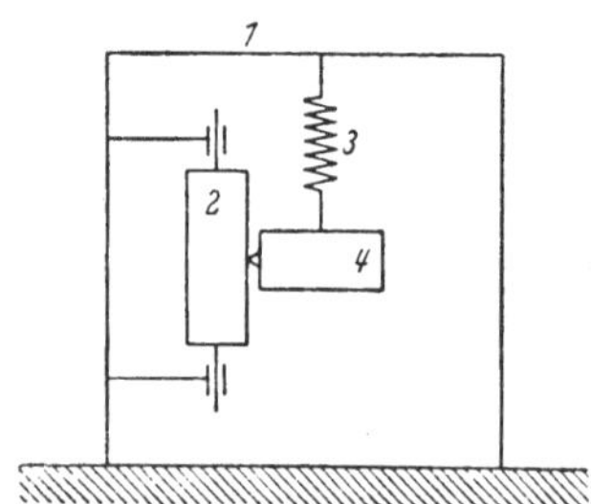

Abb. 26. Grundsätzlicher Aufbau eines Erschütterungsmessers: *1* Gestell, *2* Schreibtrommel, *3* Feder, *4* Masse

deren Horizontalerschütterungen registriert werden sollen. Das Federpaar F', F'' hält das Pendel in seiner senkrechten Ruhelage. Die Relativbewegung zwischen S und der Unterlage wird im Verhältnis der Zeigerlänge zum Schwerpunktsabstand auf einer Trommel registriert.

In Abb. 25b ist ein einfaches *Druckregistrierinstrument* schematisch wiedergegeben. Sein Meßwerk *1* besteht aus einer Aneroid-Druckmeßdose, in welcher der zu messende Druck eine elastische Membran auslenkt. Die Aufwölbung der Membran wird durch eine Hebelübertragung *3* und *4* auf die Schreibfeder übertragen. Das Meßwerk übersetzt also hier eine Kraft in einen Federweg.

Es folgt nun die Beschreibung einiger einfacher weg- und kraftregistrierender Registrierinstrumente.

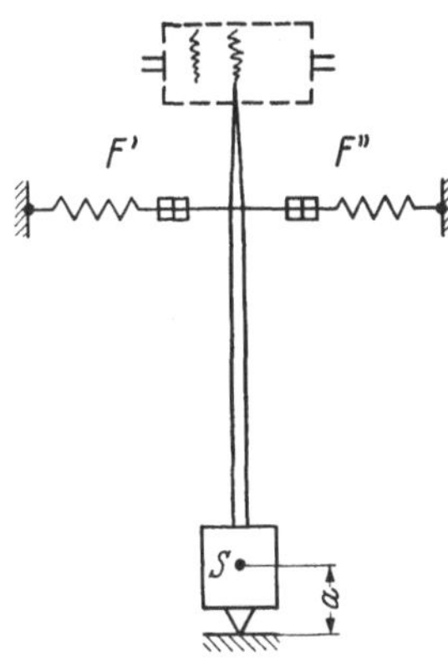

Abb. 27. Grundsätzlicher Aufbau des Horizontalpendels nach WIECHERT

2. Registrierung von Wegen

In Abb. 28 ist der Aufbau eines modernen registrierenden *Schwimmerschreibpegels* der Fa. Askania dargestellt. Der aus seewasserfestem, korrosionsbeständigem Kunststoff bestehende Schwimmer *7* schwimmt auf der Wasseroberfläche, deren Stand registriert werden soll. Der Schwimmer hängt an einem Drahtseil, das über die Seilscheibe *6* läuft und durch das Gegengewicht *8* unter Spannung gehalten wird. Um ein Gleiten des Seiles auf der Scheibe zu vermeiden, ist dieses mit kleinen Nocken versehen, die in entsprechende Aussparungen der Seilscheibe eingreifen. Die Stellung des Schwimmers wird

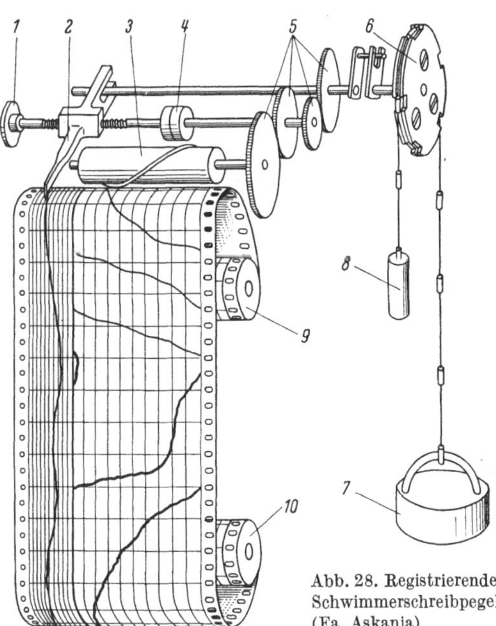

Abb. 28. Registrierender Schwimmerschreibpegel (Fa. Askania)

über ein Getriebe mit auswechselbaren Zahnrädern *5* auf das Schreibsystem übertragen. Dieses besteht aus einem von einer Vorratsrolle *9* ablaufenden Papierstreifen von 120 mm Breite, der bei *10* wieder aufgespult wird. Der Papierstreifen ist in zwei Bahnen unterteilt. Die linke, schmälere dient zur Aufnahme eines Grobschriebs und besitzt eine Metereichung. Die rechte, breitere Bahn bietet Platz für den Feinschrieb. Sie besitzt eine Zentimetereichung und einen Meßbereich von 1 m. Der Schreibstift für den Grobschrieb *2* wird von dem Getriebe über eine Gewindespindel betätigt, während der Feinschrieb von einer Gewindeschreibwalze besorgt wird. Erreicht bei stetiger Wasserstandsänderung die Schreiblinie des Feinschriebs den Rand der Bahn, so beginnt am andern Rand die Fortsetzung. Eine besondere Einrichtung verhindert beim Überschreiten des Gesamtmeßbereichs eine Beschädigung des Meßwerks. Das Meß- und Schreibwerk ist in einem robusten, wasserdichten Gußkasten eingebaut. Die Meßbereiche liegen je nach Wahl der Wechselräder zwischen 1 und 40 m Wasserstandsänderung, die Papiervorschübe durch Uhrwerk oder Synchronmotor zwischen 0,5 und 360 mm/h. Der hier beschriebene Schwimmerschreibpegel erübrigt die großen und unhandlichen Schreibbreiten der bisher üblichen Schreibpegel und bietet dennoch eine höhere Auswertgenauigkeit. Die Pegelschreiber älterer Bauart verwandten meist Schreibtrommeln von 183 mm Durchmesser und 280 bis 640 mm Höhe.

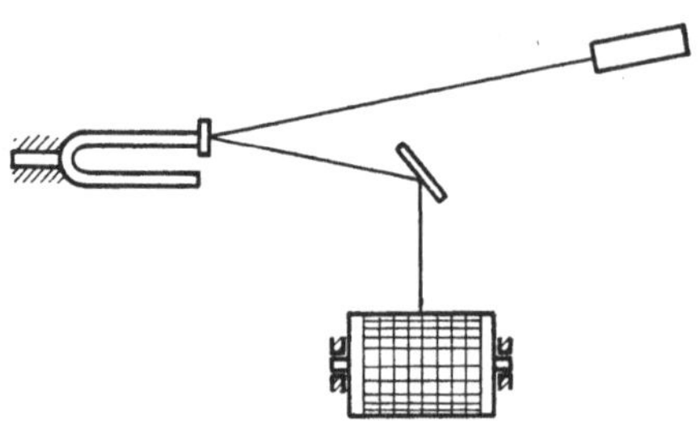

Abb. 29. Spiegelanordnung zur photographischen Aufzeichnung von Stimmgabelschwingungen (nach HARTMANN-KEMPF)

Eine Registrieranordnung zur Aufzeichnung kleiner Winkeländerungen ist in Abb. 29 schematisch dargestellt. Sie arbeitet mit Lichtstrahl und Photopapier und wurde von HARTMANN-KEMPF zur Aufzeichnung von Stimmgabelschwingungen verwendet. An der zu untersuchenden Stimmgabel wird ein leichter Spiegel befestigt, der das Lichtbündel eines kleinen Scheinwerfers auf einen lichtempfindlichen Streifen reflektiert, der auf eine Registriertrommel aufgelegt ist. Eine Zwischenoptik, die das Lichtbündel auf der Schreibfläche fokussiert, ferner Beleuchtungskondensor und -blende sind der Übersichtlichkeit halber weggelassen. Gerät die Stimmgabel in Schwingungen, so bewirkt das mit bewegte Spiegelchen eine der Stimmgabelschwingung proportionale Auslenkung des Lichtstrahls, die auf dem Registrierpapier festgehalten wird [*51*].

3. Registrierung von Kräften

In Abb. 30 ist ein *Druckschreiber* dargestellt, der zur Registrierung z.B. des Druckverlaufs in einem Gasbehälter auf einem Tagesdiagramm verwandt werden kann. Die Aneroiddose (Membranmanometer) ist mit dem Gasbehälter durch eine Rohrleitung verbunden. Bei einer Druckänderung dehnt sich die Dose aus oder zieht sich zusammen, und zwar so lange, bis ihre Federkraft dem Gasdruck das Gleichgewicht hält. Die Dose bewegt dabei mit einer Hebelübertragung das Schreiborgan auf einer Bogenlinie über das von einem Uhrwerk gedrehte Kreisblatt.

Der registrierende *Weicheisenstrommesser* in einer historischen Ausführung nach KOHLRAUSCH (s. Abb. 31) veranschaulicht im Prinzip, wie ein elektrischer Strom zunächst in eine Kraft und dann in den geradlinigen Weg eines Schreiborgans übertragen werden kann. Ein an einer Schraubenfeder frei aufgehängter, konischer Eisenstab wird, geführt von einem Leitdraht, durch das magnetische Feld einer langen, vom Meßstrom durchflossenen Spule nach unten gezogen, und zwar um so stärker, je größer der Strom ist. Bei einer bestimmten Auslenkung tritt Gleichgewicht ein zwischen der magnetischen Kraft und der Federkraft. Mit dem Weicheisenkern fest verbunden ist das Schreiborgan, eine einfache Tintenfeder. Schreibfläche ist ein Trommelblatt, das durch ein Uhrwerk gedreht wird. Die Schraubenfeder ändert in der Mitte ihre Wicklungsrichtung, damit bei der Verlängerung der Feder keine Torsion auftritt und die Schreibfeder über den gesamten Meßbereich mit gleichbleiben-

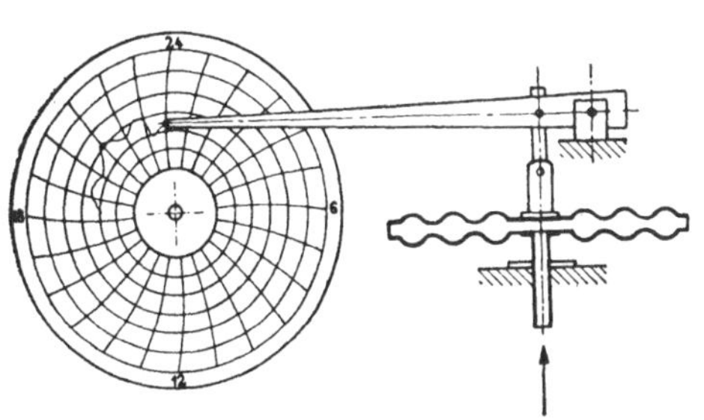

Abb. 30. Druckschreiber (Aneroidmeßwerk) mit Kreiskarte

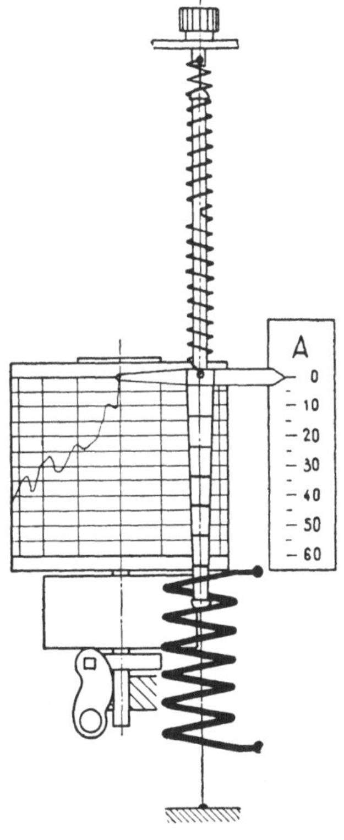

Abb. 31. Historischer Stromschreiber mit Weicheisenmeßwerk (nach KOHLRAUSCH)

dem Druck auf dem Papier aufliegt. Die nicht gezeichnete Dämpfung des Registrierinstruments besteht aus einem Kolben am Ende des

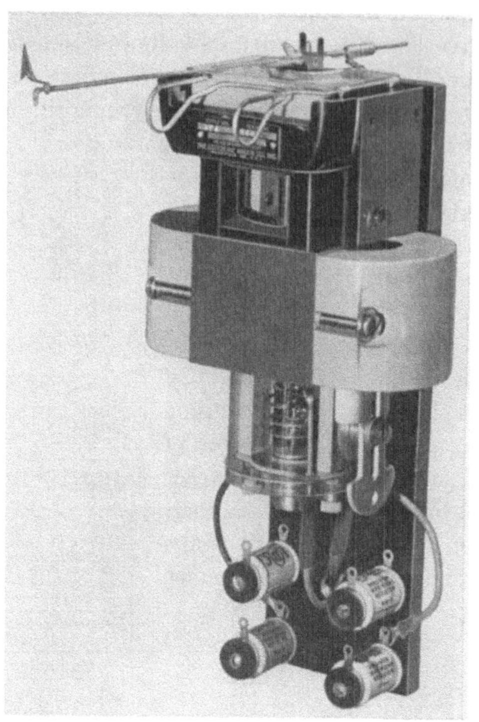

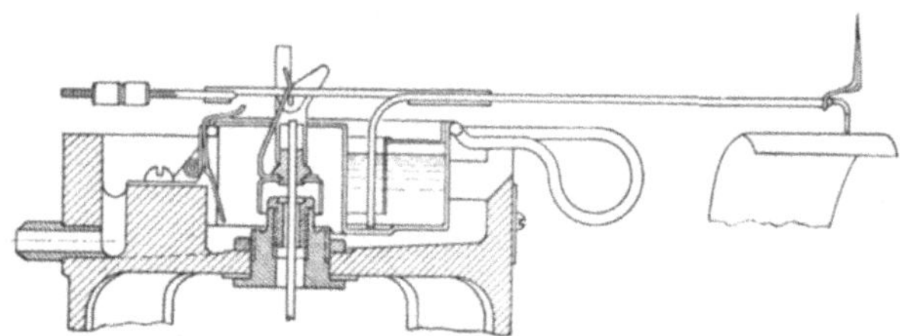

Abb. 32. Drehspulmeßwerk eines Linienschreibers mit Kapillarfeder und Tintentrog (Fa. Esterline-Angus)

Weicheisenkerns, der sich mit wenig Spiel in dem die Spule tragenden, unten geschlossenen Rohr bewegen kann.

Abb. 32 zeigt ein modernes Drehspulmeßwerk zur Registrierung von Gleichstrom und Gleichspannung. Das zapfengelagerte Meßwerk ist mit zwei starken Permanentmagneten (Alnico V) ausgerüstet und wird mit den Standardmeßbereichen 1 mA (Innenwiderstand 1400 Ω) und 5 mA (70 Ω) bei 114 mm Zeigerausschlag ausgeführt. Die Proportionalität zwischen Meßwerkausschlag und Meßstrom ist außerordentlich gut. Die Einstellzeit beträgt etwa 0,5 s. Um die obere Lagerung der Drehachse ist ein Träger gebaut (s. Abb. 32), in den der Tintentrog eingesetzt ist. Dieser befindet sich also ganz nahe an der Drehachse. Die Schreibfeder besteht aus einer Glaskapillare (s. Abb. 8a), deren inneres Ende in den Tintentrog eintaucht und deren äußeres, ebenfalls nach unten gebogenes Ende auf dem Registrierpapier aufliegt. Eine kleine, am äußeren Zeigerende angebrachte Lanzette ermöglicht die Ablesung des Meßwertes auf einer Skala. Der Schreibzeiger liegt in einer Gabel, die am oberen Ende

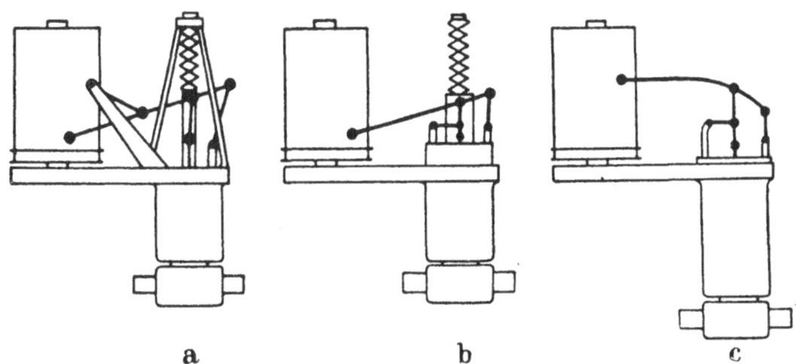

Abb. 33a–c. Indikatoren mit Hebelübertragung: a) mit außenliegender Feder und THOMPSON-Schreibwerk (Fa. Dreyer, Rosenkranz & Droop), b) mit außenliegender Feder und CROSBY-Schreibwerk (Fa. Maihak), c) mit Innenfeder und CROSBY-Schreibwerk (Monteurindikator)

der Drehachse des Meßwerks sitzt. Der Tintentrog ist von einer Rinne umgeben, die verhindern soll, daß überlaufende oder umherspritzende Tinte in das bewegliche System läuft. Der Raumbedarf dieses Meßwerks ist kaum größer als der eines Anzeigemeßwerks. Das Trägheitsmoment des beweglichen Systems ist sehr klein. Die Federreibung kann durch Ausbalancierung des Schreibzeigers mit einem Gegengewicht sehr klein gehalten werden.

Bei der Übertragung des Meßwerkausschlags kraftregistrierender Instrumente auf das Schreiborgan sind ebenso wie bei wegregistrierenden Instrumenten *Hebelübertragungen* notwendig, entweder zur Vergrößerung oder Verkleinerung einer geradlinigen Meßwerkbewegung auf eine der Schreibbreite angepaßte Länge oder zur Übertragung einer drehenden Meßwerkbewegung in einen geradlinigen Weg des Schreiborgans. Vielfach wird bei der Meßwertübertragung durch zwischengeschaltete Kurvenscheiben oder dergleichen eine z. B. quadratische Ausschlagfunktion des Meßwerks in einen linearen Schreibweg übersetzt.

Der Indikator (s. Abb. 33) besitzt als Meßwerk einen Kolbendruckmesser. Der zu registrierende Druck wird dem Meßzylinder zugeführt.

In diesem kann sich ein Kolben gegen die Kraft einer doppelten Schraubenfeder bewegen. Bei der Ausführung nach Abb. 33c ist die Feder innerhalb des Zylinders angeordnet. Der Kolbenweg ist zwar geradlinig, aber zur direkten Registrierung zu klein und muß zuvor durch eine Hebelübertragung vergrößert werden. Die Übertragung darf die Geradlinigkeit und die Linearität der Aufzeichnung nicht beeinträchtigen, damit man aus dem Diagramm die während eines Kolbenhubs geleistete oder aufgewandte Arbeit mit einem Planimeter ermitteln kann. In Abb. **33** sind drei verschiedene Hebelübertragungen dargestellt. Die Registriertrommel wird über ein Triebseil proportional dem Weg des Maschinenkolbens um insgesamt etwa 300° vor- und zurückgedreht. Dabei zeichnet der Schreibstift eine geschlossene Druck-Weg-Kurve auf dem Registrierpapier.

4. Geradführungen

Bei Instrumenten mit drehenden Meßwerken verwendet man häufig Hebelwerke, welche die Drehbewegung des Meßwerks in eine geradlinige Bewegung des Registrierorgans verwandeln. Meist verlangt man von solchen Übertragungen, daß die Bewegung des Registrierorgans proportional der zu messenden Größe bzw. dem Ausschlagswinkel des Meßwerks ist. Man nennt diese Hebelwerke *Geradführungen* [*52*, *53*].

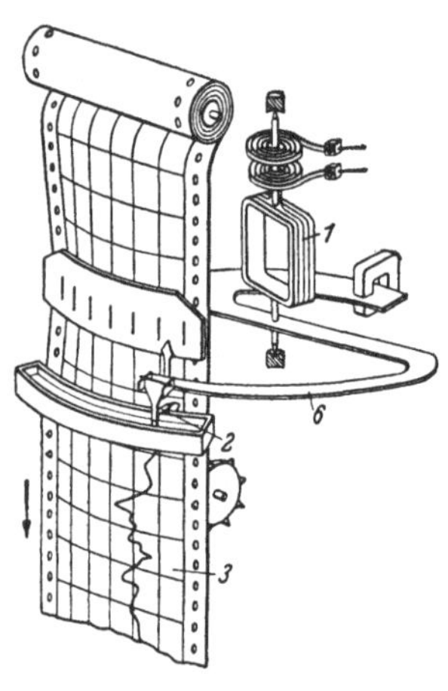

Abb. 34. Aufzeichnung in geradlinigen rechtwinkligen Koordinaten mittels Hakenzeiger (Fa. Hartmann & Braun): *1* bewegliches Organ, *2* Schreibfeder, *3* ablaufender Schreibstreifen, *6* Hakenzeiger

Keiner besonderen Geradführungen bedarf es bei den Fallbügelschreibern und den Lichtstrahloszillographen. Jedoch sind die mit diesen Instrumenten erzeugten Aufzeichnungen mit dem sog. *Tangensfehler* behaftet. Dieser erklärt sich aus dem Unterschied des Tangens eines Winkels zu diesem selbst. Der Tangensfehler ist um so geringer, je größer das Verhältnis der Zeigerlänge zu seinem Winkelausschlag ist. Da dieses Verhältnis bei Lichtzeigeroszillographen meist sehr groß ist, ist hier der Tangensfehler oft vernachlässigbar. Bei der Eichung von Fallbügelschreibern hingegen muß der Tangensfehler berücksichtigt werden.

Die einfachste und genaueste, von der Fa. Hartmann & Braun entwickelte Geradführung erreicht man dadurch, daß man das Registrierpapier an der Schreibstelle über einen zylinderförmig gebogenen Tisch führt (s. Abb. 34). Die Feder muß entweder von der Seite her oder von oben über das Papier greifen (*Hakenzeiger*), um das Papier auf der dem Beschauer zugewandten Seite zu beschreiben.

Der ablaufende Streifen wird der Vorratsrolle entnommen, hinter der Skala, der Schreibfehler und dem Tintentrog hergeführt, durch Stiftenräder nach unten befördert und durch ein Federwerk wieder aufgewickelt. Ein federnder Bügel drückt den Streifen leicht auf den zylin-

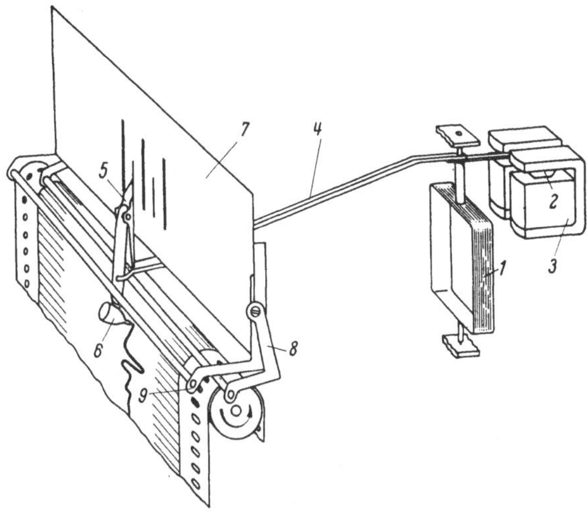

Abb. 35. Schematische Darstellung eines Meßwerks mit Sehnenlenker (Fa. Siemens & Halske): *1* Drehspule, *2* Dämpfungsflügel, *3* Dämpfungsmagnet, *4* Schreibarm, *5* Zeiger, *6* Feder, *7* Skala *8* schwenkbare Arretierungsstange, *9* feste Arretierungsstange

drischen Schreibtisch. Unterhalb der Schreibstelle sind rechts und links Klappen angebracht, welche die Führung des Streifens von 120 mm Breite auf dem Zylindermantel sichern.

Der Hakenzeiger besteht aus Aluminiumblech und besitzt eingepreßte Versteifungsrippen. Eine zur Balancierung des Hakenzeigers dienende rückwärtige Verlängerung desselben ist als Scheibe ausgebildet und trägt Balanciergewichte. Die Scheibe spielt zur Wirbelstromdämpfung der Zeigerbewegung im Luftspalt eines Permanentmagneten. Die Schreibfeder hängt mit Schneiden in Auskerbungen an der Zeigerspitze und berührt mit ihrer Spitze nur leicht das Registrierpapier. Mit ihrem hinteren Ende taucht sie in den Tintentrog ein. Dieser ist etwas länger als die Breite des Schreibtisches und wird zusammen mit der Skala von einem bogenförmigen Hebel getragen, der oben auf einem Träger koaxial zum Zylinderschreibtisch und zur Meßwerksachse drehbar gelagert ist. Man kann mit einem Griff die Skala, den Zeiger und den Tintentrog ganz nach rechts schwenken, wodurch die Bahn für den Streifenwechsel zugänglich wird. Die Hakenzeiger-Registrierinstrumente haben starke Verbreitung gefunden. Es darf allerdings nicht verkannt werden, daß diese Instrumente wegen des großen Trägheitsmoments des Hakenzeigers keine kleine Einstellzeit besitzen und sich nicht in raumsparender Ausführung bauen lassen.

Bei kleinen Schreibbreiten ist der *Sehnenlenker* verwendbar. In Abb. 35 ist eine Ausführung der Fa. Siemens & Halske dargestellt und beschrieben. Der Sehnenlenker ist für Schreibbreiten von 20 bzw. 22 mm bestimmt. Die Feder ist bei diesem System an der Zeigerspitze in einem Scharnier aufgehängt. Hierdurch kann sich die Feder bei drehenden Bewegungen des Meßwerks der ebenen Papierbahn anpassen.

Das in Abb. 36 dargestellte Registrierinstrument der Fa. Evershed & Vignoles hat eine *Tangentengeradführung* mit einer schwenkbar gelagerten Schreibfeder. Diese hängt in einer Gabel, die an der Spitze des in der Vertikalebene parallel zur Papierbahn beweglichen, langen Meßwerkzeigers sitzt. Der ablaufende Streifen wird unter der Feder, welche die Tinte aus einem langen Trog saugt, eine kleine Strecke horizontal geführt. Die horizontale Drehachse des nicht dargestellten Meßwerks ist um einen Betrag, der gleich dem Abstand von den Lagerschneiden der Feder bis zu ihrer Spitze ist, nach rechts versetzt. Der Weg der Schreibfeder ist nahezu dem Zeigerausschlag proportional. Das Instrument kann auch statt mit feststehendem Tintentrog und Kapillarfeder mit einer Napffeder nach Abb. 8c ausgerüstet werden. Der mechanische Nullpunkt des Meßwerks liegt im Gegensatz zu den meisten anderen Registrierinstrumenten rechts, und infolgedessen ist der Registrierstreifen links mit Langlöchern versehen. Die Schreibbreite beträgt bei Einfachschreibern 89 mm, die Streifenbreite 114 mm. Der Antrieb des Aufwickelwerks erfolgt hier über eine elastische Schraubenfedertransmission durch die Papiertransportwalze. Die Übersetzung ist derart gewählt, daß die Aufwickelrolle bei ihrem kleinsten Durchmesser den Streifen noch sicher gespannt hält. Bei wachsendem Durchmesser der aufgewickelten Papierrolle tritt ein entsprechender Schlupf des Federbandes ein.

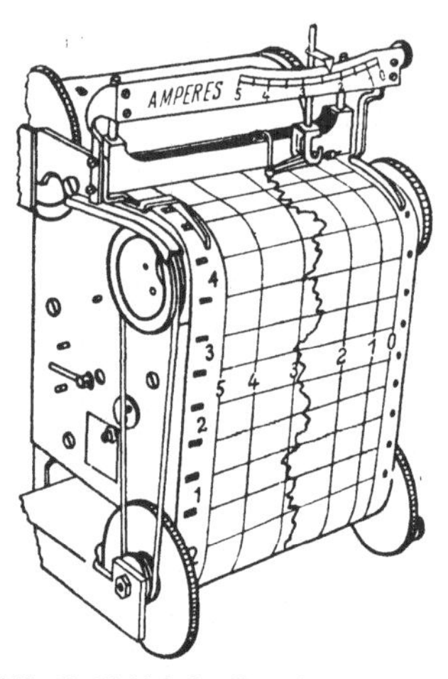

Abb. 36. Elektrisches Registrierinstrument mit Tangentengeradführung (Fa. Evershed & Vignoles)

Während der Sehnenlenker und die Tangentengeradführung nur für beschränkte Schreibbreiten brauchbar sind und außerdem bei der Übertragung einen Tangensfehler mit sich bringen, hat man eine Reihe anderer Lenkermechanismen versucht. Nicht alle Geradführungen, die man kennt, sind in gleichem Maße bei Registrierinstrumenten verwendbar.

Die Aufgabe der Geradführung soll durch möglichst einfache Gelenkverbindungen (Kurbeltriebe) gelöst werden. Die Mechanismen sollen möglichst wenig Gelenke, Führungsrollen und gleitende Teile aufweisen, um das Trägheitsmoment und die Reibung gering zu halten. Außerdem bringt das unvermeidliche Spiel in den Gelenken einen gewissen Einstellfehler mit sich.

In Abb. **37** ist das Schema eines *Dreiecklenkers* (Fa. Dreyer, Rosenkranz & Droop) wiedergegeben, der vorwiegend für mechanische Registrierinstrumente Verwendung findet. Er gewährleistet eine bis zu den äußeren Begrenzungslinien der Schreibbahn reichende Geradführung. Die Stäbe *AB*, *BE* und *EM* mit ihren drehbar gelagerten Eckpunkten bilden ein Gelenkviereck. Die Lager *A* und *M* sind ortsfest. Im Gelenk *E* der Koppel *BE* ist starr mit dieser und senkrecht zu ihr der Schreibarm *EF* mit der Schreibfeder in *F* angebracht. *GG* ist die Schreibebene. Der Stab *EM* ist gleichzeitig Instrumentenzeiger mit der Instrumentenachse in *H*. Bei einer Drehbewegung der Schwinge *EM* beschreibt der Gelenkpunkt *E* eine Kreisbahn *HH*, und bei geeigneter Bemessung der übrigen Bauelemente wird die zwangsläufige Bewegung des Schreiborgans *F* angenähert eine Gerade.

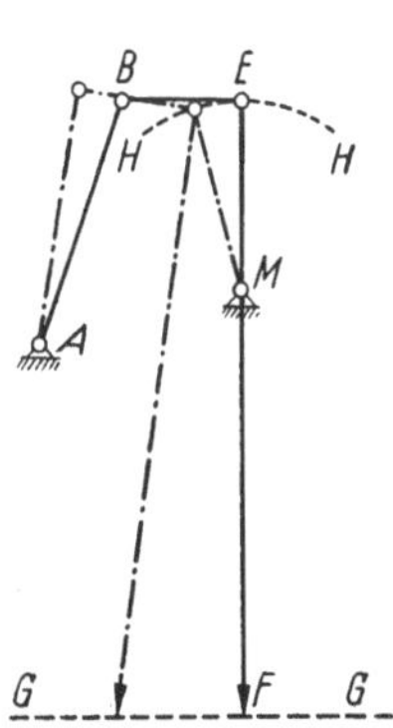

Abb. 37. Schema des Dreiecklenkers (Fa. Dreyer, Rosenkranz & Droop)

Der sog. *Lemniskatenlenker* (Fa. Metrawatt) ist in Abb. 38a schematisch dargestellt. *A* ist die Drehachse des Meßwerks mit dem Zeiger *AB*,

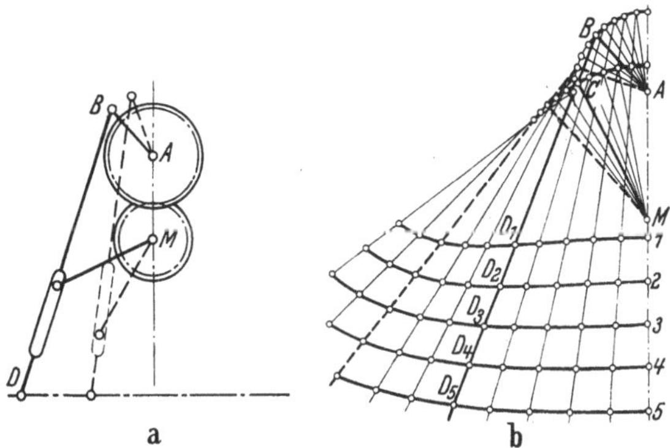

Abb. 38a u. b. Geradführung mit Lemniskatenlenker (Fa. Metrawatt): a) mit einer Gleitbahn, b) ohne Gleitbahn: *M* Drehachse des Meßwerks, *AB* Lenkhebel, *C* Hebelgelenk, *D* Schreibspitze, *1* bis *5* Schreibwege bei verschiedenen Schreibarmlängen

M die Drehachse eines Hebels. Zeiger und Hebel führen den Schreibarm *BD*. Der von *M* kommende Hebel greift in eine Gleitbahn am Schreibarm, er kann auch durch ein Stein- oder Zapfenlager mit diesem drehbar verbunden sein. In beiden Fällen sind jedoch die bei A und M gelagerten Hebelarme durch Zahnräder oder durch Bandübertragung

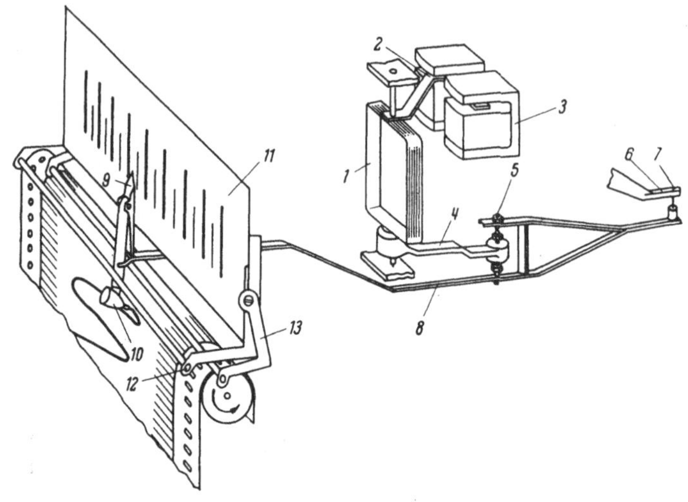

Abb. 39. Schematische Darstellung eines Meßwerks mit Ellipsenlenker für Schreibbreiten von 35 bis 120 mm (Fa. Siemens & Halske): *1* Drehspule, *2* Dämpfungsflügel, *3* Dämpfungsmagnet, *4* Schwenkarm aus Isolierpreßstoff, *5* Lager, *6* Führung, *7* Glasstift, *8* Schreibarm, *9* Zeiger, *10* Feder, *11* Skala, *12* feste Arretierungsstange, *13* schwenkbare Arretierungsstange

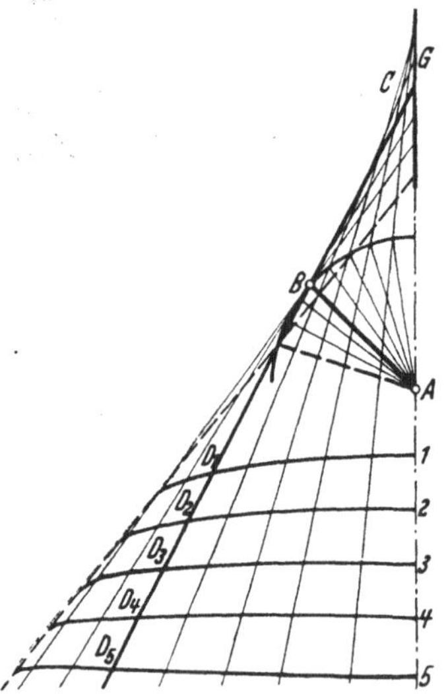

Abb. 40. Geradführung mit Ellipsenlenker: A Drehpunkt des Meßwerks, B Hebelgelenk, CD Schreibarm, G Gleitbahn, D Schreibspitze, *1* bis *5* Schreibarmlängen

miteinander verbunden, um das Hebelwerk sicher über den toten Punkt in der Mittellage hinwegzuführen. In Abb. 38b ist die Bahn der Schreibfeder für verschiedene Schreibhebellängen konstruiert; man erkennt, daß die Kurven *2* und *3* einer Geraden am nächsten kommen.

Der sog. *Ellipsenlenker* soll an Hand von Abb. 39, einer Ausführung der Fa. Siemens & Halske, erklärt werden. Das bewegliche System des Meßwerks *1*, hier eine Drehspule, besitzt einen kurzen Schwenkarm *4*, der in einem Gelenk *5* mit dem Schreibarm *8* verbunden ist. Das rechte Ende des Schreibarmes trägt einen senkrecht stehenden Glasstift *7*, der in der geradlinigen feststehenden Führung *6* gehalten wird. Die Hebelarme sind derart bemessen, daß bei einer Drehung des Meßwerks die Schreibfeder *10* auf dem Registrierpapier praktisch eine geradlinige Bahn beschreibt. In Abb. 40 ist der geometrische Ort der Schreibfeder für verschiedene Schreibarmlängen und Meßwerkausschläge konstruiert. A bedeutet wieder den Drehpunkt des Meßwerks mit dem Hebelarm AB, der bei B mit dem Schreibarm CD durch ein Gelenk verbunden ist. In der Gleitbahn G wird das obere Ende C des Schreibarms auf einer geraden Linie geführt. Es ergeben sich dann bei verschiedenen Winkelausschlägen des Meßwerks und Schreibarmlängen die Linien *1* bis *5* als Weg der Schreibfeder. Die Linie *4* nähert sich hier am besten der Geraden. Der Ellipsenlenker hat im Gegensatz zum Lemniskatenlenker keine labile Lage und benötigt daher keine Zahnradübertragung oder Bandführung.

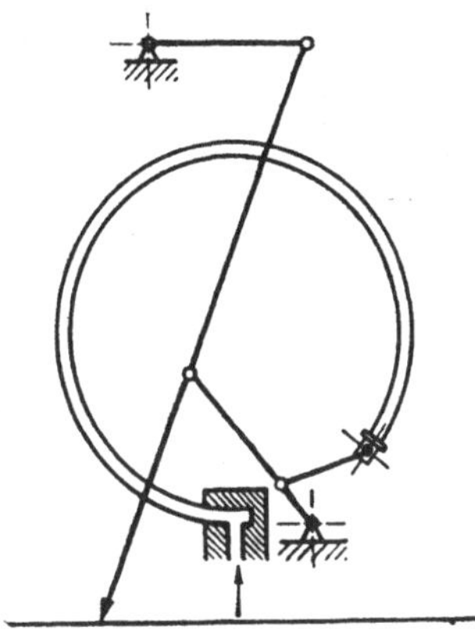

Abb. 41. Druckschreiber (Bourdonmeßwerk) mit Ellipsengeradführung (Fa. Gerätebau-AG. vorm. Schäffer & Budenberg)

Der in Abb. 41 in Verbindung mit einem Druckmeßwerk schematisch dargestellte Ellipsenlenker überträgt die kreisförmige Bewegung des freien Endes einer Bourdonfeder in einen geradlinigen Weg der durch einen Pfeil angedeuteten Schreibfeder. Der Ausschlag der Schreibfeder ist sowohl beim Lemniskatenlenker als auch beim Ellipsenlenker lediglich in einem mittleren Skalenbereich hinreichend genau dem Meßwerkausschlag proportional, gegen Anfang und Ende wird die Teilung etwas enger.

In Abb. 42 ist eine Geradführung der Fa. Metrawatt wiedergegeben. Mit der senkrecht zur Papierebene stehenden Achse A des Meßwerks ist ein kurzer Hebel fest verbunden. An seinem Ende ist ein zweiter kurzer Hebel in Spitzen und Steinen gelagert, der die Bewegung des Meßwerks auf den langen, links gelagerten Hebel ebenfalls mit einem Gelenk ohne Gleitbahn überträgt. Am rechten Ende des langen Hebels befindet sich ein Hängezeiger mit Schreibfeder, deren Weg praktisch geradlinig und proportional dem Ausschlag des Meßwerks ist. Die gute Proportionalität

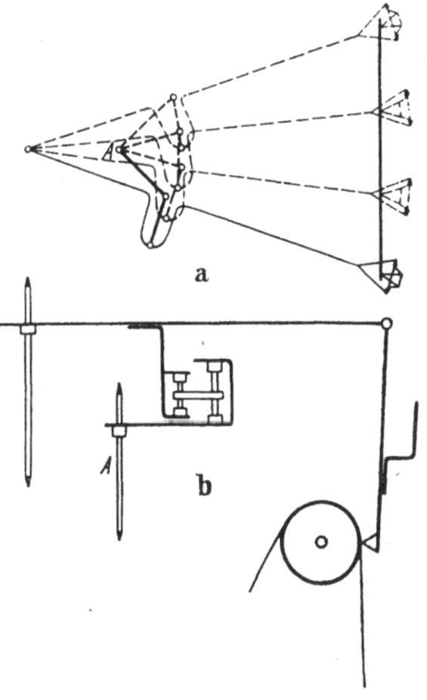

Abb. 42 a u. b. Geradführung mit Hängefeder (Fa. Metrawatt): a) Aufsicht, b) Seitenansicht

wird durch die Verbindung eines Lenkermechanismus mit der Sehnengeradführung erreicht.

Zuletzt sei die sog. *Kulissengeradführung* der Fa. Hartmann & Braun erwähnt. Sie ist in Abb. 43 dargestellt und hat eine gewisse Ähnlichkeit mit dem Ellipsenlenker. Sie unterscheidet sich von diesem dadurch, daß die rückwärtige Verlängerung des Schreibarms seitlich abgebogen ist und sein Ende in einer nach einer bestimmten Funktion verlaufenden Führung (Kulisse) geleitet wird. Diese Anordnung bringt gewisse Vorteile mit sich. Die Reibung in der Kulisse ist sehr gering und beträgt nur einen Bruchteil der Reibung zwischen Feder und Papier.

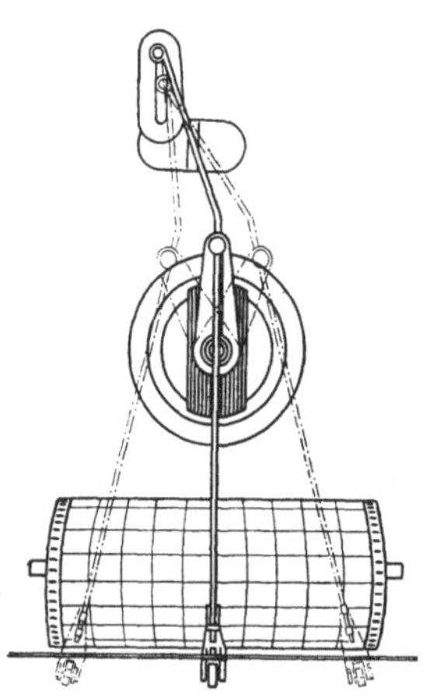

Abb. 43. Kulissengeradführung (Fa. Hartmann & Braun)

5. Registrierung mit Hilfskraft

Bei vielen zu registrierenden Vorgängen liefert der Meßwertfühler eine derart geringe Energie, daß diese nicht zur Betätigung eines Schreibers ausreicht. Vielfach reicht sie zwar prinzipiell aus, man muß aber trotzdem einen anderen Weg zur Registrierung beschreiten, da die dem Meßwertfühler entzogene Energie eine Fälschung der Messung hervorruft. Man hat für solche Fälle Registrierinstrumente erdacht, die dem Meßwertfühler eine nur so geringe Energie entnehmen, daß dies nicht stört. Diese Energie dient lediglich dazu, das Registriermeßwerk zu steuern. Die zur Aufzeichnung der Meßwerte und mitunter auch die zur Einstellung des Meßwerks erforderliche Energie wird Hilfsenergiequellen entnommen.

Der auf S. 22 beschriebene *Fallbügelschreiber* ist bereits als Schreiber mit Hilfskraft anzusprechen. Das sehr empfindliche Meßwerk benötigt nur wenig Energie zu seiner Einstellung. Der Druckvorgang hingegen wird automatisch betätigt und von einer Hilfsenergiequelle betrieben [*54* bis *56*]. Der Fallbügelschreiber wurde in Deutschland entwickelt und hat in den meisten europäischen Ländern, vorwiegend als Temperaturmehrfachpunktdrucker, verbreitete Anwendung gefunden. In den USA hingegen hat der Fallbügelschreiber keinen Fuß gefaßt.

Die *selbsttätigen Kompensatoren*, *Kompensationsschreiber* oder *Kompensographen* gestatten eine nahezu leistungslose Registrierung. Die gesamte zur Registrierung erforderliche Energie wird Hilfsenergiequellen entnommen. Die Kompensationsschreiber, die vorwiegend in Amerika entwickelt und verwendet wurden, erfreuen sich in den letzten Jahren auch in Europa steigender Beliebtheit. Das Bauprinzip eines automatischen Kompensationsschreibers wird verständlich, wenn man sich erinnert, daß bei Messungen von Spannungen mit einem Gleichstromkompensator der Meßgröße ebenfalls keine Energie entzogen wird. Der Kompensationsschreiber muß also im Prinzip ähnlich einem Kompensator aufgebaut sein, bei dem aber der Spannungsabgleich nicht von Hand, sondern automatisch ausgeführt wird und bei dem der abgeglichene Wert nicht abgelesen, sondern von einem Schreiborgan auf einem Schreibstreifen registriert wird.

Die Wirkungsweise eines elektronischen Kompensationsschreibers (Fa. Hartmann & Braun — Siemens & Halske) soll an Hand von Abb. 44 erläutert werden.

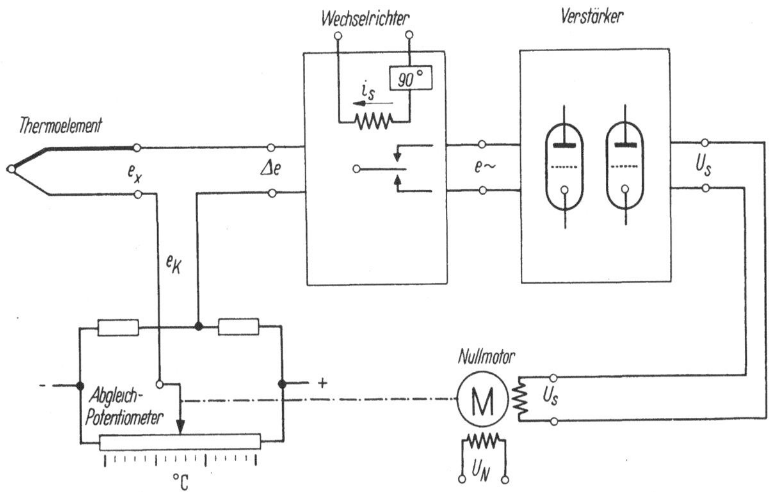

Abb. 44. Schema eines elektronischen Kompensographen (Fa. Hartmann & Braun — Siemens & Halske)

Beim elektronischen Kompensograph wird die zu messende Spannung e_x (hier eine Thermospannung) mit der Diagonalspannung e_k (Kompensationsspannung) einer Wheatstoneschen Brücke verglichen. Weichen die beiden Spannungen voneinander ab, so entsteht eine Differenzgleichspannung Δe, und zwar ist diese, je nachdem ob die Kompensationsspannung größer oder kleiner als die Meßspannung ist, positiv oder negativ. Diese Differenzspannung wird einem Wechselrichter zugeführt, der die Gleichspannung in eine Wechselspannung $e_\sim$ verwandelt. Diese wird anschließend in einem mehrstufigen Röhrenverstärker erheblich verstärkt zu U_s und gelangt dann in die Steuerwicklung eines Nullmotors. Dieser bewegt entsprechend der Polarität der Differenzgleichspannung den Abgriff des Abgleichpotentiometers in der Brücke nach rechts oder links, und zwar so lange, bis Meßspannung und Kompensationsspannung wieder gleich sind ($\Delta e = 0$). Die Stellung des Potentiometerabgriffs kennzeichnet den Wert der zu messenden Spannung und wird durch einen Seilzug auf die Anzeige- und Schreibvorrichtung übertragen.

Beim Einkurvenlinienschreiber bewegt der Nullmotor einen Schreibwagen. Dieser trägt die Tintenfeder und einen Tintenvorratsbehälter (s. z. B. Abb. 7h). Das Schreibwerk des Mehrkurven-Punktdruckers besteht aus einem Druckkopf (s. Abb. 12,13 u. 14) und einem automatischen Meßstellenumschalter.

B. Bedingungen für die richtige Meßwertübertragung

Ein Registrierinstrument soll im Diagramm den zeitlichen Verlauf einer Meßgröße möglichst ohne Fehler wiedergeben. Dies ist jedoch in Strenge nicht möglich. Die Masse bzw. das Trägheitsmoment des beweglichen Organs, des Schreiborgans und seiner Übertragungselemente, weiterhin die Dämpfung und Lagerreibung bedingen gewisse *Aufzeichnungsfehler*, die nachfolgend besprochen werden sollen und die insbesondere bei raschen Änderungen der Meßgröße in Erscheinung treten.

Von den Anzeigeinstrumenten ist bekannt, daß diese eine gewisse Einstellzeit besitzen. Das ist diejenige Zeit, nach welcher der Zeiger bei einer Änderung der Meßgröße den neuen Anzeigewert mit einer gewissen Toleranz erreicht. Um die Einstellzeit so klein wie möglich zu machen, muß man die Dämpfung etwa aperiodisch wählen, so daß der Zeiger den neuen Anzeigewert nicht kriechend, aber auch nicht mehr allzu sehr schwingend erreicht. Da eine kurzzeitige Überschreitung des Anzeigewertes während des Einstellens des Zeigers wesentlich angenehmer als eine kriechende Einstellung ist, wählt man im allgemeinen bei Anzeigeinstrumenten eine leicht schwingende Einstellung und erreicht damit außerdem, daß die Einstellzeit etwa ihren kleinst möglichen Wert annimmt.

Im Gegensatz zu Anzeigeinstrumenten studiert man mit Registrierinstrumenten insbesondere den zeitlichen Verlauf auch rasch veränderlicher Meßgrößen. Damit man aus einem Diagramm keine Trugschlüsse zieht, ist es unumgänglich, zu wissen, welche Amplituden- und zeitlichen Verzerrungen bei der Aufzeichnung auftreten können. Die Kenntnis der Aufzeichnungsfehler ist ferner erforderlich, um zur Registrierung eines vorgegebenen Vorgangs dasjenige Instrument auszuwählen, dessen Eigenschaften ausreichend sind, ferner um die Leistungsgrenzen eines Instruments zu erkennen [*57* bis *59*].

Wie bereits ausgeführt, unterscheidet man weg- und kraftregistrierende Instrumente. Von beiden muß man vor allem verlangen, daß sie ohne Rückwirkung auf die zu messende Größe arbeiten, d.h. daß die Bewegung des Schreiborgans die Meßgröße nicht verfälscht. Frank [*60*] gibt dazu an: „Die Rückwirkung eines kraftregistrierenden Systems bemißt sich nach der Änderung der Bewegung, die es hervorruft; die Rückwirkung eines bewegungsregistrierenden Systems nach der Kraftänderung, die es erzeugt.“ Zwei praktische Beispiele mögen dies erläutern: Bei einem Druckschreiber dürfen die Durchbiegung und der Durchmesser der federnden Membran nicht so groß sein, daß die dadurch bewirkte Volumenänderung den z. B. in einem Gefäß zu messenden Druck beeinflußt. Bei einem Schwingungsschreiber dürfen die Beschleunigung und das Gewicht der federnd gelagerten Masse nur so groß sein, daß die zu registrierenden Schwingungen nicht von ihnen beeinträchtigt werden. So kann z. B. ein schwerer Seismograph nicht zur Registrierung von Fahrzeugschwingungen benutzt werden usw.

Nahezu jedes Registriersystem bildet ein schwingungsfähiges System, da gewisse Organe eine Masse bzw. ein Trägheitsmoment besitzen, andere hingegen mit einer elastischen Richtkraft behaftet sind. Ferner besitzen diese Systeme meist eine definierte Dämpfung.

Die elastische Richtkraft bewirkt, daß sich ein System auf einen stabilen Endwert einstellt, wenn es mit einer konstanten Meßgröße beschickt wird. Das Trägheitsmoment und die Dämpfung hingegen verhindern, daß dieser Endwert unmittelbar nach Aufgabe der Meßgröße eingenommen wird. Das System kann einer raschen Änderung der Meßgröße nicht augenblicklich folgen. Es wird sich, je nach Instrument und Schaltung verschieden, mehr oder weniger schnell, pendelnd oder kriechend auf den Endwert einstellen.

Das Zusammenspiel aller Kräfte bei der Auslenkung des Systems eines Registrierinstruments läßt sich am besten überblicken, wenn man die Kräftebilanz des Systems mathematisch aufstellt. Man erhält damit die Bewegungsgleichung des Systems in differentieller Form. Charakteristische Lösungen derselben geben Aufschluß über die Verzerrungen der Aufzeichnung. Zur Aufstellung der Bewegungsgleichung wählen wir ein spezielles kraftregistrierendes Meßwerk, den Drehspulschreiber.

Betrachten wir ein in Bewegung befindliches Drehspulsystem, das zu irgendeinem Zeitpunkt t um den Winkel φ aus seiner Ruhelage ausgelenkt ist und sich mit der Winkelgeschwindigkeit $d\varphi/dt$ dreht.

Der die Spule durchfließende Strom i prägt dem beweglichen System ein Drehmoment M_i ein, das in guter Näherung proportional i ist.

$$M_i = q\,i\,,$$

q ist eine Proportionalitätskonstante.

Die Federn üben ein der Auslenkung φ proportionales, aber ihr entgegengesetztes Rückstellmoment M_d auf das bewegliche System aus:

$$M_d = -D\varphi\,.$$

Die Proportionalitätskonstante D wird als Direktionskraft bezeichnet.

Die Dämpfung des Systems wird durch induzierte Ströme, Wirbelströme, eine Flüssigkeit oder die Luft bewirkt und äußert sich in einem der Winkelgeschwindigkeit $\frac{\mathrm{d}\varphi}{\mathrm{d}t}$ proportionalen, aber ihr entgegengerichteten Dämpfungsmoment M_p:

$$M_p = -p \frac{\mathrm{d}\varphi}{\mathrm{d}t},$$

p wird als Dämpfungskonstante bezeichnet.

Gemäß dem Trägheitsgesetz bewirken die Massenkräfte des beweglichen Systems ein Moment der Trägheit M_k, das proportional der Winkelbeschleunigung $\frac{\mathrm{d}^2\varphi}{\mathrm{d}t^2}$, dieser aber entgegengesetzt gerichtet ist:

$$M_k = -K \frac{\mathrm{d}^2\varphi}{\mathrm{d}t^2}.$$

K ist das Trägheitsmoment des beweglichen Systems.

Die Gesamtheit dieser Momente ist zu jedem Zeitpunkt t im Gleichgewicht, d.h. ihre Summe ist Null:

$$M_k + M_p + M_d + M_i = 0.$$

Damit ergibt sich die *Schwingungsdifferentialgleichung* des Systems:

$$K \frac{\mathrm{d}^2\varphi}{\mathrm{d}t^2} + p \frac{\mathrm{d}\varphi}{\mathrm{d}t} + D\varphi = q i.$$

Diese Gleichung enthält in impliziter Form den Zusammenhang der Auslenkung φ in Abhängigkeit der Zeit t als Funktion des aufgezwungenen Stroms $i(t)$, der als Funktion der Zeit vorgegeben ist. Es interessieren nun die Lösungen dieser Schwingungsgleichung bei einfachen, aber charakteristischen Stromverläufen, denn diese zeigen bereits die wichtigsten Merkmale der Systembewegung. Sollte es darüber hinaus notwendig erscheinen, einmal die Bewegung φ für einen Strom komplizierteren Verlaufs vorauszubestimmen, so ist dies mit Hilfe der erwähnten charakteristischen Lösungen möglich unter Anwendung der LAPLACE- oder der FOURIER-Transformation.

Macht man die Dämpfung zu Null ($p = 0$) und stößt das System durch einen kurzen Stromstoß an, so vollführt es periodische Schwingungen um die Nullage. Diese Schwingungen sind ebenfalls ungedämpft und besitzen die *Schwingungsdauer* T_0:

$$T_0 = 2\pi \sqrt{\frac{K}{D}}.$$

Der Reziprokwert ν_0 der Schwingungsdauer, das ist die Zahl der Eigenschwingungen pro Zeiteinheit, wird mit Eigenfrequenz bezeichnet:

$$\nu_0 = \frac{1}{T_0}.$$

Einer der wichtigsten und häufig vorkommenden Fälle ist der *Einschaltvorgang.* In einem bestimmten Augenblick wird ein konstanter Strom i auf das in Ruhe befindliche Instrument geschaltet. Wie bereits gesagt, wird sich der Ausschlag nach einiger Zeit um einen konstanten Wert geändert haben; dieser beträgt $q/D \cdot i$. Die zwischen der Ausgangslage und dem Endausschlag erfolgende Bewegung des Systems bezeichnet man als *Einschwingvorgang.* Dieser hat verschiedenes Aussehen, je nach Größe des als *Dämpfungsgrad* bezeichneten Parameters α (s. Abb. 45):

$$\alpha = \frac{p\,T_0}{4\pi K} = \frac{p}{2\sqrt{D K}} = \frac{\pi p}{D\,T_0}.$$

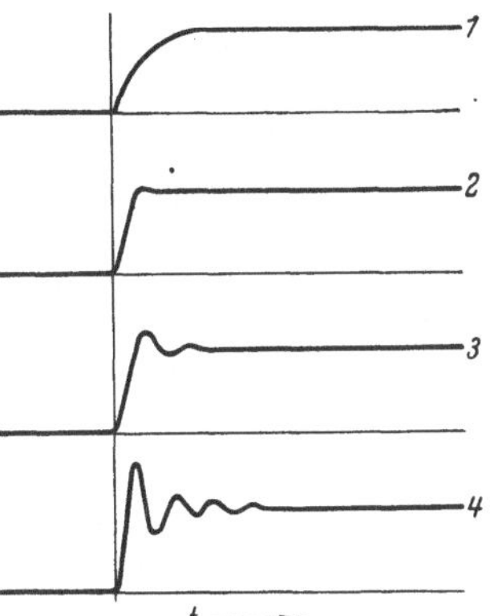

Abb. 45. Einschaltvorgang bei den Dämpfungsgraden $\alpha \approx 1$ (1); $\alpha \approx 0{,}7$ (2); $\alpha \approx 0{,}5$ (3) und $\alpha \approx 0{,}3$ (4)

Bei $\alpha \geq 1$ stellt sich das System kriechend in die neue Gleichgewichtslage ein, bei $\alpha < 1$ pendelnd. Der Fall $\alpha = 1$, bei dem gerade noch kriechende, aber gerade nicht mehr schwingende Einstellung eintritt, wird als *aperiodischer Grenzfall* bezeichnet; entsprechend nennt man die Einschwingvorgänge für $\alpha > 1$ überaperiodisch und für $\alpha < 1$ unteraperiodisch.

Besondere Bedeutung hat weiter der Fall, daß ein rein sinusförmiger Meßstrom auf das System geschickt wird. Dieser Strom habe die Amplitude i_0 und die Frequenz ν. Die für diesen Fall gültige Lösung der Schwingungsgleichung zeigt, daß auch der Ausschlag des Registriersystems periodisch mit der gleichen Frequenz ν wie der Meßstrom verläuft. Es zeigt sich weiter, daß die Amplitude φ_0 des Ausschlags vom Verhältnis ν/ν_0 und vom Dämpfungsgrad α abhängt, und darüber hinaus, daß der Ausschlag ν_0 dem Meßstrom nacheilt. Die Nacheilzeit t_v ist ebenfalls eine Funktion von ν/ν_0 und α. Die Größe $\dfrac{\varphi_0}{\frac{q}{D}\,i_0}$ wird als Abbildungsmaßstab M bezeichnet. In Abb. 46 und 47 ist eine graphische Darstellung des Abbildungsmaßstabs M und der relativen Verzögerungszeit $2\pi t_v/T_0 = \tau_v$ in Abhängigkeit des Frequenzverhältnisses $\nu/\nu_0 = \eta$ bei verschiedenen Dämpfungsgraden α als Parameter wiedergegeben. Diese Darstellungen gelten für kraftregistrierende Instrumente. Für wegregistrierende Instrumente erhält man die gleichen Kurven, wenn man η durch $1/\eta$ ersetzt.

Die M-Kurven beginnen im Punkte $\eta = 0$ (bei kraftregistrierenden Instrumenten) bzw. $1/\eta = 0$ (bei wegregistrierenden Instrumenten) mit dem Wert $M = 1$, und zwar mit horizontaler Tangente. Mit η bzw. $1/\eta \gg 1$ geht M asymptotisch mit $1/\eta^2$ gegen 0. Während die M-Kurven mit $\alpha \geq 1/\sqrt{2}$ kein Maximum aufweisen, tritt bei denjenigen mit $\alpha < 1/\sqrt{2}$ eine Resonanzstelle auf. Diese ist um so ausgeprägter, je kleiner α ist. Für $\alpha = 0$ ist sie ∞ und liegt an der Stelle $\eta = 1$. Mit ansteigendem α bewegt sich die Resonanzstelle nach kleineren η- bzw. $1/\eta$-Werten hin.

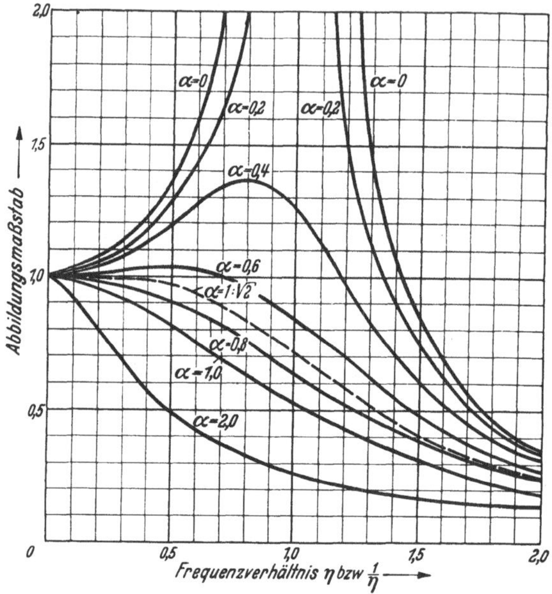

Abb. 46. Abhängigkeit des Abbildungsmaßstabs M vom Frequenzverhältnis η bzw. $1/\eta$ für verschiedene Dämpfungsgrade α als Parameter

Die τ_v-Kurven beginnen im Punkte η bzw. $1/\eta = 0$ mit dem Wert $2\pi t_v/T_0 = 2\alpha$ und verlaufen von hier aus mit horizontaler Tangente. Mit η bzw. $1/\eta \gg 1$ gehen sie asymptotisch gegen 0. Für $\eta = 1$ ist für alle Kurven unabhängig von α

$$2\pi \frac{t_v}{T_0} = \frac{\pi}{2}.$$

Von einem idealen Registrierinstrument würde man verlangen, daß für irgendeinen Wert α M und τ_v konstant, unabhängig von η sind. Ein solches Meßwerk würde jeden beliebig verlaufenden Vorgang formgetreu, allerdings mit einer gewissen Verzögerungszeit aufzeichnen. Wie aus den Darstellungen Abb. 46 und 47 zu ersehen ist, gibt es ein solches Instrument leider nicht. Man wird daher die Eigenfrequenz eines kraftregistrierenden Instruments möglichst groß, die eines wegregistrierenden Instruments möglichst klein gegenüber den Frequenzen des aufzuzeichnenden

Vorgangs zu wählen haben. Die geringste Abhängigkeit des Abbildungsmaßstabs von der Frequenz hat man etwa für den Dämpfungsgrad $\alpha = 0{,}6$, die geringste Abhängigkeit der Verzögerungszeit für $\alpha = 0{,}8$. Als Kompromiß zwischen beiden Forderungen erhält man für Registrierungen den günstigsten Dämpfungsgrad zu $\alpha = 0{,}7$. Theoretisch ergibt sich nach der Methode der kleinsten Quadrate der Optimalwert genauer zu $\alpha = 1/\sqrt{2} = 0{,}707$.

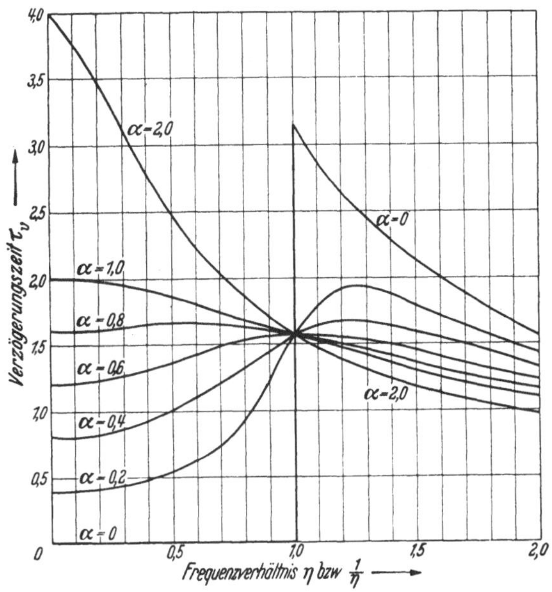

Abb. 47. Abhängigkeit der relativen Verzögerungszeit τ_v vom Frequenzverhältnis η bzw. $1/\eta$ für verschiedene Dämpfungsgrade α als Parameter

Die hier geschilderten Ergebnisse theoretischer Überlegungen sollen an Hand einiger Beispiele veranschaulicht und die sich daraus ergebenden praktischen Folgerungen aufgezeigt werden. Bei dem für Registrierungen günstigsten Dämpfungsgrad $\alpha = 0{,}7$ ergibt sich, daß bei kraftregistrierenden Instrumenten alle Frequenzen ν im Gebiet $0 \leq \nu < 0{,}5\,\nu_0$ mit einem Fehler von etwa $\pm 4\%$ amplitudengetreu und mit annähernd gleicher Verzögerungszeit $t_v/T_0 \approx 0{,}223$ wiedergegeben werden. Höhere Frequenzen werden mit kleineren Abbildungsmaßstäben und kleineren Verzögerungszeiten registriert. Es ist bekannt, daß ein beliebiger Vorgang, der registriert werden soll, mit Hilfe einer mathematischen Fourier-Zerlegung in eine Vielzahl von Frequenzen ν zerlegt werden kann. Von diesen werden dann nach obigen Überlegungen nur diejenigen im Diagramm getreu wiedergegeben, die kleiner als die Hälfte der Eigenfrequenz ν_0 des ungedämpften Registrierinstruments sind. Alle höheren

Teilfrequenzen werden mehr oder minder fehlerhaft wiedergegeben. Soll nun ein bestimmter Vorgang registriert werden, so hat man zunächst zu überlegen, wie groß die Eigenfrequenz ν_0 des zur Verwendung kommenden Registrierinstruments sein muß, um den Vorgang einigermaßen getreu zu registrieren. Die Wahl von ν_0 hängt in entscheidender Weise von der Beschaffenheit des zu registrierenden Vorgangs ab. Ist dieser z.B. rein sinusförmig mit der Frequenz ν_{gr}, so genügt es, $\nu_0 \approx 2\,\nu_{gr}$ zu wählen, ist er dagegen zwar periodisch mit der Grundfrequenz ν_{gr}, aber gegenüber einem sinusförmigen Vorgang verzerrt, so muß man eine höhere Meßwerkfrequenz ν_0 wählen. Ein dreieckförmiger oder gar rechteckförmiger periodischer Vorgang enthält z.B. außer seiner Grundfrequenz ν_{gr} noch eine sehr große Zahl höherer harmonischer Frequenzen, die ganzzahlige Vielfache $n\,\nu_{gr}$ der Grundfrequenz sind ($n = 2, 3 \ldots$). Die Anteile dieser höheren Harmonischen am Gesamtvorgang werden jedoch mit steigender Ordnungszahl n immer geringer. So hat z.B. die 3. Harmonische bei einem symmetrischen rechteckförmigen periodischen Vorgang nur ein Drittel der Amplitude der Grundwelle, die 5. Harmonische ein Fünftel usw.; die geradzahligen Harmonischen kommen hier nicht vor. Verlangt man, daß der Gesamtvorgang mit einem Fehler von nur $\pm$ 5% registriert werden soll, so darf also die Grundwelle mit nur etwa einem Fehler von $\pm$ 5%, gleichzeitig die 3. Harmonische mit $\pm$ 15%, die 5. mit $\pm$ 25% usw. fehlerhaft registriert werden. Hiermit ergibt sich an Hand von Abb. 46, daß $\nu_0 \geq 8\,\nu_{gr}$ sein muß. Da die Rechteckschwingung bereits ein sehr stark verzerrter Vorgang ist und die meisten der zu registrierenden Vorgänge in der Regel weniger stark verzerrt sind, genügt es meist, je nach dem Grad der Verzerrung ν_0 zwischen $2\,\nu_{gr}$ und $8\,\nu_{gr}$ zu wählen. Als grobe Faustregel kann gelten: $\nu_0 \approx 5\,\nu_{gr}$. Ein Meßwerk mit der Eigenfrequenz $\nu_0 = 100$ Hz und dem Dämpfungsgrad 0,7 registriert z.B. alle periodischen Vorgänge annähernd richtig, deren Frequenzen zwischen 0 und 50 Hz liegen und sinusförmig sind bzw. zwischen 0 und 13 Hz, wenn sie rechteckförmig sind. Die Verzögerungszeit dieses Meßwerks beträgt $t_v \approx 2{,}2$ ms. Bei schwingender Einstellung kann man die Dämpfung eines Meßwerks nach dem Einschwingvorgang beurteilen. Als Kriterium kann die erste Überschwingung herangezogen werden, die sich in der Registrierung als kleine Zacke bemerkbar macht (s. Abb. 45). Die Zacke hat bei einem Dämpfungsgrad $\alpha = 0{,}7$ eine Höhe von 4,5% des Endausschlags. Soll die Überschwingung nur 1% betragen, so muß man den Dämpfungsgrad auf 0,83 einstellen. Man erkennt in Abb. 45 ferner, daß die Zeit, die vom Einschalten des Stromstoßes an verstreicht, bis sich das Meßsystem mit einer Toleranz von z.B. 1% auf den Endwert eingestellt hat, wesentlich vom Dämpfungsgrad abhängt (Einstellzeit t_e). Beim Dämpfungsgrad $\alpha = 1$ beträgt z.B. t_e/T_0 1,03, bei $\alpha = 0{,}83$ nur 0,67. Bei noch kleinerem α nimmt t_e dagegen wieder zu. Bei dem Dämpfungsgrad $\alpha = 0{,}7$ erreicht man die 4,5%-Toleranzgrenze des Endwertes nach der Einstellzeit $t_e/T_0 = 0{,}48$.

Die Einstellung des Dämpfungsgrades auf den gewünschten Wert geschieht durch Regulierung des Dämpfungsorgans des Meßwerks. Die Dämpfungsorgane sind recht verschiedenartig. Man findet Meßwerke mit Reibungsdämpfung, Luftdämpfung, Öldämpfung und Wirbelstromdämpfung. Bei elektrischen Drehspulmeßwerken ist die elektrodynamische Dämpfung durch den Schließungswiderstand des Meßkreises üblich. Auch kann man die Dämpfung elektrischer Meßwerke durch Kunstschaltungen beeinflussen, z.B. durch Parallelschaltung eines Kondensators oder besser eines Reihenresonanzkreises zum Meßwerk [*61*]. Bei mechanisch überaperiodisch gedämpften Systemen kann man die Einstellzeit mit einem passend bemessenen Parallelkondensator zum Vorwiderstand verringern.

C. Die Auswertung von Diagrammen

Bei der quantitativen *Auswertung* eines Diagramms ist es erforderlich, diesem einzelne Wertepaare zu entnehmen. Diese Arbeit ist besonders einfach, wenn man zur Aufzeichnung ein Registrierpapier mit Eichteilung verwendet. In diesem Fall kann man wie bei einem Meßgerät mit geeichter Skala oder wie bei einer graphischen Darstellung verfahren; das Koordinatennetz ist bereits mit der richtigen Bezifferung der Meßwerte versehen. Bei technischen Registrierinstrumenten sind deshalb Registrierpapiere mit Eichteilung sehr verbreitet. Sie sind allerdings verhältnismäßig teuer. Da für jedes Registrierinstrument ein individuelles Registrierpapier benötigt wird, ist bei umfangreichen Registrieranlagen eine größere Lagerhaltung an Registrierpapieren erforderlich. Man benutzt aus diesem Grunde häufig Registrierpapiere mit cm-Teilung oder mit „Zehnteilung“, bei der die nutzbare Breite des Schreibstreifens in zehn gleiche Teile unterteilt ist, die ihrerseits wieder unterteilt sind, und nimmt eine etwas umständlichere Auswertung in Kauf. Zur Auswertung benötigt man die Eichkurve des Instruments, welche den Zusammenhang zwischen dem Ausschlag des Meßwerks in Längeneinheiten und der Meßgröße gibt. Mit Hilfe eines Stechzirkels z.B. kann man aus dem Diagramm einzelne Meßwerte entnehmen und auf einer Eichskala abtragen. Einfacher ist jedoch die Auswertung mit einem Glas- oder Zellonlineal, in das die Eichteilung eingraviert ist und das man auf das Diagramm legt (s. Abb. 48) [*62*]. Zuweilen werden auch gedruckte schmale Papierskalen zum Aufkleben oder Auflegen auf das Diagramm geliefert.

Zum bequemen Auf- und Abrollen langer Streifen gibt es besondere Vorrichtungen, in denen man mit einer Kurbel den Streifen von einer

Aufbewahrungsrolle auf eine zweite Rolle aufspult, wobei er über einen durchleuchteten Auswerttisch läuft.

Schwieriger gestaltet sich die Auswertung von Diagrammen mit Licht-, Ruß- oder Ritzschrift, die im allgemeinen keine Koordinatenteilung tragen. Bei ihnen müssen vor, während oder nach der Registrierung Zeit- und Eichmarken aufgebracht werden. Manche Registrierinstrumente haben zu diesem Zweck sog. Basisfedern, die an einem oder beiden Rändern des Registrierstreifens Null- und Endlinien schreiben. Zeitmarken zu Beginn und am Ende der Registrierung, am einfachsten durch mechanische Auslenkung der Schreibfeder und Vergleich mit einer Uhr geben die Grundlage für eine Zeiteinteilung. Will man auch während der Registrierung Zeitmarken anbringen, was insbesondere dann von Wichtigkeit ist, wenn ein ganz zeitproportionaler Papiervorschub nicht gewährleistet ist, so bedient man sich dazu einer zusätzlichen Schreibfeder, die von einer Uhr oder einer Normalfrequenz gesteuert wird. Zur Auswertung des Diagramms verwendet man auch hier oft eine Skala mit Eichteilung. Bei bogenförmigen Koordinaten ist der richtigen Zuordnung eines Meßwerts zu dem entsprechenden Zeitwert besondere Beachtung zu schenken. Viele Lichtschreiber haben Einrichtungen, um während der Registrierung sowohl eine Eichteilung als auch eine Zeitteilung einzublenden [*63*, *64*]. Nach der Entwicklung wird außer dem Diagramm ein feines Koordinatennetz auf dem Papier sichtbar. Diese Methode schaltet Fehler aus, die durch Verzerrung des photographischen Papiers während des Entwicklungs- und Trocknungsprozesses entstehen können.

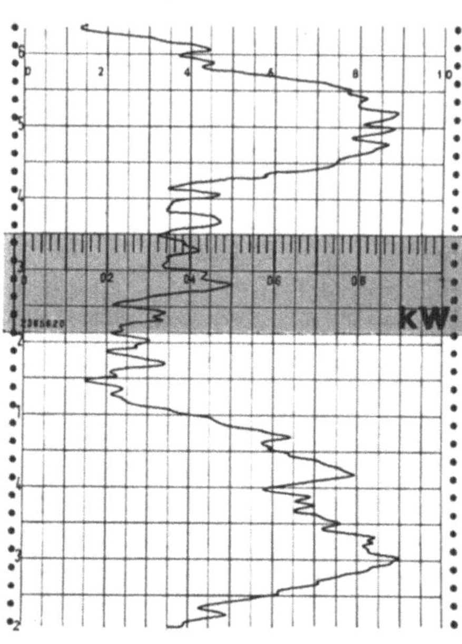

Abb. 48. Streifendiagramm mit Auswertlineal

Eines besonderen Auswertverfahrens bedürfen die Registrierungen der Mikroritzschreiber. Die geringe Strichbreite von z. B. nur 2μ, die man ohne besondere Schwierigkeiten erreichen kann, erlaubt zur Auswertung eine 200fache Vergrößerung des Diagramms. Der Strich erscheint dann nicht breiter als eine mit einer Tintenfeder gezogene Linie ohne Vergrößerung. Der Vorteil der sehr kleinen Registrierfläche, die für viele Zwecke von ausschlaggebender Bedeutung ist, muß allerdings durch die kompliziertere Auswertung unter dem Mikroskop mit Vertikalilluminator und Okularmikrometer erkauft werden. Man kann von Mikrodiagrammen photographische Vergrößerungen anfertigen, die wie normale Diagramme ausgewertet werden können.

Eine wesentliche Voraussetzung für die Erfassung von Einzelheiten bei der Auswertung ist ein genügend feiner Strich und ein richtiger Papiervorschub. Die *Strichstärke* hängt bei der Aufzeichnung mit Tinte und Feder, Ruß- oder Wachsschrift u. a. mechanischen Schreibverfahren von der mechanischen Ausführung des Schreiborgans und der Beschaffenheit der Schreibfläche ab, bei Lichtschreibern hingegen in erster Linie von der günstigen Bemessung und richtigen Einstellung der Optik, die den Schreibstrahl formt, weiterhin von den photographischen Eigenschaften des Films und der Lichtquelle. Die *Geschwindigkeit des Papiervorschubs* muß in vernünftiger Weise dem zu registrierenden Vorgang angemessen sein, denn ist die Geschwindigkeit zu klein, so werden Feinheiten im Meßvorgang nicht genügend im Diagramm aufgelöst, ist sie dagegen zu groß, so wird unnötigerweise Papier verschwendet, und das Diagramm wird unübersichtlich. Weiter muß die Leistungsfähigkeit des verwendeten Registrierinstruments berücksichtigt werden. Es hat keinen Sinn, den Papiervorschub so groß zu wählen, daß die Einstellvorgänge des Meßwerks noch aufgelöst werden, da während der Einstellzeit t_e (s. S. 62) die Registrierung die Meßgröße nicht richtig wiedergibt. Um das Registriergerät voll auszunutzen, ist es daher vernünftig, die Papiergeschwindigkeit v derart einzustellen, daß während der Einstellzeit t_e das Papier gerade um eine Strichstärke δ weiterbewegt wird:

$$v \approx \frac{\delta}{t_e}.$$

Diese Empfehlung sollte man bei breiter Strichstärke ($\delta \geq 0{,}5$ mm) befolgen. Wenn man beachtet, daß nach S. 63 bei dem Dämpfungsgrad $\alpha \approx 0{,}7$ die Einstellzeit etwa $t_e \approx 0{,}5\ T_0 \approx 0{,}5/\nu_0$ ist, folgt [*66*]:

$$v \approx 2\frac{\delta}{T_0} = 2\,\delta\,\nu_0.$$

Ist jedoch die Strichstärke verhältnismäßig fein ($\delta < 0{,}5$ mm), so kann der Beschauer eines Diagramms ohne optische Vergrößerung ohnehin nicht mehr erkennen, was innerhalb einer Strichbreite auf dem Papier aufgezeichnet ist. PFLIER [*67*] fordert daher, daß bei dünner Strichstärke innerhalb der Einstellzeit die Schreibfläche um 1 mm weiterwandern soll, so daß sich deren Geschwindigkeit berechnet zu:

$$v \approx \frac{1}{t_e} = 1{,}67\,\nu_0$$

(v in mm/s, t_e in s und ν_0 in Hz).
Dieser Formel ist der Dämpfungsgrad 0,83 zugrunde gelegt. Bei $\nu_0 = 50$ Hz soll demnach v 83 mm/s betragen.

Bei Instrumenten, die der Betriebsüberwachung dienen, braucht hingegen diese größte als vernünftig zu betrachtende Papiergeschwindigkeit nicht eingehalten zu werden, da kurzzeitige Schwankungen der Meßgröße gar nicht interessieren. Je nach der Bewertung des Erkennens kurzzeitiger Schwankungen oder der Papierkosten empfiehlt Pflier kleinere Papiergeschwindigkeiten, die sich nach den Formeln berechnen lassen:

$$v \approx \frac{0{,}1}{t_e^2} = 0{,}1\,(1{,}67\,\nu_0)^2$$

bzw.

$$v \approx \frac{0{,}01}{t_e^3} = 0{,}01\,(1{,}67\,\nu_0)^3.$$

Die letzten beiden Formeln gelten für $t_e > 10^{-1}$ s.

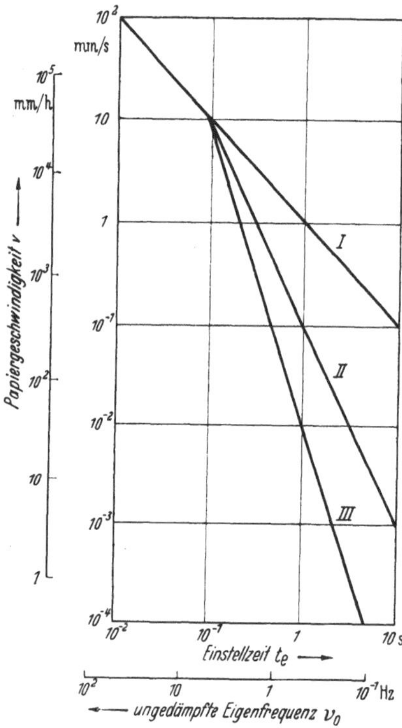

Abb. 49. Zweckmäßigste Papiergeschwindigkeit in Abhängigkeit von der Beruhigungszeit bzw. Eigenfrequenz *I* für Schnellschreiber, *II* für Normalschreiber und *III* für Langsamschreiber

Abb. 49 gibt eine graphische Darstellung der obigen Formeln, aus der man für verschiedene Meßwerkeigenschaften den günstigsten Vorschub entnehmen kann. Die Diagrammbeispiele in Abb. 50 zeigen das gleiche Leistungsdiagramm a mit 120, b mit 20 mm/h Vorschub. Das Meßwerk hat hierbei eine Eigenfrequenz von etwa 0,5 Hz. In Fällen, in denen es sich nur um einen allgemeinen Überblick über den Verlauf einer Meßgröße handelt, genügt der kleinere Vorschub, während der größere Vorschub auch Einzelheiten des Kurvenverlaufs gut erkennen läßt.

Planimetrierung von Registrierkurven. Die bisherigen Ausführungen über die Auswertung von Diagrammen bezogen sich auf die Entnahme von Einzelwerten aus der Registrierung. Eine weitere wichtige Art der

Auswertung ist das Ausmessen der von einer Diagrammlinie begrenzten Fläche durch Planimetrierung. Man erhält dadurch eine Integration der Meßgröße über die Zeit oder eine andere Größe, z.B. den Weg, d.h. eine für viele praktische Zwecke wertvolle Summenbildung. In manchen Fällen kann man das gleiche mit einem Zähler erreichen, man ist aber bei ihm an die Zahlenablesung gebunden und kann den Summationsabschnitt nicht nachträglich wählen. Die Aufzeichnung eines Indikators, der den Druck im Zylinder als Funktion des Kolbenwegs aufschreibt, ergibt durch Ausmessen der von dem geschlossenen Kurvenzug umschriebenen Fläche die bei einem Kolbenhub geleistete oder umgesetzte Arbeit. Liegt ein Diagramm vor, in dem die Stromstärke als Funktion der Zeit registriert wurde, so stellt die Fläche zwischen der Nullinie und der Kurve, begrenzt durch zwei Zeitordinaten, die in dem betreffenden Zeitabschnitt durch das Registrierinstrument geflossene Elektrizitätsmenge dar. Hat man in einem anderen Diagramm den durch ein Rohr geflossenen Dampfstrom als Funktion der Zeit festgehalten, so ist die in der oben angegebenen Weise begrenzte Fläche der in dem gewählten Zeitabschnitt geflossenen Dampfmenge proportional. Das Diagramm vermag also durch Integration die für Verrechnungszwecke benötigten Unterlagen zu liefern.

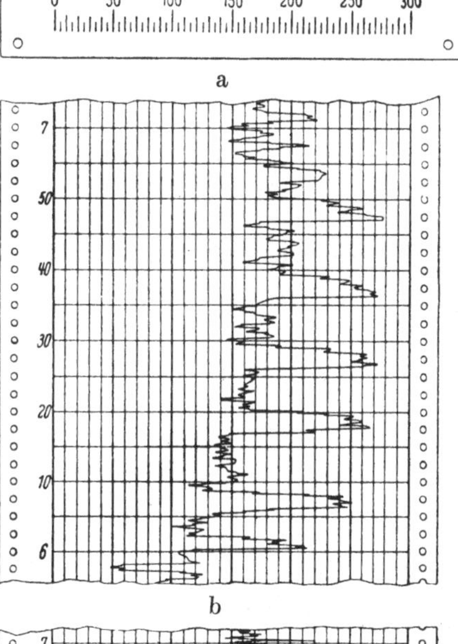

Abb. 50. Registrierung eines Vorgangs
a) mit 120 mm/h, b) mit 20 mm/h Papiervorschub

Die Auswertung von Diagrammen durch Integration nimmt man mit einem Planimeter vor. Zur Planimetrierung von Flächen auf Registrierblättern oder -streifen benutzt man Polar- oder Linearplanimeter, bei Kreisblättern Radialplanimeter. Die Auswertung geht so vor sich, daß man die von dem geschlossenen Kurvenzug bzw. bei nicht geschlossenen Kurven die von der registrierten Kurve, den begrenzenden Zeitordinaten und der Nullinie begrenzte Fläche mit dem Fahrstift des Planimeters umfährt. Man kann dann an einer Zählscheibe durch Differenzbildung zwischen End- und Anfangsstellung den

Inhalt der umfahrenen Fläche in mm² ablesen, wobei ein Nonius und eine Lupenablesung die Genauigkeit erhöhen. Bei Registrierkurven mit mechanischer Radizierung im Gerät, z.B. Ringwaagen-Mengenmessern, wird nicht die Nullinie des Registrierstreifens, sondern die sog. Planimeter-Nullinie benutzt. Die Beziehung zwischen der planimetrierten Fläche in mm² und der zu ermittelnden integralen Größe erhält man durch Vergleich der planimetrierten Fläche mit einer ausgemessenen Fläche (z.B. einem Rechteck), die man auf das Registrierpapier zeichnet und deren Inhalt sich leicht ermitteln läßt.

IV. Beschreibung der Instrumente

In den vorstehenden Kapiteln wurden die wesentlichen Organe der Registrierinstrumente und ihre Funktion beschrieben. Nun sollen die Instrumente selbst behandelt werden. Die Zahl der verschiedenen Arten ist jedoch außerordentlich groß, und es können hier nicht alle Instrumente beschrieben werden. Um einen möglichst guten Überblick zu geben, sollen diejenigen Instrumente herausgegriffen werden, die infolge ihrer zweckmäßigen Konstruktion eine große Verbreitung gefunden haben bzw. wegen ihrer Gestaltung besonderes Interesse verdienen, und weiter solche, die schwer erfaßbare Meßgrößen zu registrieren ermöglichen. Aber auch diese drei Gruppen können bei weitem nicht vollständig behandelt werden, da hierzu der zur Verfügung stehende Raum nicht ausreichen würde.

Eine Ordnung der Instrumente sowohl nach konstruktiven Gesichtspunkten als auch nach Registrierverfahren oder Anwendungsgebieten wäre denkbar. Hier soll jedoch eine Einteilung nach den Arbeitsprinzipien der Meßwerke — den mechanischen und den elektrischen — gewählt werden. Diese Unterteilung läßt sich in Strenge ebensowenig wie die zuvor erwähnten durchführen und muß, da sich manche Apparate schwer einreihen lassen, bisweilen durchbrochen werden.

A. Instrumente mit mechanischen Meßwerken

Den Meßwerken von Registrierinstrumenten auf mechanischer Grundlage wird vielfach vom Meßobjekt so viel Energie vermittelt, daß diese das Registrierwerk unmittelbar betätigen können. Bei den Wegschreibern bedarf es keines besonderen Meßwerks. Bei den Kraftschreibern ist hingegen ein Meßwerk erforderlich, das die Meßgröße als Weg auf das Registrierwerk überträgt. Die Meßgröße kann eine Kraft, ein Drehmoment oder ein Druck sein, aber auch eine Größe, die lediglich eine Kraftwirkung ausübt; z.B. kann die Strömungsgeschwindigkeit eines Gases in einem Rohr durch eine Staublende als Druckdifferenz zur Anzeige gebracht werden. Auch Temperaturen kann man z.B. mit einer Bimetallfeder in eine mechanische Kraft umwandeln. Obwohl es strenggenommen nur Weg- und Kraftschreiber gibt, sollen aus anwendungstechnischen Gründen nacheinander die Wegschreiber, Kraftschreiber, Durchflußschreiber, Mengenschreiber und Temperaturschreiber beschrieben werden. Es folgt dann ein Abschnitt über Schreiber mit kombinierten Meßwerken, und in einem letzten Kapitel wird eine Anzahl von Instrumenten behandelt, bei welchen zwar die zu registrierenden Größen mit mechanischen Meßwerken übertragen werden, die jedoch nicht immer zu den reinen Weg- oder Kraftschreibern zu rechnen sind, z.B. mechanische Zeitschreiber oder Tachographen.

1. Wegschreiber

Der Schreiber für Muskelzuckungen (*Myograph*) nach Abb. 51 veranschaulicht die Registrierung geradliniger senkrechter Längenänderungen auf einer horizontal bewegten ebenen Fläche. Derartige Instrumente werden in der Physiologie für Untersuchungen der verschiedensten Art verwendet [*69*, *70*]. In dem abgebildeten Instrument ist ein noch lebender Herzmuskel in einer „Herzkammer" nach Führer zwischen zwei Klammern eingespannt. Die obere Klammer ist am Deckel befestigt, von der unteren führt ein dünner Faden durch eine feine Bohrung im halbkugeligen Boden des Glasgefäßes über einen S-förmigen Zwischenhaken zu einem zweiten Haken, in dem der schreibende Zeiger liegt.

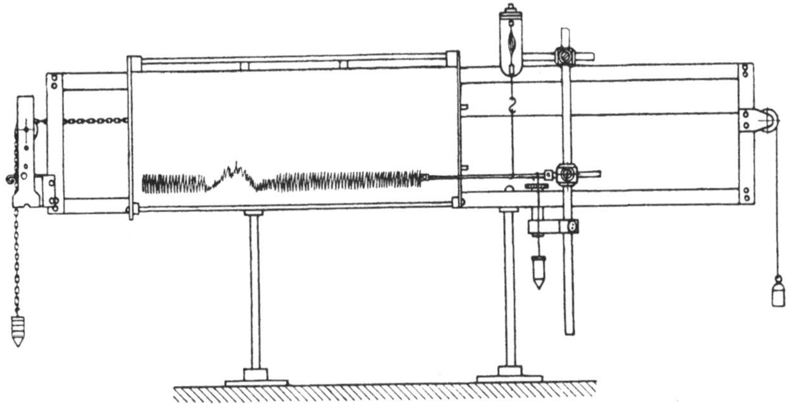

Abb. 51. Registriergerät zur Aufzeichnung von Muskelzuckungen (Myograph) (Fa. Zimmermann)

Durch ein kleines Gewicht, das ebenfalls mit einem Haken am Zeiger hängt, wird das Gehänge unter Spannung gehalten und auf das Meßobjekt ein Zug ausgeübt. Durch Verschiebung der Angriffspunkte der beiden Haken lassen sich der Zug am Herzmuskel und die Hebelübertragung auf das drehbar gelagerte Schreiborgan in einfacher Weise innerhalb gewisser Grenzen verändern. Die Kammer und das Schreiborgan sind in Muffen an waagerechten Stangen verstellbar an einer senkrechten Stange befestigt, die mit dem Hauptstativ in Verbindung steht. Hierdurch ist eine weitgehende Anpassung an die Versuchsbedingungen möglich.

Die rechteckige Schreibfläche von 500×180 mm wird in einem auf kräftigen Stativen stehenden Rahmen auf Rollen geführt. Von der linken Seite der Schreibfläche läuft eine Kette über einen Windflügelregler zu einem verstellbaren Gewicht. Durch Verstellen bzw. Auswechseln der Windflügel und des Gewichts läßt sich die Geschwindigkeit der Schreibfläche zwischen 0,3 und 7 mm/s einstellen. Rechts an der Schreibfläche hängt an einem dünnen, über eine Rolle laufenden Seil ein Gegengewicht zum Spannen der linken Kette. Durch Anheben des linken großen Gewichts wird der Rücklauf der Schreibfläche bewirkt. Letztere besteht für Projektion und Demonstration aus einer berußten Glasscheibe; ansonsten wird ein berußtes Glanzpapier aufgespannt. Das Schreiborgan, eine Kiel- oder Stahlfeder, schreibt eine helle Linie auf schwarzem Grund, die in Abb. 51 der besseren Darstellung wegen als schwarze Linie auf hellem Grund wiedergegeben ist. Durch Verstellen der senkrechten Stange rechts ist es möglich, mehrere Kurven übereinander zu registrieren.

Dieses für Forschung und Vorlesung bestimmte Registrierinstrument ermöglicht weitgehende Anpassung an die Eigenarten des Meßobjekts, erfordert allerdings zur Aufstellung reichlich Platz.

Ein Instrument zur *Registrierung der Erhärtung und Bindezeitbestimmung von Mörtel* wurde von der Fa. Amsler entwickelt. Das Gerät ist eine Weiterentwicklung des Vicatschen Nadelapparates. Es ist mit vier zylindrischen Gefäßen von etwa 100 mm Durchmesser und 50 mm Tiefe ausgerüstet, in die verschiedene zu untersuchende Mörtelproben im frisch angerührten Zustand eingefüllt werden. In die Formen wird je eine Nadel von 1 mm^2 Querschnitt mit einer Belastung von 300 g in regelmäßigen Zeitabständen herabgesenkt. Nach Ablauf einer vorgebbaren Zeit werden die Nadeln durch einen Hebelmechanismus wieder in die Höhe gehoben. Kurz vorher jedoch werden die Schreibstifte, die mit den Nadeln fest verbunden sind, gegen eine Schreibtrommel gedrückt und zeichnen auf dieser beim Wiederhochheben einen vertikalen dünnen Strich, der dem durchlaufenen Nadelweg entspricht. Nach jedem Abheben dreht sich die Trommel ein Stück weiter, so daß auf dem Trommelblatt ein Schaubild der Eindringtiefe jeder Nadel als Funktion der Zeit entsteht. Für das Nadelspiel läßt sich je nach Art des zu untersuchenden Mörtels eine Zeit zwischen $^1/_2$ bis 20 min einstellen. Das Registrierblatt vermag je Probe 145 Meßpunkte aufzunehmen. Nach Beendigung des Versuches wird das Gerät automatisch abgeschaltet, so daß das Diagramm nicht mehrfach beschrieben wird. Durch eine besondere Einrichtung ist dafür gesorgt, daß die Tastnadeln immer auf ein unberührtes Stück der Oberfläche gesenkt werden: nach jedem Nadelspiel nämlich werden die Probenbehälter ein Stück gedreht und gleichzeitig radial bewegt, so daß die Nadeleindrücke längs einer Spirale erfolgen.

In Abb. 52 ist ein *Tachograph* wiedergegeben. Mit ihm kann man die Geschwindigkeit eines Fahrzeugs in Abhängigkeit von der Zeit registrieren. Dies geschieht in der Weise, daß die vom Fahrzeug innerhalb definierter Zeitintervalle (Grundzeit) zurückgelegten Wegstücke gemessen werden. Das Gerät wird vorwiegend bei Schienenfahrzeugen, aber auch bei Straßenfahrzeugen eingesetzt. Es arbeitet im Gegensatz zu anderen Tachographen zwangläufig, rein mechanisch. Dadurch ist es frei von jeglichen Fehlereinflüssen, z.B. mechanischem und magnetischem Schlupf oder Temperatureinflüssen. Der Einfachheit halber ist in Abb. 52 statt des Registrierorgans ein Zeiger über einer Skala gezeichnet, der z. B. durch einen Schreibarm mit Stift über einem Kreisblatt ersetzt zu denken ist.

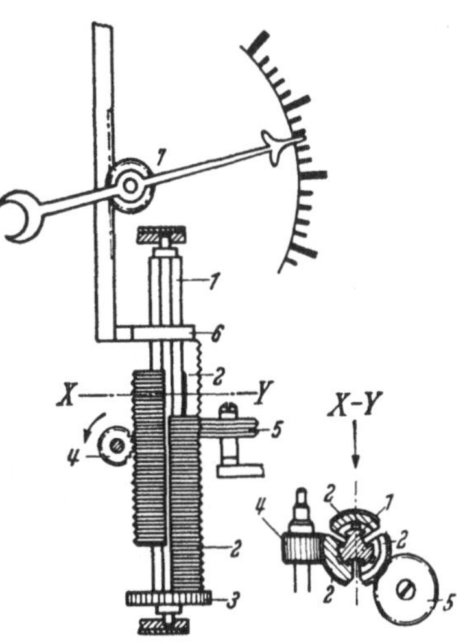

Abb. 52. Meßwerk eines Tachographen (Fa. Hasler):
1 Profilwelle, *2* Profilsegmente, *3* Zahnrad zum Uhrwerk, *4* Zahnrad mit Welle zum Wegrad, *5* Haltescheibe, *6* Abtastring mit Zahnstange, *7* Ritzel auf der Zeigerachse

Die senkrecht stehende Welle *1* wird über das Zahnrad *3* durch ein nicht gezeichnetes Uhrwerk gedreht, und zwar in jeder Sekunde um 120°. Auf der Spindel *1* sind drei Segmente *2* in Schwalbenschwanzführungen so gelagert, daß sie sowohl der Drehung von *1* folgen als auch gleichzeitig längs der Spindel *1* leicht auf und ab bewegt werden können. Die Segmente tragen an ihrem kreisförmigen Umfang eine Verzahnung ähnlich einem Gewinde, aber ohne Steigung. Immer eines der verzahnten Segmente greift in das Zahnrad *4* ein, welches über eine nicht gezeichnete Einrichtung entsprechend dem zurückgelegten Weg gedreht wird und das eben in Eingriff stehende Segment um einen bestimmten Betrag anhebt. Auf den Segmenten *2* liegt ein durch die Spindel *1* geführter Ring *6*, der über eine Zahnstange und ein Ritzel *7* den Zeiger in eine Lage bringt, die dem am höchsten stehenden Segment entspricht. Eine waagerecht gezahnte Scheibe *5* steht ebenfalls mit der Rillung der Segmente *2* in Eingriff und hält das eben eingestellte Segment (links unten im Schnitt) bei der ersten Drehung von *1* um 120° in seiner vertikalen Lage fest und bestimmt damit auch die Lage von *6*. Bei der zweiten Drehung von *1* um 120° (oben im Schnitt) kommt dieses Segment aus dem Eingriff mit der Scheibe *5* und fällt nach unten auf das Zahnrad *3*, um bei der dritten Drehung von *1* um 120° wieder mit dem Ritzel *4* in Eingriff zu kommen. Hier wird der Ring *6* entsprechend dem in einer Sekunde zurückgelegten Weg gehoben, aber nur, wenn die Geschwindigkeit größer ist als in der vorhergehenden Sekunde. Ist sie kleiner geworden, so fällt der Ring *6* in der nächsten Sekunde auf das entsprechend tiefer liegende Segment und bringt den Schreibarm in die neue Lage. So folgt der Zeiger spätestens nach einer Sekunde jeder Änderung der Geschwindigkeit.

Das Meßwerk des Tachographen ist in einem verhältnismäßig kleinen, robusten und staubdichten Gehäuse untergebracht, das im Führerstand von Fahrzeugen eingebaut werden kann. Anstatt der Meßperiode von 1 s haben andere Instrumente eine Grundzeit von nur $^1/_2$ s, wodurch auch raschere Geschwindigkeitsänderungen registriert werden können. Tachographen von Schienenfahrzeugen sind oft als Bandschreiber ausgeführt. Der Schreibstift ist vielfach ein Kugelschreiber, und das Papier ist speziell präpariert, wodurch das Entstehen von Papierstaub verhindert wird.

Wird die Schreibfläche nicht durch ein Uhrwerk, sondern von dem Rädergetriebe des Fahrzeugs über die Spindel *4* in Abb. 52 gedreht, so zeigt das Diagramm die Geschwindigkeit als Funktion des zurückgelegten Weges an. Ein mechanischer Gleichrichter sorgt dafür, daß das Gerät sowohl bei Vorwärts- als auch bei Rückwärtsfahrt des Fahrzeugs richtig arbeitet.

Der Antrieb geschieht meist über eine biegsame Welle, oft aber auch elektrisch. Der Papiervorschub beträgt meist 5 mm/km bzw. mm/Meile Weg (s. Abb. 53). Hält das Fahrzeug, so übernimmt ein Uhrwerk nun einen zeitproportionalen Papiervorschub von 5 mm/h. Der 92 mm breite Registrierstreifen ist 12 m lang und reicht für eine Fahrtstrecke von etwa 2000 km, die Haltezeiten einbegriffen. Außer dem Geschwindigkeits-Weg-Diagramm wird auf dem Registrierstreifen auch noch ein Zeit-Weg-Diagramm festgehalten. Dies geschieht in der Weise, daß ein zweiter Schreibstift in Ordinatenrichtung zeitproportional bewegt wird (2 mm/min). Nach jeweils 10 min ändert das Zeitmeßwerk seine Laufrichtung, so daß ein je nach Geschwindigkeit des Fahrzeugs mehr oder weniger gedrängter, hin- und herlaufender Linienzug entsteht. Die Transportwalze hinterläßt an beiden Rändern des Registrierstreifens Stichmarken in 2,5 mm Abstand. Die Stundenangabe erfolgt ebenfalls automatisch durch Stichmarken.

Eine dritte Schreibbahn kann nach Wunsch zur Registrierung der Fahrtrichtung, von Stromunterbrechungen, von Signalüberfahrungen usw. benutzt werden. Hierzu dienen Schreibrelais. Zur Kennzeichnung der Papierreserve sind die letzten 2 m des Registrierstreifens mit einer schräg abfallenden schwarzen Linie versehen, die in einem Fenster des Gehäuses sichtbar wird.

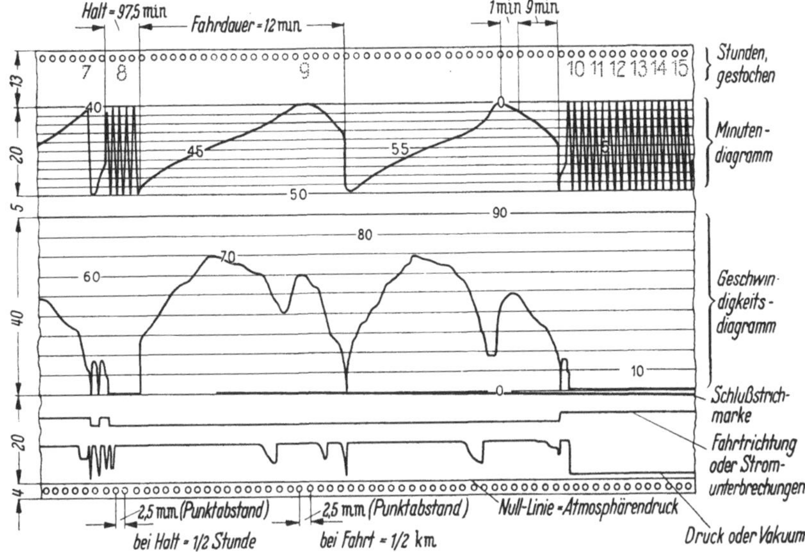

Abb. 53. Diagrammabschnitt eines Tachographen (Fa. Hasler)

Anstatt des Bandschreibers verwendet man bei Straßenfahrzeugen auch den *Farbscheibenschreiber*. Dieser ist mit einem ähnlichen Meßwerk wie das zuvor beschriebene Instrument ausgerüstet und unterscheidet sich von diesem lediglich durch das Registrierwerk. Die Registrierung erfolgt hier mittels eines Schreibstiftes auf einer runden, mit feuchter Farbe bedeckten Mattglasscheibe (s. Abb. 54). Diese läuft je 260 oder 520 bzw. 1040 m zurückgelegten Wegs einmal um. Während dieser Strecke ist das geschriebene Diagramm sichtbar, wird aber dann durch einen kontinuierlich arbeitenden Löscher automatisch gelöscht. Das Gerät registriert außer der Geschwindigkeit des Fahrzeugs in Abhängigkeit seines Weges auch Bremswege über ein mit dem Bremshebel verbundenes Relais und auf Wunsch auch die Betätigung von Signalvorrichtungen (Winker, Blinklichter usw.). Der Apparat hat die Aufgabe, für den Fall unvorhergesehener Vorkommnisse, z.B. eines Unfalls, ein beweiskräftiges Dokument der Fahrweise des Fahrzeugführers zu liefern.

Der *Windrichtungsschreiber* hat dem Instrumentenbauer besondere Aufgaben gestellt, weil sich die Wetterfahne in beiden Richtungen über

360° hinaus mit dem Wind drehen kann, ihre Richtung in Abhängigkeit von der Zeit aber in rechtwinkligen Koordinaten aufgeschrieben werden soll, möglichst auf einem Blatt zusammen mit der Windgeschwindigkeit und dem Windweg. Verbindet man die Windfahnenachse mit einer zylindrischen Trommel, in die eine geschlossene elliptische Leitkurve eingefräst ist, welche die Trommel umschlingt und definiert ist durch die Schnittlinie des Trommelumfangs mit einer schräg gegen die Trommel-

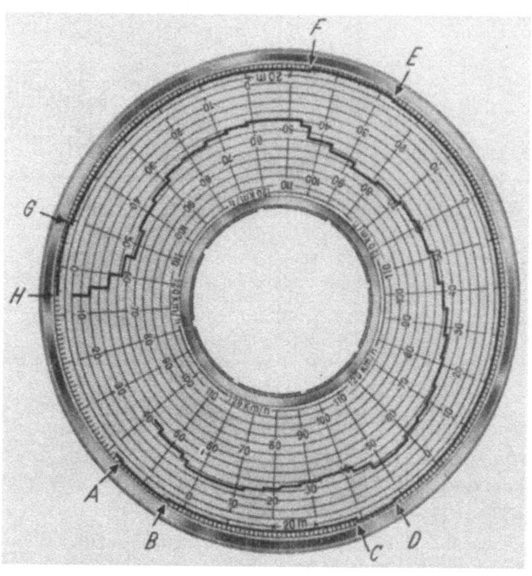

Abb. 54. Registrierscheibe mit Diagramm eines Farbscheibentachographen (Fa. Hasler): innere Kurve Geschwindigkeitsdiagramm, äußere Kurve Bremsdiagramm. Die Kurven entstanden in der Richtung von *A* nach *H*. Gebremst wurde zwischen *A* und *B*, zwischen *C* und *D*, zwischen *E* und *F*, zwischen *G* und *H*

achse stehenden Ebene, so wird ein in die Leitkurve eingreifender Stift, mit dem eine Schreibfeder verbunden ist, mit der Drehung der Windfahne auf und ab bewegt. Er zeichnet die Windrichtung auf, aber nicht eindeutig, weil er in jeweils zwei Stellungen der Trommel in derselben axialen Höhe steht. Bei einigen der gebräuchlichen Windrichtungsschreiber werden daher von der Windfahne zwei übereinanderstehende Trommeln mit gleichen Leitkurven angetrieben, von denen die eine lediglich den Schreibstift für die Windrichtungen von Nord über West nach Süd einstellt, während der Schreibstift für die Richtungen von Süd über Ost nach Nord vom Schreibpapier abgehoben ist. Die zweite Trommel betätigt einen zweiten Schreibstift, der auf einer Bahn neben dem ersten schreibt. Er ist in der erstgenannten Hälfte der Windrose abgehoben und registriert nur die andere Hälfte. Beim Durchgang des Windes über Nord bzw. Süd springt das Diagramm von der einen auf die andere Schreibbahnhälfte.

Die Anordnung nach Abb. 55 (Fa. Lambrecht) ermöglicht die Registrierung auf einer einzigen Schreibbahn. Ein dünnes, gelochtes und geschlossenes Metallband der Länge *3 B* ist über zwei Rollen vom Umfang *B* geführt und befindet sich vor dem ablaufenden Streifen der Breite *B*. Der Papierstreifen, dessen sowohl rechter als auch linker Rand der Windrichtung Nord entsprechen, wird senkrecht zur Bewegungsrichtung des Metallbandes angetrieben. Das Metallband trägt drei Schreibfedern im Abstand *B*. Die linke Rolle des Metallbandes steht über eine Welle mit der Windfahne in Verbindung, bei deren Drehung immer eine der Federn Berührung mit der Schreibbahn hat. Dreht sich der Wind z. B. von Ost über Nord nach West, so wird die gerade vor dem Streifen stehende Feder den Weg *E—N* von der Streifenmitte aus nach links aufzeichnen. Erreicht die Feder den linken Punkt *N*, so kommt die zweite Feder am rechten Punkt *N* zum Eingriff. Bei der weiteren Bewegung der Windfahne verläßt die linke Feder den Streifen, und die von rechts kommende übernimmt die Aufgabe der Registrierung.

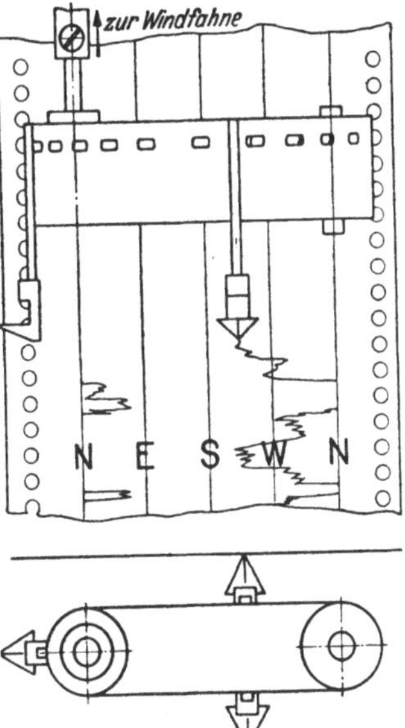

Abb. 55. Schreibwerk eines Windrichtungsschreibers (Fa. Lambrecht)

Die *Schaubildzeichner für Spannungs-Dehnungs-Kurven* schreiben die Dehnung von Probestäben [*72*, *73*], Konstruktionsteilen oder Textilfasern als Funktion der Zugkraft auf. Man läßt dabei den Schreibstift von einem Zugkraftmesser, die Schreibfläche über eine Übersetzung proportional der Dehnung des Prüflings bewegen. Abb. 56 zeigt schematisch einen solchen Schaubildzeichner (*Zerreißmaschine mit Pendelmanometer* nach Lehr [*74*] [*75*]). Auf dem rechts gezeichneten Probestab sind in einer Entfernung von mindestens 200 mm, der Länge der Meßstrecke, zwei Klemmen fest aufgebracht, von denen die obere eine Öse zur Befestigung eines Seiles, die untere eine Umlenkrolle für dieses Seil trägt. Ein Zug auf den Probestab in Richtung der Pfeile bewirkt eine Dehnung und vergrößert dadurch den Abstand der Meßklemmen. Diese Längenänderung wird durch das Seil in eine proportionale Drehung der Schreibtrommel übertragen. Ein Pendelmanometer, das ähnlich wie eine Briefwaage arbeitet, mißt die auf den Probestab ausgeübte Kraft.

Die Winkelstellung der Pendelstange wird mit Hilfe einer Zahnstange auf den Schreibstift übertragen. Die Zahnstange liegt auf zwei Rollen, von denen die rechte nur als Führung dient, während die linke ein Zahnrad ist und mit ihrer Verzahnung in die Zahnstange eingreift. Auf gleicher Achse mit der linken Rolle und mit dieser fest verbunden sitzt ein größeres Rad mit Seil und Gewicht, das die Stange mit dem Kugelkopf an ihrem linken Ende immer in Berührung mit dem oberen Ende der

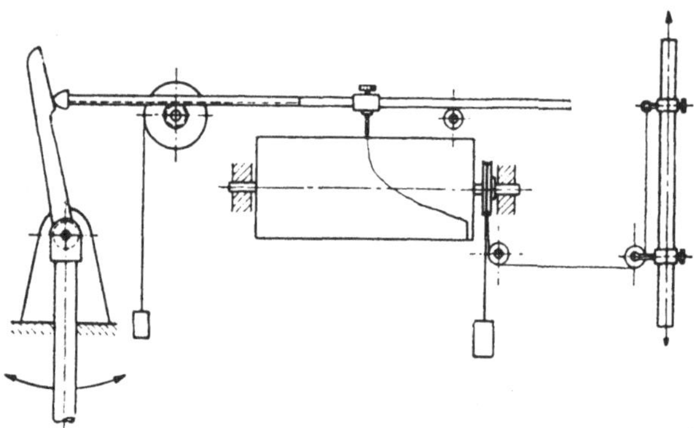

Abb. 56. Schaubildzeichner einer Zerreißmaschine

Pendelstange hält. Die Bewegung des Schreibstiftes erfolgt dadurch proportional der vom Pendelmanometer angezeigten Dehnungskraft. Bei *Dehnungsmessern mit einer Laufgewichtswaage* an Stelle des Pendelmanometers wird mit einer Spindel die Stellung des Laufgewichts auf den Schreibstift übertragen.

Die Übersetzung der Dehnung in die Trommeldrehung ist durch das Verhältnis des Trommeldurchmessers zum Durchmesser des auf der gleichen Achse sitzenden Seilrades gegeben. Dabei kommt man höchstens auf eine Vergrößerung von 4:1. Für 10- bis 100fache Vergrößerung schaltet man zwischen die Meßklemmen ein Mikrometer, das man durch einen Seillauf und ein Gewicht in Verbindung mit den Meßklemmen hält und dessen Trommelumdrehung man mit einer biegsamen Welle auf die Schreibtrommel überträgt. An Stelle des Mikrometers wird auch eine Kurvenscheibe verwandt, deren Achse mit der einen Meßklemme verbunden ist, während die andere auf dem Umfang der Kurvenscheibe aufliegt. Ändert sich der Abstand der Meßklemmen, so dreht sich die Kurvenscheibe entsprechend ihrer Steigung. Hat die Kurvenscheibe die Gestalt einer Archimedischen Spirale mit geringer Steigung, so besteht Proportionalität zwischen Trommeldrehung und Probendehnung.

Der „Tensograph“ der Fa. Huggenberger (s. Abb. 57) ist ebenfalls ein Schaubildzeichner, bei dem jedoch eine elektrische Vorrichtung zur Übertragung der Probendehnung in die Trommeldrehung verwendet wird.

Dieser Übertragungsmechanismus arbeitet mit hoher Genauigkeit bei starker Vergrößerung. Die Meßschneiden *2* und *3*, von denen die eine (*2*) starr, die andere (*3*) beweglich als Winkelhebel ausgebildet ist, sind auf den Probestab *i* aufgesetzt. Bei Ausdehnung des Probestabs durch Zug öffnet dieser Winkelhebel einen elektrischen Kontakt *4* an einer Mikrometerspindel *5*. Dadurch spricht das Ruhestromrelais *6* an und kuppelt mit Hilfe des Elektromagnets *7* den Hilfsmotor *M* über ein Schneckengetriebe *8* auf

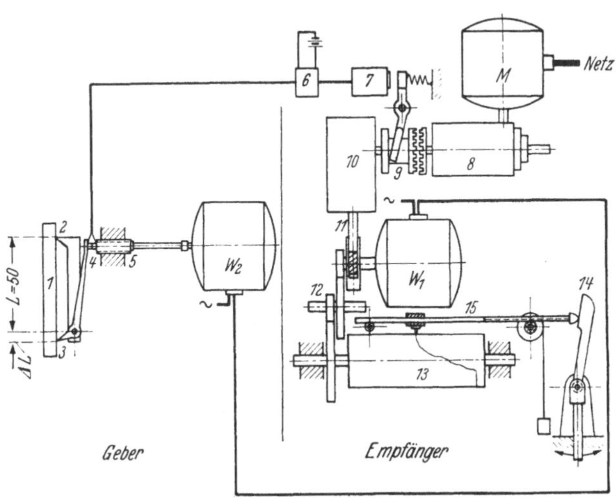

Abb. 57. „Tensograph“ (Fa. Huggenberger): *1* Probe, *2* und *3* Meßschneiden, *4* Kontakt, *5* Mikrometerspindel, *6* Ruhestromrelais, *7* Elektromagnet, *8* Schneckengetriebe, *9* Stirnradvorgelege, *10* Kegelradgetriebe, *11* Schneckenrad, *12* Wechselgetriebe, *13* Schreibtrommel, *14* Pendelstange, *15* Zahnstange mit Schreibstift, *M* Motor, W_1 Wechselstromstellungsgeber, W_2 Wechselstromstellungsempfänger

das Stirnradvorgelege *9*. Dieses dreht über das Kegelradgetriebe *10* und die Schnecke mit Schneckenrad *11* den Wechselstromstellungsgeber W_1. Genau winkeltreu mit ihm dreht sich dann der elektrisch mit ihm verbundene Wechselstromstellungsempfänger W_2 so lange, bis er über die Mikrometerspindel *5* den Kontakt *4* wieder geschlossen hat. Über das Wechselgetriebe *12* wird gleichzeitig, proportional mit der Verstellung der Mikrometerspindel, also auch proportional mit der Dehnung des Probestabes, die Schreibtrommel *13* gedreht. Ist der Kontakt *4* wieder geschlossen, so entkuppelt das Ruhestromrelais *6* über den Elektromagnet *7* wieder den Hilfsmotor *M* vom Kegelradgetriebe *10*. Der auf den Probestab ausgeübte Zug wird wie bei dem Apparat nach Abb. 57 durch die Pendelstange *14* eines Pendelmanometers auf den Schreibstift übertragen, der sich auf einer Mantellinie der Schreibtrommel *13* bewegt. Die Öffnung des Kontakts *4* bei der Dehnung des Stabes erfolgt in so kurzen Zeitabständen, daß durch das Nachdrehen der Mikrometerspindel *5* vom Hilfsmotor *M* mit dieser Übertragung bei gleichförmiger Dehnung praktisch ein stetiger Linienzug auf der Trommel geschrieben wird. Die Übersetzung ist durch den Winkelhebel, die Steigung der Mikrometerspindel und durch das Getriebe *12* bestimmt.

In der Werkstofforschung haben die als *Dilatometer* bezeichneten Wegschreiber Bedeutung erlangt. Ein solches Gerät wurde wohl zuerst von CHEVENARD [*76*] angegeben und wird heute in verschiedenen Abwandlungen gebaut. Das wesentliche Bauelement dieser Registrierin-

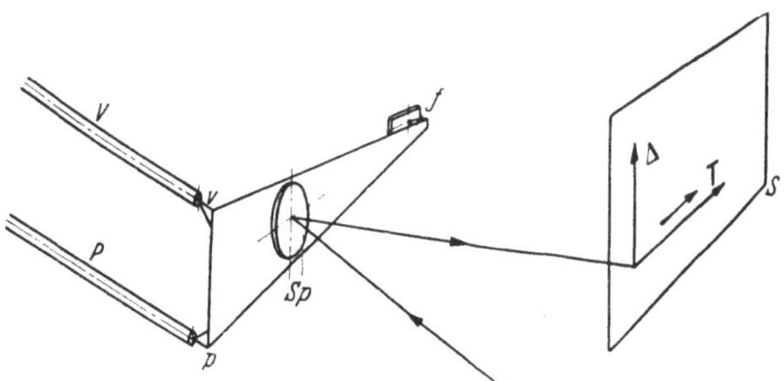

Abb. 58. Schema eines Dilatometers mit Lichtregistrierung: *V* Vergleichsstab, *P* Probestab, *vpf* rechtwinkliges Metalldreieck mit Spiegel *Sp*, *S* Schreibfläche

strumente (s. Abb. 58) ist eine als rechtwinkliges Dreieck ausgebildete Platte (Meßbrücke), die an einer Ecke *f* auf einer feststehenden Basis gelagert ist, während die zweite Ecke *p* auf dem Kopfende des Probestabes *P* und die dritte, rechtwinklige Ecke *v* auf einem Vergleichsstab *V* ruht. Die Lagerungen sind als Spitzen ausgebildet, und die Platte, die meist aus Invar besteht, wird durch weiche Federn gegen die Lagerstellen gedrückt. Auf der Platte ist ein Spiegel *Sp* befestigt, der die Lageänderungen der Meßbrücke mit Hilfe von Lichtschrift auf einer Schreibfläche *S* festzuhalten vermag. Diese ist derart aufgestellt, daß ihre Abszisse *T* parallel zur Kathete *vf* der Meßbrücke und ihre Ordinate Δ parallel zur Kathete *vp* verläuft. Werden Vergleichsmaßstab und Prüfstab, welche gleiche Länge (10 bis 50 mm) besitzen, in einem Heizofen erwärmt, so wird das Dreieck *vpf* auf Grund der Wärmeausdehnung der beiden Stäbe aus seiner Ebene gedreht. Hat der Vergleichsstab den Ausdehnungskoeffizient 0, während der des Prüfstabes positiv ist, so erfolgt eine Drehung der Platte um die horizontale Kathete *vf*, und der Lichtstrahl schreibt eine Gerade in Richtung der Ordinate Δ. Haben die beiden Stäbe den gleichen Ausdehnungskoeffizient, so wird eine Gerade in Richtung der Abszisse *T* geschrieben. Sind die Ausdehnungskoeffizienten von Probestab und Vergleichsstab jedoch verschieden, so ist die Auslenkung des schreibenden Lichtstrahls in Richtung Δ ein Maß für die Differenz der Ausdehnungskoeffizienten. Die Auslenkung in Richtung *T* hingegen ist ein Maß für die Temperatur der Proben. Es wird hierbei allerdings vorausgesetzt, daß der Vergleichsstab in dem zu untersuchenden Temperaturbereich keinen Umwandlungspunkt besitzt (Chronin, Elektrolytkupfer oder Reinaluminium), daß also die Ausdehnung des Vergleichsstabes nahezu proportional der Temperaturerhöhung verläuft. Das Dilatometer nach CHEVENARD wird vorwiegend für Wärmeausdehnungsmessungen verwendet, weiter für die Untersuchung von Umwandlungsvorgängen bei Metallen und Legierungen, aber auch für Mikroausdehnungs-, Scherungs- und Torsionsmessungen.

In Deutschland hat die Fa. Leitz nach Arbeiten von ESSER-OBERHOFFER [77] und BOLLENRATH [78] verschiedene Dilatometertypen für thermische Metallanalysen entwickelt [79]. Diese Geräte verwenden zur Erfassung der Temperatur statt eines Vergleichsstabes mit bekanntem Ausdehnungskoeffizient vielfach ein Thermoelement in Verbindung mit einem Spiegelgalvanometer, wodurch der Anwendungsbereich erweitert und die Genauigkeit erhöht wird. Der Lichtzeiger läuft hier nacheinander über den Dilatometerspiegel und den Galvanometerspiegel. Da der Punkt v des Dilatometerdreiecks jetzt fest gelagert ist, besorgt der Dilatometerspiegel lediglich die Δ-Ablenkung, während der Galvanometerspiegel die T-Ablenkung bewirkt. Abb. 59 zeigt eine mit einem Dilatometer (System BOLLENRATH) aufgenommene Ausdehnungskurve eines Kohlenstoffstahls mit 0,49% C, aus der die Lage der Umwandlungspunkte bei auf- und absteigender Temperatur zu ersehen ist. Auch in der Konstitutionsforschung und Werkstoffprüfung von Nichteisenmetallen, besonders der Leichtmetallegierungen, sind die Dilatometer moderner Bauart mit gutem Erfolg eingesetzt worden.

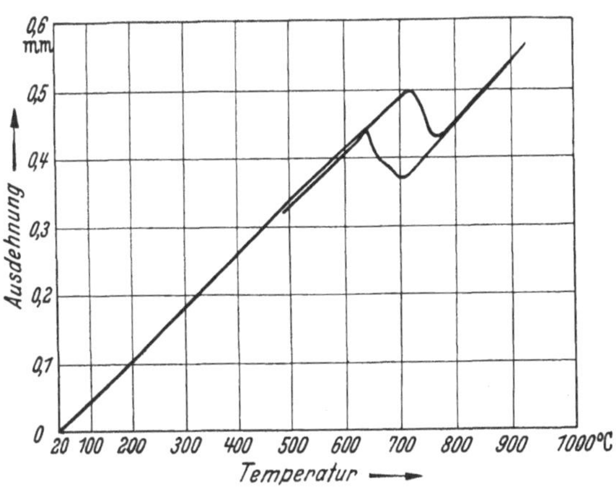

Abb. 59. Ausdehnungskurve eines Kohlenstoffstahls, aufgenommen mit einem Dilatometer, System BOLLENRATH

Die *Ritzschreiber* leisten bei der Aufzeichnung sehr kleiner Bewegungen irgendwelcher Meßobjekte wertvolle Dienste. Auf eine Übersetzung des aufzuzeichnenden Weges im Registrierinstrument kann oft verzichtet werden [*80*, *81*]. Der Fortfall einer mechanischen Übersetzung des Meßweges im Instrument bedeutet eine Verringerung des Trägheitsmoments der Übertragung, wodurch der Schreiber eine für viele Zwecke erwünschte hohe Eigenfrequenz erhält. Außerdem werden die Abmessungen des Gerätes klein, was für die Montage am zu untersuchenden Objekt vorteilhaft ist. Die große Reibung beschränkt die Anwendung auf Registrieraufgaben, bei denen das Meßobjekt genügend Kraft zur Verfügung stellt. Andererseits verleiht die große Reibung dem Ritzschreiber gerade dort Bedeutung, wo starke Beschleunigungen störend wirken. Technisch am weitesten durchgebildet dürfte der von der Deutschen Versuchsanstalt für Luftfahrt angegebene und in zahlreichen Veröffentlichungen beschriebene Ritzschreiber sein [*82*]. Abb. 60 zeigt etwa in natürlicher Größe

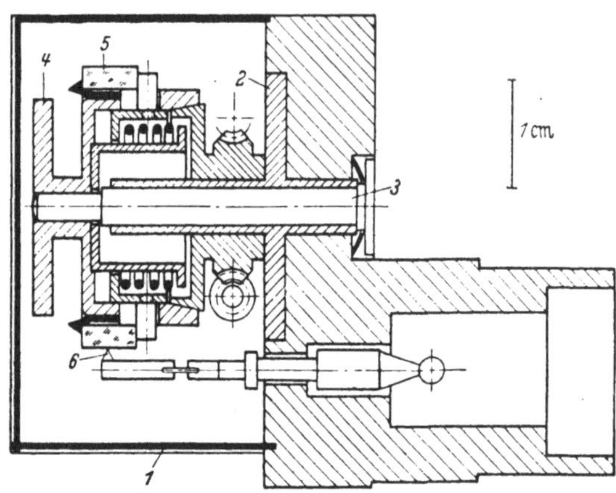

Abb. 60. Schnitt durch einen Ritzschreiber: *1* Gehäuse, *2* Buchse, *3* Trommelachse, *4* Registriertrommel, *5* Schreibzylinder, *6* Schreibdiamant

einen Querschnitt durch ein solches Instrument [*83*]. Es hat die äußeren Abmessungen 40×40×35 mm. In die Grundplatte des Gehäuses *1* ist eine Buchse *2* eingelassen, in welcher die Trommelachse *3* gelagert ist. Auf ihr sitzt die Registriertrommel *4* mit dem auswechselbaren Schreibzylinder *5* von 25 mm Durchmesser aus Glas. Der kegelig zugespitzte Schreibdiamant *6* kann sich in Richtung der Trommelachse bewegen und ist an einem in der Grundplatte gut geführten Röhrchen befestigt. Die Kugel an seinem rechten Ende wird mit dem Meßobjekt verbunden. Die Drehung der Schreibtrommel erfolgt über ein Schneckengetriebe, das links neben der Grundplatte zu sehen ist. Eine Reibungskupplung verbindet den Schneckenantrieb mit der Schreibtrommel. Damit nicht mehrere Kurven übereinander geschrieben werden, lockert sich die Kupplung selbsttätig nach einer Trommelumdrehung. Abb. 61 gibt einen Ausschnitt einer Registrierung in 250facher Vergrößerung wieder. Die einem Ausschlag von 0,05 mm und einer Zeit von 0,01 s entsprechenden Strecken sind als Maßstäbe eingetragen. Die Trommel hat eine Umdrehungszeit von etwa 30 s. Für Langzeitregistrierungen wurde das Instrument dahin abgeändert, daß sich die Trommel mit dem Glaszylinder auf einer Gewindespindel mit 0,5 mm Steigung während der Drehung auch in axialer Richtung bewegt. Hierdurch wird ein schraubenförmiges Diagramm geschrieben, das etwa 25mal so lang ist wie der Trommelumfang.

Um die Meßempfindlichkeit bei Dehnungsmessungen zu erhöhen, wendet man eine Hebelübersetzung ohne Spiel an (s. Abb. 62). Die untere Kugel steht in Verbindung mit dem Meßobjekt und kann sich in vertikaler Richtung bewegen. Sie wirkt über das senkrechte Gestänge auf die linke obere Hebelanordnung mit Kreuzfedergelenk und diese auf die rechte Hebelanordnung, welche an ihrem Ende den Schreibdiamanten trägt. In dieser Anordnung ist die Übersetzung zehnfach. Die Übertragung ist wegen der ausschließlichen Verwendung von Federgelenken frei von Lagerspiel und -reibung.

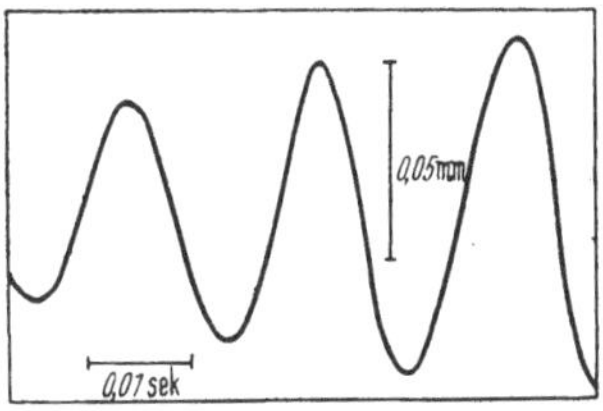

Abb. 61. Diagramm eines Ritzschreibers (250fache Vergrößerung)

Das Anwendungsgebiet der *Schwingungsschreiber* ist verhältnismäßig groß. Sie werden zur Registrierung von Erdbeben (Seismographen), für geophysikalische Bodenuntersuchungen und für Erschütterungsmessungen an Bauwerken, Fahrzeugen und Maschinen eingesetzt. Für jede dieser Aufgaben ist jedoch ein anderer Instrumententyp notwendig [*84*]. Das allen Typen zugrunde liegende Konstruktionsprinzip ist jedoch einheitlich. Die Instrumente verfügen ausnahmslos über ein schwingungsfähiges System, das aus einer schweren Masse, einem elastischen Glied und einem Dämpfungsorgan besteht.

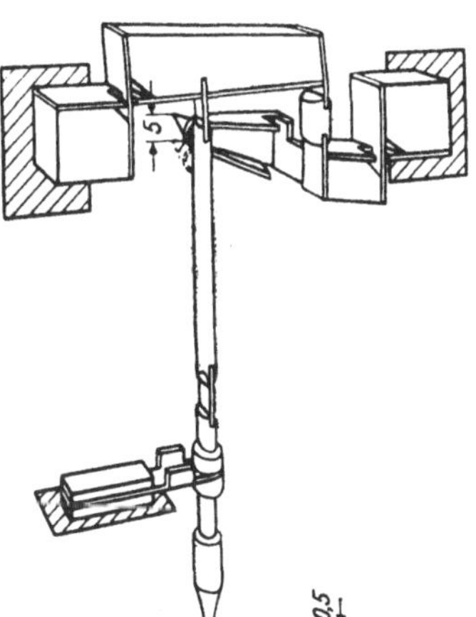

Abb. 62. Hebelübersetzung mit Federgelenken eines Ritzschreibers

Die *Seismographen* sind als die empfindlichsten Instrumente der Gruppe der Schwingungsschreiber anzusprechen. Bei Erdbebenwellen handelt es sich um Bodenschwingungen von verhältnismäßig großer Schwingungsdauer, für deren getreue Wiedergabe nach S. 61 die Eigenschwingungsdauer des Systems ebenfalls groß sein muß. Man gibt daher durch bestimmte Aufhängung oder Aufstellung der Pendelmasse den Systemen der Seismographen Eigenschwingungsdauern zwischen 1 und 25 s. Für die Erfassung der vertikalen und der horizontalen Bodenbewegungen benutzt man verschiedene Geräte. Da man weiter die Horizontalbewegungen in ihre Nord-Süd- und Ost-West-Komponente zerlegen möchte, benötigt man für eine Erdbebenwarte also insgesamt drei Instrumente: einen Vertikalseismographen und zwei Horizontalseismographen. Die Bewegungen des Erdbodens sind, abgesehen von der nächsten Umgebung des Erdbebenherdes und von besonders starken Beben, nur gering, sie betragen meist nur Bruchteile eines Millimeters.

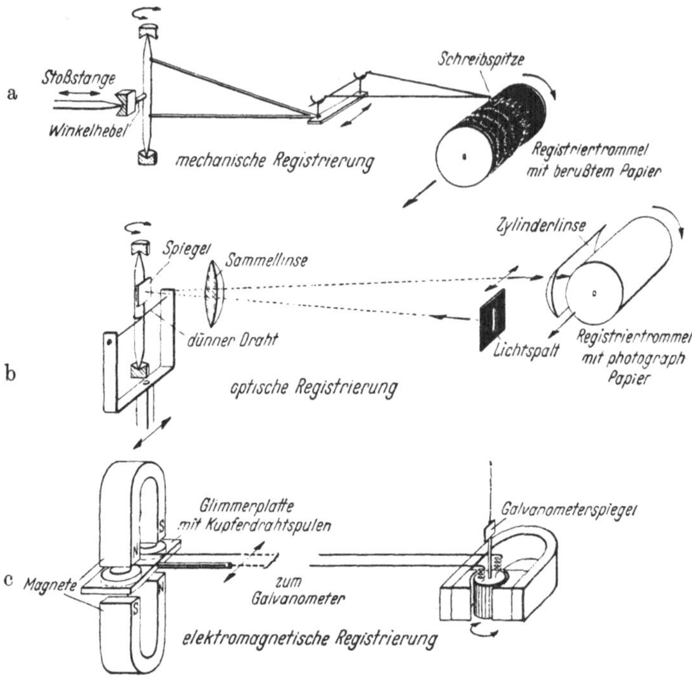

Abb. 63a-c. Registriersysteme von Seismographen

Man muß daher die Relativbewegungen stark vergrößern, um sie im Diagramm erfassen zu können. In Abb. 63 sind die gebräuchlichsten Arten der Registriersysteme von Seismographen und die verschiedenen Methoden der Bewegungsvergrößerung dargestellt. Bei der in Abb. 63a gezeigten mechanischen Registrierung wirkt eine an der Pendelmasse befestigte Stoßstange auf den kurzen Arm eines Winkelhebels, dessen langer Arm eine Schreibspitze trägt, die auf berußtem Papier zeichnet. Für stärkere Vergrößerungen bis zur 200fachen werden mehrere solcher Hebelübersetzungen hintereinandergeschaltet. In Abb. 63b ist eine optische Registriermethode dargestellt. Die Hinundherbewegung der Pendelmasse wird in die Drehbewegung einer einen kleinen Spiegel tragenden Achse umgewandelt. Die Blende rechts wird über eine Sammellinse, den Drehspiegel und eine zylindrische Linse als Punkt auf der mit photographischem Papier bespannten Trommel abgebildet. Die in Abb. 63c dargestellte elektromagnetische Übertragung arbeitet ebenfalls mit optischer Registrierung. An der Pendelmasse ist eine Glimmerplatte befestigt, in die zwei Kupferdrahtspulen, die verschiedene Wicklungsrichtungen besitzen, eingebettet sind. Die Spulen befinden sich in den Luftspalten zweier übereinandergesetzter Dauermagnete. Bei einer Relativbewegung der Pendelmasse gegenüber den im Gehäuse befestigten Magneten wird in den Spulen eine elektrische Spannung induziert, die von einem Galvanometerschreiber photographisch registriert werden kann. Diese von GALITZIN angegebene Methode hat den Vorteil, daß man die Registriervorrichtung vom schwingenden System räumlich getrennt aufstellen kann. Die angegebene Spulenanordnung ist außerdem astatisch, d. h. magnetische Fremdfelder, die Fehler in der Aufzeichnung hervorrufen könnten, werden eliminiert. Da während der letzten Jahrzehnte elektrisch äußerst empfindliche, aber mechanisch robuste Registrierspiegelgalvanometer mit kurzer Einstellzeit entwickelt wurden, ist die elektromagnetische Registriermethode stark in den Vordergrund getreten. Man erreicht Ausschlagsvergrößerungen bis zur 10000fachen. Sowohl die optische als auch die elektromagnetische Registrierung haben gegenüber der mechanischen den Vorteil vernachlässigbarer Reibung und bedürfen keines nennenswerten zusätzlichen Energieaufwands für das Schreiborgan. Aus diesem Grunde kann die Pendelmasse, die bei Seismographen mit mechanischer Registrierung bis zu 17 t schwer ist, bei gleicher Empfindlichkeit und Schwingungsdauer wesentlich leichter sein (1 bis 8 kg).

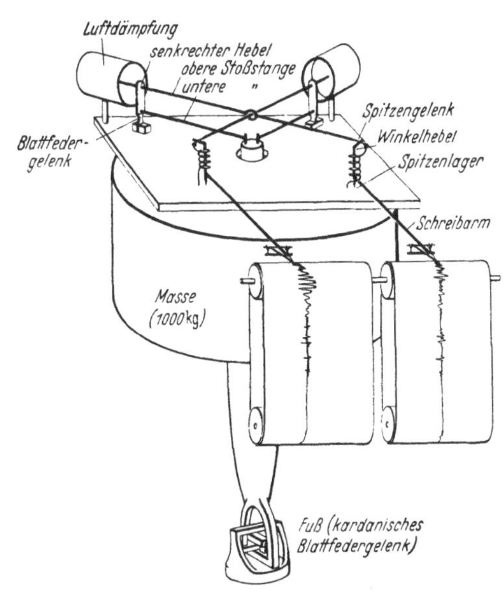

Abb. 64. Schema des Horizontalseismographen nach WIECHERT

Abb. 64 gibt das Schema eines mechanisch registrierenden *Horizontalseismographen* älterer Bauart nach WIECHERT wieder. Die schwere Masse ruht als umgekehrtes Pendel auf einem als kardanisches Federgelenk ausgebildeten Fuß. Blattfedern halten die schwere Masse an ihrem oberen Ende in ihrer Ruhelage, und zwar über die unteren horizontalen Stoßstangen, von denen eine in Nord-Süd-, die andere in Ost-West-Richtung liegt. Die beiden Horizontalkomponenten der Bewegung der Pendelmasse werden durch die oberen horizontalen Stoßstangen über Spitzengelenke, Winkelhebel und Spitzenlager auf die Schreibarme übertragen. Die Luftdämpfung kann auf den für die Wiedergabe günstigsten Wert eingestellt werden.

In Abb. 65 ist ein *Vertikalseismograph* nach GALITZIN mit elektromagnetischer Übertragung dargestellt. An einem als Gitterträger ausgebildeten horizontalen Arm befindet sich etwa in der Mitte die Pendelmasse und am Ende die Glimmerplatte mit den Induktionsspulen. Die

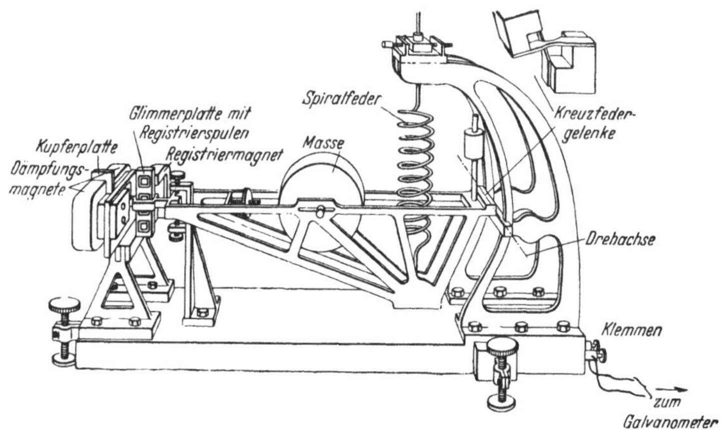

Abb. 65. Vertikalseismograph nach GALITZIN mit elektromagnetischer Übertragung. Der vordere Registriermagnet ist weggelassen

Drehachse des Arms ist zur Vermeidung der Reibung als Kreuzfedergelenk ausgebildet, eine bezüglich ihrer thermoelastischen Eigenschaften kompensierte Spiralfeder hält den Arm in seiner Ruhelage und vermittelt die Rückstellkraft. Die Dämpfung ist als Wirbelstromdämpfung ausgeführt. Sie besteht aus einer Kupferplatte, die am Ende des Systemträgers befestigt ist und sich in den Luftspalten starker Permanentmagnete befindet. Zur Vermeidung von Induktionsspannungen in den Registrierspulen durch die Dämpfungseinrichtung ist das astatische Spulensystem zusätzlich magnetisch abgeschirmt.

Abb. 66 zeigt ein Seismogramm eines Erdbebens, das mit einem Vertikalseismographen (Z) und zwei Horizontalseismographen (NS und EW) großer Schwingungsdauer (15 s) mit elektromagnetischer Übertragung nach GALITZIN-WILIP vom Typ „Masing“ der Fa. Askania aufgenommen wurde. Die drei Schwingungskomponenten wurden auf einem gemeinsamen Registrierstreifen aufgenommen. Dies erleichtert die Auswertung außerordentlich, wenn man dafür sorgt, daß die drei Registrierkanäle synchron arbeiten und die drei Seismographensysteme und Registriersysteme jeweils gleiche Schwingungsdauer und gleichen Dämpfungsgrad besitzen. Zur Auswertung werden zusätzlich Zeitmarken auf das

Seismogramm aufgebracht. Man erkennt den Einsatz der kurzwelligen Vorläufer (P) des Erdbebens, der zweiten Welle (S), der langen Welle (L) und der Hauptwelle (M). Der Geologe vermag an Hand des Seismogramms Rückschlüsse zu ziehen auf Lage und Entfernung des Erdbebenherdes und die Beschaffenheit des Erdinneren. Bei dem angeführten Beispiel handelt es sich um ein Erdbeben in der Türkei, das in 2000 km Entfernung in Stuttgart am 18. 3. 1952 unter dem Azimut *ESE* aufgenommen wurde.

Die Registrierblätter haben bei diesem Gerät die Abmessungen 920×300 mm. Es sind Filmblätter, die auf eine Registriertrommel auf-

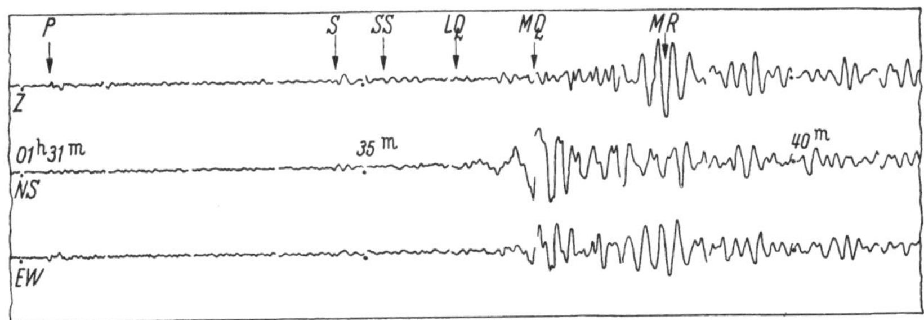

Abb. 66. Seismogramm, aufgenommen mit einem Langperiodenseismographen nach GALITZIN-WILIP, Typ „Masing" (Fa. Askania): Erdbebenherd Türkei, Entfernung 2000 km, Azimut ESE, aufgenommen in Stuttgart am 18. 3. 1952

gelegt sind. Die Trommel wird durch ein gangreguliertes Uhrwerk von 36 h Laufzeit, das wahlweise mit einem elektrischen Aufzug ausgerüstet werden kann, angetrieben. Die Papiergeschwindigkeit beträgt je nach Bedarf 15 bis 120 mm/min.

Die *technischen Erschütterungs- und Schwingungsschreiber* unterscheiden sich lediglich in der Anordnung und den Abmessungen der Bauelemente von den Seismographen. Die Erschütterungen, die bei technischen Untersuchungen interessieren, haben eine wesentlich kürzere Schwingungsdauer als die seismischen Schwingungen. Deshalb kann man die Eigenschwingungsdauer der Meßsysteme hier wesentlich herabsetzen, meistens unter 1 s. Dies ermöglicht vor allem kürzere Pendellängen und damit kleinere Bauformen. Das Übersetzungsverhältnis des Schwingweges zum Registrierweg muß der jeweiligen Meßaufgabe angepaßt werden, ist aber im allgemeinen nicht so hoch wie bei den Seismographen, kann jedoch in Extremfällen bis zu 2500000 betragen. Die Industrie hat für Erschütterungsregistrierungen an Maschinen und Fahrzeugen, zur Untersuchung von Bauwerken usw. eine Vielzahl von handlichen, transportablen Geräten entwickelt. Außer Erschütterungen lassen sich mit diesen Geräten Beschleunigungen, Torsionsschwingungen, Biegeschwingungen, Eigenfrequenzen, kritische Drehzahlen, Unwuchten, Ungleichförmigkeitsgrade usw. ermitteln.

Die Diagramme in Abb. 67 sind mit einem technischen Erschütterungsschreiber aufgenommen. Die beiden oberen zeigen, in wie starkem Maße die Schwingungen des Maschinenhauses, in dem ein Turbogenerator

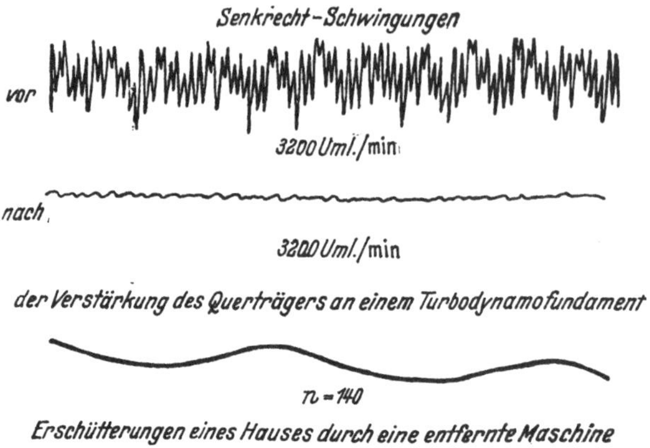

Abb. 67. Diagramme von Erschütterungsschreibern

aufgestellt ist, durch Einbau eines Fundamentquerträgers herabgesetzt werden, das untere demonstriert die Erschütterungen eines Hauses durch eine Maschine.

Bei einem von der Fa. Askania hergestellten *Beschleunigungsschreiber* besitzt das System eine Eigenfrequenz von 5 Hz und eine Luftdämpfung. Der gerade geführte Schreibhebel registriert auf Wachsschichtpapier (50 mm breit, 8 m lang). Der Meßbereich ist gleich dem 1- bis 0,2fachen

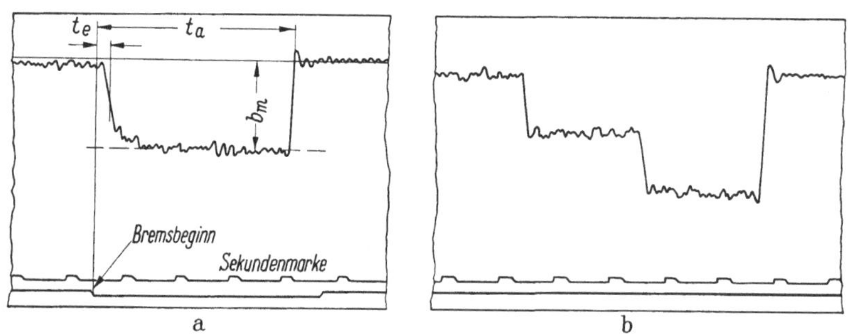

Abb. 68a u. b. Bremsschreiber: a) Die Bremsanlage ist in Ordnung, b) die Bremsanlage ist nicht in Ordnung. Zunächst wirken nur die Bremsen zweier Räder, 2 s später alle vier Bremsen

der Erdbeschleunigung, je nach dem gewählten Übersetzungsverhältnis (4:1 bis 20:1). Das fliehkraftgeregelte Federlaufwerk besorgt bei einer Laufzeit von 2 min einen Papiervorschub von 10 bzw. 30 mm/s. Mit zwei zusätzlich vorhandenen Schreibgriffeln können Zeit- und andere Marken aufgebracht werden. Das Gerät ist zur Aufnahme von Beschleunigungen jeglicher Art geeignet, wird aber in erster Linie in Fahrzeugen benutzt (Straßenfahrzeugen, Schienenfahrzeugen, Flugzeugen und Schiffen) und dient dort zur Überprüfung des Zustandes und der Funktion der Bremsen (s. Abb. 68). Es hat sich deshalb für dieses Gerät die Bezeichnung *Bremsschreiber* eingebürgert. Das Gerät wird außerdem vielfach zur Registrierung des Beschleunigungsvermögens eines Kraftwagens in den einzelnen Gängen verwendet.

Zum unmittelbaren Abtasten der Schwingungen von Kraft- und Arbeitsmaschinen oder Fahrzeugen baut die Fa. Askania den in Abb. 69

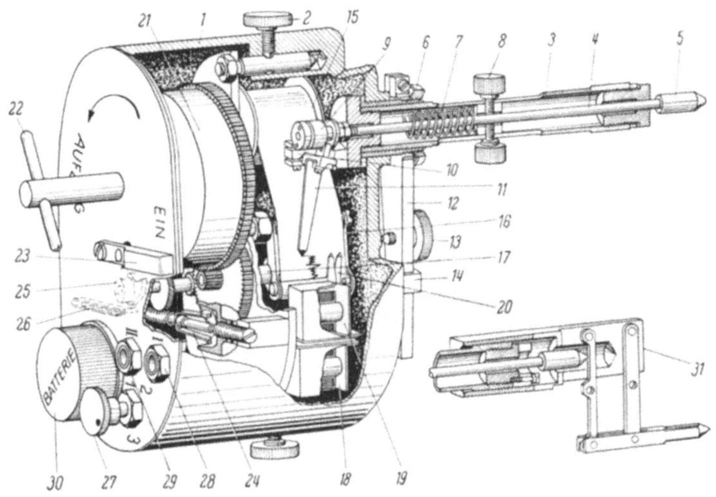

Abb. 69. Aufbau eines Tastschwingungsschreibers (Fa. Askania): *1* Gehäuse, *2* Halteschrauben, *3* Tastrohr, *4* Taststange, *5* Tastspitze, *6* Rändelmutter zum Festklemmen des Tastrohres, *7* Andrückfeder, *8* Andrückverstellung (Federlager), 9 Schreibhebelmitnehmer, *10* Schreibhebellager, *11* Schreibhebel, *12* Stellhebel für Tastrohr und Schreibhebel, *13* Klemmschraube, *14* Anschlagbügel mit Schreibdruckverstellung, *15* Wachsschichtpapier, *16* Schreibtisch, *17* Antriebswalze, *18* Markenschreiber für willkürliche Marken, *19* Markenschreiber für Sekundenmarkierung, *20* Markenschreibhebel, *21* Laufwerk, *22* Knebel für Federaufzug, *23* Laufwerkschalter, *24* Laufregler, *25* Kontaktnocke, *26* Federkontakt, *27* elektrischer Schalter, *28* zweipolige Steckbuchse I, *29* zweipolige Steckbuchse II, *30* Stabbatteriegehäuse, *31* Verkleinerungsaufsatz

dargestellten *Tastschwingungsschreiber*. Es handelt sich bei diesem Gerät um einen Wegschreiber, dessen Taststange *19* an den Prüfkörper angesetzt und durch eine Schraubenfeder mit ihm in Berührung gehalten wird. Die Federspannung läßt sich mit Hilfe der Schraube *14* verändern und der Schwere der Prüfteile und den auftretenden Beschleunigungen anpassen, die bis zum 20fachen der Erdbeschleunigung, mit Sondertastrohren auch bis zum 50- oder 100fachen, betragen können. Die Bewegungen der Tastspitze werden durch eine Hebelübersetzung 5-, 20- oder 50-fach vergrößert und mit dem Schreibhebel *15* auf dem 25 mm breiten ablaufenden Wachspapierstreifen *13* aufgezeichnet. Letzterer wird durch ein Federwerk mit Fliehkraftregler mit einem Vorschub von 40 mm/s angetrieben. Meist genügen für eine Messung wenige Sekunden Laufdauer. Bei einer Registrierstreifenlänge von 9 m können Registrierungen bis zu 3,5 min Gesamtdauer vorgenommen werden. Der Schalter *1* dient zum Ein- und Ausschalten der Papierbewegung. Die Zusatzfedern *17* schreiben Sekundenmarken oder von außen gegebene Markierungen auf. Der Tastschwingungsschreiber ist für Frequenzen von 8 bis 150 Hz und für Schwingungsausschläge von $\pm$ 0,02 bis $\pm$ 2,0 mm geeignet. Für größere Schwingungsausschläge bis $\pm$ 5 bzw. $\pm$ 10 mm wird ein Verkleinerungsaufsatz *20* verwendet. Die Außenmaße des Geräts betragen 250 × 140 × 80 mm. Bei Verwendung von Zusatzgeräten, die auf das Tastrohr geklemmt werden, können auch Druckschwankungen und Drehschwingungen aufgezeichnet werden [*85*].

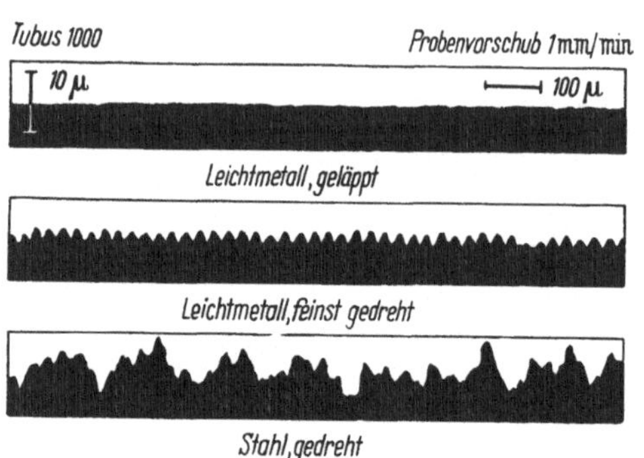

Abb. 70. Oberflächenprofilschnitte, aufgenommen mit dem Oberflächenmeßgerät nach FORSTER (Fa. Leitz). Die schwarzen Partien entsprechen einem vertikalen Schnitt durch die Proben in der Meßlinie

Als letztes Beispiel für Wegschreiber sei ein Gerät beschrieben, das zur Registrierung des Profils von Werkstücken dient [*86*]. Es handelt sich um das sog. *Oberflächenregistriergerät* nach FORSTER der Fa. Leitz [*87*]. Dieses gestattet, Unebenheiten einer Oberfläche bis unter 1 μ im Diagramm festzuhalten. An Hand der Registrierung können Rückschlüsse sowohl auf die Rauhigkeit als auch auf Formfehler eines Werkstückes gezogen werden.

Der Prüfling, der bis zu 100 mm lang sein kann, wird auf einem verspannungsfreien Meßtisch befestigt, der in zwei Achsenrichtungen in einem schweren Stativ durch Mikrometerspindeln verschoben werden kann. Die Probe wird durch Motorantrieb mit konstanter Geschwindigkeit unter einer Tastspitze aus Saphir mit 10 μ Spitzenradius entlanggeführt. Diese vibriert mit einer Frequenz von 50 oder 100 Hz, springt also von Oberflächenpunkt zu Oberflächenpunkt. Zwei benachbarte abgetastete Punkte haben infolge der schnellen Tastfolge bei einem Probenvorschub von 1 bis 5 mm/s einen Abstand in der Größenordnung von 1 μ. Die Umkehrpunkte der Tastspitze werden mittels eines Lichtbandes optisch stark vergrößert registriert. Es besteht bei diesem Verfahren keine Gefahr, daß die Tastspitze oder die Oberfläche des Prüflings beschädigt wird, da keinerlei tangentiale Beanspruchungen auftreten. Ferner ist ein Optimum an Wiedergabetreue gewährleistet, da die Tastspitze stets mit der gleichen Kraft (< 1 g) auf den Prüfling aufgesetzt wird und Fettgrenzschichten von ihr durchschlagen werden. Zur Registrierung wird perforierter 35 mm-Film oder ebensolches Papier verwandt.

Der maximal erfaßbare Höhenunterschied der Probe beträgt je nach Vergrößerung des verwendeten Mikroskopeinsatzes maximal 25 bis 125 μ, die vertikale Vergrößerung 200 bis 1000 und die horizontale Vergrößerung je nach Probenvorschub 20 bis 100. In Abb. 70 sind als Beispiel einige mit dem Leitz-Oberflächenmeßgerät aufgenommene Profile wiedergegeben.

2. Kraftschreiber

In diesem Abschnitt sollen einige Instrumente beschrieben werden, mit denen Kräfte oder Drucke registriert werden können.

Der *Indikator* registriert eine Kraft als Funktion eines Weges, vereinigt also die Aufgaben eines Weg- und eines Kraftschreibers und ist wohl das älteste technische Registrierinstrument. Er schreibt den Druck, der im Innern eines Kolbens einer Kraftmaschine herrscht, als Ordinate auf ein Trommelblatt, das in Richtung seiner Abszisse proportional dem Kolbenweg gedreht wird. Der Indikator kann für Untersuchungen an Kolbendampfmaschinen, Verbrennungskraftmaschinen, Kompressoren, Kolbenpumpen, hydraulischen Pressen usw. verwandt werden.

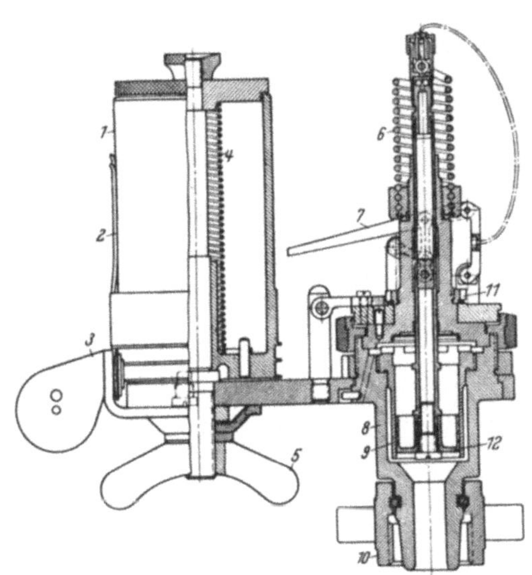

Abb. 71. Schnitt durch einen Normalindikator der Fa. Maihak: *1* Schreibtrommel, *2* Blattfedern, *3* Schnurführung, *4* Spannfeder, *5* Befestigungsflügelmutter, *6* Gegenfeder, *7* Hebelmechanismus, *8* Grundplatte, *9* Meßzylinder, *10* Anschlußmutter, *11* wärmeisolierte Mutter, *12* Meßkolben

Abb. 71 zeigt einen Schnitt durch einen Indikator (Fa. Maihak). Das Instrument wird mit der Anschlußmutter *10* auf den Hahn oder das Indizierventil des Zylinders geschraubt. Bei hydraulischen Maschinen verwendet man als Verbindungselement biegsame Rohrleitungen. Der zu messende Druck wird in den Meßzylinder geleitet, in dem sich der Meßkolben *12* gegen die Kraft der Schraubenfeder *6* bewegen kann. Sein Weg wird durch den Hebelmechanismus 7-6fach vergrößert auf die

Schreibtrommel *1* übertragen, auf der das Trommelblatt mit den beiden Blattfedern *2* befestigt ist. Um den unteren Trommelumfang *3* ist eine Schnur aus Stahl geschlungen, die mit ihrem einen Ende an der Schreibtrommel, mit dem anderen an der Kolbenstange der Maschine befestigt ist. Die Schnur wird durch eine im Inneren der Trommel angebrachte Feder *4* unter Spannung gehalten, so daß sich die Trommel proportional dem Weg des Maschinenkolbens dreht. Wenn der Kolbenweg für eine Umdrehung der Schreibtrommel zu groß ist, wird er durch eine Hubverminderungsrolle auf den passenden Wert gebracht. Wenn keine Möglichkeit zur Anbringung der Schnur vorhanden ist, wird eine sog. Stellungskupplung verwendet. Der Meßzylinder *9*, der Meßkolben *12* und die Gegenfeder *6* sind zur Anpassung des Indikators an die verschiedenen Forderungen mit Hilfe der wärmeisolierten Mutter *11* leicht auswechselbar. Der Kolbendurchmesser beträgt z.B. für Gebläsemaschinen für 4 at Druck 40,54 mm, für Hochdruckkompressoren mit 1500 at Druck 2,86 mm. Die Gegenfeder *6* ist doppelt gewunden und auf Zug beansprucht. Sie kann nach Lösen des kleinen Haltekopfes oben rechts ausgetauscht werden.

Der Übertragungsmechanismus vermag auch noch einer schnellen Hubfolge – bis zu 2400/min – zu folgen. Zur Aufzeichnung hat man früher einen Graphitstift und gewöhnliches Schreibpapier verwendet. Später ist man zu einem Stift aus einer Silber-Messing-Legierung und einem mit einer Kreide-Eiweiß-Schicht präparierten Papier (Indikatorpapier) übergegangen. Neuerdings verwendet man bevorzugt die Ritzschrift auf Wachsschichtpapier. Auch die Rußschrift und bei sehr kleinen Wegen die Ritzschrift auf Glas oder Zelluloid kommen bisweilen noch zur Anwendung. Weiter kennt man photographische und funkenregistrierende Indikatoren.

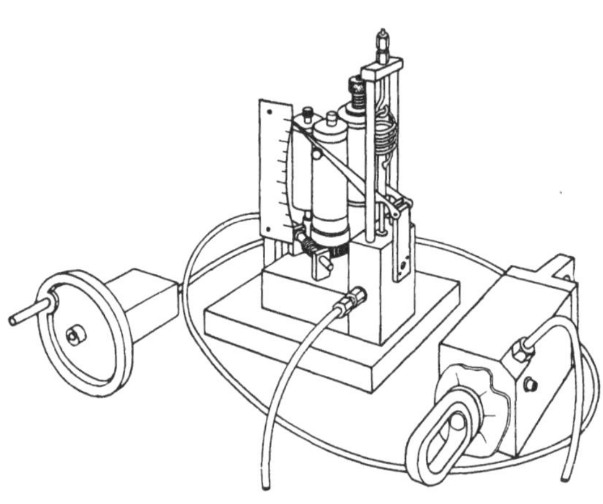

Abb. 72. Zugkraftschreiber (Fa. Amsler)

Ein *Federkraftmesser* mit Schreibeinrichtung [*88*, *89*] (Fa. Amsler) ist in Abb. 72 wiedergegeben. Er dient zur Registrierung von Zugkräften jeglicher Art, z.B. von Zugtieren, Traktoren, Wagen usw. und kann ebenfalls bei Schleppversuchen in Werften, in der Schiffahrt oder bei Biege- und Bruchversuchen an Maschinenteilen verwendet werden.

Die Meßvorrichtung besteht aus zwei getrennten Teilen, der Meßkammer und dem Registrierapparat. Die Meßkammer (Preßtopf) ist ein mit Öl gefüllter Zylinder, in welchem sich ein Kolben bewegen kann. Sowohl am Zylinder als auch am Kolben befindet sich je eine Öse, um den Preßtopf zwischen dem Fuhrwerk und dem Traktor befestigen zu können. Wird eine Zugkraft ausgeübt, so hat der Kolben das Bestreben, das Öl aus dem Zylinder herauszutreiben. Der Öldruck, der dabei entsteht, ist proportional der auf den Preßtopf wirkenden Zugkraft. Der Preßtopf ist allseitig gegen das Eindringen von Verunreinigungen geschützt. Der Öldruck im Preßtopf wird durch den Registrierapparat gemessen und fortlaufend in einem Diagramm aufgezeichnet. Der Registrierapparat kann irgendwo auf dem Fahrzeug aufgestellt werden und ist durch einen biegsamen Hochdruckschlauch oder ein Kupferrohr mit dem Preßtopf verbunden. Die Meßvorrichtung des Registrierapparates besteht aus einem Kolben, der in einem Zylinder spielen kann und durch eine Schraubenfeder in der Ruhelage gehalten wird. Der Öldruck im Preßtopf wird also im Meßzylinder durch die Feder ausgewogen. Der Meßkolben betätigt über ein Gestänge die Anzeige- und Schreibvorrichtung. Der Schreibweg ist geradlinig, und die Registrierung geschieht mit einem Metallstift auf einem metallisierten Diagrammstreifen, der von einer Vorratsrolle über eine Transportwalze, die gleichzeitig als Schreibunterlage dient, gezogen und auf einer anderen Rolle aufgespult wird. Der Schreibstift hinterläßt auf dem 50 mm breiten, 15 m langen Schreibstreifen eine feine, deutlich sichtbare Linie. Die Schreibwalze wird von einer Schneckenwelle gedreht, die ihrerseits über eine biegsame Welle von Hand oder mittels einer endlosen Schnur von der Nabe eines der Räder des Fahrzeuges angetrieben wird. Das Registrierinstrument besitzt eine regulierbare Dämpfung. Bei wegproportionalem Papiervorschub läßt sich durch Planimetrierung des Diagramms die von einem Fahrzeug geleistete Zugarbeit ermitteln.

Durch Verwendung verschieden schwerer Preßtöpfe und Austauschen der Feder des Registrierinstruments lassen sich die mannigfaltigsten Meßbereiche zwischen 500 und 20000 kg erzielen. Der Meßfehler beträgt ± 1% des Vollausschlags.

Als nächstes sollen Instrumente zur Druckregistrierung beschrieben werden. Sie werden in der Meteorologie sehr oft verwendet und dienen zur Registrierung des atmosphärischen Luftdrucks (*Barographen*). Da der Luftdruck eine Funktion der Höhe, z.B. bezogen auf das Meeresniveau, ist, werden diese Instrumente des öftern auch als *Höhenschreiber* verwendet [*90*]. Abwandlungen des Instruments werden weiter zur Registrierung von Überdruck und Unterdruck, des Druckes von Dampf, Preßluft, Preßgas, Flüssigkeiten, als Wasserstandsanzeiger usw. verwendet [*91* bis *98*].

Als Meßorgan findet bei vielen dieser Instrumente eine Aneroiddose (Plattenfeder), ein Satz solcher Dosen oder eine Bourdonröhre (Rohrfeder) Verwendung. Die Wirkungsweise des Plattenfedermanometers ist an Hand von Abb. 73 für Überdruck-, Unterdruck- und Differenzdruckmessungen verständlich gemacht. Die Auslenkung der gewellten Plattenfeder bzw. spiralig gewundenen Rohrfeder mit kreisförmigem oder elliptisch profiliertem Querschnitt und mit einer oder mehreren Windungen wird durch eine Stoßstange und einen Hebelmechanismus auf das Schreiborgan übertragen (s. Abb. 74). Die Registriersysteme sind recht verschiedenartig, man findet sowohl Band- als auch Kreisblatt- und Trommelschreiber. Manche Geräte sind als Mehrfachschreiber ausgeführt, und oft registrieren Druckschreiber zusammen mit Feuchtigkeitsschreibern oder Temperaturschreibern auf einem gemeinsamen Diagrammstreifen. Die Druckmeßorgane werden vorwiegend aus hochwertigen, elastisch nachwirkungsarmen Metallen (z. B. Stahl, Bronze) gefertigt, so daß die Meßfehler klein sind (z. B. ± 1 % des Endausschlags). Die Meßbereiche liegen je nach Steifigkeit und Abmessungen der Druckmeßelemente bei Plattenfedern zwischen 0,16 und 25 kg/cm², bei Rohrfedern zwischen 0,6 und 2500 kg/cm². Bis zum Meßbereich 100 kg/cm² besteht die Rohrfeder aus Bronze, darüber hinaus aus Stahl.

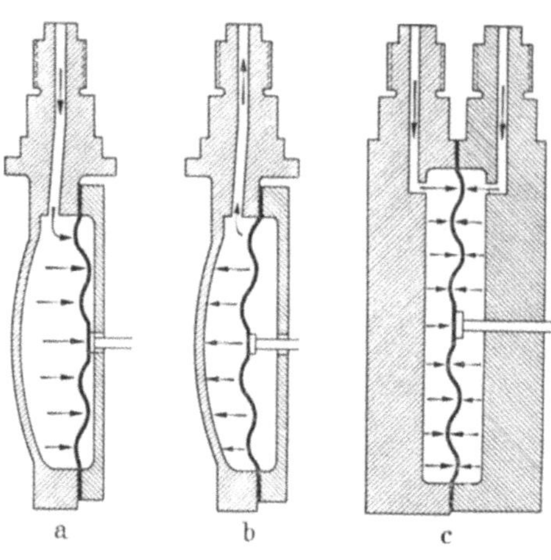

Abb. 73a–c. a) Plattenfedermeßsystem bei Überdruckmessung, b) Unterdruckmessung, c) Differenzdruckmessung

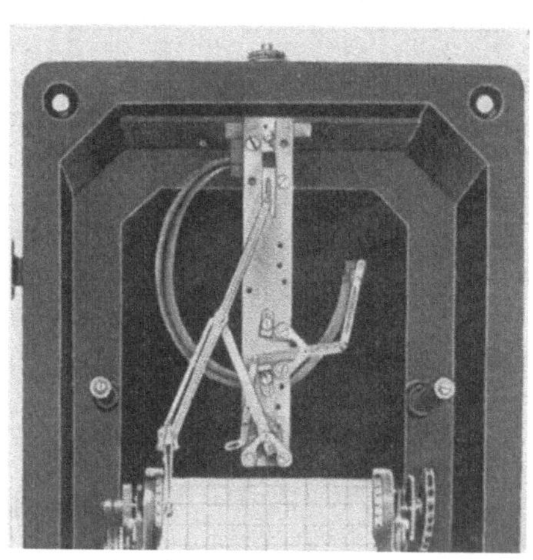

Abb. 74. Rohrfederregistriersystem (Skala abgenommen) (Fa. Eckardt)

Zur Registrierung von Drucken unter etwa 200 mm WS werden Meßorgane verwendet, die einen Satz übereinandergesetzter Aneroiddosen aufweisen (s. Abb. 75). Das Doseninnere ist luftleer, und der Dosensatz ist in einem dichten Bronzegehäuse eingebaut, in das der zu messende Druck geleitet wird. Die Bewegung des Dosensatzes wird durch ein Gestänge über eine druckdichte Durchführung auf den Schreibarm übertragen. Abb. 76 zeigt ein ähnliches Gerät. Es ist als Trommelschreiber mit 9 freitragenden Aneroiddosen von je 60 mm ∅ ausgerüstet und dient zur Registrierung des Luftdruckes in Wetterwarten, Laboratorien, in der Lebensmittelindustrie usw. Das Instrument weist einen Meßbereich von 80 mm Hg Druckschwankung auf bei einer Genauigkeit von ± 0,3 mm Hg. Mikrobarographen, die mit 20 Einzeldosen ausgerüstet sind, weisen eine noch höhere Genauigkeit auf bei größeren Schreibbreiten und Meßbereichen von 50 mm Hg Druckschwankung. Bei diesen empfindlichen Instrumenten müssen die Übertragungsvorrichtungen weitgehend temperaturunabhängig und erschütterungsunempfindlich arbeiten. Letzteres gelingt durch eine sog. Federspitzenlagerung bzw. spezielle Zapfenlagerungen. In die Hebelübertragung ist ein temperaturabhängiges Übertragungsglied eingeschaltet, das völlige Temperaturkompensation über den gesamten Meßbereich gewährleistet. Das bewegliche System besitzt eine Dämpfung, die mit Siliconöl und daher nahezu temperaturunabhängig arbeitet. Zur Aufhebung der bei Tintenregistrierung zwischen

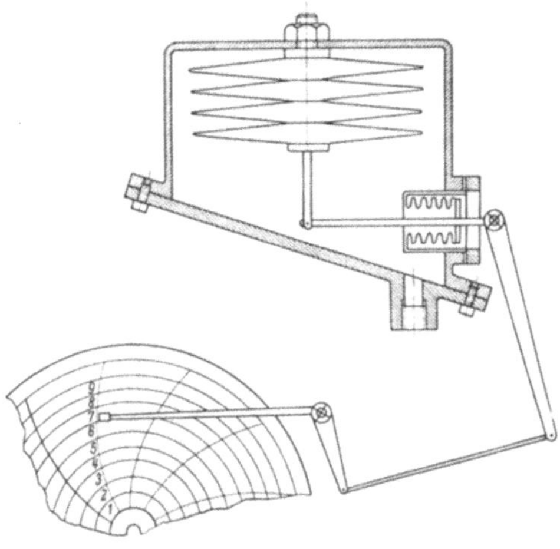

Abb. 75. Schematische Darstellung eines Aneroiddosenmeßwerks mit Kreisblattschreiber (Fa. Bristol)

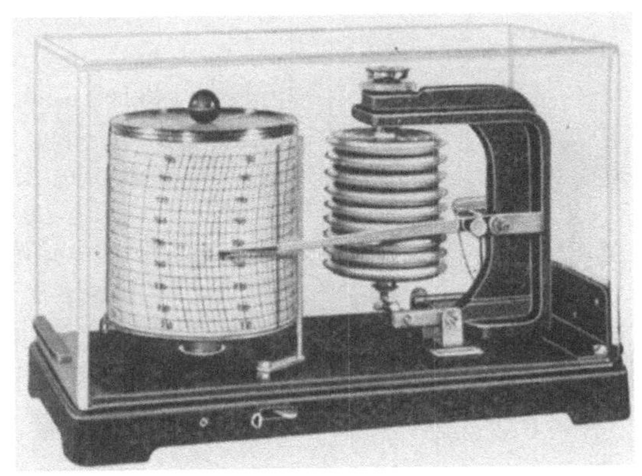

Abb. 76. Aneroiddosenbarograph (Fa. Lambrecht)

Schreibfeder und Schreibstreifen bestehenden Reibung wird bisweilen ein Vibrator verwendet, der mit Wechselspannung gespeist wird. Zum Schutze gegen mechanische Beschädigungen ist der Dosensatz in einem fast völlig geschlossenen, stabilen Hohlzylinder untergebracht. Die Barographen werden je nach Wunsch mit Holz- oder Metallgehäusen, die Glasfenster aufweisen, oder mit Plexiglasstülpgehäusen ausgeführt.

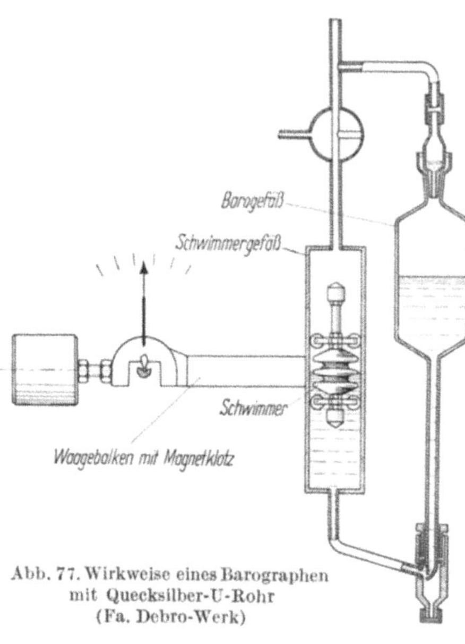

Abb. 77. Wirkweise eines Barographen mit Quecksilber-U-Rohr (Fa. Debro-Werk)

In einer den Barographen ähnlichen Form werden Instrumente zur Registrierung der Temperatur (*Thermographen*) und der relativen Luftfeuchtigkeit (*Hygrographen*) gebaut. Die Thermographen besitzen als Meßorgan eine Bimetallspirale, die Hygrographen eine Haarharfe.

Abb. 77 zeigt den Aufbau eines Barographen mit einem *Schwimmermeßwerk*. Ein U-förmiges Glasgefäß ist zur Hälfte mit Quecksilber gefüllt. Durch die obere Verbindung und den Dreiwegehahn kann oberhalb des rechten Quecksilberschenkels Vakuum erzeugt werden, während der zu registrierende Druck auf dem linken Quecksilberschenkel lastet. Auf diesem schwimmt ein Magnetanker, der durch eine Rollenführung in senkrechter Stellung gehalten wird. Die Stellung des Schwimmers, die ein Maß für den zu messenden Druck ist, wird über die links gezeichnete magnetische Waage gemessen und registriert. Das Instrument hat einen Meßbereich von 50 bis 1500 mm Hg. Das gleiche Instrument kann in Verbindung mit Staublenden auch als Durchflußschreiber verwendet werden.

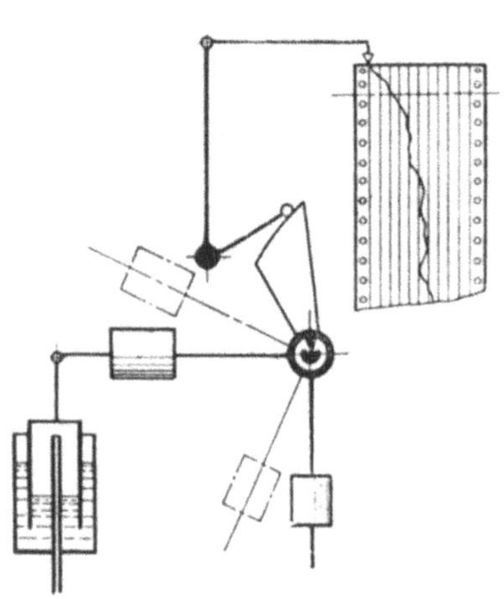

Abb. 78. Druckschreiber nach dem Tauchglockenprinzip (Fa. Debro-Werk)

Einige Druckschreiber, wie z.B. das Gerät in Abb. 81, besitzen als

Meßwerk eine Ringwaage. Die registrierenden Ringwaagen sind häufig mit Radiziereinrichtungen ausgerüstet und werden als Durchflußschreiber verwendet. Aus diesem Grunde sollen die registrierenden Ringwaagen in dem Kapitel über Durchflußschreiber behandelt werden. Der Meßbereich der Ringwaagen liegt zwischen 20 mm Wassersäule und 6 kg/cm², und ihr Skalenverlauf ist nahezu linear.

Ein Druckschreiber der Fa. Debro arbeitet nach dem in Abb. 78 schematisch dargestellten *Tauchglockenprinzip*. Die Glockenwaage be-

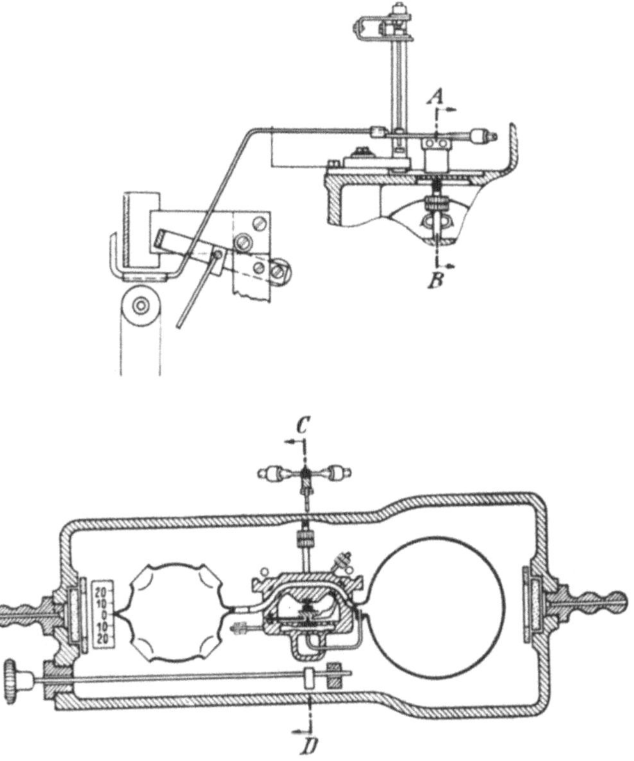

Abb. 79. Gasdichteschreiber (Fa. Pollux)

steht aus einem auf einer Schneide drehbar gelagerten waagerechten Hebelarm, der links in einem Gelenk die Tauchglocke trägt, die in ein mit Wasser oder Öl gefülltes Gefäß taucht. Das Innere der Tauchglocke steht über ein von unten in sie hineingeführtes Rohr mit dem zu messenden Druck in Verbindung. Die mit dem Waagebalken verbundene Kurvenscheibe führt über eine Tastrolle und einen Hebelmechanismus die Schreibfeder über den Registrierstreifen. Der nach unten zeigende und mit dem Waagebalken einen rechten Winkel bildende Gewichtarm trägt ein Gegengewicht, das den Meßbereich bestimmt. Mit dem am Waagebalken verstellbaren Gewicht läßt sich der Anfang des Meßbereichs unterdrücken.

Die Dichte eines Gases kann man durch Messung des Auftriebs bestimmen, den ein geschlossener Hohlkörper in dem zu messenden Gas erfährt. In Abb. 79 ist ein nach diesem Prinzip arbeitender *Gasdichteschreiber* der Fa. Pollux dargestellt. In einem gasdichten Behälter ist ein hochempfindliches Waagesystem eingebaut, das auf der rechten Seite als Auftriebskörper eine geschlossene Glaskugel trägt, die mit Stickstoff gefüllt ist. Auf der linken Seite ist als Ausgleichsgewicht eine offene, etwas kleinere Glaskugel angebracht. Das zu messende Gas strömt von links nach rechts durch die Kammer. Der Waagebalken liegt auf Schneiden und ist durch verstellbare Gewichte ausbalanciert. Die Anzeige der Waage infolge der Auftriebsänderung der rechten Kugel wird mit einem nach oben stehenden Arm aus dem Gasraum durch eine magnetische Kupplung auf die Registriervorrichtung übertragen. Da nur schwache Einstellkräfte zur Verfügung stehen, wird die Registrierung mit einem Fallbügelschreiber vorgenommen. An der Waage ist in Achsennähe eine Druckmeßdose angebracht, die über ein Kapillarrohr mit dem Innenraum der rechten Auftriebskugel in Verbindung steht und bei Abweichung des Barometerstandes und der Temperatur vom Eichwert den Auftrieb der rechten Kugel korrigiert. Die Fehlergrenze beträgt $\pm$ 1% vom Skalenendwert. Bei einem ähnlichen Apparat der Fa. Refinery Supply Co. erfolgt die Registrierung auf einem Kreisblatt in Polarkoordinaten. Bei diesem Gerät erfolgt die Kompensation des Temperatur- und Druckeinflusses über ein mit Quecksilber gefülltes U-Rohr.

Der *Gasdichteschreiber* (Union-Apparatebau-Gesellschaft) mißt statt des Auftriebs eines geschlossenen Gefäßes in dem zu untersuchenden Gas den Auftrieb des betreffenden Gases in der atmosphärischen Luft. Hierbei wird, wie in Abb. 80 erläutert, das Gas von unten in eine 4 m lange vertikale Röhre geleitet. Die Strömungsgeschwindigkeit ist klein. Am oberen Ende der Röhre entweicht das Gas; falls ein brennbares Gas gemessen wird, kann dieses abgefackelt werden. Neben der Meßröhre ist eine Vergleichsröhre geführt, die in Verbindung mit der Atmosphäre steht. Um Störeinflüsse durch Temperaturunterschiede auszuschalten, wird die Vergleichsleitung bis zum offenen oberen Ende der Meßleitung geführt. Es werden nun die Drucke in den beiden Röhren miteinander verglichen. Hat das Gas die gleiche Dichte wie die Luft, so herrscht im Meßrohr derselbe Druck wie in der Atmosphäre, und der Differenzdruck ist gleich Null. Ist das zu messende Gas jedoch leichter als Luft, so ist der Druck im Meßrohr um denjenigen Betrag geringer, der dem Auftrieb der Gassäule in Luft entspricht. Die Druckdifferenz ist also ein Maß für die Gasdichte und wird mit einer Gaswaage gemessen. Diese besteht aus einem auf Achatsteinen drehbar gelagerten U-Rohr, das mit Petroleum gefüllt ist und dessen beiden Schenkeln die zu messenden Drucke über Tauchgefäße und Zuleitungen zugeführt werden. Der Druck des Meßrohres wird dem rechten, der Atmosphärendruck dem linken U-Rohrschenkel zugeleitet. Entsteht bei Abweichungen der Gasdichte von derjenigen der Luft ein Differenzdruck zwischen Meß- und Vergleichsrohr, so bewirkt dieser eine Drehung der Gaswaage, und zwar im Uhrzeigersinn, wenn rechts ein Unterdruck gegenüber links herrscht. Die Gaswaage stellt sich in eine neue Gleichgewichtslage ein, welche durch das Gewicht und den Hebelarm des am unteren Ende des U-Rohrs befestigten Schreibzeigers bestimmt wird. Die zu registrierenden Druckunterschiede betragen bei technischen Gasen (z. B. Leuchtgas) nur wenige mm WS. Mit der Gaswaage können noch Druckunterschiede von 0,01 mm WS nachgewiesen werden. Die Aufzeichnung erfolgt mit Tinte und Feder auf ablaufenden Streifen. Damit die Zuleitungen zu den Tauchglocken nicht verschmutzen und im Vergleichsrohr die Luft ständig erneuert wird, sind an den Zuleitungen unter den Tauchgefäßen Düsen angebracht, durch die dauernd geringe Mengen atmosphärischer Luft einströmen können, ohne jedoch das Meßergebnis zu fälschen. Bei Gasen, die schwerer als Luft sind, werden die Rohre nach unten ge-

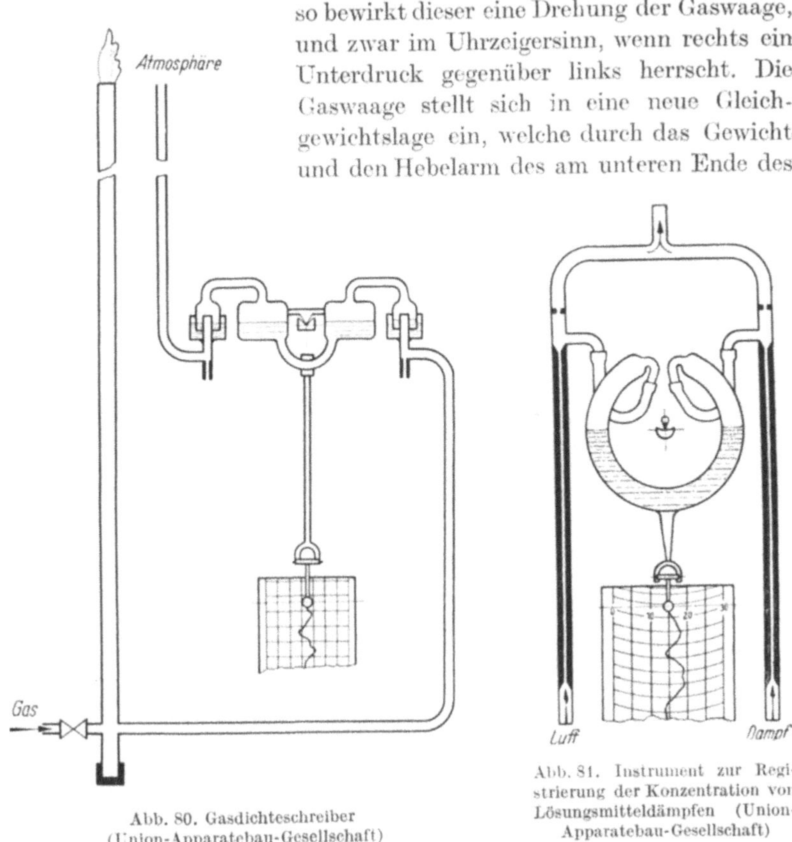

Abb. 80. Gasdichteschreiber (Union-Apparatebau-Gesellschaft)

Abb. 81. Instrument zur Registrierung der Konzentration von Lösungsmitteldämpfen (Union-Apparatebau-Gesellschaft)

führt, so daß die Schwere des Gases gegenüber dem Atmosphärendruck gemessen wird.

Ein ähnliches Instrument zur *Registrierung der Konzentration von Lösungsmitteldämpfen*, z.B. Schwefelkohlenstoff, Äther, Alkohol, Benzol u.a.m., stellt ebenfalls die Union-Apparatebau-Gesellschaft her. Es ist in Abb. 81 schematisch wiedergegeben. Eine oben angebrachte Pumpe saugt das zu messende Dampfgemisch durch das rechte Rohr und die Vergleichsluft durch das linke Rohr an. In den Rohren sind je eine Düse und eine Kapillare eingebaut. Das Strömungsverhalten der beiden Rohre ist völlig identisch. Zwischen den Kapillaren und Düsen befinden sich Anschlüsse mit Schlauchleitungen zu einer empfindlichen registrierenden Ringwaage. Die zwischen der rechten und der linken Meßröhre entstehende Druckdifferenz ist ein Maß für den Prozentgehalt eines bestimmten Lösungsmitteldampfes. Für jedes Lösungsmittel ist eine besondere Eichung notwendig.

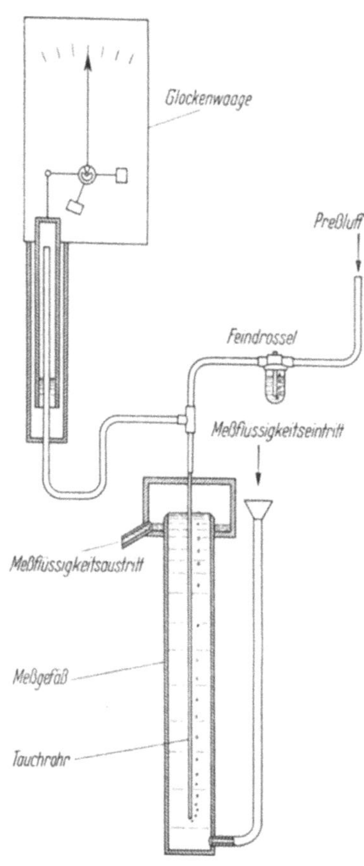

Abb. 82. Prinzip eines Flüssigkeitswichtemessers (Fa. Debro-Werk)

Als letztes Beispiel druckregistrierender Instrumente sei der *Flüssigkeitswichtemesser* der Debro-Werke erwähnt. Er mißt und registriert fortlaufend das spezifische Gewicht von Flüssigkeiten, die z.B. ein Rohr durchfließen oder in einem Tank aufgespeichert werden. Das Meßprinzip ist in Abb. 82 dargestellt (*99*). Die zu messende Flüssigkeit wird von unten in einen Meßzylinder geleitet und kann oben über einen Überlauf drucklos abfließen. In den Meßzylinder ist ein Tauchrohr mit einstellbarer Eintauchtiefe eingebaut, das mit einer Preßluftzuführung und einer Tauchwaage in Verbindung steht. Durch eine Feindrossel in der Preßluftleitung, die ebenfalls Druckschwankungen eliminiert, wird der Preßluftstrom derart eingestellt, daß eine geringe Preßluftmenge ununterbrochen aus dem unteren Ende des Tauchrohrs perlt. Der von der Tauchwaage angezeigte und registrierte Druck ist proportional dem Gewicht der durch das Tauchrohr verdrängten Flüssigkeitsmenge, also auch proportional dem spezifischen Gewicht der Flüssigkeit. Der Skalenbereich des Wichtemessers läßt sich verhältnismäßig eng wählen, z.B. 0,97 bis 1,03 kg/l.

Ist die Temperatur der Meßflüssigkeit und der Apparatur Schwankungen unterworfen, so ist eine Temperaturkompensation notwendig. Sie wird derart erreicht, daß statt der Tauchwaage eine Ringwaage verwendet wird in Verbindung mit zwei verschiedenen Perlstrecken. Während die eine Perlstrecke als Meßstrecke mit der zu messenden Flüssigkeit arbeitet, ist die zweite als Kompensationsperlstrecke mit einer Vergleichsflüssigkeit, z.B. Wasser, gefüllt. Die Meßperlstrecke ist verbunden mit dem einen Anschluß der Ringwaage, während die Kompensationsperlstrecke an den zweiten Anschluß der Ringwaage geschaltet ist.

3. Durchflußschreiber

Die Durchflußmesser sind mit wenigen Ausnahmen im Prinzip Druckmesser. Sie sollen hier in einem besonderen Kapitel behandelt werden, da sie sowohl in ihrer Anwendung als auch in ihrer Ausführung von den reinen Druckmessern erheblich abweichen können.

Baut man in ein Rohr, das von Gas, Dampf oder Flüssigkeit durchströmt wird, ein Hindernis in Form eines Staurandes, einer Staudüse oder eines Venturirohres (s. Abb. 88), so entsteht bei der Strömung ein Differenzdruck zwischen den Anschlüssen unmittelbar vor und hinter dem Hindernis. Dieser *Differenzdruck*, kurz *Wirkdruck* genannt, ist proportional dem Quadrat der Strömungsgeschwindigkeit und damit auch proportional dem Quadrat der je Zeiteinheit durchfließenden Menge. Handelsübliche Durchflußschreiber haben Wirkdruckmeßbereiche zwischen etwa 0,8 und 6 m WS.

Der *Absolutdruck* in der Rohrleitung kann natürlich wesentlich größer als der Wirkdruck sein. Er kann bis zu etwa 700 atü betragen und bestimmt weitgehend die Konstruktion des Meßwerks. Die Stauränder, Staudüsen und Venturirohre sind nach DIN 1952 (Regeln für die Durchflußmessung mit genormten Düsen und Blenden) genormt. Die deutschen Regeln sind nach Beschluß des ISA-Komitees zur internationalen Norm erhoben worden. Die genormten Stauränder, Staudüsen und Venturirohre lassen sich für die mannigfaltigsten Aufgaben verwenden, so z.B. bei den verschiedensten Rohrdurchmessern, Flüssigkeiten, Gasen und Strömungsgeschwindigkeiten. Stauränder werden bei Rohrdurchmessern von 15 bis 1500 mm Durchmesser und mehr verwandt. Sie haben einen höheren Druckverlust, aber eine kleinere Baulänge als die Venturirohre, die für Durchmesser von etwa 50 bis 2000 mm hergestellt werden.

Zur Registrierung des Wirkdruckes werden in den Durchflußschreibern sehr verschiedenartige, zur Messung von Differenzdrucken geeignete

Meßwerke verwendet. Es kann z. B. für niedrige Differenzdrucke ein *Aneroiddosenmeßwerk (Plattenfedermeßwerk)* benutzt werden, wenn die Kapsel in ein geschlossenes Gefäß eingebaut ist und der Druck vor der Drosselstrecke diesem Gefäß zugeführt wird, während man das Innere der Kapsel mit der Druckentnahmestelle hinter der Drossel verbindet. Die Durchbiegung der Membran bzw. Plattenfeder wird durch eine druckdichte Durchführung, eventuell unter Zwischenschaltung einer mechanischen Radiziereinrichtung, auf den Registrierzeiger übertragen.

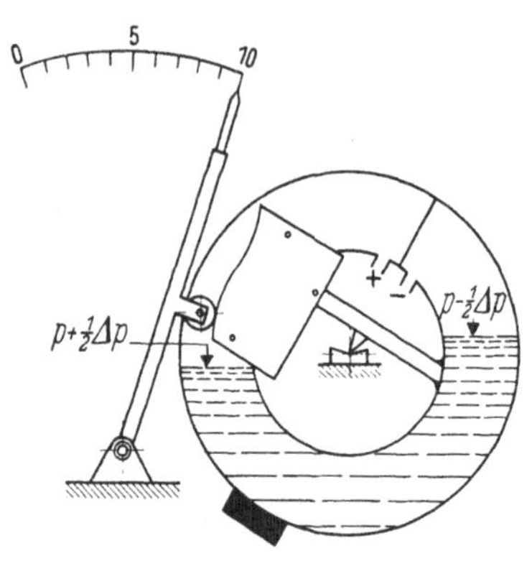

Abb. 83. Ringwaage, Radizierung mit Kurvenscheibe und Rolle

Das verbreitetste Meßwerk für Durchflußmessungen ist die sog. *Ringwaage* nach Abb. 83 und 84. Ein ringförmig geschlossenes, in Stahlschneiden drehbar gelagertes Rohr ist mit einer chemisch inaktiven Flüssigkeit von niedrigem Dampfdruck und kleiner Viskosität, z. B. Öl, Quecksilber oder Wasser, etwa zur Hälfte gefüllt und im oberen Teil durch eine dichte Scheidewand abgeteilt. Rechts und links von dieser sind die mit + und — bezeichneten Anschlüsse für den Wirkdruck angebracht. Von ihnen führen Verbindungsleitungen aus Gummischlauch oder spiralförmig gewundenem dünnem Rohr, welche die Einstellung der Waage nicht behindern, zu den Instrumentenanschlüssen. Von hier aus werden meist feste Rohrleitungen zu den Anschlüssen am Staurohr verlegt. Im Ruhezustand, d. h. wenn das Gas, der Dampf oder die Flüssigkeit in der Rohrleitung nicht fließt, wirkt auf beide Seiten der oberen Trennwand der Ringwaage der gleiche Druck, und die Füllflüssigkeit steht in beiden Rohrhälften gleich hoch. Bei strömendem Medium bildet sich zwischen den Druckentnahmestellen, wie oben beschrieben, ein Differenzdruck aus, unter dessen Einfluß sich die Flüssigkeitsmenisken verschieben. Das Ringrohr dreht sich in eine neue Gleichgewichtslage, die durch das unten an der Waage angebrachte Gegengewicht, seinen Hebelarm und das spezifische Gewicht der Füllflüssigkeit bestimmt wird. Der Ausschlagswinkel ist etwa porportional dem Wirkdruck; da der Wirkdruck jedoch, wie er-

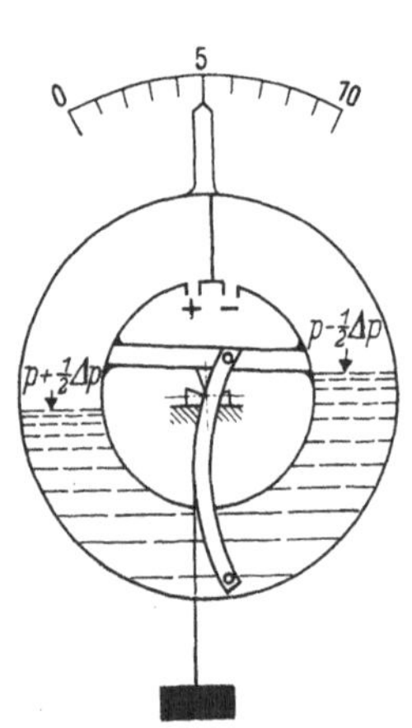

Abb. 84. Ringwaage, Radizierung mit Kurvenscheibe und Stahlband

wähnt, proportional dem Quadrat der Durchflußmenge ist, baut man zur Radizierung in das Übertragungsorgan zum Registrierzeiger eine Kurvenscheibe ein (s. Abb. 83). Bei der Anordnung nach Abb. 84 ist das Gegengewicht an einem dünnen Stahlband aufgehängt, das sich gegen eine Kurvenscheibe an der Ringwaage legt. Der wirksame Hebelarm, an dem das Gegengewicht angreift, wird mit zunehmendem Ausschlag größer, und die Kurvenscheibe ist so berechnet, daß sich die Ringwaage proportional der Durchflußmenge dreht.

Die Linearisierung des Skalenverlaufs durch Kurvenscheiben gelingt über einen großen Skalenbereich, jedoch nicht in der Umgebung des Skalennullpunktes, da hier die zur Verfügung stehenden Richtkräfte bei den erforderlichen großen Ausschlagsübersetzungen nicht ausreichen. Von etwa 10% des Skalenendwertes an läßt sich eine praktisch lineare Skala erreichen. Der Anfang der Skala behält seinen quadratischen Charakter bei, und daher fällt der mechanische Nullpunkt nicht mit dem fiktiven Nullpunkt der linearen Teilung zusammen. Auf den Registrierstreifen (s. z.B. Abb. 2b) ist dieser fiktive Nullwert durch die mit „0-Planim" bezeichnete Linie eingetragen, die bei der Planimetrierung des Diagramms als Nullinie dient. Die Planimetrierung oder Integrierung besorgt mitunter ein Zählwerk automatisch (s. z.B. oben links in Abb. 85) [*100*].

Abb. 85. Schreibende Ringwaage (Fa. Hartmann & Braun)

Abb. 85 zeigt eine *Niederdruckringwaage* der Fa. Hartmann & Braun. Der Registrierstreifen wird durch ein oben hinter der Skala liegendes Uhrwerk oder durch einen Synchronmotor angetrieben und unten durch ein Federwerk mit Aufzug wieder auf eine Rolle gewickelt. Die Schreibeinrichtung arbeitet mit einer Kapillarfeder und einem Tintentrog. Man erkennt den von links kommenden Hebel, der die Schreibfeder führt und der an seinem Ende an den von unten kommenden langen Hebel federnd angelenkt ist. Dieser legt sich infolge des Drehmoments, das die einstellbaren Gegengewichte unterhalb des langen Hebels ausüben, mit einer Stahlrolle an die radizierende Kurvenscheibe. Ein zweiter Hebel unten links überträgt die Stellung der Ringwaage auf ein oben im Gehäuse eingebautes Zählwerk, das durch ein besonderes Triebwerk betätigt wird. Die hinter der Kurvenscheibe sichtbare Ringwaage ist aus dünnem Blech hergestellt, enthält eine Flüssigkeit mit einem spezifischen Gewicht von nahezu 1 und ist für niedrige statische Überdrucke bis etwa 2,5 m WS bestimmt. Die Anschlüsse für die Druckleitungen zum Staurand sind unten zu sehen. Sie lassen sich durch zwei über Zahnräder miteinander gekuppelte Dreiwegehähne öffnen und schließen. In einer anderen Hahnstellung sind die beiden Ringrohrkammern zur Prüfung der Nullstellung mit der Außenluft verbunden.

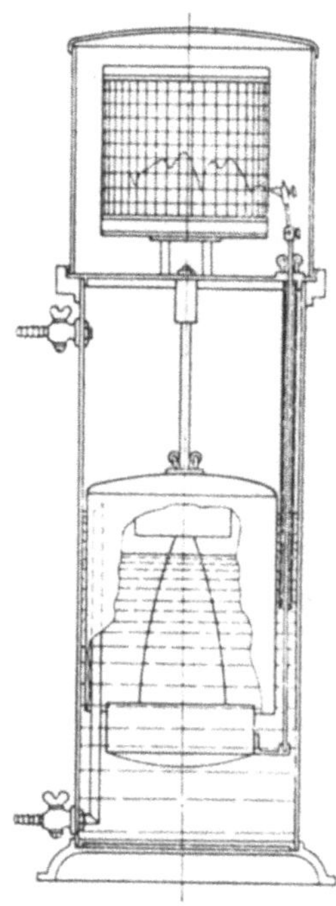

Abb. 86. Durchflußmesser vom Tauchglockenprinzip (Fa. Debro-Werk)

Für höhere statische Drucke werden starkwandige Stahlringrohre mit Quecksilberfüllung verwendet, denen man den Wirkdruck durch dünne spiralförmig gewundene Rohre zuführt. Normale Ausführungen sind für statische Drucke bis 40 atü erhältlich, Sonderkonstruktionen sind bis zu 700 atü gebaut worden. Registriereinrichtung, Zählwerk und Gehäuse dieser Instrumente gleichen denen in Abb. 85.

An Stelle von Ringwaagen als Meßorgan besitzen andere Instrumente Tauchglocken. In Abb. 86 ist ein *Tauchglockendurchflußschreiber* der Fa. Debro im Schnitt gezeichnet. Der zu messende Wirkdruck wird über zwei links angebrachte Hähne einerseits oben in das geschlossene Meßgefäß und andererseits unten in die Tauchglocke geleitet, die von einem zentral angebrachten Stab mit Rollen in senkrechter Richtung geführt wird. Die Glocke mit einem Durchmesser von etwa 300 mm taucht in Wasser oder eine andere Flüssigkeit. Sie trägt in ihrem Inneren drei Körper, von denen der obere, zylindrische die Nullage bestimmt, der mittlere, von parabolischer Form, die Ausschlagsradizierung bewirkt und den Meßbereich bestimmt, während der untere, wiederum zylindrische Tauchkörper das Stabilisierungsgewicht trägt. Von letzterem führt eine Stange zur Schreibfeder über ein Tauchrohr mit Flüssigkeitsabschluß und eine Rollenführung. Die Schreibtrommel wird durch ein Uhrwerk gedreht, die Schreibhöhe beträgt 100 bis 250 mm. Der obere Teil des Apparates ist durch eine abnehmbare Metallglocke abgeschlossen. Ein zylindrisches Fenster ermöglicht den Durchblick auf das Diagramm. Durch den großen Querschnitt der Tauchglocke stehen verhältnismäßig hohe Einstellkräfte für die Registrierfeder zur Verfügung, und es genügt für deren vollen Weg ein Wirkdruck von wenigen cm WS. Das Instrument wird nicht, wie sonst üblich, an einer Schalttafel befestigt, sondern auf dem Boden, gegebenenfalls auch im Freien, z.B. neben einem Gasometer oder einem Wehr, aufgestellt. Ähnliche Geräte dienen zur Windgeschwindigkeitsmessung in Verbindung mit einem Staurohr. Auf der gleichen Trommel wird dabei oft mit einem Windrichtungsschreiber die Windrichtung registriert.

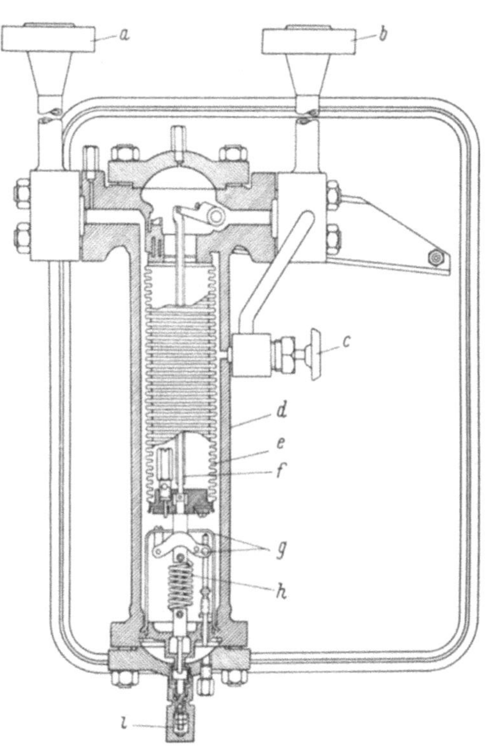

Abb. 87. Schnitt durch die Balgdruckkammer eines Kreiskartendurchflußschreibers (Fa. Bailey): *a* Überdruckanschluß, *b* Unterdruckanschluß, *c* Ausgleichsventil, *d* Druckkammer, *e* Balg, *f* Übertragungsgestänge, *g* Anschläge, *h* Meßfeder, *i* Schraube zur Nullpunktskorrektion der Meßfeder

Abb. 87 zeigt einen Schnitt durch das Meßsystem eines Durchflußschreibers der Fa. Bailey. Es enthält einen *Federbalg* *c*, der in einer Überdruckkammer *d* eingebaut ist. Die Unterdruckleitung *b* hat Verbindung mit dem Balginneren, während die Überdruckleitung *a* in die Druckkammer geführt ist. Der Balg wird also auf Stauchung beansprucht. Eine Schraubenfeder *h* verleiht dem Balg eine Rückstellkraft. Die Auslenkung des Balgbodens wird durch ein Gestänge *f* über eine druckdichte Stopfbuchse auf den Schreibarm eines Kreisblattschreibers übertragen, dessen Kreisblattdurchmesser 300 mm beträgt. Anschläge *g* schützen das Meßorgan vor Überlastungen. Die Meßbereiche dieses Instruments liegen zwischen 180 und 1800 mm WS, und die Meßgenauigkeit beträgt 0,5% des Endausschlags.

Bei hohen statischen Drucken verwendet man als Meßwerk bisweilen *Schwimmermanometer*. Diese besitzen mit Quecksilber gefüllte, U-rohrartige Stahlgefäße (s. Abb. 88). Ein Schwimmer überträgt den Stand des Quecksilbermeniskus über eine druckdichte mechanische Durchführung oder über eine magnetische Kupplung nach außen auf den Schreibarm des Registrierinstruments. Bei diesen Schwimmerdurchflußmessern entfallen bewegliche Druckzuleitungen zum Meßwerk, wie sie bei Ringwaagen notwendig sind. Die für eine lineare Skala erforderliche Radizierung wird entweder wie bei den Ringwaagen durch eine Kurvenscheibe oder wie bei den Tauchglockeninstrumenten durch einen parabolischen Verdrängungskörper in dem einen U-Rohrschenkel besorgt. Als weiteres Beispiel eines Schwimmerdurchflußschreibers sei der in Abb. 89 dargestellte „Mandex" der Fa. Hartmann & Braun angeführt. Die Übertragung der Schwimmerstellung auf das Registrierorgan geschieht hier über eine magnetische Kupplung. Der in dem Unterdruckrohr befindliche Schwimmer dreht bei Änderungen des Quecksilberstandes einen innerhalb des Rohres gelagerten Magnet über eine Zahnstange und ein Ritzel. Außerhalb des Rohres befindet sich ebenfalls ein drehbar gelagerter Magnet, der das Schreiborgan betätigt. Der äußere Magnet folgt den Bewegungen des inneren Magnets sehr genau. Zwischen den beiden Magneten befindet sich eine nur wenige mm dicke V2A-Stahlplatte, die

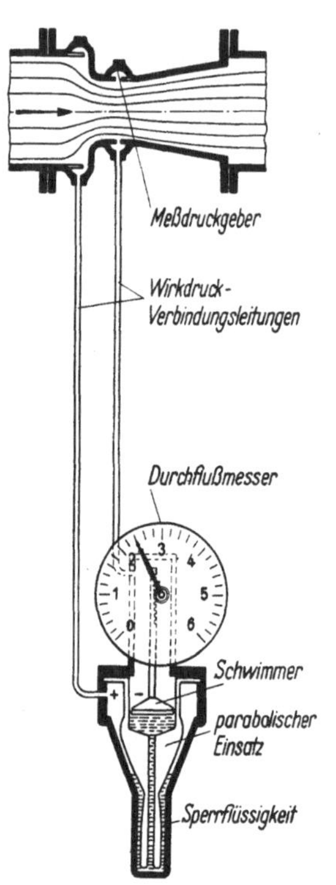

Abb. 88. Staurand und Durchflußschreiber mit Schwimmermanometer (Fa. Bopp & Reuther)

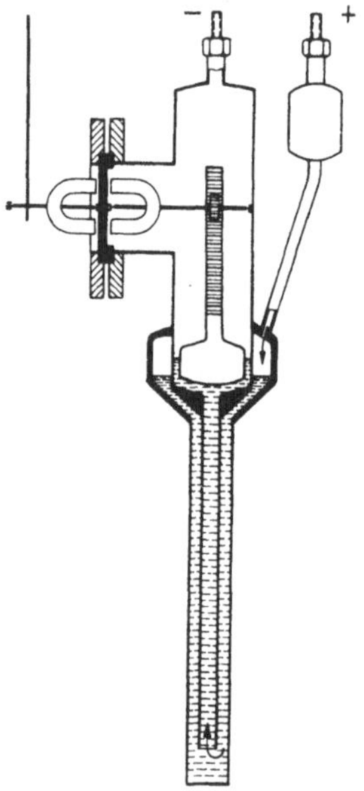

Abb. 89. Schwimmerdurchflußmesser „Mandex" mit magnetischer Kupplung (Fa. Hartmann & Braun)

nahezu unmagnetisch ist und das Rohr druckdicht abschließt. Die magnetische Kupplung hat nur einen sehr geringen Schlupf und ist erst durch die Verwendung moderner magnetischer Werkstoffe mit hoher Koerzitivkraft möglich geworden. Die „Mandex"-Registrierinstrumente werden normalerweise für Wirkdrucke von 6 oder 10 m WS und für statische Drucke bis zu 150 atü ausgeführt. Die Geräte sind, wie die meisten der beschriebenen Mengenschreiber, auch für heiße Flüssigkeiten und Gase bis zu Temperaturen von etwa 500 °C verwendbar.

Die Meßwerke der beschriebenen Apparate liefern im allgemeinen so hohe Verstellkräfte, daß es ohne Behinderung ihrer Einstellung möglich ist, sie mit einer *elektrischen Übertragung* auszurüsten. Die Meßwerkachse wird hierzu mit einer Schleifbürste versehen, die auf einer kleinen, feststehenden Widerstandswalze schleift (Widerstandsfernsender). Die Schleifbürste greift auf der Widerstandswalze einen Widerstandswert ab, der ein Maß für die Stellung des Meßwerks, also für den zu registrierenden Wert, ist. Der Widerstandsabgriff liegt z. B. als Meßwiderstand in einer mit Gleichstrom gespeisten WHEATSTONEschen Brücke, deren Diagonalspannung mit einem Spannungsschreiber registriert wird. Vielfach werden die Widerstandsfernsender in Verbindung mit Kreuzspulschreibern eingesetzt. Die elektrischen Registrierinstrumente bieten den Vorteil, daß mehrere Vorgänge gleichzeitig auf einem gemeinsamen Streifen registriert werden können und daß die Registrierinstrumente in praktisch beliebig großer Entfernung von der Meßstelle aufgestellt werden können. Die Erstellungskosten elektrischer Registrieranlagen sind allerdings höher als die mechanisch registrierender Instrumente.

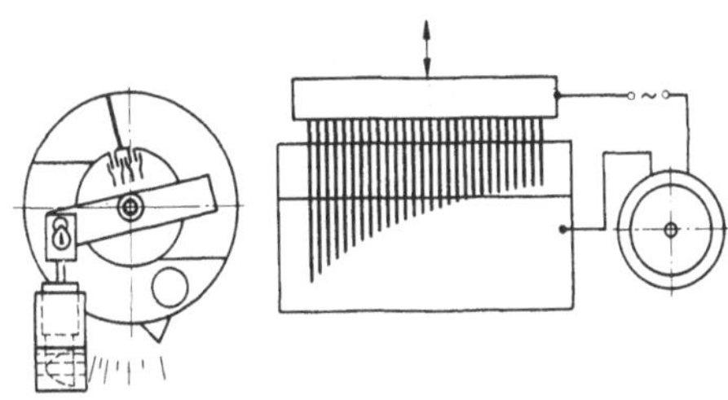

Abb. 90. Ringwaage mit elektrischer Übertragung durch Tauchwiderstände (Fa. Electroflo)

Eine von der Fa. Electroflo eingeführte elektrische Übertragung für Druck- und Durchflußschreiber mit Tauchwiderständen ist in Abb. 90 schematisch dargestellt. An die Ringwaage ist links ein Tauchkörper angelenkt. Sein Umfang trägt eine Anzahl Widerstandsdrähte verschiedener Länge, die in ein mit Quecksilber gefülltes Gefäß eintauchen. Rechts ist der Tauchkörper in Abwicklung gezeichnet; je tiefer er eintaucht, desto mehr Stäbe kommen mit dem Quecksilber in Kontakt. Ihre Länge wird so abgeglichen, daß der Ausschlag des rechts angedeuteten elektrischen Widerstandsregistrierinstruments proportional dem zu registrierenden Druck oder der Durchflußmenge ist (Radizierung). Bei einem anderen, auf dem gleichen Prinzip beruhenden Apparat sind die

Widerstandsdrähte fest angeordnet. Der Spiegel des Quecksilbers, in das sie tauchen, ändert sich hier mit der Meßgröße.

Bei dem „*Rotamesser*", der zur Messung der Durchflußmenge dient, strömt die Flüssigkeit oder das Gas durch ein senkrecht stehendes, leicht konisches Rohr von unten nach oben und hebt einen in diesem befindlichen Schwebekörper um so mehr an, je größer der Strom, also die das Rohr pro Zeiteinheit durchfließende Menge, ist. Durch eingefräste, schraubenförmige Kanäle wird der Schwebekörper in Rotation versetzt, wodurch er, ohne die Rohrwandung zu berühren, in der Rohrmitte gehalten wird. Die Stellung des Schwebekörpers kann man an einem Glasrohr mit Skala direkt ablesen. Die auf den Schwebekörper ausgeübten Verstellkräfte genügen jedoch nicht für eine direkte mechanische Registrierung. Bei dem „Rotameter" der Firma Schutte & Koerting wird zur Registrierung eine elektrische Übertragung nach Abb. 91 verwendet. Der Schwebekörper *5* trägt einen Weicheisenkern, der in zwei Spulen *6* taucht und deren Induktivität als Funktion der Schwimmerstellung ändert. Die beiden Spulen *6* sind in eine Wechselstrombrücke *1-3-2-4* geschaltet, die einen Festkondensator *7* und einen Drehkondensator *8* enthält. Letzterer wird durch das elektrodynamische Verstellsystem *13* so gesteuert, daß die Spannung zwischen den Brückenpunkten *3* und *4* Null wird. Mit dem Drehkondensator *8* ist über ein Hebelwerk *9* die auf dem Diagrammblatt *10* schreibende Feder gekuppelt. Die elektrische Kompensationseinrichtung *12* besteht aus einem Röhrengenerator *14*, einem Vorverstärker *15*, einer Röhrensteuerung und einem Kraftverstärker *17*.

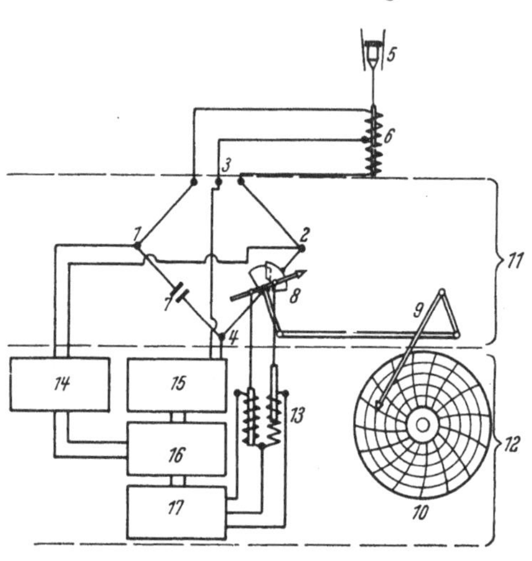

Abb. 91. Durchflußmesser („Rotameter") mit elektrischer Übertragung (Fa. Schutte & Koerting): *1, 2, 3, 4* Brückeneckpunkte, *5* Rotamesser, *6* Induktionsspulen, *7* fester, *8* veränderlicher Kondensator, *9* Hebelübertragung, *10* Kreisblatt, *11* Meßstromkreis, *12* Kompensationseinrichtung, *13* Verstellsystem, *14* Röhrengenerator, *15* Verstärker, *16* Röhrensteuerung, *17* Kraftverstärker

Induktive Übertragungssysteme werden heute bereits bei vielen Registrierinstrumenten angewendet. Abb. 92 stellt das Übertragungsorgan des in Abb. 87 gezeigten *Durchflußschreibers* der Fa. Bailey dar. Die dort angegebene druckdichte Wellendurchführung am Kopf des Instruments, durch welche die Stellung des Meßsystems auf das Schreiborgan übertragen wird, entfällt hier. Die Übertragungsstange trägt einen zylindrischen Weicheisenanker c, der von einem Spulensatz b umgeben ist. Dieser besteht aus einer Primärspule, die sich über die gesamte Spulenlänge erstreckt, und zwei gleichartigen Sekundärspulen von entgegengesetztem Wicklungssinn, die nebeneinander auf der Primärspule liegen. Die Primärspule wird mit einem Wechselstrom von einigen kHz gespeist. Liegt der Anker symmetrisch zu den in Reihe geschalteten Sekundärspulen, so heben sich die in ihnen induzierten Spannungen auf, ist der Anker jedoch infolge eines Differenzdruckes auf das Balgsystem etwas verschoben, so resultiert an den äußeren Enden der Sekundärspulen eine Induktionsspannung, die näherungsweise dem Hub der Übertragungsstange und somit dem Differenzdruck proportional ist. Die resultierende Induktionsspannung kann verstärkt und von einem Wechselspannungs-Registrierinstrument aufgezeichnet werden. Da bei dieser Art der Meßwertübertragung keinerlei Verstellkräfte aufzubringen sind und außerdem eine druckdichte Durchführung entfällt, lassen sich mit ihr sehr empfindliche Druck- bzw. Durchflußregistrierinstrumente bauen.

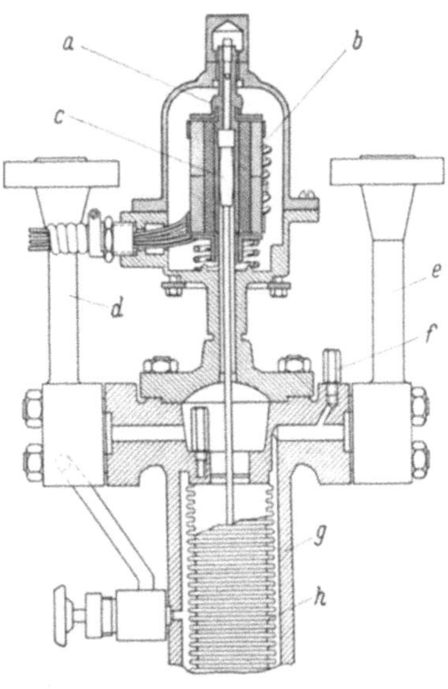

Abb. 92. Elektrische Meßwertübertragung eines Durchflußschreibers nach Abb. 87 (Fa. Bailey):
a Spulenkörper, *b* Übertragerspulen, *c* Weicheisenanker, *d* Hochdruckanschluß, *e* Niederdruckanschluß, *f* Lufteinlaßventil, *g* Druckkammer, *h* Balg

4. Mengenschreiber

Die Aufzeichnung der gesamten durch ein Rohr geflossenen Flüssigkeitsmenge kann mit einem den Wasserzählern ähnlichen Meßwerk vorgenommen werden. Als Beispiel sei der in Abb. 93 dargestellte *Mengenschreiber* der Fa. Bopp & Reuther angeführt. In das zu überwachende Hauptleitungsrohr ist eine Meßkammer eingebaut, in der sich ein Flügelrad befindet, welches durch den Wasserstrom in Umlauf versetzt wird. Die Umdrehungsgeschwindigkeit des Rades ist proportional der Geschwindigkeit des Stroms. Die Drehung des Flügelrades wird durch eine Spindel senkrecht nach oben auf ein Zählwerk übertragen. Mit dieser Spindel ist eine zweite, waagerecht liegende gekuppelt, durch welche die Schreibfeder hin und her bewegt wird. Hierzu ist die waagerechte Spindel mit durchlaufendem Rechts- und Linksgewinde versehen, in das ein Stift eingreift, welcher mit dem Führungsstück des Schreiborgans in Verbindung steht. Bei Stillstand des Flügelrades entsteht eine zur Streifenbewegung parallele Linie. Beim Umlauf des Flügelrades wird eine schräge Linie geschrieben, die um so mehr geneigt ist, je schneller das Flügelrad läuft, d.h. je größer die in der Zeiteinheit fließende Wassermenge ist. Erreicht die Schreibfeder den Rand des Registrierstreifens, so beginnt sie, in entgegengesetzter Richtung zu laufen. Hierdurch erhält das Diagramm die Gestalt einer Zickzacklinie. Während das Zählwerk die Gesamtmenge angibt, läßt sich aus dem Diagramm der Durchfluß für beliebige Zeitabschnitte ermitteln. Aus der Neigung der Linien kann man die Durchflußgeschwindigkeit bestimmen. Das Registrierinstrument ist robust gebaut, und seine Eichkonstante hängt von dem genormten Durchmesser der Hauptleitung bzw. des Meßflansches ab.

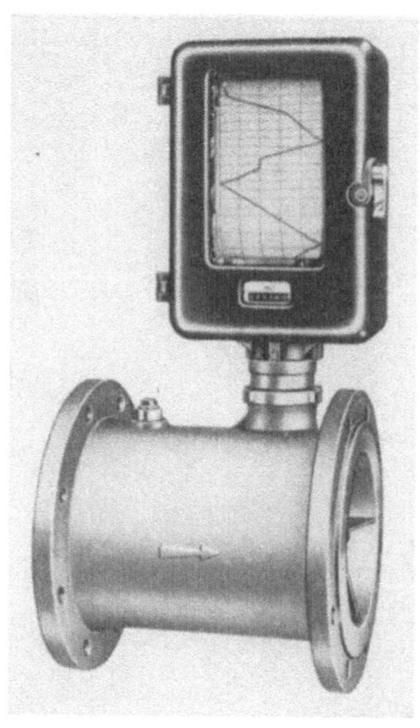

Abb. 93. Mengenschreiber mit Flügelrad (Fa. Bopp & Reuther)

5. Temperaturschreiber

Zur Temperaturregistrierung ist das sog. *Quecksilberfedermeßsystem* heute sehr verbreitet. Es ist im Prinzip in Abb. 94, einer Ausführung der Fa. Eckardt, erläutert. Das Meßsystem besteht aus einem mit Quecksilber gefülltem Temperaturfühler *2* und einer mehrfach gewundenen, mit Quecksilber gefüllten Flachprofilrohrfeder *7*, die über eine quecksilbergefüllte Stahlkapillarrohrleitung *1* mit kräftigem Schutzmantel miteinander verbunden sind. Eine Temperaturänderung des Fühlers ändert das Volumen des in ihm eingeschlossenen Quecksilbers und mithin den Druck im Innern der Rohrfeder. Diese wird dadurch gestreckt oder zieht sich zusammen. Die Bewegung des freien Rohrfederendes wird durch die Zugstange *6* und das Hebelwerk *8* auf die Schreibfeder *11* übertragen.

Temperaturregistrierinstrumente mit Quecksilberfedermeßwerk werden sowohl als Bandschreiber als auch als Kreis- und Trommelblattschreiber gebaut. Die Instrumente können im Temperaturbereich -35 bis $+600$ °C verwendet werden. Die Meßbereiche betragen je nach Ausführung des Meßwerks 40 bis 500 °C Temperaturdifferenz bei beliebigen

Temperaturanfangswerten. Die Meßgenauigkeit liegt im allgemeinen bei ± 1% der Meßbereichtemperaturspanne.

Die Entfernung zwischen Meßstelle und Temperaturschreiber soll im allgemeinen 10 m nicht übersteigen. Bei größeren Entfernungen, insbe-

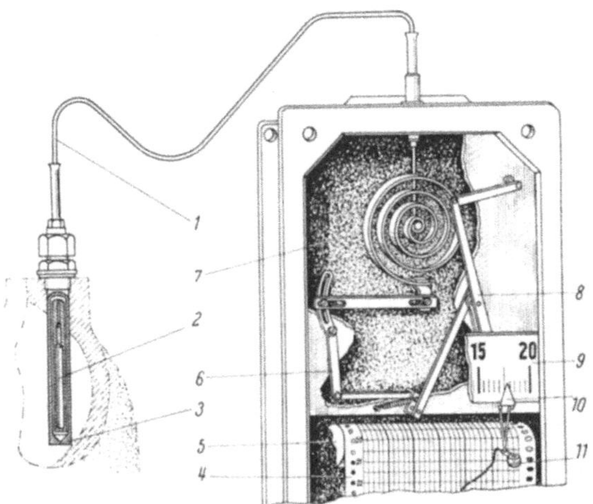

Abb. 94. Temperaturbandschreiber (Fa. Eckardt): *1* Kapillarrohrleitung, *2* Eintauchschaft mit Temperaturfühler, *3* Schutzhülse, *4* Schreibstreifen, *5* Stiftetrommel, *6* Zugstange, *7* Rohrfeder, *8* Hebelwerk, *9* Skala, *10* Zeiger, *11* Schreibfeder

sondere wenn die Kapillarrohrleitung starken Temperaturschwankungen ausgesetzt ist, sei es durch Wärmestrahlung oder durch -konvektion, muß eine Kompensationseinrichtung vorgesehen werden. Diese besteht aus einer parallel zur Fernleitung und möglichst dicht neben dieser verlegten zweiten, gleichartigen Kapillarrohrleitung, die jedoch an ihrem Kopf geschlossen ist und keinen Temperaturfühler trägt. Sie ist, wie die Meßleitung, mit Quecksilber gefüllt und steht in Verbindung mit einer eigenen Meßfeder, die gleich der eigentlichen Meßfeder gebaut, aber in entgegengesetztem Sinne wie diese gewunden ist. Die Enden von Meßfeder und Kompensationsfeder sind miteinander verbunden und betätigen gemeinsam das Schreiborgan. Erleiden die Meßleitung und die Kompensationsleitung die gleichen Temperaturschwankungen, so heben sich deren Wirkungen völlig auf.

Eine teilweise Kompensation von Temperaturschwankungen, insbesondere solcher innerhalb des Registrierinstruments, kann durch Bimetallelemente erreicht werden, die in das Übertragungsgestänge zum Schreiborgan eingebaut sind. Meist ist ein Bimetallplättchen am inneren Ende der Meßwerkfeder angesetzt.

Temperaturschreiber sind mitunter, ähnlich wie Druck- oder Durchflußschreiber, mit elektrischen oder pneumatischen Steuereinrichtungen versehen zur Betätigung von Signal- bzw. Regelanlagen.

Bisweilen werden auch *Bimetallspiralen* als Meßelemente für Temperaturschreiber verwendet. Weiter ist der Einsatz von *Thermoelementen* als Temperaturfühler für Temperaturschreiber sehr vorteilhaft. Man erzielt mit ihnen sowohl eine hohe Empfindlichkeit als auch eine große Genauigkeit. Die von Thermoelementen gelieferte Thermospannung wird von elektrischen Meßwerken zur Anzeige gebracht und registriert [*101* bis *103*]. Da die Thermospannungen jedoch verhältnismäßig klein sind und

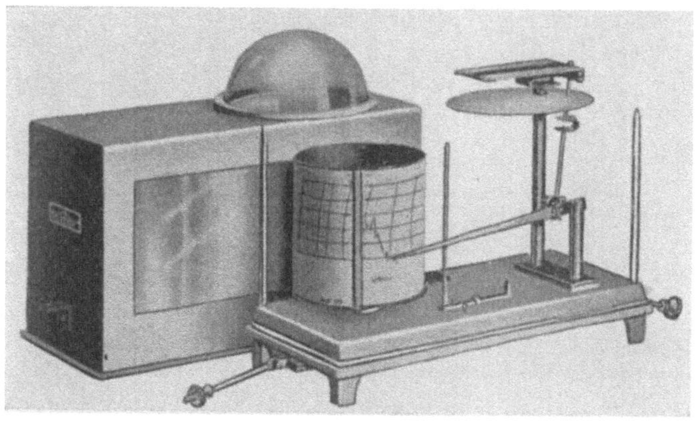

Abb. 95. Strahlungsschreiber nach Robitzsch (Fa. Fueß)

die Meßelemente keine nennenswerte elektrische Energie liefern, wird, um Meßfehler zu vermeiden, zur Registrierung gerne von Punktschreibern und insbesondere Kompensationsschreibern Gebrauch gemacht. Schließlich werden auch *Widerstandsthermometer* als Temperaturfühler verwendet. Sie arbeiten meist in Verbindung mit Punktschreibern und Kreuzspulmeßwerken bzw. Kompensationsschreibern.

Setzt man zwei gleiche Metallstreifen, von denen der eine geschwärzt ist, der andere dagegen eine weiße Oberfläche hat, der gleichen Licht- oder Wärmestrahlung aus, so wird der schwarze Streifen, der die Strahlung fast vollständig absorbiert, wärmer als der weiße, welcher den größten Teil der Strahlung reflektiert. Die Temperaturdifferenz zwischen den beiden Streifen ist ein Maß für die auffallende Strahlung. Der Strahlungsschreiber nach Robitzsch [*104*] (Fa. Fueß) beruht auf diesem Prinzip. Es werden hier zwei weiße Bimetallstreifen mit einem geschwärzten in der Weise verbunden, daß die beiden freien Enden der weißen Streifen fest eingespannt sind; während das freie Ende des geschwärzten Streifens über ein Gestänge und einen Hebel das Schreiborgan betätigt. Eine gleichzeitige Temperaturänderung aller drei Streifen hat dann keinen Einfluß auf die Anzeige des Instruments. Die Anordnung befindet sich, wie in Abb. 95 zu erkennen, unter einer Glasglocke und wird der Sonnenstrahlung ausgesetzt. Gemessen wird die Summe von diffuser und direkter Sonnenstrahlung in cal/min · cm², bezogen auf eine horizontale Auffangfläche. Der Meßfehler, etwa 5%, ist beträchtlich, kann aber für klimatologische Zwecke in Kauf genommen werden. Die Registriertrommel mit ihrem im Innern befindlichen Uhrwerk ist mit dem Meßwerk zusammen auf einer Grundplatte montiert. Das wetterfeste Gehäuse kann über den Apparat gestülpt und mit zwei Verschlußschrauben auf der Grundplatte befestigt werden.

6. Mehrfachschreiber

Im Gegensatz zu den Registrierinstrumenten auf elektrischer Grundlage ist es bei den Registrierinstrumenten auf mechanischer Grundlage nicht möglich, mehrere Meßgrößen mit einem einzigen Meßwerk zu registrieren. Man hat daher zwei und mehr Meßwerke nebeneinander angeordnet, die auf demselben ablaufenden Streifen registrieren, wie z. B. bei dem in Abb. 96 dargestellten Instrument der Fa. Eckardt. Auf dem mittleren Drittel der Papierbahn wird z. B. der Zug im Feuerraum eines Dampfkessels registriert, auf dem linken der Dampfdruck und auf dem rechten die Raumtemperatur. Auf diese Weise wird der Vergleich der verschiedenen Meßgrößen erleichtert. Man hat bisweilen Schreiber mit bis zu 600 mm breiten ablaufenden Registrierstreifen gebaut, auf denen bis zu sechs Meßwerke nebeneinander registrieren. Dies hat gewisse betriebstechnische Vorteile, die aber mit hohen Anschaffungskosten für das Registrierinstrument und hohen Unterhaltungskosten infolge des großen Papierbedarfs erkauft werden.

Abb. 96. Dreilinienbandschreiber (Fa. Eckardt)

Die *meteorologischen Registrierinstrumente* sind wohl diejenigen, die auch in Laienkreisen am meisten bekannt sind. Man findet sie außer in den eigentlichen meteorologischen Stationen auch vielfach in Wetterhäuschen, besonders in Kurorten, wo sie den zeitlichen Verlauf von Luftdruck, Temperatur und Feuchtigkeit zur Überwachung der klimatischen

Verhältnisse aufschreiben. Abb. 97 zeigt ein solches Instrument, einen *Meteorographen* der Fa. Lambrecht. Man erkennt durch das Beobachtungsfenster des weiß emaillierten Metallgehäuses die Schreibtrommel von 93,3 mm Durchmesser und 279 mm Höhe und die drei Schreibfedern. Neben der Schreibtrommel ist das Meßwerk für den Luftdruck, ein Aneroiddosensatz, sichtbar. Das Meßwerk für die Temperatur ist eine Bimetallfeder und das für die Feuchtigkeit eine Haarharfe. Die Schreibtrommel dreht sich meist einmal pro Woche.

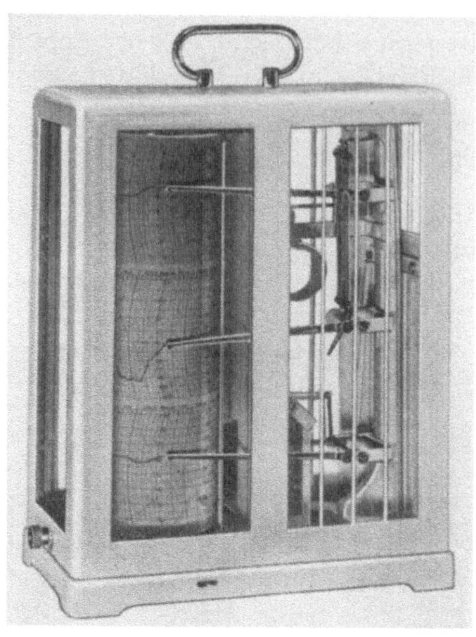

Abb. 97. Meteorograph (Fa. Lambrecht)

Es gibt auch Instrumente, bei welchen zwei oder mehr Meßwerke auf einem gemeinsamen Streifen übereinander schreiben. Hierbei ist eine gewisse, wenn auch kleine Versetzung der Schreibfedern senkrecht zur Ausschlagsrichtung notwendig, um eine gegenseitige Behinderung der Federn zu verhindern. Die Versetzung der Federn in der Papierlaufrichtung beträgt jeweils etwa 0,5 mm. Bei der Auswertung des Diagramms hat man zu beachten, daß nur eine Feder, z. B. die unterste, im richtigen Zeitmaßstab registriert, während nach Ablesung der den anderen Federn zugeordneten Zeiten kleine Korrekturen anzubringen sind.

7. Verschiedenes

Es sollen nun einige weitere Instrumente beschrieben werden, die sich schlecht der hier gewählten Einteilung unterordnen, bei denen aber die Übertragung der Meßgröße in den Registrierweg mechanisch erfolgt.

Zunächst sind einige weitere Instrumente zur Registrierung von *Windrichtung und -geschwindigkeit* zu erwähnen. Wo es die örtlichen Verhältnisse erlauben, überträgt man die Stellung der Windfahne mechanisch durch ein Gestänge auf das Registriersystem, ansonsten bedient man sich einer elektrischen Übertragung [*105*] bis *107*]. Für die Aufzeichnung der Windgeschwindigkeit benutzt man entweder ein Flügelrad, das nach einer bestimmten Zahl von Umdrehungen einen elektrischen Kontakt auslöst, der das Schreiborgan eines Chronographen (s. S. 160) betätigt, oder man macht sich die Druckwirkungen des Windes zunutze. Man kann dabei entweder die Druckkraft auf eine federnd gelagerte Platte direkt oder elektrisch auf ein Schreibwerk übertragen oder den aerodynamischen Differenzdruck an einem PITOT- oder PRANDTLschen Staurohr einer registrierenden Tauchglocke oder einer Ringwaage zuführen.

Registrierende Regenmesser sind entweder Flüssigkeitsstandschreiber ähnlich den Pegelmessern, oder sie arbeiten wie schreibende Neigungswaagen (ähnlich den Briefwaagen). Im ersten Falle wird der Flüssigkeitsmeniskus in einem Standgefäß, im zweiten das Gewicht der in diesem aufgesammelten Regenmenge registriert. Nach dem letzterwähnten Prinzip arbeiten ebenfalls die *schreibenden Verdunstungswaagen*, die dazu dienen, die aus einer Verdunstungsschale, in der sich Wasser befindet, verdunstende Menge zu registrieren. Die Dauer des Niederschlags wird bei den registrierenden Regenmessern des öfteren mit Hilfe eines kleinen Kippgefäßes notiert, in das der in einem Trichtergefäß aufgefangene Niederschlag läuft. Ist das Gefäß gefüllt, so kippt es um, wobei es sich entleert. Es klappt dann aber sofort wieder in seine Ausgangslage zurück. Hierbei betätigt es einen elektrischen Kontakt, der von einem Zeitschreiber erfaßt wird.

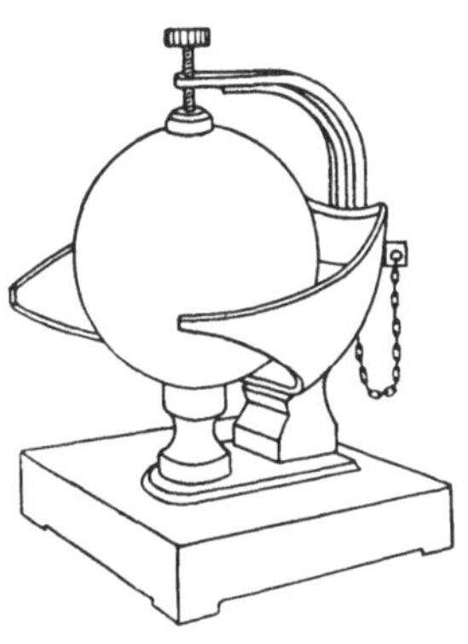

Abb. 98. Sonnenscheinautograph nach CAMPBELL-STOKES (Fa. Lambrecht)

Der *Sonnenscheinschreiber* nach CAMPBELL-STOKES (s. Abb. 98) wird zur selbsttätigen Aufzeichnung der Sonnenscheindauer verwendet. Eine Glaskugel von etwa 90 mm Durchmesser ist der Sonnenstrahlung, die von oben links einfällt, ausgesetzt und sammelt sie in ihrer Brennfläche zu einem kleinen hellen Fleck. Die Brennfläche hat die Gestalt einer Kugelschale, welche die Glaskugel konzentrisch mit einigen cm Abstand umgibt. Ein Ausschnitt der Brennfläche ist als feststehender Tisch aus Metall ausgebildet. Auf ihn kann ein Streifen eines wenig reflektierenden Blaupapiers aufgelegt werden, das an der Stelle, wo es von dem Lichtfleck getroffen wird, angesengt wird. Bei richtiger Aufstellung des Apparates und wolkenlosem Himmel entsteht auf dem mit einer Zeitteilung versehenen Blaupapier eine dunkle Linie, entsprechend der Umdrehung der Erde. Ihre Länge hängt von der Tageslänge und ihre Lage für einen bestimmten Breitengrad von der Jahreszeit ab. Die Brandlinie wird durch Bewölkung unterbrochen, so daß man aus dem Diagramm die

Sonnenscheindauer eines Tages ermitteln kann. Der bei vollem Sonnenschein entstehende Strich ist etwa 1 bis 2 mm stark, bei häufigem Wolkenwechsel, leichter Bewölkung oder Dunst dagegen entsteht nur eine leichte Bräunung. Der Zeitfehler bei der Auswertung beträgt etwa ± 0,1 h. Die in Abb. 98 dargestellte Ausführung ist für Messungen in unseren Breiten bestimmt; für Messungen am Äquator muß das Registrierpapier senkrecht unter der Kugel liegen. Entsprechend dem Sonnenstand während der verschiedenen Jahreszeiten wird das Papier in Form schmaler Streifen in jeweils eins der drei in den Papiertisch eingearbeiteten Rillenpaare eingeschoben.

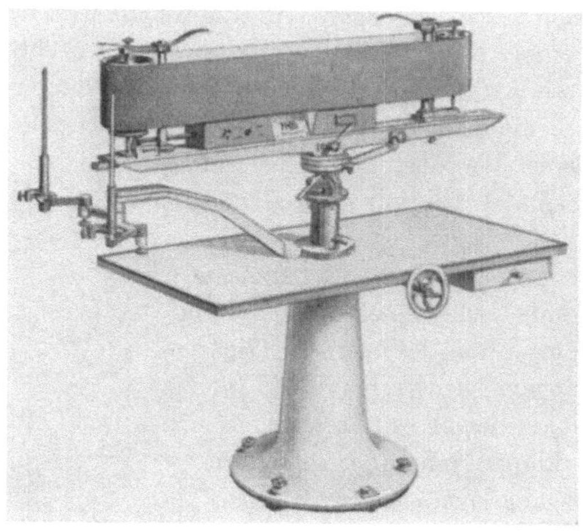

Abb. 99. Großes Elektrokymographion, Typ „Starling" (Fa. Zimmermann)

Andere meteorologische Instrumente, z. B. zur Registrierung der Strahlungsintensität der Sonne oder der nächtlichen Wärmeausstrahlung der Erde, verwenden als Meßorgan Bolometer, Thermoelemente, Photoelemente oder Photozellen in oft komplizierten Schaltungen in Verbindung mit elektrischen Registrierinstrumenten. Ähnliches gilt für elektrische Taupunktregistriergeräte [*108*, *109*] und Feuchtigkeitsregistriergeräte [*110* bis *112*].

Als *Kymographen* (Kymographion, Wellenschreiber) bezeichnet man eine Gruppe von Registrierinstrumenten, die vorwiegend in physiologischen, medizinischen und botanischen Laboratorien Verwendung finden [*113*]. Dort registriert man mit ihnen z. B. Pulsschlag, Muskelzuckungen und Muskelermüdungen von Versuchspersonen oder -tieren als Funktion der verabreichten Dosis eines pharmazeutischen Präparates, eines operativen Eingriffs oder einer physischen Belastung u. a. m. Es gibt sehr viele Ausführungsarten von Kymographen. Ein einfaches Gerät wurde bereits in Abb. 51 schematisch dargestellt. Das Instrument besitzt eine Schreibtrommel, die durch ein Federwerk mit Windflügelregler angetrieben wird. Die Umdrehungsgeschwindigkeit der Schreibtrommel kann durch Verstellen eines Friktionsrades bzw. Austauschen von Getrieberädern in weiten Grenzen verändert werden. Der Trommeldurchmesser beträgt meist 160, 200 oder 300 mm, die Höhe 135, 180, 260 oder 500 mm. Bei großen Kymographen (s. Abb. 99) läuft ein bis zu 2,6 m langer, endloser Streifen über zwei Trommeln, von denen eine angetrieben wird. Der Achsenabstand der Trommeln kann bis zu 1 m betragen. Als Registrierpapier verwendet man vorzugsweise berußtes satiniertes weißes Glanzpapier. Ein scharfer Federkiel oder eine Schreibspitze am Zeiger des getrennt aufgestellten Meßwerks schreibt in die Rußschicht eine feine weiße Linie. Die Berußung kann nachträglich fixiert werden. Bei manchen Apparaten wird mit Tinte und Feder registriert, wozu kräftigere Meßwerke notwendig sind, bei anderen mit Lichtschrift auf Photopapier. Als Triebwerk kommt neben den Feder- oder Gewichtsuhrwerken der Elektromotorantrieb zur Anwendung. Die Motoren sind meist fliehkraftgeregelt. Der Papiervorschub liegt bei den verschiedenen Apparaten je nach Einstellung zwischen etwa 1 mm/h und 500 mm/s.

Im Gegensatz zu den meisten Registrierinstrumenten, die in einem Gehäuse eingeschlossen sind, werden die Kymographen offen auf einem Tisch oder Stativ aufgestellt und dort verschraubt. Die Meß- bzw. Schreibwerke befestigt man an einem Stativ derart, daß die Schreibfeder das Papier leicht berührt. Die Meßwerke sind beinahe ebenso verschiedenartig wie die Meßaufgaben selbst. Sie werden in zahlreichen Typen von Spezialfirmen hergestellt. Man findet z.B. Schreibhebel, Druckkapseln, elektrische Markierer u.a.m. Oft sind mehrere Vorgänge gleichzeitig zu registrieren, und fast immer wird ein Zeitmarkenschreiber angebracht. Dies kann z.B. eine Stimmgabel, ein Metronom oder ein durch eine Uhr betätigtes elektrisches Kontaktwerk sein.

Die Fa. Hellige baut ein modernes Kymographion für Lichtstrahlregistrierung. Das Gerät ist in einem verhältnismäßig kleinen Gehäuse untergebracht und hat ein geringes Gewicht. Es können sowohl mechanische als auch elektrische Spiegelmeßwerke, die außerhalb des Apparates aufgestellt sind, zur Aufzeichnung der verschiedenen Vorgänge auf photographischem Papier verwendet werden. Der 6 bis 12 cm breite und 50 m lange Photopapierstreifen befindet sich in einer Kassette und muß in der Dunkelkammer entwickelt werden. Den Vorschub von etwa 10 mm/h bis 150 mm/s besorgt ein Synchronmotor. Mit einem eingebauten Zeitmarkenschreiberwerk können Zeitmarken in Intervallen von 1/50 bis zu 10 s entweder am Rand des Streifens als Zacken oder über die ganze Streifenbreite als Linie eingeblendet werden. Gleichzeitig mit der Zeitmarkierung werden, ebenfalls auf photographischem Weg, Ordinatenlinien auf das Papier aufgebracht, was die Auswertung der aufgenommenen Kurven erleichtert. Ein Photonumerator ermöglicht durch fortlaufende mehrstellige Bezifferung die Kennzeichnung einzelner Vorgänge. Zur Kontrolle des Papiervorrats im Instrument ist ein Vorratsanzeiger eingebaut.

Besondere Beachtung verdienen die registrierenden optischen Meßgeräte. Sie dienen zur Registrierung der Lichtabsorption [*114* bis *118*], der Lichtstreuung [*119*] und des Brechungsindex [*120* bis *129*] von Gasen,

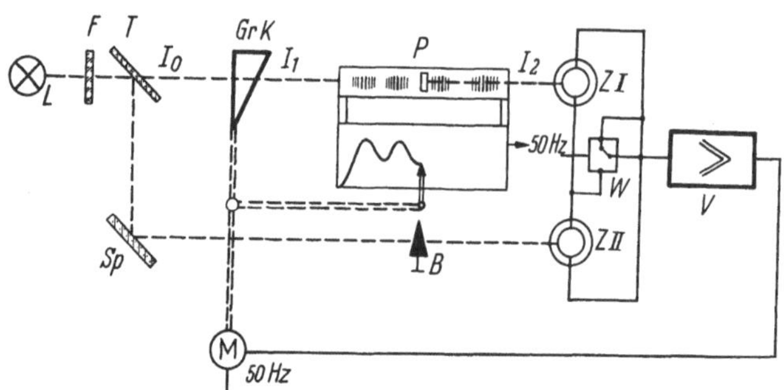

Abb. 100. Extinktionsschreiber (Fa. Zeiß)

Dämpfen, Flüssigkeiten und Festkörpern, ferner zur Registrierung der Intensität von Spektrallinien [*130* bis *150*] und der Helligkeit von Flächen [*151*]. Die Geräte arbeiten nach optischen Kompensationsmethoden [*152*], von denen einige an Hand spezieller Instrumente erläutert werden sollen.

Der *Extinktionsschreiber* der Fa. Zeiß erlaubt die Registrierung der Lichtdurchlässigkeit von Proben der Größe 4 × 14 cm. Er wurde hauptsächlich entwickelt für die Auswertung von Papierelektrophoresestreifen, ist aber genau so anwendbar für Chromatogramme und Filme. In Abb. 100 ist das Schema des Extinktionsschreibers wiedergegeben: Das von der Lampe *L* ausgehende Licht wird nach Durchlaufen eines Filters *F* an einer Teilungsplatte in zwei Strahlen geteilt und zwei Selenelementen *ZI* und *ZII* zugeführt. Auf dem einen Weg durchläuft es den Meßgraukeil *GrK* und die Probe *P*, auf dem anderen passiert es eine Blende *B*, die lediglich zur Nullpunkteinstellung dient. Die ausgeleuchtete Meßfläche auf der Probe hat eine Größe von 1 × 32 mm. Die Photoelemente sind gegeneinander geschaltet. Bei Ungleichheit der Photoströme entsteht eine Differenzgleichspannung, die zunächst mit einem Wechselrichter *W* in eine Wechselspannung umgeformt wird, die im Verstärker *V* verstärkt und dem phasen- und amplitudenempfindlichen Motor *M* zugeführt wird. Dieser Motor bewegt den Graukeil *GrK* in der Weise, daß bei Veränderung der Extinktion der Probe das Licht auf der Photozelle konstant gehalten wird, und zwar gleich dem Licht des Vergleichswegs. Gleichzeitig mit dem Graukeil stellt der Motor die Schreibfeder ein. Der Graukeil, der kreisförmig ausgebildet und drehbar gelagert ist, besitzt bei homogenem Extinktionsmodul m eine konstante Steigung seiner Dicke d, so daß seine Extinktion E_{GrK} proportional dem Drehwinkel φ wächst: $E_{GrK} = \mathrm{m\,a}\,\varphi$. Im Augenblick der Lichtkompensation gilt bei einer Extinktion E der Probe:

$$J_2 = J_0 e^{-E - \mathrm{ma}\varphi} = const.$$

Es herrscht also zwischen dem Einstellweg des Graukeils und damit auch zwischen dem Federweg und der Extinktion Proportionalität.

Die Genauigkeit der Anzeige beträgt $\pm$ 1%, bezogen auf $E = 1$, und der Meßbereich umfaßt das Gebiet $E = 0$ bis $E = 1{,}2$. Das Gerät besitzt eine Tischplatte, auf der der Registrierschlitten verschiebbar angeordnet ist. Dieser trägt sowohl den Elektrophoresefilterpapierstreifen als auch das Registrierpapier. Der Schlitten bewegt sich bei der Messung mit konstanter Geschwindigkeit unter einem Arm hinweg, der den Schreibstift führt und in dessen oberem Teil sich das Photoelement befindet. Der Arm ist hochklappbar, so daß der Registrierschlitten bequem zugänglich ist.

Der *Refraktograph* dient zur Messung und gleichzeitigen Registrierung der Brechzahl von strömenden Flüssigkeiten. Er wird vor allem in chemischen Betrieben angewendet bei der Überwachung von Fabrikationsabläufen, z.B. Mischen von Substanzen, Eindampfen von Zuckerlösungen, Ölextraktion, Benzindestillation, Fetthärtung usw. Das Gerät wertet den Winkel der Totalreflexion im reflektierten Licht aus nach dem Meßprinzip des ABBE-Refraktometers. Hierbei besteht der Vorteil, daß die Absorption der Meßflüssigkeit bis zu verhältnismäßig hohen Werten des Extinktionsmoduls keinen Einfluß auf die Intensität des zur Messung benutzten reflektierten Lichts hat.

Das Gerät der Fa. Zeiß (s. Abb. 101) enthält ein ABBE-Refraktometer *Ref*, dessen Aufbau im Bild oben Mitte skizziert ist. Im Okular ist eine Spaltblende parallel zur Hell-Dunkel-Grenze angebracht, hinter der sich die Photozelle *Ph* befindet. Bei Betätigung des Refraktometerspiegels erfolgt der Helligkeitsumschlag der Okularblende von Hell nach Dunkel innerhalb eines sehr kleinen Drehwinkelbereichs des Spiegels. Die weitere Funktion des Geräts wird an Hand des Funktionsschemas verständlich. Ein Teil des von der Lichtquelle *L* ausgesandten Lichtes wird in das Refraktometer *Ref* gelenkt, ein zweiter Teil wird als Vergleichsstrahl benutzt. Das Okularlicht des Refraktometers und das Vergleichsstrahlenbündel werden abwechselnd mit Hilfe einer Wechsellichtblende (schematische Abbildung im Bild oben rechts), die durch den Motor *SM* betrieben wird, auf die Photozelle *Ph* geleitet. Der erzeugte Photostrom wird durch einen Wechselspannungsverstärker verstärkt und treibt den phasenempfindlichen Nachlaufmotor *NM* an, der seinerseits den Refraktometerspiegel und gleichzeitig das Schreiborgan des Registrierinstruments steuert. Das Vergleichslicht ist so eingestellt, daß Lichtgleichheit auf beiden Wegen dann vorhanden ist, wenn die Hell-Dunkel-Grenze in die Spaltblende fällt und damit auf ein zur Messung angebrachtes Strichkreuz, auf das die Eichung bezogen ist, einspielt. Bei Ungleichheit entsteht ein Photowechselstrom, der über den Nachlauf-

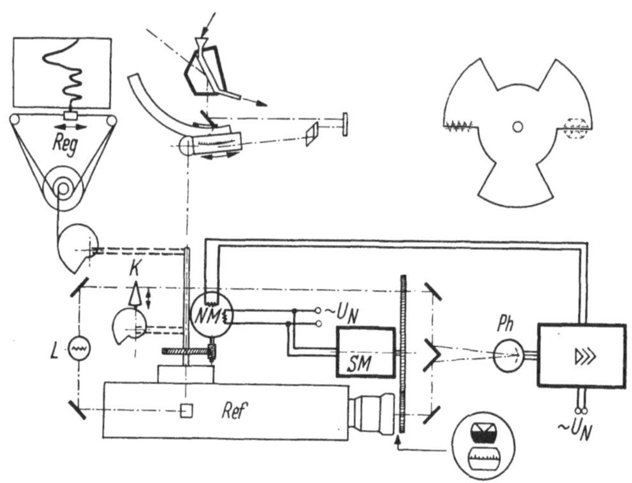

Abb. 101. Refraktograph (Fa. Zeiß)

motor NM mittels des Meßspiegels die Grenzlinie wieder in die Spaltblende bringt. Gleichzeitig mit dem Meßspiegel wird mit Hilfe der Korrekturblende K die Winkelabhängigkeit des Lichtes durch das Refraktometer über den ganzen Meßbereich ausgeglichen.

Der Gesamtmeßbereich für den Brechungsindex von $n = 1{,}3$ bis $1{,}7$ ist wahlweise unterteilbar in Abschnitte von 250, 500 oder 1000 Einheiten der 4. Dezimalen. Die Meßgenauigkeit beträgt bei einem Meßbereich von 500 Einheiten der 4. Dezimalen etwa $\pm$ 2 Einheiten.

Das registrierende *Spektralphotometer* gestattet die quantitative, vollautomatisch registrierende Auswertung von Absorptionsspektren. Die Absorptionsspektralphotometrie findet Anwendung in der organischen und anorganischen Chemie zum Zweck der quantitativen und qualitativen Analyse, zur Prüfung auf Reinheitsgehalt, zur Charakterisierung von Farbstoffen und Filtern sowie zur Kontrolle und zur Untersuchung des zeitlichen Ablaufs chemischer Reaktionen. Darüber hinaus gibt sie Aufschluß über die Molekülstruktur.

Zur punktweisen Aufnahme eines Absorptionsspektrums mittels Photozelle oder Sekundärelektronenvervielfacher hat man bei jeder Wellenlänge zunächst den 100%-Ausschlag festzustellen, das ist derjenige Ausschlag, den man ohne Probe oder nur mit Lösungsmittel, gegebenenfalls nach Verstärkung des Photostroms, im Anzeigegerät erhält. Nach Einschaltung der Probe ist der Rückgang des Ausschlags ein Maß für die Absorption. Verstellt man am Monochromator die Wellenlänge des Lichtes, so verändert sich dadurch der Photostrom, der sowohl durch die Ausstrahlung der Lichtquelle und die Empfindlichkeit der Photozelle, die wellenlängenabhängig sind, als auch durch die Dispersion des Mono-

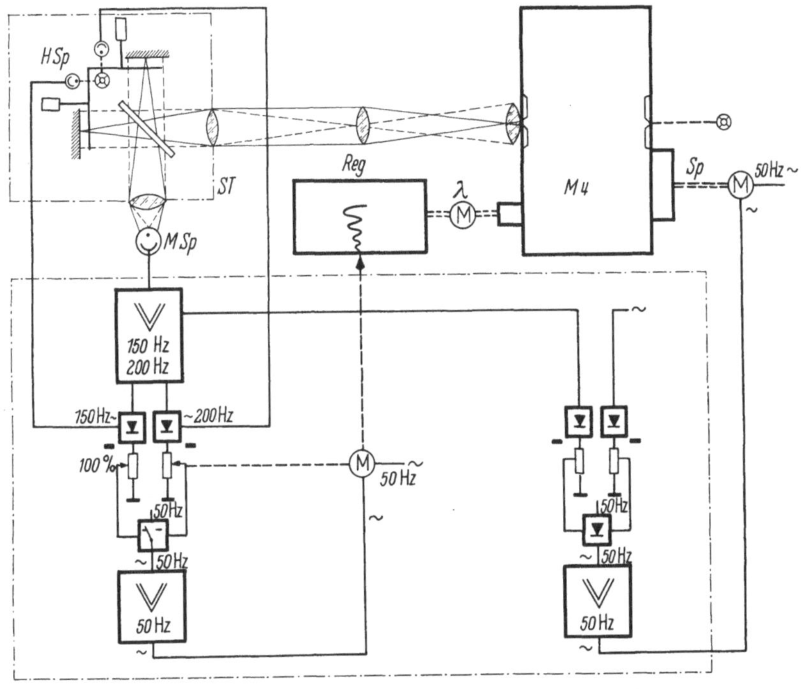

Abb. 102. Registrierendes Spektralphotometer (Fa. Zeiß)

chromators beeinflußt wird. Der Photostrom ändert sich durch alle diese Einflußgrößen im Wellenlängenbereich 380 bis 650 mμ im Verhältnis 1 : 100 bei konstanter Spaltbreite. Eine Kompensationsschaltung macht jedoch diese Einflüsse und außerdem zeitliche Schwankungen von Lichtquelle und Verstärker unwirksam. Bei dem in Abb. 102 wiedergegebenen Gerät der Fa. Zeiß wird das vom Monochromator *M 4* kommende Licht mit Hilfe einer oder mehrerer teildurchlässiger Platten in einer Autokollimationsanordnung geteilt. Die Strahleneinrichtung *ST* ist oben links dargestellt.

Das zur Messung gelangende Licht wird an der Teilplatte auf dem einen Weg, z.B. dem Meßweg, zunächst reflektiert und dann nach Reflexion an einem Autokollimationsspiegel durchgelassen oder auf dem anderen Weg, dem Vergleichsweg, zunächst durchgelassen und dann reflektiert. Die Teilungsplatte wird also von beiden Lichtströmen, dem Meß- und Vergleichslichtstrom, in genau gleicher Weise in Anspruch genommen. An diese Platte ist dabei nur die Forderung zu stellen, daß die Reflexion auf beiden Seiten gleich ist, denn die Durchlässigkeit ist es aus energetischen Gründen in jedem Fall. Die Forderung gleicher Reflexion wird unter verschiedenen Bedingungen erfüllt, die entweder auf weitgehende Symmetrie der Platte oder auf Absorptionsfreiheit im Meßbereich hinauslaufen. Im einfachsten Fall genügen je nach Meßbereich z.B. unbelegte Glas- oder Quarzplatten.

Wie aus dem Schema in Abb. 102 weiter ersichtlich, wird das aus dem Monochromator *M4* kommende Licht unmittelbar vor den Autokollimationsspiegeln in zwei unterschiedlichen Frequenzen moduliert. Diese werden dann gemeinsam einem Sekundärelektronenvervielfacher *MSp* zugeführt, an den ein Breitbandverstärker angeschlossen ist. Nach der Verstärkung werden durch lineare Gleichrichterschaltungen, die ihre Hilfsspannung *HSp* von den Unterbrecherscheiben für die Strahlmodulation erhalten, die Frequenzen wieder getrennt und einem Kompensationsschreiber zugeführt. Dieser Schreiber besteht in der Hauptsache aus Meß- und Vergleichswiderstand, einem Wechselrichter zur Umformung der bei Nichtabgleich entstehenden Gleichspannung in eine 50-Hz-Spannung und einem Leistungsverstärker, über den der Nachlaufmotor *M* betrieben wird. Die Stellung des Meßpotentiometerabgriffs wird am Schreiber *Reg*, der gleichzeitig mit dem Wellenlängentrieb des Monochromators angetrieben wird, registriert. Damit die Anordnung stets im günstigsten Amplitudenbereich arbeitet, wird von der Vergleichsspannung eine Spannung abgezweigt, mit deren Hilfe der Spalt *Sp* des Monochromators so gesteuert wird, daß die Energie über den gesamten Meßbereich praktisch gleich bleibt. Abb. 103 zeigt die Aufnahme der Absorptionskurve von Didymglas. Eine Registrierung im Bereich von 400 bis 700 mμ dauert ungefähr 6 min. Der Fehler der Absorptionsmessung beträgt etwa $\pm$ 0,5%, bezogen auf Vollausschlag.

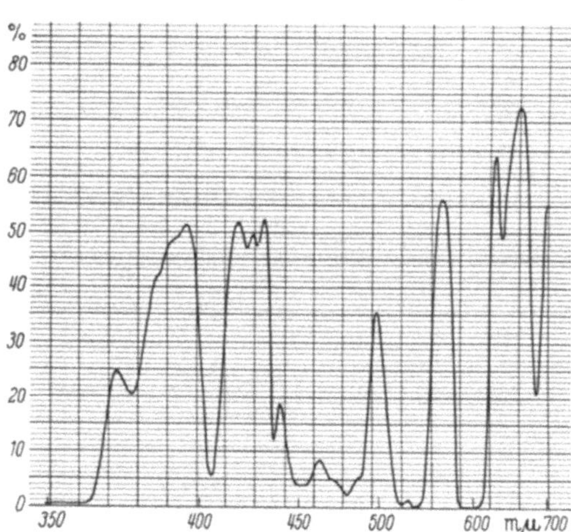

Abb. 103. Durchlässigkeitskurve von Didymglas BG 36, 2 mm dick (Fa. Schott)

Die registrierenden Viskosimeter [*153* bis *156*] werden zur automatischen Aufzeichnung der Zähigkeit von Flüssigkeiten und Gasen verwendet.

Der „Plastograph" der Fa. Brabender [*157*] dient zur Registrierung der Zähigkeit zäher Substanzen, wie z.B. Spinnflüssigkeiten, Seifen, Tonen, Leimen, Farben, Kunstharzen, Schokolademassen, Kitt, Kohleprodukten, Bitumen, Pasten, Gummi, Fetten, Viskose, Zementschlamm u.a.m. in Abhängigkeit der Temperatur bzw. der Zeit. Das Meßprinzip ist in Abb. 104 dargestellt. Der zu untersuchende Stoff wird in das Probengefäß *1* eingefüllt. Dieses ist doppelwandig und kann durch einen Umlaufthermostaten *8* temperiert werden. In dem Probengefäß *1* ist ein

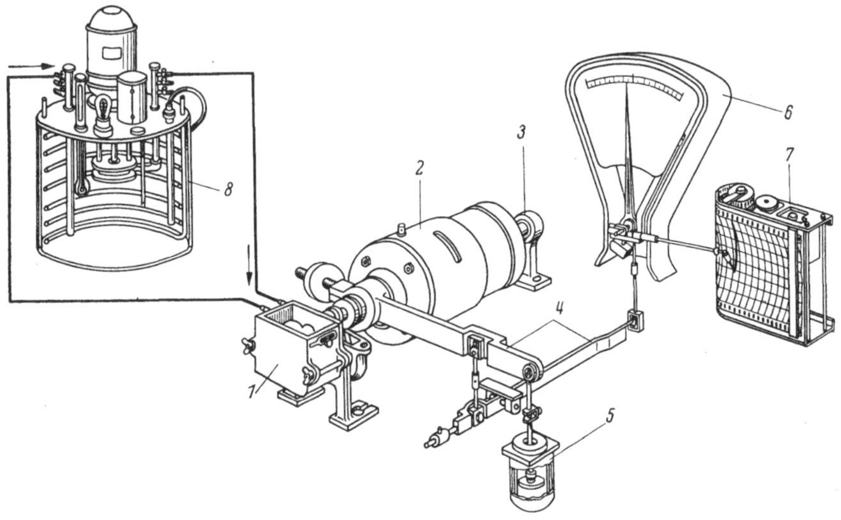

Abb. 104. „Plastograph" (Fa. Brabender):
1 Probengefäß mit Kneter, *2* Pendelmotor, *3* Lagerung des Pendelmotors, *4* Übertragungsgestänge, *5* Öldämpfer, *6* Federwaage, *7* Schreibvorrichtung, *8* Umlaufthermostat

Kneter eingebaut, der für die verschiedenen Proben unterschiedlich ausgeführt ist. In Abb. 105 sind verschiedene Kneterausführungen gezeigt. Der Kneter wird von einem Synchronmotor *2* angetrieben, der freipendelnd gelagert ist (*3*). Der Widerstand, den die Knetschaufeln in der zu untersuchenden Masse finden, äußert sich als Reaktionskraft auf das Gehäuse des Motors, das sich in entgegengesetzter Richtung wie der Rotor zu drehen sucht. Das Drehmoment auf das Gehäuse wird durch ein mit Stahlschneiden in Pfannen gelagertes Hebelsystem *4*, dessen Bewegung durch einen Kolbenöldämpfer *5* gedämpft wird, auf ein Federwaagesystem *6* übertragen und von einer Schreibvorrichtung *7* registriert. Das Diagrammpapier besitzt eine gleichmäßige, 1000teilige Skala (Konsistenzgrade). Die Waage hat einen Meßbereich von 1 bzw. 0,2 mkg. Durch Vorbelastung der Waage mit verschiedenen Gewichten kann der Meßbereich um mehrere Tausend Einheiten erweitert werden.

Zur laufenden Betriebskontrolle viskoser Substanzen in geschlossenen Systemen bzw. Rohrleitungen wird der *vollautomatisch arbeitende Viskograph* (Fa. Brabender) verwandt. Das Instrument arbeitet nach dem Prinzip der Fallzeitmessung. Das Gerät wird im Nebenschluß an die Hauptleitung, durch welche die zu kontrollierende Substanz fließt, angeschlossen. Ein Magnetventil läßt die Flüssigkeit in den Meßzylinder eintreten. Ein Fallkörper, der magnetisch von außen in dem Meßzylinder hochgeholt wird, wird am oberen Ende des Zylinders ausgelöst und sinkt dann im Rohr herab. Während der Sinkzeit ist der Zustrom von Flüssigkeit in den Meßzylinder gesperrt, damit keine Beeinflussung der Fallzeit durch Strömung eintritt. Zu Beginn und nach Beendigung der Fallzeit erfolgt eine Impulsgebung auf ein Registrierinstrument. Bei Beginn der Fallzeit beginnt der Zeiger des Registrierinstruments von der Nullinie aus zu laufen, bei Beendigung bleibt der Zeiger stehen, und ein Fallbügel drückt ihn auf das Registrierpapier, wo er einen Punkt markiert. Je viskoser die zu messende Flüssigkeit ist, um so länger ist auch die Fallzeit und um so größer ist der Zeigerausschlag. Wenn der Fallkörper in der Endlage angelangt und die Markierung erfolgt ist, so geht der Zeiger des Registrierinstruments in die

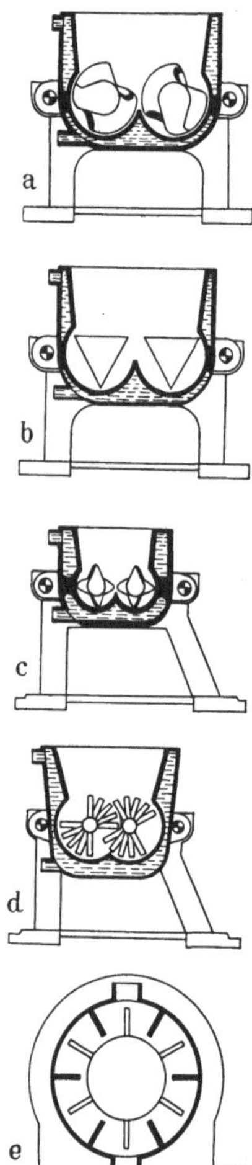

Abb. 105a–e. Kneterausführungen für den „Plastograph" nach Abb. 104 (Fa. Brabender): a) Schaufelkneter für plastisch-teigige Massen mittlerer Konsistenz (Kunstharze, Kohleprodukte, Bitumen, Leime, Seifen usw.); b) Dreikantkneter für pastenförmige Massen (Schokoladen, Zahnpasten, Druckfarben usw.); c) Nockenkneter für hochkonsistente, plastische Massen (Gummi, Kunststoffe usw.); d) Stiftkneter für pulverförmige Stoffe unter Zusatz von Wasser oder Benetzungsmitteln (Füllstoffe, Kohlenstaub, Kreide, Tone usw.); e) Durchflußkneter für die kontinuierliche Betriebsmessung unter einem Druck bis zu 3 atü stehender, jedoch noch fließfähiger Produkte (Viskose, Lacke usw.)

Anfangsstellung zurück, das Magnetventil öffnet sich und läßt neue Flüssigkeit in den Meßzylinder eintreten. Nun wird der Fallkörper wieder angehoben, und die nächste Meßperiode beginnt.

Das *registrierende Kalorimeter* von Dommer (Fa. Union-Apparatebau-Gesellschaft) nach Abb. 106 dient zur Aufzeichnung des Heizwerts von Gasen. Zwei abgeschlossene Ringrohrwaagen *21* und *22* sind übereinander in einem Gehäuse gelagert und durch eine Gelenkstange *23* miteinander verbunden. Sie sind zu etwa drei Viertel mit einer schweren

Flüssigkeit von hoher Wärmeausdehnung (z.B. Tetrachlorkohlenstoff) gefüllt; über der Flüssigkeit befindet sich Luft. Wird die Flüssigkeit erwärmt, so dehnt sie sich aus und komprimiert die Luft. Bei der oberen Ringwaage liegt die Luftblase links, bei der unteren rechts. Werden beide gleichermaßen erwärmt, so entstehen zwei entgegengesetzt gleiche Drehmomente, die sich über die Verbindungsstange *23* aufheben. Hierdurch wird das Meßwerk unabhängig von der Raumtemperatur. Wird lediglich die obere Ringwaage *21* am Brenner *12* des zu prüfenden Gases geheizt, so stellen sich die beiden Waagen in eine neue Gleichgewichtslage ein. Ihre Drehung wird mit einem an der oberen Waage befestigten langen Zeiger *24*, der die Schreibfeder *26* trägt, auf dem Registrierstreifen *25* aufgezeichnet. Es sind besondere Einrichtungen vorgesehen, die das zu prüfende Gas gut gereinigt und mit konstanter Strömungsgeschwindigkeit dem Brenner zuführen. Wegen der großen Masse, die erwärmt werden muß, und wegen der statischen Kühlung in ruhender Luft ist die Anzeigeverzögerung sehr groß. Das Gerät löst jedoch viele Aufgaben, z.B. die Heizwertregistrierung von Stadtgas, Ferngas, Wasser- und Generatorgas.

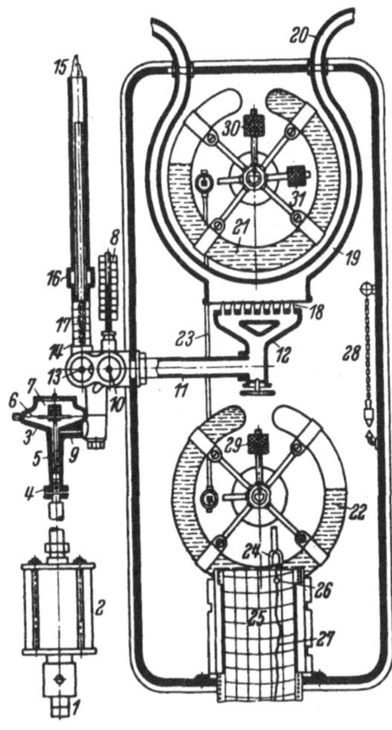

Abb. 106. Registrierendes Kalorimeter nach DOMMER (Fa. Union-Apparatebau-Gesellschaft): *12* Brenner, *21* obere, *22* untere Ringwaage, *23* Gelenkstange, *24* Zeiger, *25* ablaufender Streifen, *26* Schreibfeder

Für andere Fälle (z.B. Produktionsgas), insbesondere dann, wenn dem Registriergerät ein rasch in einen Produktionsvorgang eingreifender Regler nachgeschaltet werden soll, verwendet man eine andere Registrierapparatur (Fa. Union-Apparatebau-Gesellschaft), die eine Anzeigeverzögerung von nur 15 s aufweist. Die heißen Rauchgase des gereinigten und druckgeregelten Gasstroms heizen hier die Schweißstellen einer Thermobatterie, deren Vergleichsstellen im äußeren Teil des Brennergehäuses von einem ebenfalls druckgeregelten Luftstrom auf Raumtemperatur gehalten werden. Hierdurch wird sowohl der Einfluß der Außentemperatur kompensiert als auch infolge der hohen Geschwindigkeit von Rauchgas- und Kühlluftstrom und der geringen Wärmekapazität der Anordnung wegen die Anzeigeträgheit klein gehalten. Die entstehende Thermospannung als Maß für den Heizwert in kcal wird mittels eines elektrischen Schreibers mit Drehspulmeßwerk registriert. Der Apparat hat weiter den Vorteil, daß das Registrierinstrument in größerer Entfernung vom Brenner aufgestellt werden kann.

Die *registrierenden chemischen Gasanalysatoren* („Mono“-Schreiber, „Orsat“-Apparate der Fa. Maihak) dienen zur Registrierung gewisser Gaskomponenten (CO_2, SO_2, NH_3, O_2, CO, H_2, N_2, CH_4, C_2H_2 u. a. m.) in Gasgemischen oder -strömen. Ein abgemessenes Volumen des zu untersuchenden Gases wird durch eine für die betreffende Analyse spezifische Absorptionsflüssigkeit bzw. über einen Katalysator oder durch einen Verbrennungsofen geleitet und anschließend das durch die Absorption bzw. Reaktion verminderte Volumen als Restvolumen bestimmt [*158, 159*]. Dieses entspricht dem zu messenden Gehalt an der betreffenden Gaskomponente. Es ist möglich, mehrere Gaskomponenten mit einem Apparat zu erfassen, wenn man das zu untersuchende Gas nacheinander durch verschiedene Absorptionsflüssigkeiten leitet und die jeweils absorbierten Volumina registrieren läßt.

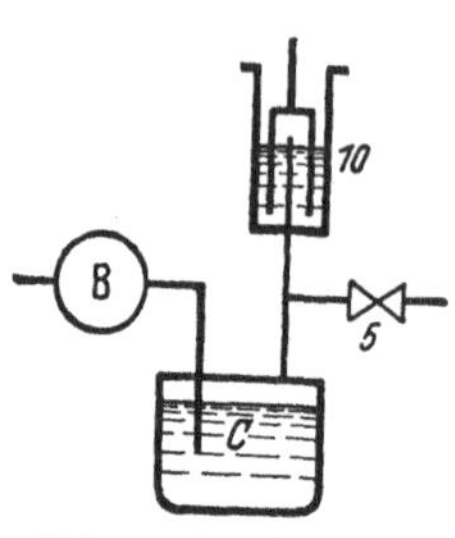

Abb. 107. Funktionsschema eines chemischen Gasanalysators: *B* Gaspumpe, *C* Absorptionsgefäß, *5* Ventil, *10* Meßgefäß

Zur näheren Erläuterung des Verfahrens sei der CO_2-Schreiber der Fa. Maihak beschrieben. Er dient zur Bestimmung des CO_2-Gehaltes in Rauchgasen und ist in Abb. 107 schematisch dargestellt. Eine Gaspumpe *B* saugt das Prüfgas an, bringt es auf einen bestimmten Druck, mißt ein gewisses Volumen ab und drückt dieses durch das mit Kalilauge gefüllte Absorptionsgefäß *C*. Hier wird das Kohlendioxyd absorbiert, der Rest strömt bei entsprechender Stellung des Ventils *5* unter die Tauchglocke des Meßgefäßes *10* und hebt sie an. Der Weg der Tauchglocke wird durch Hebel auf ein Registrierwerk *D* übertragen. Nach beendeter Analyse wird das Ventil *5* geöffnet, das Restgas unter der Glocke kann ins Freie ausströmen, und die Meßglocke und mit ihr die Registrierfeder gehen in die Nullage zurück. Nun beginnt der Meßvorgang von neuem, und es können je Stunde bis zu 60 Analysen ausgeführt werden. Wie das Diagramm Abb. 108 zeigt, wird bei jeder Analyse ein Stück eines Kreisbogens aufgeschrieben, dessen Länge dem nicht absorbierten Gasrest in Prozenten entspricht, bei 15% CO_2 z.B. also 85%. Es entsteht auf diese Weise ein Strichdiagramm oder eine schraffierte Fläche, deren Begrenzung gegen den nicht schraffierten Teil des Registrierpapiers dem üblichen Linienzug entspricht. Zur Erhöhung der Meßgenauigkeit wird durch eine Vorrichtung nicht der gesamte nichtabsorbierte Gasrest unter die Meßglocke gedrückt, sondern ein gewisser Teil, im vorliegenden Fall

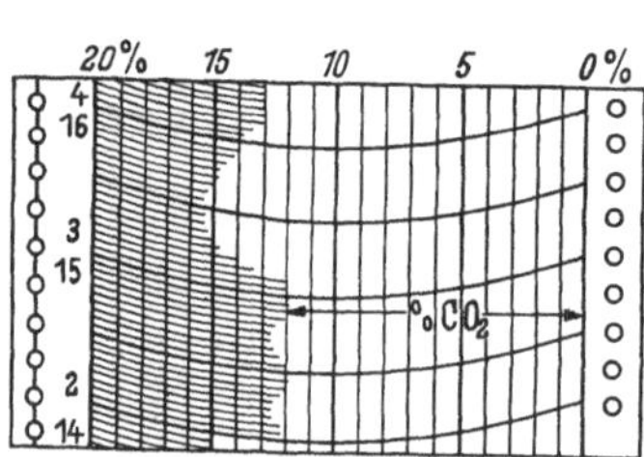

Abb. 108. Diagramm eines „Mono“-CO_2-Schreibers (Fa. Maihak)

80% des Meßvolumens ins Freie geschickt, wodurch nur der interessierende Bereich von 0 bis 20% CO_2 zur Registrierung kommt.

Abb. 109 zeigt den Aufbau des CO_2-Schreibers. Ergänzend zum Funktionsschema Abb. 107 sei folgendes erwähnt: *B* ist eine durch den Elektromotor *F* angetriebene Kolbenpumpe. Sie hat eine Quecksilberfüllung und saugt mit einem Hub durch das Zuführungsrohr *1* das zu prüfende Gas an, mißt im Volumeter *4* eine bestimmte Menge ab und drückt sie durch das Absorptionsgefäß *C*. Das Quecksilberventil *5* läßt zunächst eine bestimmte Menge des Restgases ins Freie entweichen und leitet dann den Rest unter die Meßglocke *10*, deren Hub als Strichdiagramm vom Registrierwerk *D* aufgeschrieben wird. Der feststehende Tintennapf *17* hat oben einen kleinen Wattebausch, der sich mit Tinte vollsaugt und sie an einen kleinen Wattebausch an der Glasfeder in deren Nullage abgibt. Der 90 mm breite Streifen hat eine nutzbare Schreibbreite von 70 mm, der normale Vorschub durch Uhrwerk oder Synchronmotor beträgt 20 mm/h. Der kleinste Meßbereich der CO_2-Schreiber beträgt 10%. Für SO_2- und NH_3-Schreiber müssen entsprechend andere Absorptionsmittel verwandt werden.

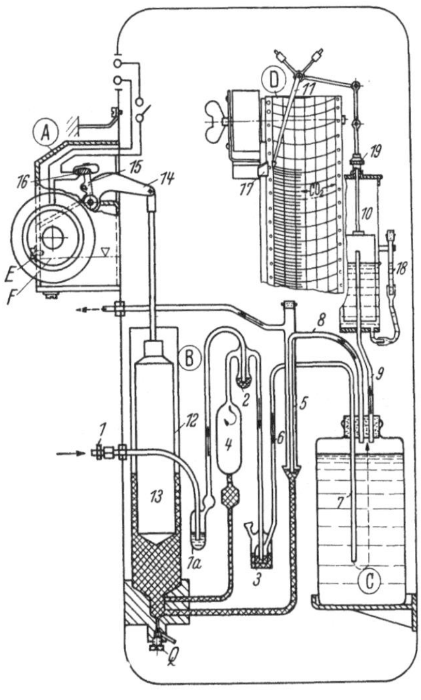

Abb. 109. Aufbau des „Mono"-CO_2-Schreibers (Fa. Maihak): *A* Elektrischer Antrieb, *B* Gaspumpe, *C* Absorptionsgefäß, *D* Registrierwerk, *E* Ölfüllschraube, *F* Motor, *Q* Quecksilberfüllschraube, *1* Gaseintritt, *1a* Wasservorlage, *2* Saugsperre, *3* Drucksperre, *4* Volumeter, *5* Absperrohr, *6*, *7*, *8*, *9* Rohre, *10* Meßglocke, *11* Schreibhebel, *12* Zylinder, *13* Tauchkolben, *14* Antriebshebel, *15* Schalthebel, *16* Quecksilberschalter, *17* Tintenvorratsbehälter, *18* Schaurohr, *19* Führungsmutter

Zur Ermittlung unverbrannter Bestandteile in Rauchgasen ($CO + H_2$) verwendet man ein dem CO_2-Schreiber analoges Gerät. Jedoch muß hier die zu messende Gaskomponente in einem von einem elektrischen Ofen beheizten Verbrennungsrohr zunächst in Gegenwart von überschüssigem Luftsauerstoff zu CO_2 und H_2O verbrannt werden. Danach gelangt der Gasstrom in das Absorptionsgefäß, wo der CO_2-Anteil absorbiert und der H_2O-Anteil abgeschieden wird.

Zur Messung des O_2-Gehaltes in brennbaren Gasen bzw. von CH_4 in Luft (zur Grubenwetterüberwachung) verfährt man grundsätzlich in der gleichen Weise. Bei der Bestimmung des O_2-Gehaltes in nicht brennbaren

Gasen muß jedoch, um das gleiche Verfahren anwenden zu können, dem zu untersuchenden Gasgemisch ein definierter Zusatz an brennbaren Gasen im Überschuß (z.B. H_2) beigemischt werden [*160* bis *162*].

Von gleicher Bauart sind auch die Geräte für die Aufzeichnung mehrerer Gaskomponenten auf einem Streifen. Sie haben zusätzlich noch einen oder mehrere Umschalter für die Durchleitung des zu prüfenden Gases durch verschiedene Absorptionsgefäße oder Verbrennungskammern. Mit ihnen lassen sich zwei oder sogar drei Komponenten nebeneinander registrieren, z.B. CO_2, CO, H_2 oder CO_2, CH_4 und CO + H_2.

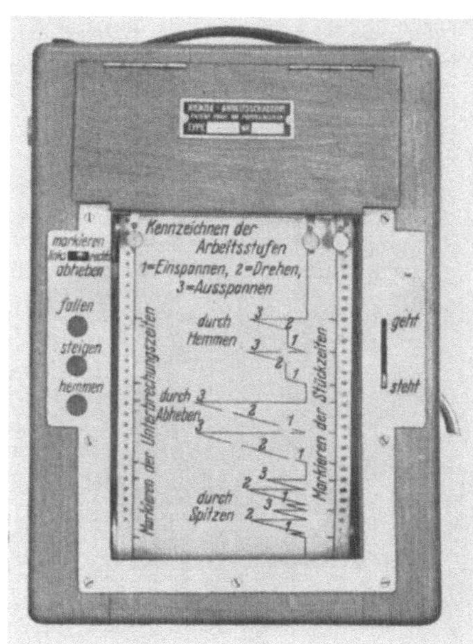

Abb. 110. Arbeitsschauuhr (Fa. Kienzle)

Chemische Gaskonzentrationsschreiber werden mitunter, um das Schreibgerät von der Meßstelle entfernt aufstellen zu können, mit elektrischen Fernsendern versehen. Als Schreibgeräte werden dann meist elektrische Linienschreiber oder bei empfindlicheren Anordnungen auch Punktschreiber mit Kreuzspulmeßwerken eingesetzt.

Es sollen nun einige *Zeitschreiber* beschrieben werden, die auf mechanischer Grundlage beruhen; die Zeitschreiber auf elektrischer Grundlage werden später behandelt.

Die Zeitregistrierung spielt in der modernen Massenfertigung eine wichtige Rolle. Es ist schwierig, mit der Stoppuhr mehrere Arbeitsvorgänge und ihre Zusammenhänge sicher zu erfassen. Erst die registrierende Zeitmessung ermöglicht exakte Aufnahmen, die man nachträglich für Zeitstudien verwenden kann. Als Beispiel soll hier die *Arbeitsschauuhr* der Fa. Kienzle an Hand von Abb. 110 beschrieben werden. In einem tragbaren Holzgehäuse wird ein Registrierstreifen von 115 mm Breite durch ein Uhrwerk mit einem Vorschub von 20 oder 60 mm/min von oben nach unten geführt. Auf dem Streifen registrieren gleichzeitig drei Federn. Die erste hat ihre Ruhelage am linken Papierrand, die zweite am rechten. Diese beiden Federn können durch den oberen Hebel im Schild links um kleine Beträge nach rechts bzw. nach links bewegt werden, schreiben also Zacken, die zur Markierung von Arbeitsbeginn, Arbeitsende und sonstigen Zeitvorgängen dienen. Die mittlere Feder hat ihre Ruhelage nahe dem rechten Papierrand und kann zur Markierung von Arbeitsprozessen von einem Uhrwerk quer zur Laufrichtung des Streifens in 1 min über den Streifen geführt werden, wobei sie eine schräge Linie aufzeichnet. Durch den mittleren der drei schwarzen Knöpfe im Schild links

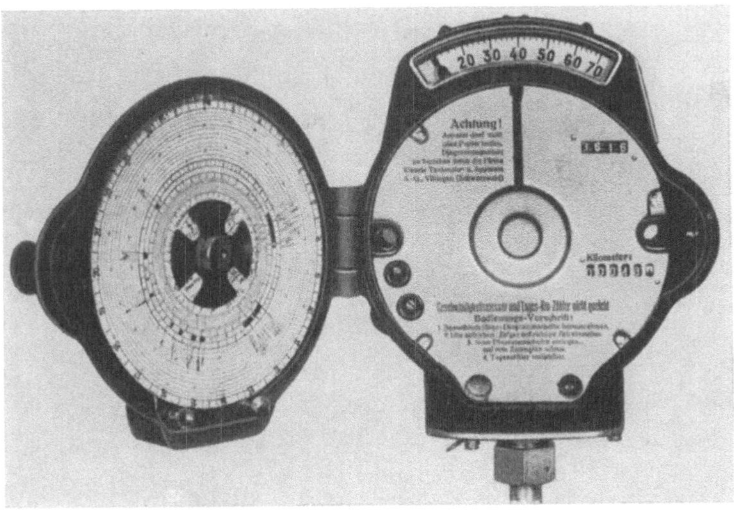

Abb. 111. Tachograph (Fa. Kienzle)

wird die Bewegung eingeleitet, durch Drücken des oberen Knopfes schnellt die Schreibfeder in ihre Ausgangslage zurück. Drückt man den unteren Knopf, so bleibt die Schreibfeder augenblicklich stehen und schreibt dann eine Linie parallel zum Papierrand. Wenn man den oberen weißen Knopf drückt, wird die mittlere Feder vom Papier abgehoben, und es entsteht eine Lücke in ihrer Registrierung. Auf der rechten Gehäuseseite ist ein Hebel zu sehen, mit dem der ablaufende Streifen in Gang gesetzt oder abgestellt wird. Es lassen sich mit dieser Arbeitsschauuhr die verschiedensten Vorgänge, z.B. die Tätigkeit von Arbeitern, der Einsatz eines Werkzeuges, die Arbeitsfolge und -zeit an Maschinen, die Anordnungen des Meisters usw. im Diagramm festhalten.

Der *Tachograph* der Fa. Kienzle nach Abb. 111 dient zur Registrierung und Anzeige der Vorgänge bei Fahrzeugen, insbesondere Kraftwagen. In einem kräftigen, verschließbaren Metallgehäuse ist ein Fliehkrafttachometer eingebaut, das über den unten sichtbaren Stutzen durch eine biegsame Welle mit dem Motorgetriebe gekuppelt ist. Im Abschlußdeckel links liegt das Uhrwerk mit dem zeitgetreu bewegten Wachspapierkreisblatt, auf dem mit Stiften die zurückgelegte Wegstrecke, Fahrt- und Haltezeiten und die Fahrgeschwindigkeit registriert werden; auch die Zeit des Einlegens und Abnehmens des Kreisblattes wird durch ent-

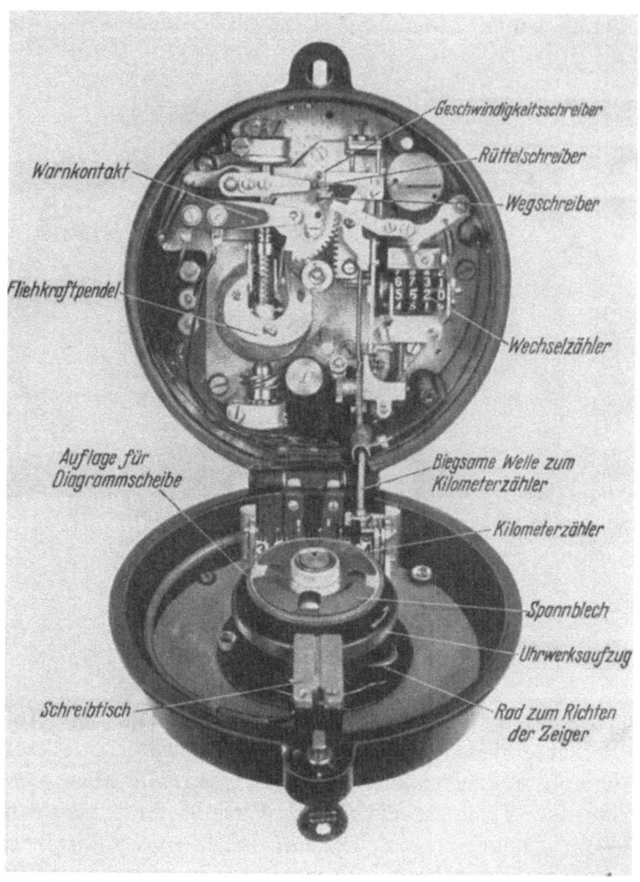

Abb. 112. Meß- und Registriereinrichtung eines Tachographen (Fa. Kienzle)

sprechende Kerben am Rande vermerkt. Die Registrierstifte treten aus dem senkrechten Schlitz in der Mittes des Geräts und berühren bei geschlossenem Deckel das Kreisblatt. Abb. 112 zeigt die nach Abnahme der Abdeckplatte und des Kreisblattes sichtbare innere Meßeinrichtung. Das Diagramm ist während der Registrierung nicht zu sehen. Der Tachograph gibt einen lückenlosen Überblick über die Verwendung des Fahrzeugs und die Fahrleistung des Fahrers, wie dies durch ein Diagramm in Abb. 113 erläutert wird.

Der Apparat kann in ähnlicher Ausführung auch zur Überwachung stationärer Maschinen, z.B. in der Textilindustrie, wertvolle Dienste leisten.

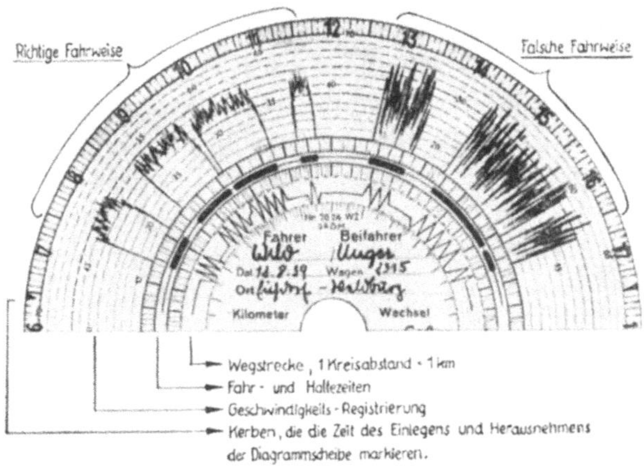

Abb. 113. Ausschnitt aus der Fahrtscheibe eines Tachographen (Fa. Kienzle)

B. Schreiber mit elektrischen Meßwerken

Zur Registrierung elektrischer Größen verwendet man Schreiber, deren Meßwerke diese Meßgrößen unmittelbar in mechanische Drehmomente verwandeln (elektrische Meßwerke). Außer elektrischen Größen wie Strom, Spannung, Leistung, Frequenz usw. können mit diesen Registrierinstrumenten auch nichtelektrische Größen erfaßt werden. Hierzu bedarf es jedoch gewisser Meßwertwandler, die zunächst die betreffenden mechanischen, optischen oder anderweitigen Meßgrößen in elektrische Größen verwandeln, die ihrerseits dann von Schreibern mit elektrischen Meßwerken registriert werden können [*163*].

Die Schreiber mit elektrischen Meßwerken haben in Wissenschaft und Technik außerordentlich vielseitige Verwendung gefunden [*164, 165*]. Dies liegt einerseits daran, daß sehr viele der zu registrierenden Größen von Hause aus elektrischer Natur sind, z.B. Strom, Spannung, Leistung und Frequenz in elektrischen Energiezentralen. Auf der anderen Seite bietet die elektrische Registrierung nichtelektrischer Größen eine Reihe nicht zu übersehender Vorteile: Die Meßgeräteindustrie hält für die verschiedensten Aufgaben eine Vielzahl von Meßwertwandlern bereit. Durch deren Einsatz ist es möglich, Meßgrößen zu registrieren, die nur außerordentlich geringe Leistungen zur Verfügung stellen, die verhältnismäßig rasch verlaufen und deren Meßstellen in beträchtlicher Entfernung von der Registrierstelle liegen. Hierdurch sind die elektrischen Registrierverfahren den mechanischen außerordentlich überlegen. Viele neu zu erstellende Registrieranlagen zur Erfassung nichtelektrischer Größen werden heute mit Meßwertwandlern und elektrischen Schreibern ausgerüstet [*166*, *167*], andere, bereits vorhandene Registrieranlagen ersetzt man durch elektrische.

Die elektrischen Registrierinstrumente sind mit wenigen Ausnahmen, z. B. den Chronographen, reine Kraftschreiber. Die am Meßwerk zur Verfügung stehende Kraft und die Geschwindigkeit der aufzuzeichnenden Vorgänge bestimmen die Registriermethode. Daher ist es zweckmäßig, nicht nach den außerordentlich zahlreichen Meßgrößen, sondern nach den folgenden, ziemlich scharf abgegrenzten Registriermethoden zu unterscheiden:

Kann der zu registrierenden Größe ohne nennenswerte Verfälschung der Registrierung ein beträchtlicher Energiebetrag zur Betätigung des Schreibers entzogen werden, so verwendet man die *direkte kontinuierliche Registrierung* (Linienschreiber) mit kräftigen elektrischen Meßwerken [*168*, *169*]. Viele *Betriebsregistriergeräte* zur Aufzeichnung von Strömen, Spannungen und Leistungen machen von diesem Prinzip Gebrauch [*170*]. Aber auch Registriergeräte zur Aufzeichnung rasch verlaufender elektrischer Vorgänge, die sog. *Schnellschreiber*, sind kontinuierlich, meist direkt registrierende Instrumente [*171*]. Die Schreiborgane dieser Geräte benötigen zu ihrer Einstellung in der Regel beträchtliche Energiebeträge, die in den seltensten Fällen von den Meßgrößen bereitgestellt werden können. Hier sind daher *Verstärker* unerläßlich, die zwischen Meßwertgeber und Registriergerät geschaltet werden müssen.

Verändert sich die zu registrierende Meßgröße verhältnismäßig langsam und stellt sie für die Registrierung nur einen geringen Energieanteil zur Verfügung, so ist die *intermittierende Registrierung* (*Punktschreiber*) angebracht.

Darf der Meßgröße nahezu überhaupt keine Energie entnommen werden, so muß man zur *Kompensationsregistrierung* greifen.

Mit der *Lichtstrahlregistrierung* und der *Elektronenstrahlregistrierung* gelingt es schließlich, schnelle und schnellste Vorgänge mit sehr geringer Verzerrung aufzuzeichnen.

1. Instrumente mit kontinuierlicher Registrierung

Die Meßwerke der elektrischen Registrierinstrumente unterscheiden sich im Prinzip kaum von den Meßwerken der elektrischen Anzeigeinstrumente. Sie werden in außerordentlich vielfältigen Abwandlungen gebaut und sollen hier nicht näher beschrieben werden. Das Drehmoment elektrischer Meßwerke beträgt bei Anzeigeinstrumenten 0,2 bis 5 cmg für den Endausschlag. Bei kontinuierlich aufzeichnenden Registrierinstrumenten werden jedoch 5 bis 20 cmg benötigt, zuweilen auch mehr. Dieses hohe Drehmoment macht gegenüber den elektrischen Anzeigeinstrumenten eine besondere konstruktive Durchbildung der elektrischen Registriermeßwerke notwendig. Zunächst ist eine Vergrößerung der Abmessungen von Spule, Rückstellfeder und Magnet notwendig. Hierdurch wird aber nicht nur das Drehmoment, sondern auch das Trägheitsmoment erhöht, was mitunter eine Erhöhung der Einstellzeit nach sich zieht und eine stärkere Dämpfung notwendig macht. Ferner sind die Meßwerke der Aufgabe der Federführung anzupassen, was Einfluß auf die Achsenlage und die Ausbildung der Achsenlager und des Registrierzeigers hat.

In Abb. 32, 34, 35, 36, 39 und 43 wurde bereits eine Reihe von Drehspulmeßwerken für Linienschreiber gezeigt und teilweise erläutert. Es sei an die Vor- und Nachteile der Registrierung in Bogenkoordinaten und der Registrierung in geradlinigen rechtwinkligen Koordinaten erinnert. Viele damit zusammenhängende Fragen wurden an Hand der angegebenen Abbildungen erörtert, z.B. die Anordnung des Tintentrogs, die Form der Feder, die Methoden der Geradführung, die Anordnung des Meßwerks und die Papierführung.

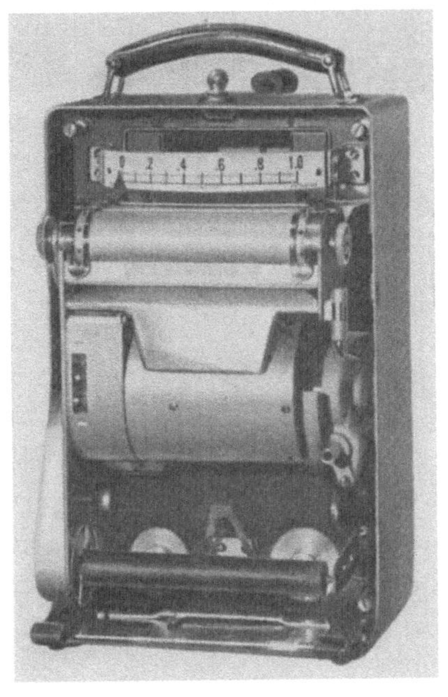

Abb. 114. Tragbarer elektrischer Linienschreiber (Fa. Esterline-Angus)

Abb. 114 zeigt als Beispiel einen Bandschreiber der Fa. Esterline-Angus, der als Drehspullinienschreiber ausgeführt ist. Das Gerät registriert in Bogenkoordinaten und besitzt das an Hand von Abb. 32 erläuterte Meßwerk. Man erkennt den Zeiger vor der Bogenskala und die Schreibfeder auf dem horizontal nach vorn ablaufenden Streifen. Das Papier wird durch eine Stiftenwelle nach unten zur Aufwickelrolle geführt, so daß ein Stück des Diagramms hinter der Glasscheibe in der Tür sichtbar ist. Links befindet sich das temperaturkompensierte und fliehkraftgeregelte Uhrwerk, in der Mitte dessen Federhaus. Zur Änderung des Papiervorschubs innerhalb gewisser Grenzen sind austauschbare Wechselräder vorgesehen, zwei Reserveräder sind hinter der Aufwickelrolle untergebracht. Diese wird durch ein Getriebe links vom Uhrwerk angetrieben. Für den Papierantrieb kann an Stelle des Uhrwerks ein Synchronmotor eingesetzt werden. Für hohe Papiergeschwindigkeiten kann ein Spezialmotor außen am Gehäuse befestigt werden. Der Papiervorschub läßt sich mit den verschiedenen Triebwerken zwischen etwa 20 mm/h und 75 mm/s einstellen. Rechts erkennt man einen Einsteckvierkant für den Schlüssel zum Aufzug des Uhrwerks und links eine Einrichtung zur Arretierung. Skala und Registrierstreifen werden durch eine

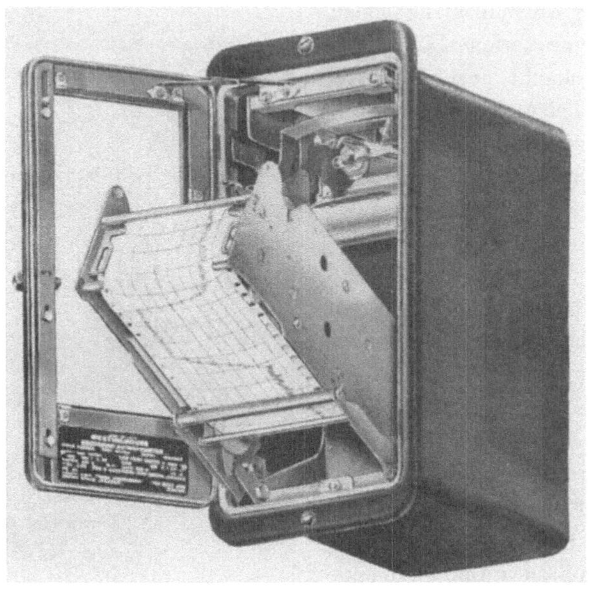

Abb. 115. Elektrischer Linienschreiber für Schalttafeleinbau (Fa. Westinghouse)

abgeblendete zylinderförmige Lampe beleuchtet. Der Schreiber wird als tragbares Gerät, für Schalttafeleinbau und -aufbau und auch als Doppelschreiber mit zwei völlig getrennten Registrierkanälen für zwei Papierstreifen ausgeführt.

Bei einem ähnlichen Registrierinstrument der Fa. Westinghouse (s. Abb. 115) sind der Papierantrieb und die Papierführung zu einer Einheit zusammengefaßt, die zum Streifenwechsel aus dem Schreiber herausgeschwenkt werden kann. Der Streifen mit Bogenkoordinaten läuft wie bei dem zuvor beschriebenen Instrument unter der Schreibfeder horizontal. Das sehr kräftige Meßwerk, in der Abbildung ein Drehspulsystem, nimmt fast die ganze Grundplatte ein; der Tintentrog ist leicht abnehmbar. Bei diesem Instrument kann zur Anpassung an die verschiedenen Verwendungszwecke an Stelle des Drehspulmeßwerks ein Dreheisen- bzw. ein elektrodynamisches Meßwerk eingebaut werden.

Als Bogenschreiber ist auch das von der Fa. Brush hergestellte Schnellregistriergerät anzusprechen. Unter *Schnellschreibern* versteht man Registriersysteme, die eine Eigenfrequenz von mehr als etwa 10 Hz besitzen. Zur Gruppe der Schnellschreiber gehören in erster Linie die Lichtstrahloszillographen, die Elektronenstrahloszillographen mit Registrierkamera, aber auch eine Reihe von Tintenschreibern und Wachsschreibern und ferner der Strahlschreiber [*172*]. Die Meßwerke der zuletzt genannten, direkt registrierenden Schnellschreiber benötigen zur Erzielung ihrer hohen Eigenfrequenzen bewegliche Systeme mit kleinen Trägheitsmomenten und starken Richtkräften. Um ihnen genügend Empfindlichkeit zu verleihen, müssen sie, soweit sie als Drehspulmeßwerke ausgeführt sind, mit sehr starken Permanentmagneten ausgerüstet sein.

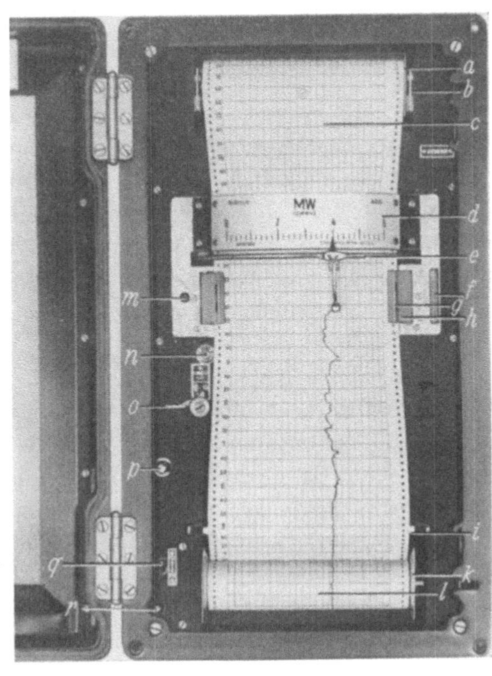

Abb. 116. Tintenschreiber (Fa. AEG): *a* Kordelrad der Vorratsrolle, *b* herausklappbare Laschen der Vorratsrolle, *c* Vorratsrolle, *d* Skala, *e* Meßwerkbügel mit Schreibfeder, *f* Rändelrand für Papiervorschub von Hand, *g* Stiftenrad, *h* Führungsklappe, *i* Führungsrolle, *k* abziehbarer Seitenflansch, *l* Papieraufwickelrolle, *m* Nullsteller, *n* Gangreglerschraube für Uhrwerk, *o* Einschalthebel für Uhrwerk, *p* Vierkant für Uhrwerksaufzug, *q* Feststellhebel für Papieraufwickler, *r* Vierkant zum Aufzug des Papieraufwicklers

Der *Schnellschreiber* der Fa. Brush besitzt Drehspulmeßwerke, von denen auch zwei oder sechs nebeneinander angeordnet sein und auf einer gemeinsamen Papierbahn registrieren können. Die Registrierzeiger sind etwa 100 mm lang und registrieren entweder mit Tinte oder elektrisch auf Teledeltospapier. Die Schreibbreite beträgt etwa 40 mm je Kanal. Die mittels elektrischer Resonanzkreise gedämpften Meßsysteme besitzen eine Empfindlichkeit von etwa 1 mm/V bzw. 1,5 mm/mA. Sie übertragen linear und amplitudengetreu im Frequenzbereich 0 bis 30 Hz. Der Papiervorschub wird durch einen Synchronmotor besorgt, die Vorschubgeschwindigkeiten lassen sich durch Schalt- und Wechselgetriebe im Bereich von 10 mm/h bis 250 mm/s einstellen.

Zur Erhöhung der Empfindlichkeit können dem Registriersystem elektronische Verstärker vorgeschaltet werden, die als Gleichspannungsverstärker dem Registriersystem eine maximale Empfindlichkeit von 20 mm/V bzw. als Trägerfrequenzverstärker 1000 mm/V verleihen. Außerdem hebt der Verstärker die höheren Frequenzen etwas an, so daß der Abbildungsmaßstab der Anordnung Verstärker-Registriersystem im Frequenzgebiet 0,5 bis 100 Hz nahezu linear ist.

Schnellschreiber werden in Verbindung mit geeigneten Meßwertwandlern zur Registrierung rasch veränderlicher Vorgänge vielerlei Art verwendet. Als Beispiele seien erwähnt aus dem Gebiet der mechanischen Messungen: Erschütterungen, Beschleunigungen, Dehnungen, Drucke, Oberflächenrauhigkeiten, Unwuchten, seismische und geodätische Messungen; aus dem Gebiet der elektrischen Messungen: Gleich- und Wechselspannungen und -ströme, Impulse, Relaisuntersuchungen, Frequenzcharakteristiken; aus dem Gebiet der medizinischen Messungen: physiologische Untersuchungen, Elektrokardiographie, Elektroencephalographie, Elektromyographie usw.

Der in Abb. 116 wiedergegebene, früher von der Fa. AEG gebaute Linienschreiber registriert in rechtwinkligen geradlinigen Koordinaten. Er ist ähnlich gebaut wie das an Hand von Abb. 34 beschriebene Hakenzeigerregistriergerät. Das Gerät besitzt einen zylinderförmigen Schreibtisch. Die Feder oder die Schreibelektrode hängt, in Schneiden gelagert, an dem vom Meßwerk geführten Schreibarm. Dieser umfaßt die Schreibbahn von beiden Seiten. Die nutzbare Schreibbreite beträgt 120 mm. Das Gerät hat die Abmessungen 470 × 275 × 225 mm und besitzt ein Metallgehäuse, das für Schalttafelauf- und -einbau eingerichtet ist. Der Papiervorschub wird durch ein Uhrwerk angetrieben, das mit Handaufzug (Gangdauer 8 Tage) oder elektrischem Aufzug (Gangreserve 16 h) ausgerüstet ist. Die Papierablaufgeschwindigkeit beträgt normalerweise 20, 30, 60 oder 120 mm/h. Der Schreiber kann den meisten praktisch vorkommenden Fällen weitgehend angepaßt werden. Als Gleichstrom- und Gleichspannungsschreiber besitzt er ein Drehspulmeßwerk, als Wechselstrom- und Wechselspannungsschreiber ein Drehspulmeßwerk mit Gleichrichter oder ein ferrodynamisches Meßwerk und als Gleichstromleistungsschreiber oder Einphasenwirk- oder Blindleistungsschreiber gleichfalls ein ferrodynamisches Meßwerk. Als Wirk- oder Blindleistungsschreiber für Drehstrom besitzt das Gerät zwei mechanisch gekuppelte ferrodynamische Meßwerke in besonderer Schaltung, als registrierende Voltlupe ein Drehspulmeßwerk in besonderer Schaltung, als Frequenzschreiber ein T-Spulquotientenmeßwerk mit Schwingungskreisen und als Störungsschreiber Drehspulmeßwerke mit Trockengleichrichtern oder ferrodynamische Meßwerke. Das Instrument wurde auch als Zweifachschreiber ausgeführt. Die Genauigkeit entspricht der Klasse 1,5.

Die Zahl der elektrischen Linienschreiber für Betriebsmeßgrößen mit Geradführungen ist unübersehbar groß. Die Geräte unterscheiden sich zunächst in ihrer Größe und ihrer Gestalt. Erst 1955 ist es gelungen, die Hauptabmessungen des elektrischen Schreibers der sog. herkömmlichen *Großen Form* zu normen. Nach DIN 43830 hat dieses Gerät z.B. die Frontabmessungen: 476 mm Höhe, 258 mm Breite. Die Papierablaufgeschwindigkeiten betragen 5, 10, 20, 60, 120, 600, 1200, 2400, 4800 oder 9600 mm/h. Bei Federwerkantrieb ist der zulässige Fehler ± 3 min/Tag. Die Laufzeit soll bei von Hand aufgezogenen Tintenschreibern 8 Tage

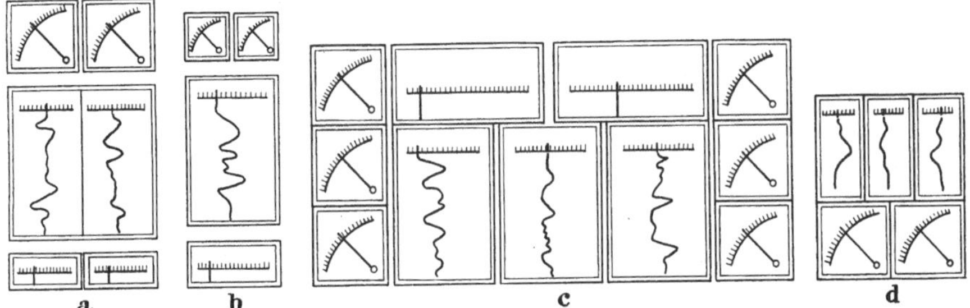

Abb. 117a–d. Anordnung von Schreibern und anzeigenden Meßgeräten auf gemeinsamen Meßtafeln:
a) Schreiber: 288 × 288; anzeigende Meßgeräte: 144 × 144, 144 × 72;
b) Schreiber: 192 × 288; anzeigende Meßgeräte: 96 × 96, 192 × 96;
c) Schreiber: 192 × 240; anzeigende Meßgeräte: 288 × 144, 144 × 144;
d) Schreiber: 96 × 192; anzeigende Meßgeräte: 144 × 144
(Frontmaße in mm)

bei 20 mm/h Vorschub betragen, bei elektrisch aufgezogenen Schreibern soll die Gangreserve mindestens 4 h betragen. Fallbügelschreiber sollen eine Laufzeit von $2^1/_2$ Tagen bei 20 mm/h Vorschub und eine Punktfolge von 20 s haben. Der Schreibstreifen hat 120 mm Schreibbreite.

In den letzten Jahren sind jedoch Schreiberkonstruktionen entstanden, die wesentlich kleiner sind als der Große Schreiber. Diese raumsparenden sog. *Kurzen Schreiber* weisen ansonsten gleiche Eigenschaften auf wie der herkömmliche Große Schreiber. Ihre Frontabmessungen betragen nach der in Kürze erscheinenden Neufassung von DIN 43831: 96 × 192 mm, 144 × 144 mm, 144 × 192 mm, 192 × 192 mm, 192 × 240 mm, 192 × 288 mm, 288 × 240 mm, 324 × 240 mm und 324 × 288 mm. Die Papierablaufgeschwindigkeiten betragen 5, 10, 20, 60 und 120 mm/h. Bezüglich der Laufzeit und des Gangfehlers gilt das für den Großen Schreiber Gesagte.

Weiter sind, hauptsächlich durch die modernen Kompensographen, in den letzten Jahren sog. *Breite Schreiberformen* handelsüblich geworden, die auch für Mehrfachtintenschreiber benutzt werden. Der DIN-Entwurf 43833, der in der in Kürze erscheinenden Neufassung von DIN 43831 mit berücksichtigt ist, sieht für diese Geräte die Frontgrößen 384 × 384 mm und 384 × 466 mm vor. Außer den bei dem Großen Schreiber genannten

Papier-Ablaufgeschwindigkeiten kommen noch die Geschwindigkeiten 240 und 300 mm/h in Frage. Die Federwerkantriebe mit elektrischem Aufzug sollen eine Gangreserve von mindestens 2 h besitzen bei einem zulässigen Gangfehler von ± 3 min/Tag. Die Streifen haben eine Schreibbreite von 250 mm. Raumsparende Schreiber bieten die Möglichkeit, zur Verfügung stehende Schalttafelflächen besser auszunützen. Es lassen sich auch schon auf kleinen Meßtafeln verhältnismäßig viele Schreiber übereinander und nebeneinander übersichtlich anordnen. Ferner sind die Formen und Größen der Schreiber auf die der Anzeigeinstrumente abgestimmt. Sollen auf einer Meßtafel Schreiber und Anzeigeinstrumente gemeinsam angebracht werden, so lassen sich diese in vielerlei Kombinationen ohne Platzverschwendung anordnen. Einige Bei-

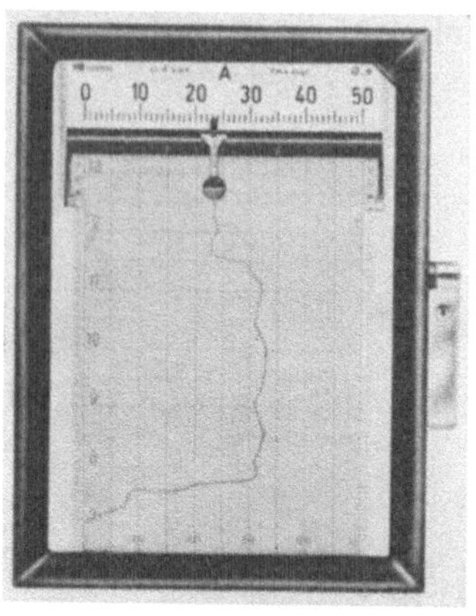

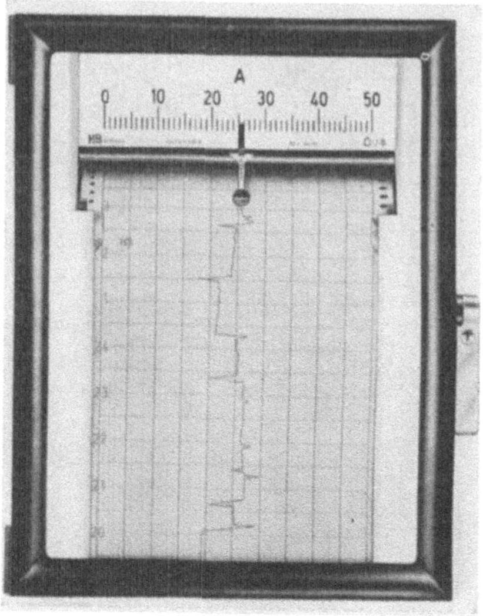

Abb. 118a

Abb. 118b

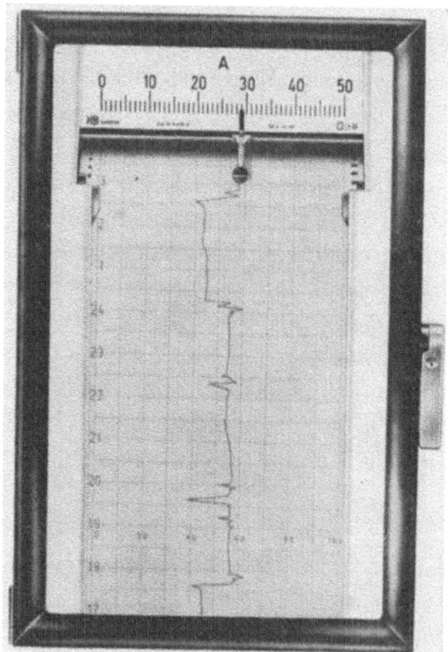

Abb. 118c

spiele sind in Abb. 117 angegeben. Leider haben die Forderungen der Verbraucher in den verschiedenen Industriezweigen sich nicht so ab-

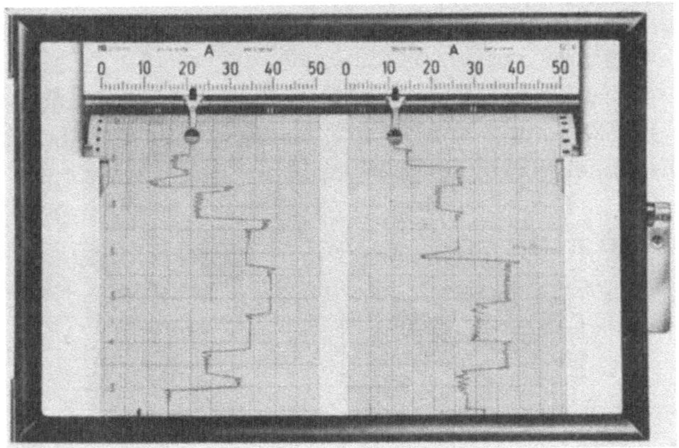

Abb. 118d

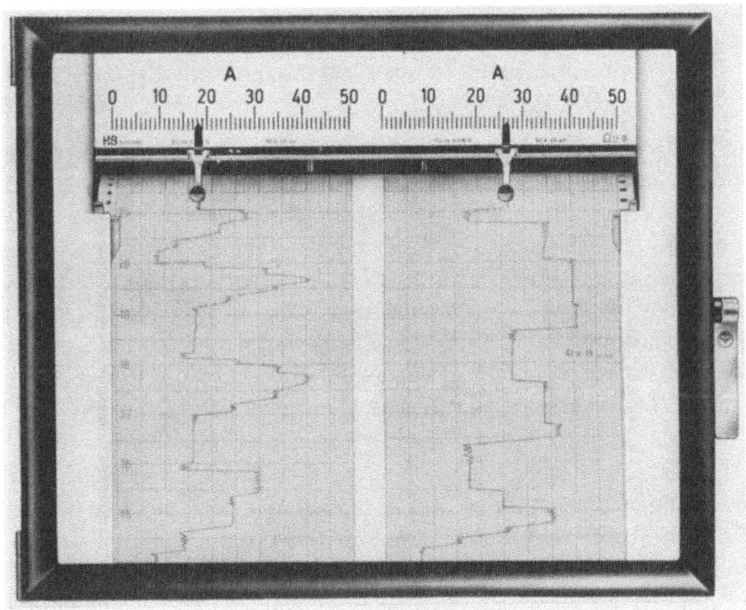

Abb. 118e

Abb. 118a–e. Frontansicht raumsparender Linienschreiber (Fa. Hartmann & Braun):
a) 144 × 192 (Einfachschreiber), d) 288 × 192 (Zweifachschreiber),
b) 192 × 240 (Einfachschreiber), e) 288 × 240 (Zweifachschreiber)
c) 192 × 288 (Einfachschreiber),

stimmen lassen, daß die Geräteehersteller sie mit weniger Bauformen befriedigen konnten. Die Vielzahl der genormten Frontabmessungen erschwert eine rationelle Fertigung.

Abb. 118 zeigt die Frontansicht einiger Ausführungen von Linienschreibern der Fa. Hartmann & Braun. Um einen Eindruck von der Vielzahl der Meßwerke zu geben, die in diese Schreiber eingebaut werden können, sei erwähnt, daß die Meßbereiche der Drehspulmeßwerke von 0,25 mA bis 25 A und von 60 mV bis 600 V gehen. Die Meßbereiche der Drehspulmeßwerke mit Gleichrichter gehen von 4 mA bis 25 A

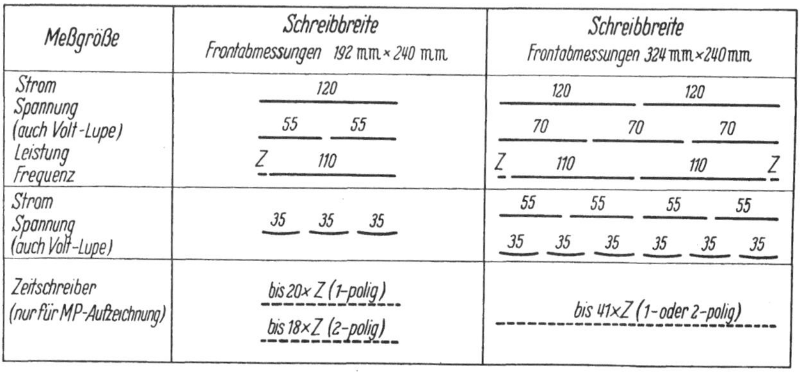

Meßgröße	Schreibbreite Frontabmessungen 192 mm × 240 mm	Schreibbreite Frontabmessungen 324 mm × 240 mm
Strom Spannung (auch Volt-Lupe) Leistung Frequenz	120 55 55 Z 110	120 120 70 70 70 Z 110 110 Z
Strom Spannung (auch Volt-Lupe)	35 35 35	55 55 55 55 35 35 35 35 35 35
Zeitschreiber (nur für MP-Aufzeichnung)	bis 20×Z (1-polig) bis 18×Z (2-polig)	bis 41×Z (1- oder 2-polig)

Abb. 119. Meßwerkkombinationen in Linienschreibern (Fa. AEG)

und 10 bis 600 V. Eisengeschlossene elektrodynamische Meßwerke sind erhältlich zu Registrierung von Gleichstromleistung mit einem Spannungsabfall von 110 bis 600 V am Spannungspfad und 300 bzw. 600 mV am Strompfad, ferner zur Registrierung von Wechselstrom mit 1 oder 5 A Meßbereich, zur Registrierung von Wechselspannung mit 100 bis 600 V Meßbereich und zur Registrierung von Wirkleistung, Blindleistung und Leistungsfaktoren mit 1 oder 5 A Strompfadbereich und 100 bis 500 V Spannungspfadbereich. Die Prüfspannung beträgt in der Regel 2000 V, bei Betriebsspannungen bis zu 650 V, darüber hinaus 5000 V. Die Einstellzeit der Meßwerke beträgt etwa 1 s.

In den elektrischen Meßwarten werden Registriergeräte der Frontabmessungen 192 × 240 mm und 324 × 240 mm [*173*] bevorzugt. Die zugehörigen Streifen haben die Schreibbreiten 120 und 250 mm. Da die verschiedenen Meßwerktypen die Schreibbreiten 35, 55, 70, 110 und 120 mm besitzen, ist es möglich, mit mehreren Meßwerken nebeneinander auf einem gemeinsamen Streifen zu registrieren. Abb. 119 unterrichtet über die verschiedensten Kombinationsmöglichkeiten. Es sei darauf hingewiesen, daß das Meßwerk mit 35 mm Schreibbreite als einziges keine Geradführung besitzt und daher in leicht gebogenen Koordinaten registriert. Z bedeutet ein Zeitschreibermeßwerk, dessen Funktion später erläutert werden wird.

Kleinschreiber (s. Abb. 120) haben eine Schreibbreite von 50 mm bei einer sichtbaren Diagrammlänge von etwa 105 mm [*174*]. Die Frontrahmenabmessungen betragen 192×96 mm. Dies sind die kleinsten für Schalttafeleinbau bestimmten Geräte. Die Aufzeichnung erfolgt in geradlinigen rechtwinkligen Koordinaten mit Tinte oder auf Metallpapier. Neuerdings haben verschiedene Firmen einen Schreiber mit den Frontabmessungen 144×144 mm auf den Markt gebracht.

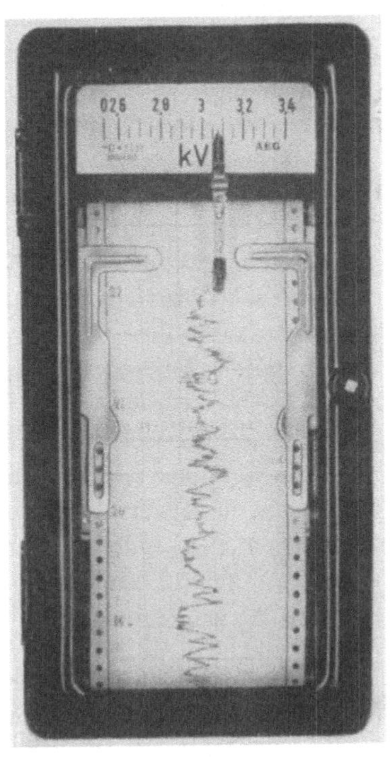

Abb. 120. Kleinschreiber (Fa. AEG)

Die heute verfügbaren *Störungsschreiber* [*175*] lassen sich in zwei Hauptgruppen mit und ohne Erinnerungsvermögen für die Vorgänge unmittelbar vor bzw. bei Eintritt der Störung unterteilen.

Störungsschreiber mit Erinnerungsvermögen zeichnen in der Regel sowohl im störungsfreien als auch im gestörten Betrieb den Spannungs- bzw. den Stromverlauf in großem Zeitmaßstab auf. Um unnötigen Materialverbrauch zu vermeiden, werden die Aufzeichnungen des störungsfreien Betriebes nach kurzer Zeit wieder gelöscht. Nach diesem Verfahren arbeitet der „Perturbograph“ der Fa. Masson-Carpentier sowie ein Magnetbandschreiber auf der Grundlage des Magnetophonbandes.

Bei dem *Perturbographen* werden die Werte auf einer Farbtrommel kurzfristig gespeichert und bei jedem Umlauf gelöscht. Nur im Fall einer Störung erfolgt ein Abdruck der auf der Farbtrommel gespeicherten Werte durch Anpressen einer Papierwalze. Infolge der räumlichen Lage von Abdruck- zu Aufzeichnungsstelle auf der Farbtrommel — sie liegen etwa um 90° versetzt — kommt zunächst bei Anregung durch eine Störung noch eine Aufzeichnung des störungsfreien Betriebes zum Abdruck. Sie entspricht der Zeit, die die Farbwalze für die Drehung um etwa 90° von der Aufzeichnungs- zur Abdruckstelle — das sind etwa 0,7 s abzüglich der Eigenzeit der Hilfsrelais — benötigt.

Bei dem *Magnetbandschreiber* werden die Werte statt auf einer Farbwalze auf einem Magnetophonband gespeichert, das im Normalbetrieb laufend gelöscht wird. Im Gegensatz zum Perturbographen benötigt dieser Störungsschreiber allerdings ein Gerät zur Übertragung der Aufzeichnungen des Magnetophonbandes auf einen Film.

Störungsschreiber ohne Erinnerungsvermögen sind weitaus am meisten verbreitet. Hierunter fallen alle die Schreiber, die erst nach Eintritt der Störung den Verlauf der Spannungen oder der Ströme in einem großen Zeitmaßstab aufzeichnen, während im Normalbetrieb entweder gar keine Aufzeichnungen oder aber in einem so kleinen Maßstab erfolgen, daß das zeitliche Auflösungsvermögen zur Rekonstruktion der Vorgänge bei Eintritt der Störung selbst nicht ausreicht. Hierzu gehören vor allem die Schreiber mit Tinten- oder Metallpapierregistrierung, die gleichzeitig die Aufgabe normaler Registrierinstrumente mit übernehmen können. Durch Vorschalten eines Vierpols mit einer nennenswerten Laufzeitverlängerung für elektrische Vorgänge vor einen Störungsschreiber ohne Erinnerungsvermögen kann dieser ein Erinnerungsvermögen erhalten, wobei im störungsfreien Betrieb in kleinem und im gestörten Betrieb in großem Zeitmaßstab geschrieben wird.

Die neuen Entwicklungen dieser Schreiber zielen dahin, die *Einstellzeit* der Meßsysteme bei genügender Dämpfung zur Vermeidung des Überschwingens zu verringern und die für die Anregung und die Umschaltung auf großen Papiervorschub erforderliche Eigenzeit möglichst herabzudrücken. Diese Zeiten konnten in den letzten Jahren von 100 ms auf etwa 50 ms herabgesetzt werden. Die Meßsysteme erfassen entweder Momentan- oder Mittelwerte. Bei den Schreibern mit Erinnerungsvermögen ist eine Aufzeichnung der Momentanwerte besonders vorteilhaft, da hierdurch die wichtigen Umladungsvorgänge auf den stationären Zustand des gestörten Netzes erkannt werden können. Die Schreiber ohne Erinnerungsvermögen mit Tinten- oder Metallpapieraufzeichnung erfassen stets nur die Mittelwerte. Sie registrieren in Bogenkoordinaten oder geradlinigen rechtwinkligen Koordinaten. Der Magnetbandschreiber kann bis zu 5000 Hz aufzeichnen. Der Schreiber der Fa. Masson-Carpentier zeichnet zwar auch Momentanwerte auf, da sein Schwingsystem jedoch mechanisch auf eine Eigenfrequenz von 70 Hz abgestimmt ist, gehen die interessanten höher frequenten Einschwingvorgänge trotz des Erinnerungsvermögens verloren.

Die Amerikaner haben einen *Störungsoszillographen* entwickelt. Die Oszillographenschleifen mit einer Eigenfrequenz von 3000 Hz zeichnen auf einen Film, der erst im Störungsfall vorgeschoben wird. Da die ersten sechs (bei sehr sorgfältiger Wartung wenigstens die ersten drei) Halbperioden bis zum Erreichen des hohen Filmvorschubs verloren gehen, stehen Aufwand und Empfindlichkeit des Geräts in der Regel nicht im

Verhältnis zum Ergebnis. Diese Störungsoszillographen bieten allerdings den Vorteil, daß sie auch mit Leistungsschleifen bestückt werden können.

Die Umschaltung von kleinem auf großen Vorschub durch den zu untersuchenden Vorgang selbst betätigt ein Unterspannungs-, Erdschluß- oder Überstromrelais. Die Rückschaltung auf den kleinen Vorschub erfolgt automatisch nach 24, 12 bzw. 8 s, bei anhaltenden Störungen auch nach dem Doppelten bzw. Dreifachen dieser Zeiten durch ein Zeitrelais derart, daß die Stundenbezifferung auf dem Registrierpapier wieder mit der Uhrzeit übereinstimmt. Den genauen Eintritt der Störung kann man zusätzlich auch mit einem Zeitschreiber am Rande des Streifens aufzeichnen lassen. Störungsschreiber werden nicht nur als Einfachschreiber ausgeführt, sondern mitunter mit 3, 4, 6 oder 7 Drehspulmeßwerken mit Trockengleichrichtern und einer unterschiedlichen Anzahl von Zeitmarkierwerken ausgerüstet [*176*].

Während der letzten Jahre wurden von verschiedenen europäischen Herstellerfirmen elektrische direktschreibende Schnellregistriergeräte geschaffen, die ausnahmslos in geradlinigen rechtwinkligen Koordinaten aufzeichnen.

Der „*Elektrodynamische Tintenoszillograph*" der Fa. Dreyfus-Graf [*177, 178*] besitzt ein Schwingspulmeßwerk, das einen Schreibzeiger aus Stahl trägt. Das bewegliche System ist in sog. virtuellen Drehzapfen reibungsfrei gelagert. Der Zeiger kann sich in einer Ebene bewegen, die senkrecht zur Papierbahn steht. Das Papier wird an der Schreibstelle durch eine Führung zylinderförmig gekrümmt. Die Zeigerspitze berührt die Schreibbahn leicht. Durch eine in zwei Richtungen fein verstellbare Aufhängung des Meßwerks kann der Zeigerdruck justiert werden. Die Registrierung erfolgt mit einer schnelltrocknenden braunen Tinte auf glaciertem Transparentpapier mit cm-Aufdruck. Die Aufzeichnungen sind lichtpausfähig. Damit sich während Registrierpausen die Schreibdüse nicht verstopft, wird diese durch einen Stahldraht hermetisch abgeschlossen. Der Verschluß wird automatisch durch den Hauptschalter betätigt. Durch eine Vorrichtung läßt sich der Tintenfluß der Schreibgeschwindigkeit anpassen. Der Papiervorschub geschieht durch einen Motor, dessen Zahnradgetriebe 9 Geschwindigkeitsstufen zwischen 5 und 1000 mm/s liefert. Die verschiedenen Schreiberausführungen sind mit 1 bis 6 Registrierwerken und mit 90 bis 260 mm breitem Papier ausgestattet. Die Eigenfrequenzen der verschiedenen Meßwerke liegen zwischen 30 und 120 Hz. Ihre Empfindlichkeiten betragen 50 bis 270 V/cm bzw. 10 bis 45 mA/cm, ihre Maximalausschläge $\pm$ 35 bis $\pm$ 12 mm und ihre Maximalleistung 6 bis 15 Watt. Die Meßwerke werden durch elektrische Filter gedämpft. Separate Verstärker besitzen im Frequenzbereich 0 bis 10000 Hz den Verstärkungsfaktor 4500, im Frequenzbereich 0,5 bis 5000 Hz den Verstärkungsfaktor 400000.

Bei dem *Wachspapierschreiber* der Fa. Siemens & Halske [*179, 180*] wird die Meßspannung verstärkt und einem robusten Drehankersystem *2* zugeführt (s. Abb. 121 und 122). Der Drehanker, dessen Rückstellmoment durch einen Torsionsstab ausgeübt wird, arbeitet nach dem Doppel-T-Ankerprinzip: Der der Meßspannung proportionale Strom erzeugt beim Durchfließen der Ankerwicklung ein magnetisches Feld, das sich dem Feld des Dauermagnets überlagert und dem Drehanker die den Meßspannungsänderungen entsprechenden Drehbewegungen aufzwingt. Die Eigenfrequenz des Meßwerks beträgt etwa 100 Hz. Die diamantharte Schneide *6* des Zeigers gleitet auf der dünnen Schreibwalze, über die das Registrierpapier *4* geführt wird, und zeichnet dabei die Meßkurve *1* auf. Auf diese Weise wird die Drehbewegung des Ankers in eine geradlinige Bewegung des Schreibpunktes umgesetzt. Dem Meßstrom wird ein tonfrequenter Wechselstrom überlagert, so daß der Schreibzeiger eine sehr schnelle Vibration ausführt, deren Amplitude der Strichstärke der Meßkurve entspricht. Durch dieses Oszillieren des Zeigers werden Aufzeichnungsfehler, wie sie durch Reibung und Hysterese entstehen können, praktisch vermieden.

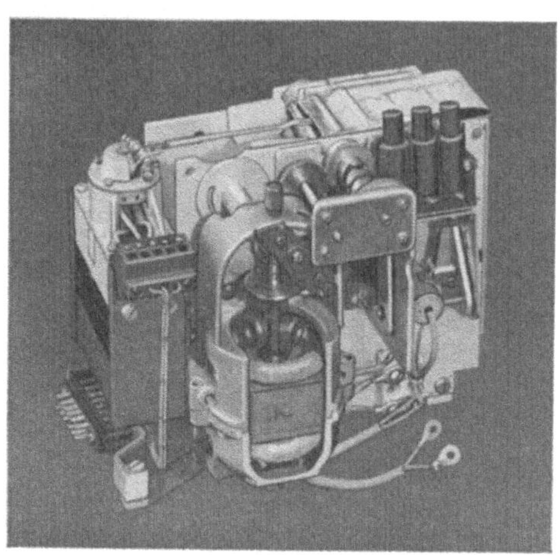

Abb. 121. Meß- und Schreibwerk eines Schnellschreibers (Fa. Siemens & Halske)

Die Widiaschneide am Zeigerende schabt beim Gleiten des Registrierstreifens über die Schreibwalze die helle Deckschicht ab, und der dunkle Untergrund erscheint als gut sichtbare Linie. Durch Überstreichen mit einem Spezialfixiermittel (z. B. Polystyrollacklösung) wird der Papierstreifen dokumentenfest.

Die Schreibbreite beträgt 34 mm. Die Nullinie kann während des Papierablaufs an einem Drehknopf *8* um etwa ± 9 mm aus der Papiermitte verstellt werden. Dies erweist sich als vorteilhaft bei der Aufzeichnung unsymmetrischer Vorgänge.

Das Schichtpapier wird in Rollen von 70 und 85 m Länge geliefert. Es läuft aus einem Papierhalter ab, der an der linken Seite des Gehäuses *3* herausgeschwenkt werden kann. Eine neue Rolle ist mit wenigen Handgriffen eingesetzt. Die Papierantriebswalze wird über ein Getriebe durch einen Asynchronmotor angetrieben. Die Drehzahl dieses Motors wird durch einen Fliehkraftregler konstant gehalten. Der Papierantrieb arbeitet nach Einrücken *5* des Getriebes mit voller Geschwindigkeit praktisch ohne Anlaufverzögerungen. Gleichzeitig mit dem Papierablauf wird der Oszillatorspannungskreis selbsttätig eingeschaltet und der Verstärker

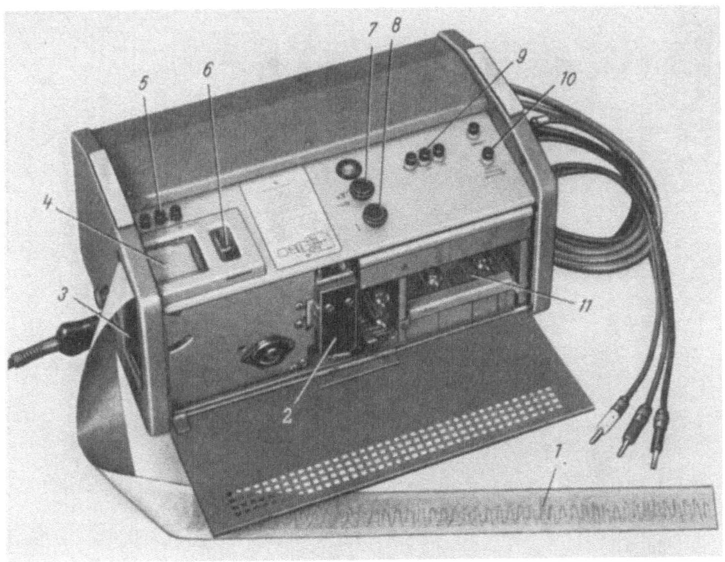

Abb. 122. Schnellschreiber mit Wachsschichtpapier (Fa. Siemens & Halske)

freigegeben. Das Papier trägt eine cm-Teilung. Der Papiervorschub kann mit dem Drucktastengetriebe *5* auf 25 oder 50 mm/s eingestellt werden.

Die Empfindlichkeit des Schnellschreibers ist jederzeit nachzuprüfen. Die Eichtaste *10* löst einen Spannungsstoß aus, wodurch eine Eichzacke auf dem Registrierstreifen aufgezeichnet wird, deren Höhe mit dem Verstärkungsregler *7* eingestellt werden kann.

Der Schnellschreiber wird in zwei Ausführungen hergestellt. Mit der einen lassen sich nur Spannungen gegen Erde messen. Die höchste Empfindlichkeit beträgt 2,5 mm/V. Das Gerät enthält eine Gegentaktendstufe. Die andere Ausführung ist zusätzlich mit einem zweistufigen 2-Kanalvorverstärker und einem dreistufigen Spannungsteiler (1:1, 1:10, 1:100) ausgestattet. Auf der Bedienungsplatte befinden sich dafür zusätzlich drei Drucktasten *9* zum Einstellen des gewünschten Verstärkungsbereiches. Es können erdsymmetrische und Spannungen gegen Erde registriert werden. Die höchste Empfindlichkeit beträgt 15 mm/mV.

Der von der Fa. Compagnie des Compteurs entwickelte *Oszillograph* ermöglicht die gleichzeitige Aufzeichnung von 8 verschiedenen elektrischen Größen bis zu den Frequenzen von 800 Hz auf einem perforierten 35-mm-Normalfilm. Die Registrierung erfolgt durch Leichtmetallschreibstifte, deren Spitzen aus sehr hartem Material bestehen. Der Film besteht

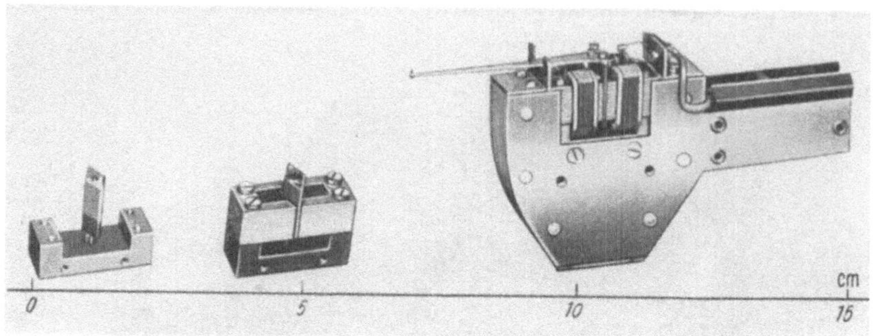

a

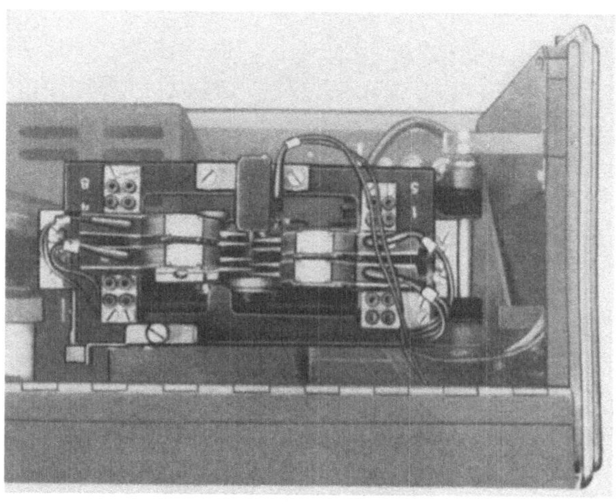

b

Abb. 123a u. b. a) Meßwerk und b) Meßwerkblock eines Schnellschreibers (Fa. Compagnie des Compteurs)

aus einem unbrennbaren Träger (Zelluloseazetat) und trägt eine sehr dünne Schicht eines schwarzen Lacks. Die Schreibnadeln graben in die Lackschicht Furchen von 10 μ einheitlicher Breite. Der Lack ist genügend fest, so daß man den Film ohne besondere Vorsichtsmaßregeln handhaben kann, er ist aber auch genügend weich, um den Schreibstiften keine merkliche Reibung entgegenzusetzen.

Die Schreibeinsätze (s. Abb. 123a) enthalten je einen Weicheisenanker, einen Permanentmagnet und 4 feststehende Spulen auf 2 U-förmigen Weicheisenjochen. Der Anker ist auf einem Torsionsstab befestigt.

Die Richtkraft des Gerätes besitzt 2 Komponenten: das mechanische Drehmoment durch den Torsionsstab als stärkeres und das magnetische Drehmoment durch den Permanentmagnet. Beide sind proportional der Auslenkung des Systems, haben aber entgegengesetzte Richtung. Die Auslenkung des Systems kommt durch das durch die Stromspulen aufgebrachte magnetische Drehmoment zustande. Die maximale Auslenkung der Schreibnadeln beträgt ± 0,5 mm. Der Druck der Nadeln auf

Abb. 124. Schnellschreiber mit Rußschichtfilm (Fa. Compagnie des Compteurs)

den Film ist regulierbar. Die Dämpfung der Systeme geschieht durch Widerstände oder Resonanzkreise. Die Meßbereiche der Registriereinsätze liegen zwischen 10 mA und 1 A bzw. 75 V und 75 mV, die Leistungsaufnahme beträgt 0,8 Watt bei Gleichstrom bzw. 0,4 Watt bei Wechselstrom.

Die Registriersysteme werden in einem Schleifenchassis (s. Abb. 123b) gehalten, in das die Filmabrolleinrichtung hineinragt. Eine neunte Schreibnadel wird von einem Zeitmarkenschreiber betätigt. Dieser besteht aus einem polarisierten Relais. Abb. 124 zeigt die Innenansicht des Schreibers. Das Schleifenchassis ist hochgeklappt. Die Abrollvorrichtung für den Film wird von 2 Elektromotoren angetrieben. Die Filmgeschwindigkeit läßt sich auf 10, 20, 40 oder 80 mm/s einstellen. Nach der Registrierung tritt der Film durch einen Spalt aus dem Gerät. Unter diesen kann ein Magazin zum Auffangen gesetzt werden.

Die Diagramme erscheinen außerordentlich kontrastreich hell auf schwarzem Grund. Sie können fixiert werden, indem man sie mit einem

Zerstäuber mit verdünntem Zelluloselack besprüht. Das Gerät besitzt einen eingebauten Vergrößerungsapparat. Unmittelbar nach der Aufzeichnung wird das Diagramm auf eine im Vorderteil des Apparats eingebaute Mattscheibe in 5facher Vergrößerung projiziert. Die Auswertung der Registrierung kann an Hand dieser Projektion, einer photogra-

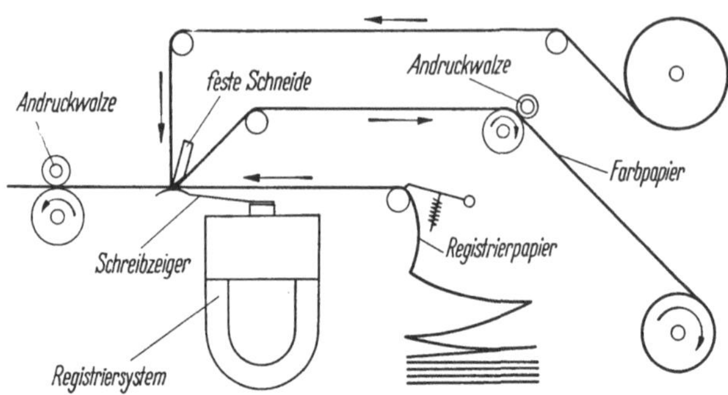

Abb. 125. Prinzip des Registriergeräts „Oscilloscript" (Fa. Schwarzer-Philips)

phischen Vergrößerung, mit einem üblichen Mikrofilmlesegerät mit 10- bis 12facher Vergrößerung oder mikroskopisch mit bis zu 50facher Vergrößerung erfolgen.

Der *direktschreibende Oszillograph* „Oszilloscript" (Fa. Schwarzer-Philips) arbeitet nach dem auf S. 12 beschriebenen Schreibverfahren (s. Abb. 125) [*181*].

Der Schrieb wird dadurch erzeugt, daß ein über eine feste Schneide laufendes Farbpapier mit dem Registrierpapier an der Stelle in Berührung gebracht wird, an der sich der Schreibzeiger jeweils befindet. Bei Mehrfachschreibern gleiten sämtliche Schreibzeiger an einer gemeinsamen geraden Schneide (Schreibkante), wodurch genaueste zeitliche Übereinstimmung der einzelnen Registrierungen gewährleistet ist. Das Farbpapier läuft mit etwa ein Fünftel der jeweiligen Vorschubgeschwindigkeit des Registrierpapiers ab. Die Leistung für den Schreibvorgang wird dabei im wesentlichen vom Antriebsmotor aufgebracht, so daß ein sehr kleiner Schreibdruck des Zeigers zum einwandfreien Registrieren ausreicht. Mit einem eingebauten Vibrator kann die Reibung der Schreibzeiger auf dem Papier stark vermindert und die Remanenz in den Registriersystemen beseitigt werden. Die schwarze Schrift auf weißem Grund ist kontrastreich, dokumentenecht und lichtpausfähig. Das unpräparierte, billige Registrierpapier ist in Form von Rollen oder Büchern (Faltpapier) verwendbar. Die elektromagnetischen Meßwerke werden über Gleichspannungsverstärker, deren Empfindlichkeit in Stufen und kontinuierlich eingestellt werden kann, ausgelenkt. Die Maximalempfindlichkeit beträgt 3 mV_{SS}/mm. Die Grenzfrequenz beträgt 165 Hz, die Schreibbreite

$\pm$ 10 mm. Für Zeitmarkierungen oder andere Markierungen können zusätzliche Markierungseinrichtungen angebracht werden. Der Papiervorschub erfolgt durch einen Synchronmotor. Der Wechsel der Vorschubgeschwindigkeiten zwischen 0,017 und 200 mm/s wird durch ein System von Einlegezahnrädern bzw. Einlegegetrieben mit einem Handgriff durchgeführt. Die „Oscilloscript“-Geräte werden als 2fach-, 4fach-, 8fach-, 12fach- und in Sonderausführung sogar als 16fach-Schreiber ausgeführt. Abb. 126 zeigt die Ansicht eines 2fach-Schreibers. Alle Geräte haben den Baukastenaufbau gemeinsam. Die Verstärkereinsätze und Registriersysteme sind sehr leicht austauschbar.

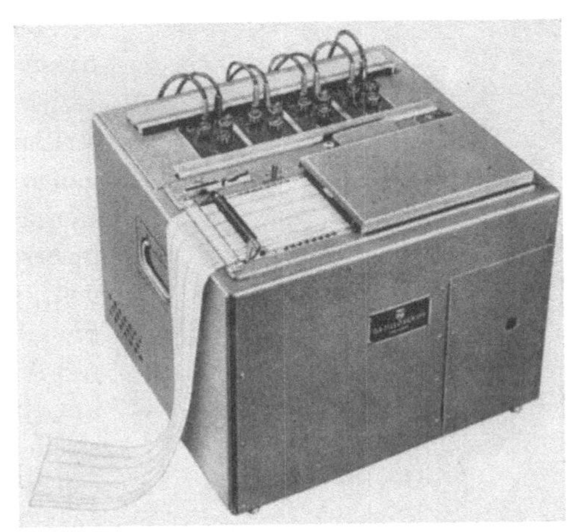

Abb. 126. Schnellschreiber „Oscilloscript“ (Zweikanalgerät) (Fa. Schwarzer-Philips)

2. Instrumente mit intermittierender Registrierung

Bei der Registrierung relativ langsam verlaufender Vorgänge genügt es, wenn das Schreiborgan in gewissen Zeitabständen auf das Papier gedrückt wird. Es entsteht dann eine punktierte Linie, meist mit so dichter Punktfolge, daß sie als ausgezogene Linie erscheint. Ändert sich die Meßgröße während der Registrierpause um einen größeren Betrag, so entsteht in der Kurve eine Lücke, welche die Auswertung jedoch nicht stört. Würde die Meßgröße während einer Registrierpause zunächst ansteigen und dann aber wieder um denselben Betrag zurückgehen, so würde diese Schwankung überhaupt nicht notiert. Der mögliche Betrag der Änderung der Meßgröße während einer Registrierpause entscheidet also die Frage, ob die intermittierende Registrierung in einem speziellen Falle anwendbar ist. Bei einem großen Ofen, dessen Temperatur registriert werden soll, wird diese Voraussetzung gegeben sein, selbst wenn der Punktabstand einige Minuten beträgt. Bei rasch verlaufenden Vorgängen, z.B. bei der Registrierung der Leistungsaufnahme eines Walzenstraßenmotors, würde jedoch eine Punktschar entstehen, aus der sich der wirkliche zeitliche Verlauf des Vorgangs schlecht ermitteln ließe.

Bei der intermittierenden Registrierung mit Fallbügel ist das Schreiborgan für mehrere Sekunden vom Papier abgehoben, der Zeiger des Meßwerks kann frei spielen und durch Reibung unbeeinflußt den Meßwertänderungen folgen, auch wenn die mechanische Richtkraft des Meßwerks gering ist. Dies gibt die Möglichkeit, sehr viel empfindlichere Meßwerke zu verwenden als bei der Registrierung mit Tinte und Feder. Man kann sogar Meßwerke mit Bandaufhängung verwenden und damit sehr hohe Empfindlichkeiten erzielen. Die intermittierende Registrierung langsam verlaufender Vorgänge mit hochempfindlichen Meßwerken hat auf einem weiten Gebiet, insbesondere für Temperaturmessungen, große Verbreitung gefunden. Sie gibt weiter die Möglichkeit, mehrere Vorgänge praktisch gleichzeitig auf einem gemeinsamen Diagrammstreifen zu registrieren, wodurch einerseits der Vergleich verschiedener, aber betrieblich zusammenhängender Meßgrößen erleichtert, andererseits eine bessere Ausnutzung des Registrierinstruments und des Registrierpapiers gewährleistet wird.

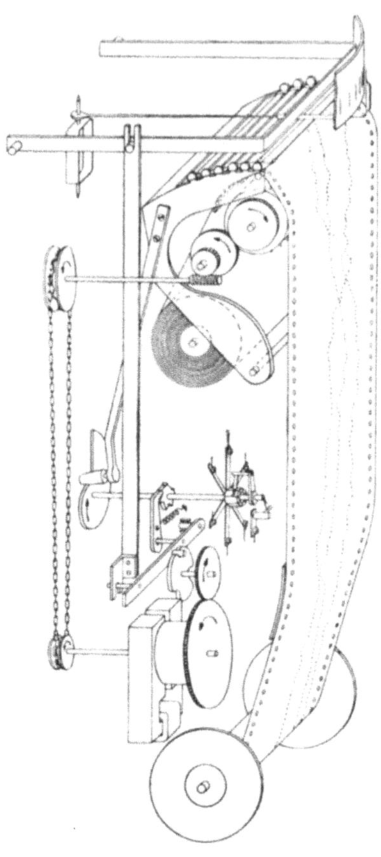

Abb. 127. Sechsfarbenschreiber (Fa. Hartmann & Braun)

Schließlich kommt auch die intermittierende Registrierung dort zur Anwendung, wo nur der Eintritt eines gewissen Ereignisses, z. B. die Über- oder Unterschreitung einer Meßgröße, nicht aber ihr Betrag registriert werden soll. Auch die Registrierung von Marken oder Zeichen in Abhängigkeit von der Zeit, aus der man gewisse betriebliche Vorgänge, z. B. die Stellung eines handbetätigten Hebels, ermitteln kann, soll hier behandelt werden.

Das Prinzip des *Punktschreibers*, auch *Fallbügelschreiber* genannt, wurde bereits an Hand eines Einfachschreibers auf S. 22 behandelt. Abb. 127 veranschaulicht einen Sechsfarbenschreiber der Fa. Hartmann & Braun, der auch als Dreifarbenschreiber ausgeführt wird. Das durch eine Drehspule angedeutete empfindliche Meßwerk trägt den Zeiger, der zwischen dem drehbar gelagerten Fallbügel und den Farbbändern spielt. Die Farbbänder sind auf einem drehbar gelagerten Farbbandträger ausgespannt. Fallbügel und Farbbandträger werden durch einen Synchronmotor betätigt. Dieser treibt über Zahnräder eine Scheibe an, die drei Nuten besitzt, in die nacheinander ein Stift an einem drehbar gelagerten, waagerechten Hebel einfällt, der sofort wieder gehoben wird. Beim Einfallen schlägt der Fallbügel, der durch einen langen Hebel mit dem waagerechten Hebel gekuppelt ist, auf den Zeiger, drückt ihn auf das Farbband und dieses auf den ablaufenden Streifen. Beim Heben gibt der Fallbügel den Zeiger wieder frei, und gleichzeitig dreht eine Sperrklinke eine kleine Scheibe, die sechs Zähne besitzt, um einen Zahn weiter und bewegt damit die auf derselben Achse gelagerte Spiralscheibe und den Meßstellenumschalter um eine Sechstelumdrehung weiter. Dadurch wird nacheinander jede der sechs Meßstellen mit dem Registriersystem verbunden, und ihre Meßwerte werden mit den ihnen zugeordneten Farben registriert.

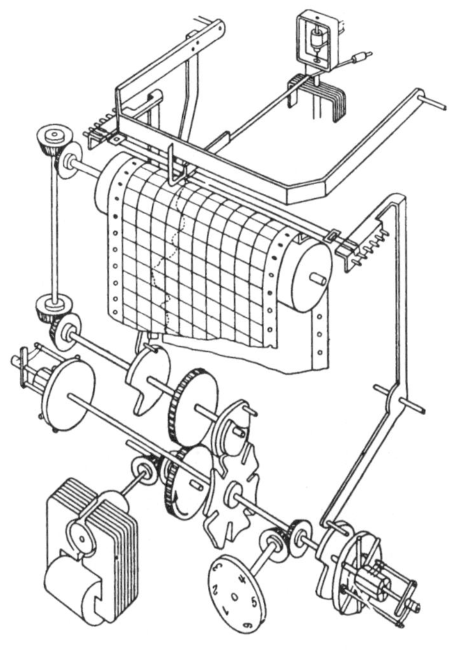

Abb. 128. Sechsfarbenschreiber (Fa. AEG)

Die Registrierungen können je nach Einstellzeit des Meßwerks und Verlauf der Meßgröße in einer Zeitfolge von 5 bis 60 s erfolgen. Bei einer Punktfolge von z.B. 20 s bleiben dem Meßwerk jeweils 18 s Zeit für die Einstellung auf den Wert der nächsten Meßstelle, was selbst bei sehr empfindlichen Dreh- oder Kreuzspulmeßwerken zur Messung von Temperaturen mit Thermoelementen oder Widerstandsthermometern ausreicht. Jede Meßstelle kommt somit alle 2 min zur Registrierung. Der Synchronmotor besorgt über eine Kette und Zahnräder ebenfalls den Papiervorschub. Der Schreibstreifen ist 120 mm breit. Der Papiervorschub läßt sich durch Wechselräder in den Grenzen 20 bis 180 mm/h einstellen. An Stelle des Synchronmotors kann auch ein Uhrwerk eingebaut werden.

Dieser Fallbügelschreiber ist für Schalttafeleinbau bestimmt und besitzt die Gehäusegröße 510×272 mm. Ein kleiner Punktschreiber mit einem Einbaugehäuse von 330×210 mm wird als Einfach- und Zweifachschreiber hergestellt. Bei ihm beträgt die nutzbare Papierbreite 70 mm.

Abb. 128 zeigt den Sechsfarbenschreiber der Fa. AEG, bei dem ebenfalls ein Synchronmotor den Papiervorschub besorgt und den Fallbügel, die Farbbänder und den Meßstellenumschalter über ein aus der Kinotechnik bekanntes Malteserkreuz steuert. Hierdurch erfolgen alle mechanischen Bewegungen stoßfrei alle 20 oder 30 s. Gehäusegröße und Papierbreite sind etwa die gleichen wie bei dem vorstehend beschriebenen Instrument.

Bei dem Mehrfachschreiber der Fa. Siemens & Halske, der in Abb.129 wiedergegeben ist, wird ein transparenter Schreibstreifen verwendet. Dieser läuft von der unten zu sehenden Vorratsrolle nach oben, unter der Stange *5* her in die dahinter sichtbare Mulde, dann weiter von hinten um die Farbwalzen herum, kommt unter dem Zeiger zum Vorschein und läuft dann nach unten ab. Der Streifen wird transportiert von den beiden Stiftenrädern *4*. Zwischen diesen befinden sich sechs, mit verschiedenen Farben getränkte Farbwalzen, die auf dem Umfang eines Zylinders angeordnet sind. Der Zeiger wird durch einen nicht sichtbaren Fallbügel, ähnlich wie bei den vorstehend beschriebenen Apparaten, periodisch auf das durchscheinende Papier gedrückt, das sich an der betreffenden Stelle seinerseits auf eine der Farbwalzen auflegt. Hier entsteht dann auf der Rückseite des Papiers ein dem jeweiligen Meßwert entsprechender Farbpunkt, der durch das Papier hindurch sichtbar ist. Vom Meßwerk sieht man lediglich den Nullsteller *1* und den Zeiger, der durch einen Bügel geschützt ist. Mit dem Hebel *2* läßt sich der Papiertransport ein- oder ausschalten, den auch hier ein Synchronmotor besorgt. Die sechs Farbwalzen sind in den Rädern *4* drehbar gelagert und werden durch ein Getriebe vom Synchronmotor eingestellt. Der Umschalt- und Druckmechanismus ist

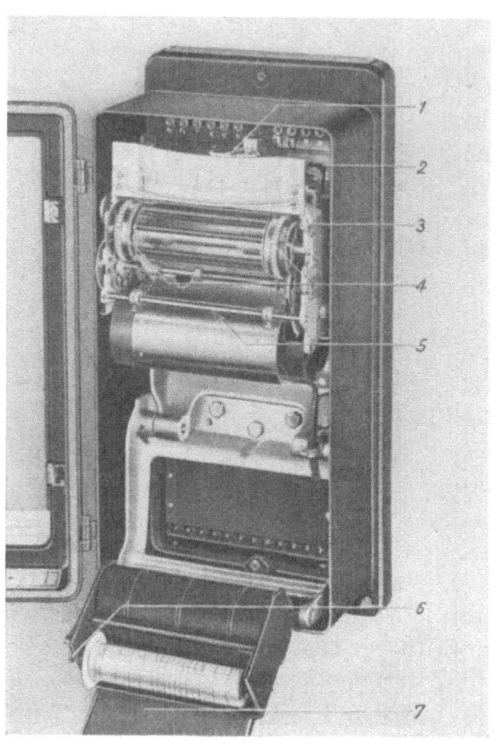

Abb. 129. Sechsfarbenschreiber (Fa. Siemens & Halske)

hier etwas einfacher als bei den zuvor beschriebenen Apparaten, da die Farbwalzen nur um ihre gemeinsame Achse zu drehen sind und keine hin- und hergehende Bewegung ausführen. Hinter der Vorratsrolle liegt die Mulde für den ablaufenden Streifen. Die Papiervorratseinrichtung wird mit dem Leitblech 7, das sich an die Nocken der Welle 5 legt, nach oben geschlagen, so daß bei geschlossener Gehäusetür nur der ablaufende Streifen, der Zeiger und die Skala zu sehen sind.

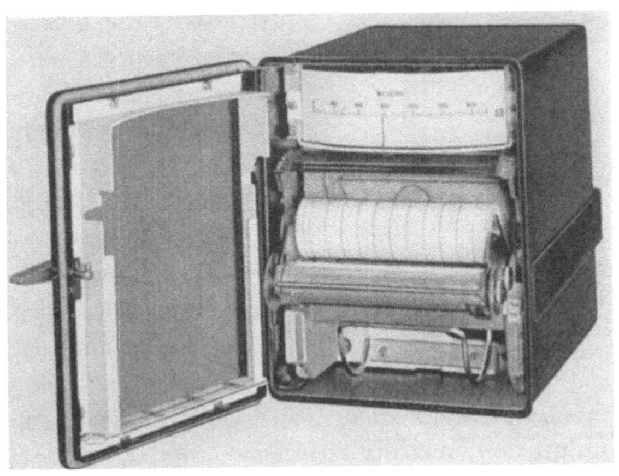

Abb. 130. Raumsparender Sechsfarbenschreiber (Fa. Siemens & Halske)

Wie bei den Linienschreibern, so sind in den letzten Jahren auch bei den Punktschreibern *raumsparende Konstruktionen* mit den Nenngrößen 144×144 mm, 144×192 mm, 192×192 mm, 192×240 mm, und 192×288 mm auf dem Markt erschienen. Abb. 130 zeigt die Ansicht des raumsparenden Sechsfarbenschreibers der Fa. Siemens & Halske. Das Gerät hat die gleiche nutzbare Schreibbreite von 120 mm wie der zuvor beschriebene „Große" Punktschreiber, während sein Gehäuse das gleiche ist wie das des raumsparenden „Kurzen" Tintenschreibers (192×240 mm). Die gedrängte, raumsparende Form wird durch größte Einfachheit im Aufbau des Getriebes erreicht. Sie ergab zugleich eine beträchtliche Verminderung der erforderlichen Antriebsleistung, so daß als Antrieb auch ein Uhrwerk mit mehrtägiger Gangdauer verwendet werden kann. Die Farbbänder sind hier zwischen Papier und Zeiger angeordnet. Zum Einlegen der Papierrolle wird der Papierablauftisch mit der Transportwalze nach vorn herausgeschwenkt. Schreib- und Meßwerk einschließlich Klemmenleiste und Meßschaltung sind auf einem Chassis montiert, das sich wie eine Schublade aus dem Gehäuse herausziehen läßt.

Als *Meßwerke* werden bei Punktschreibern neben Drehspulmeßwerken zum Anschluß an Thermoelemente, Ardometer, Gasprüfer, Leitfähigkeits- und pH-Messer auch Kreuzspulmeßwerke zum Anschluß an Widerstandsthermometer, Feuchtigkeitsmesser und Fernsender von Druck-, Durchfluß- und Flüssigkeitsstandmessern verwendet.

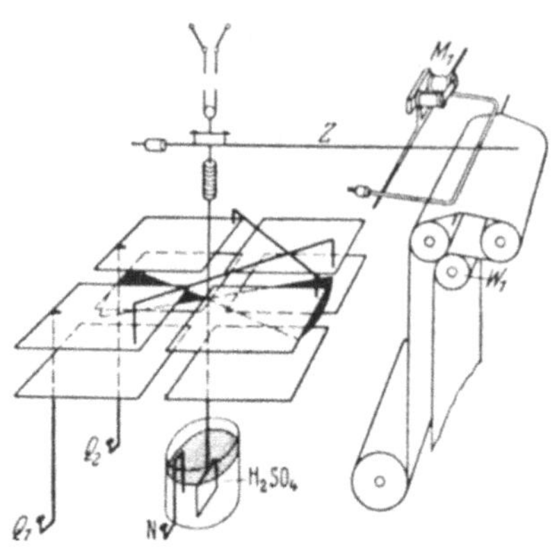

Abb. 131. Registrierendes BENNDORF-Elektrometer: M_1 Fallbügelmagnet, N Nadelanschluß, P Dämpferscheibe, Q_1, Q_2 Quadrantenanschlüsse, W_1 Triebwalze, Z Zeiger

Bei Meßwerken mit sehr kleinen Richtkräften, zu denen auch die elektrostatischen Instrumente zählen, bietet die punktweise Registrierung neben der photographischen die einzige Möglichkeit der Aufzeichnung der Meßwerte. Das BENNDORF-*Elektrometer* [*182*] nach Abb. 131 registriert elektrostatische Spannungen von einigen hundert Volt zwischen verschieden hohen Luftschichten oder zwischen einer Luftschicht und der Erde. Die schwarz gezeichnete Nadel wird durch die Potentialdifferenz zu den vier Quadranten abgelenkt, welche je kreuzweise mit den Anschlußklemmen Q_1 und Q_2 verbunden sind. Die Nadel ist an ihrer Achse über einen Bernsteinisolator an zwei sehr dünnen Fäden aufgehängt, die das mechanische Gegendrehmoment liefern. Am unteren Ende der Drehachse hängt an einem Platindraht eine Glimmerplatte P, die in ein mit Schwefelsäure gefülltes Gefäß taucht. Diese bewirkt die Dämpfung und verbindet die Nadel mit der Anschlußklemme N. Die Schwefelsäure dient außerdem zum Trocknen der Luft im Instrument. Der Fallbügel wird über dem Zeiger Z durch einen Elektromagnet M_1 hochgehalten und in Zeitabständen von etwa einer Minute kurzzeitig freigegeben. Er drückt dann den Zeiger auf den über einen Steg geführten ablaufenden Streifen. Zwischen Zeiger und Streifen liegt ein feines Blaupapier, das bei jedem Druckvorgang einen feinen Punkt auf dem Papierstreifen hinterläßt. Der Streifen wird durch ein nicht dargestelltes Uhrwerk über die Antriebswelle W_1 zeitgerecht transportiert.

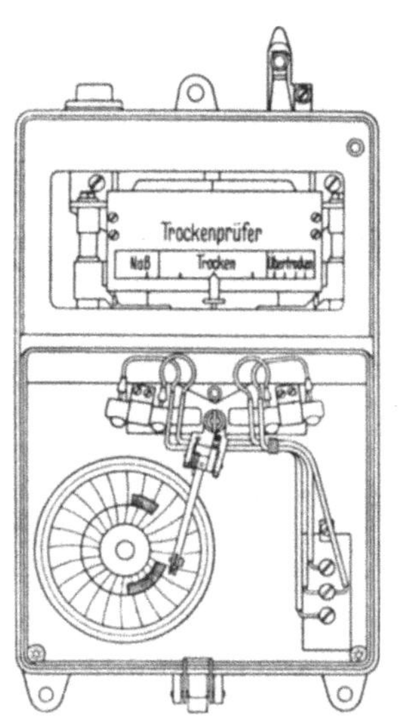

Abb. 132. Trockenprüfer nach DIRKS

Viele Jahre lang war ein technisches Registrierinstrument mit einem elektrostatischen Meßwerk, der *Trockenprüfer* nach Dirks (s. Abb. 132) im Gebrauch. Das Gerät mißt elektrostatische Aufladungen von einigen hundert Volt, die an Faserketten in Schichtmaschinen bei der Textilfertigung entstehen.

Die elektrostatische Aufladung des Fasergutes ist ein Maß für seinen Trockenzustand. Die Spannungen werden an der Faserkette abgetastet und über ein sehr gut isoliertes Metallrohr auf das Meßwerk geleitet. Dieses ist ähnlich wie bei dem zuvor beschriebenen Gerät aufgebaut. Die Skala ist in drei Zonen „Naß", „Trocken" und „Übertrocken" eingeteilt. Ein kleiner Synchronmotor betätigt zwei Tasten, die den Zeiger des Meßwerks, der über der Skala spielt, als Fallbügel abtasten, diesen aber nur in den Bereichen „Naß" bzw. „Übertrocken" berühren können. Steht der Zeiger in der Zone „Naß", so wird die linke Quecksilberschaltröhre betätigt, in der Zone „Übertrocken" die rechte. Diese Relaisröhren steuern die Geschwindigkeit der Schichtmaschine und den Feuchtigkeitsgehalt der Trockenanlage. In der breiten Zone „Trocken" sind beide Kontakte offen. Die Quecksilberschaltröhren werden von einer Wippe getragen, an der auch der Schreibzeiger befestigt ist. Registriert wird auf einem Kreisblatt aus Wachsschichtpapier, und zwar lediglich die jeweilige Zone. Es handelt sich also hier nicht wie bei den vorstehend beschriebenen Instrumenten um die Aufzeichnung einer stetig veränderlichen Meßgröße, sondern nur um die Notierung der Zeiten, zu denen gewisse Grenzwerte überschritten werden.

Eine intermittierende Registrierung läßt sich auch ohne Verwendung einer Fallbügelmechanik ausführen. Bei den *Vibratoren* wird dies dadurch erreicht, daß der Instrumentzeiger durch einen mechanischen oder elektrischen Mechanismus in Schwingungen senkrecht zur Papierebene gehalten wird. Der Zeiger ist derart eingestellt, daß er in der Ruhelage das Papier nicht berührt und sich frei einstellen kann. Wird er jedoch in Schwingungen geeigneter Amplitude versetzt, so berührt er bei jeder Schwingung einmal das Papier, und sein Schreiborgan kennzeichnet die Zeigerlage durch einen kleinen Punkt. Während der Schwingung verbleibt dem Zeiger genügend Zeit zur Einstellung. Meist verwendet man bei dieser Methode die Rußschrift. Es ist hierdurch möglich, nahezu lückenlose Kurven zu schreiben. Als Beispiel sei ein registrierendes Millivoltmeter der Fa. Bristol Co. erwähnt. Das empfindliche Drehspulinstrument und der Registriermechanismus sind in ein wasserdichtes Gehäuse eingebaut. Das von einem Uhrwerk angetriebene Kreisblatt (meist 1U/24 h) hat einen Durchmesser von etwa 200 mm und besteht aus einem weißen Glanzpapier mit gleichmäßig aufgebrachter, sehr dünner Rußschicht. Die Meßbereiche der empfindlichen Drehspulmeßwerke liegen zwischen –5–0–+5 mV und –125–0–+125 V bei einem Meßwerkwiderstand zwischen 400 und 10000 Ω. Über dem Zeiger vibriert ein bogenförmiger Bügel, der bei jeder vollen Schwingung den Zeiger einmal auf das Kreisblatt drückt. Dies geschieht etwa 10- bis 100mal je Sekunde. Die Frequenz des durch ein Federwerk betriebenen Vibrators läßt sich im Betrieb auf einen zweckmäßigen Wert einstellen. Der Apparat dient vorwiegend zur Messung von Streuströmen und damit verbundener elektrolytischer Vorgänge, insbesondere an Gas-, Wasser- und Ölleitungen, Kabeln usw.

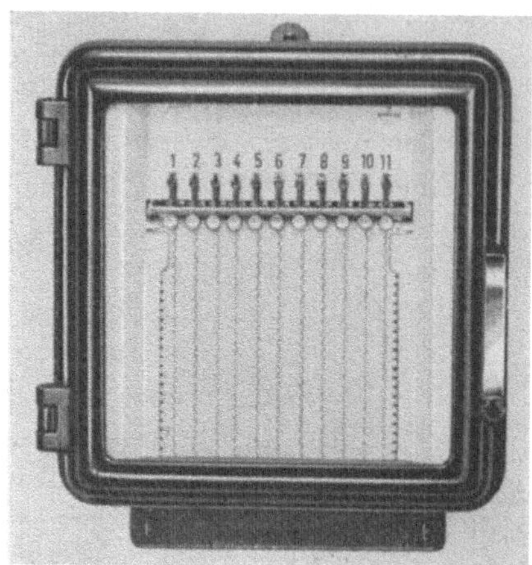

Abb. 133. „Kurzer" Zeitschreiber (Fa. Siemens & Halske)

Die *Zeitregistriergeräte* [*183* bis *186*] dienen zur Messung von Zeitdifferenzen. Äußerlich ähneln diese Instrumente vielfach den elektrischen Linienschreibern. Sie zeichnen nicht den Verlauf einer Meßgröße als Funktion der Zeit auf, sondern haben lediglich die Aufgabe, das Eintreten gewisser Ereignisse zeitgetreu zu registrieren. Da hierzu nur ein sehr kleiner Schreibweg notwendig ist, werden oft schmale Papierstreifen verwendet, ähnlich denen bei einem Morsetelegraphen. Häufig werden auch eine ganze Reihe von Einzelereignissen auf einem gemeinsamen breiten Streifen nebeneinander registriert.

Es gibt zwei Arten von Zeitregistriergeräten: Die einen dienen dazu, einen Vorgang, z.B. die Arbeitszeit einer Maschine, das Überfahren eines Schienenkontaktes, die Belegung eines Verbindungsweges in einer Selbstwählanlage, zeitlich in einem Diagramm festzuhalten oder zu zählen, wie oft ein Vorgang, z.B. die Drehung eines Windflügels, sich in einem Zeitintervall wiederholt. In der angelsächischen Literatur werden diese Zeitregistriergeräte als „*operation recorders*" bezeichnet, im Deutschen als *Zeitschreiber*. Die Zeitregistriergeräte der zweiten Art (*Chronographen*) dienen zur sehr genauen Bestimmung von oft kleinen Zeitdifferenzen, und man bezeichnet sie deshalb auch als *Kurzzeitmesser*.

Die Grenzen zwischen den beiden Arten von Zeitregistriergeräten sind nicht scharf. Im einfachsten Fall übernimmt ein kleiner Elektromagnet mit beweglichem Anker (Klappankerrelais), der mit einem Schreiborgan versehen ist, die Rolle des Meßwerks. Beim Einschalten des Erregerstroms wird das Schreiborgan senkrecht zum Vorschub des Registrierstreifens bewegt, und beim Ausschalten kehrt es wieder in die Ausgangslage zurück.

Zeitschreiber werden von fast allen Herstellerfirmen elektrischer Registrierinstrumente gebaut. Abb. 133 zeigt als Beispiel einen *Zeitschreiber* der Fa. Siemens & Halske. Die Registriermagnete einschließlich der Schreiborgane lassen sich sehr schmal ausführen, so daß man in einem normalen Schreibergehäuse eine größere Anzahl von Schreibkanälen nebeneinander anordnen kann. Der Apparat in Abb. 133 besitzt 11 Registriermagnete. Als Registrierpapier wird ein normaler Streifen von 120 mm Breite mit Zeiteinteilung verwendet. Gebräuchlich sind Instrumente mit 6, 11, 12, 18 oder 24 Schreibkanälen. Es gibt allerdings auch Zeitschreiber (Fa. Maihak), bei welchen fünfzig Schreibfedern nebeneinander auf Wachspapier registrieren. Als Schreibfedern werden normalerweise Dreiecksfedern oder Kapillarfedern verwendet, die zuweilen aus einem gemeinsamen Tintentrog gespeist werden. Die Wicklung der Elektromagnete ist je nach Bedarf für Spannungen zwischen 2 und 220 V≂ bemessen. Die Relais sprechen bereits bei Spannungsschwankungen von 20% an. Ihre Ansprechzeit liegt in der Größenordnung von 20 ms. Die Erregerwicklungen der Magnete sind entweder einpolig miteinander verbunden oder aber getrennt an Anschlußklemmen geführt. Der Auslenkweg der Federn beträgt meist einige mm, bei dem in Abb. 133 dargestellten Instrument z.B. 1,5 mm. Der Vorschub des Registrierstreifens kann der Häufigkeit der zu erfassenden Vorgänge angepaßt werden und entspricht dem der elektrischen Linienschreiber. Die Gehäuseabmessungen gleichen ebenfalls denen der elektrischen Schreiber. Neben den älteren Ausführungen als „Lange Schreiber" sind heute auch raumsparende Ausführungen als „Kurze Schreiber" im Handel.

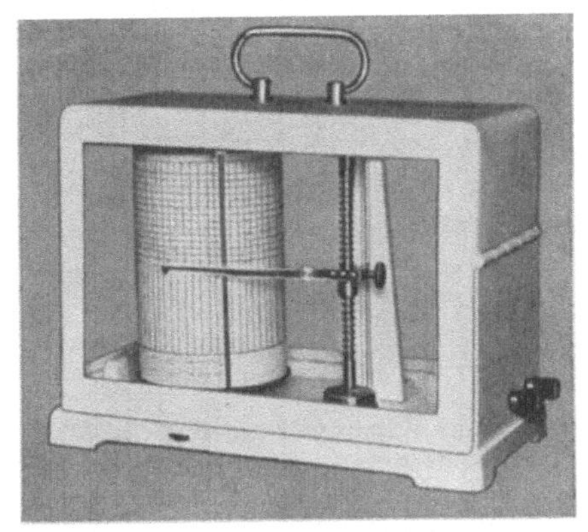

Abb. 134. Windgeschwindigkeitsschreiber (Fa. Lambrecht)

Bei kleinen Impulsfrequenzen, wie sie z.B. bei der Registrierung der Windgeschwindigkeit mit einem Kontaktanemometer auftreten, verwendet man vielfach *Trommelschreiber*. Ein solches Gerät der Fa. Lambrecht ist z. B. in Abb. 134 dargestellt. Der kleine Elektromagnet mit der Schreibfeder ist auf einer Spindel gelagert, die sich gleichzeitig mit der Registriertrommel dreht. Hierdurch beschreibt die Feder eine Schraubenlinie. Bei Erregung des Magnets wird eine Zacke in Richtung der Mantellinie aufgezeichnet. Aus den Zackenabständen kann die Windgeschwindigkeit zu beliebigen Zeiten abgelesen bzw. aus der Zahl der Impulse je Zeiteinheit die mittlere Windgeschwindigkeit während dieser Zeit bestimmt werden. Die Umlaufzeit der Trommel ist so gewählt, daß das Trommelblatt für das Diagramm eines Tages bzw. einer Woche ausreicht. Bei dem in Abb. 134 dargestellten Gerät hat die Schreibtrommel eine Höhe von 140 mm und einen Durchmesser von 93,3 mm. Bei einem Papiervorschub von 5 mm/min und einer Ganghöhe von 4 mm erfolgte ein Trommelumlauf/h. Die Registrierdauer beträgt 24 h zuzüglich einer Gangreserve von 4 h.

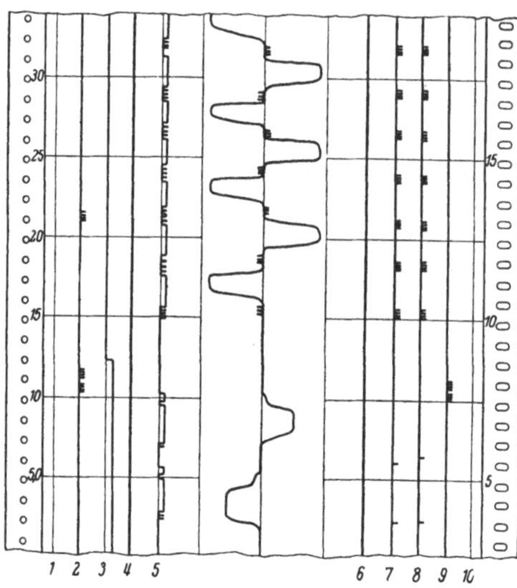

Abb. 135. Registrierstreifen eines Schachtsignalschreibers (Fa. AEG-Mix & Genest):
Kanal 1: Reserve,
Kanal 2: Einschlagsignal Hängebank-Fördermaschine,
Kanal 3: Seilfahrtankündigung,
Kanal 4: Notsignal,
Kanal 5: Lösen der Bremse,
Kanal 6: Einschalten des Schachthammers,
Kanal 7: Fertigsignal der Hängebank,
Kanal 8: Fertigsignal der Sohle,
Kanal 9: Einschlagsignal Sohle-Hängebank,
Kanal 10: Reserve,
Mittlerer Kanal: Fördergeschwindigkeit in m/s

Gelegentlich findet man elektrische Registrierinstrumente, die neben einem oder mehreren Registrierkanälen zur Aufzeichnung zeitlich veränderlicher Größen noch mehrere Zeitschreiberkanäle besitzen. Diese Instrumente dienen dazu, auf einem gemeinsamen Registrierstreifen kontinuierlich ablaufende Vorgänge und gleichzeitig Ereignisse, die mit diesen im Zusammenhang stehen, aufzuzeichnen, z. B. die Temperatur eines Kühlhauses und die Öffnungszeiten der Kühlhaustür. Als Vertreter dieser Instrumentengruppe sei der *Schachtsignalschreiber* der Fa. AEG–Mix & Genest angeführt. Er besitzt 11 Registrierkanäle; hiervon sind 10, die in 2 Fünfergruppen angeordnet sind, als Zeitschreiber ausgeführt. Der elfte, zwischen den beiden Zeitschreibergruppen angeordnet, ist ein Drehspulschreiber. Das Gerät arbeitet mit Metallpapier und Schreibelektroden. Die Papierbahn ist 140 mm breit, und die Papiergeschwindigkeit beträgt 240 bzw. 480 mm/h. Der Drehspulkanal registriert die Geschwindigkeit des Förderkorbs, die Zeitschreiberkanäle hingegen zeichnen verschiedene Befehle und Signalstellungen auf, wie in Abb. 135 näher erläutert ist.

Dem Signalschreiber kann ein in den äußeren Maßen gleicher *Streifenlocher* (s. Abb. 136) beigegeben werden, der die Einschlagsignale

„Sohle – Hängebank“ und „Hängebank – Fördermaschine“ in zeitlich definierter Folge wiederholt. Jeder Signalimpuls bewirkt das Stanzen eines rechteckigen Lochs in einen 20 mm breiten, unbedruckten Papierstreifen. Das Gerät verarbeitet bis zu 5 Impulse/s und erlaubt somit das eindeutige Erkennen der Abstände zwischen den einzelnen Schlaggruppen

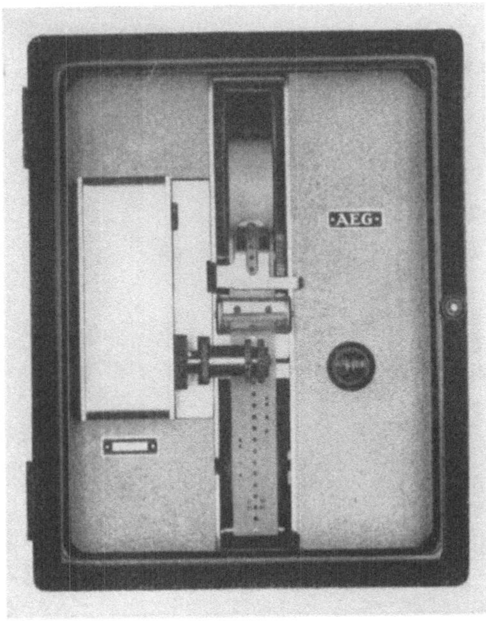

Abb. 136. Streifenlocher (Fa. AEG-Mix & Genest)

und das Unterscheiden selbst schwieriger Signalkombinationen. Ein Synchronmotor sorgt für den Streifenvorschub von 5 mm/s, die Perforierung ist in der Streifenmitte. Drei Sekunden nach dem letzten Einschlagsignal setzt der Streifenvorschub wieder aus; das Papier wird also noch um jeweils 15 mm weiterbefördert. Zur Synchronisation mit dem Hauptschreiber, dessen 5-min-Kontakt Impulse zur Weiterschaltung einer Zahlenwalze gibt, ist ein Zeitdruckwerk eingebaut. Es druckt die vollen 5 Minuten und die Stundenzahlen von 0 bis 23 auf den Streifen. Die Zuordnung der Stanzlöcher zu den gleichzeitig vom Hauptschreiber registrierten Einschlagsignalen ist hierdurch gewährleistet.

Im Gegensatz zu den bisher beschriebenen Zeitschreibern verwendet der *Zeit-Zentral-Registrierapparat* der Fa. Hasler als Schreiborgan Stempel und Farbband. Das Gerät besitzt 36 voneinander unabhängige Schreibkanäle und wird beispielsweise in Fernsprechzentralen eingesetzt zur Ermittlung von Gesprächszeiten, Belegungszeiten bestimmter Leitungen,

Belegungszeiten von Register-, Markier- und Impulsgeberstromkreisen in der Wählerautomatik oder zur Ermittlung von Impulsvorgängen in der Wählerautomatik. Weitere Verwendung hat das Gerät in der Textil-, Metall-, Papierindustrie, chemischen Industrie und im Maschinenbau gefunden zur Bestimmung der Arbeits- bzw. Stillstandszeiten von Maschinen bzw. ihrer Arbeitsgeschwindigkeiten.

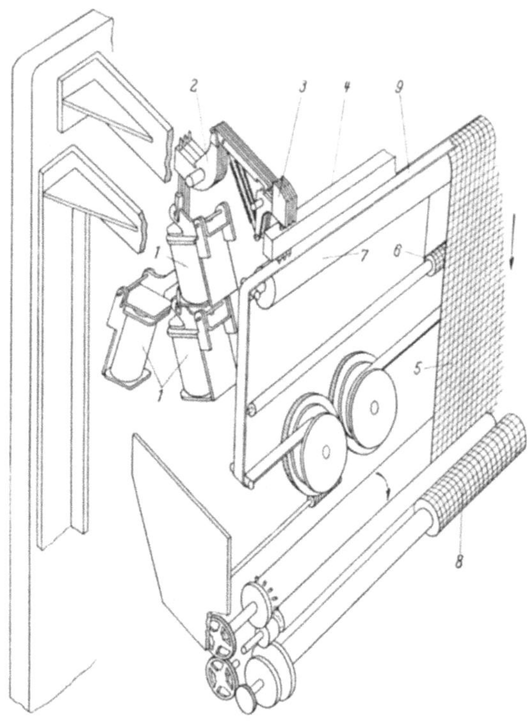

Abb. 137. Aufbau eines Zentralregistrierapparats mit 36 Kanälen (Fa. Hasler): *1* Druckmagnete mit Wicklungen 200 Ω für 48 V, *2* Druckgestänge, *3* Hämmer, *4* Druckstempel, *5* Registrierpapier, *6* Vorratsrolle, *7* Druckwalze, *8* Vorschubwalze, *9* Schreibmaschinenfarbband

Die Arbeitsweise des Gerätes wird an Hand von Abb. 137 erläutert. Wird der Meßkontakt durch den zu erfassenden Vorgang geschlossen, so liegt eine Erregerspannung von 48 V in Reihe mit der Erregerwicklung eines kleinen Elektromagnets *1* und einem Schaltkontakt, der in der Regel 1- bis 5-sekundlich von einer Schaltuhr betätigt wird. Hierdurch entsteht eine Folge elektrischer Impulse, von denen jeder den Registriermagnet betätigt. Über das Gestänge *2* wird der Hammer *3* periodisch ausgelöst und wieder angehoben. Dieser schlägt beim freien Fallen auf den Stempel *4*, der seinerseits das Farbband *9* auf das Registrierpapier *5*, das auf der Druckwalze *7* aufliegt, drückt und dort eine kurze horizontale Strichmarke hinterläßt. Es genügen bereits Stromstöße von 30 ms zur einwandfreien Betätigung des Stempelmechanismus. Wie bei einer Schreibmaschine wird das Farbband über ein Getriebe von einer Vorratsrolle abgespult und auf einer zweiten Rolle wieder aufgerollt. Über eine Umsteuerung kann die Laufrichtung des Farbbandes gewechselt werden. Zur besseren Ausnutzung des Farbbandes ist eine kontinuierlich arbeitende seitliche Verschiebung angebracht. Die Papierbahn ist 178 mm breit, davon sind 150 mm nutzbar. Die Papiergeschwindigkeit liegt zwischen 6 und 1800 mm/h. Abb. 138 zeigt die Ansicht des beschriebenen Registrierapparates. Hinter dem Frontfenster erkennt man einen Ausschnitt eines Diagramms.

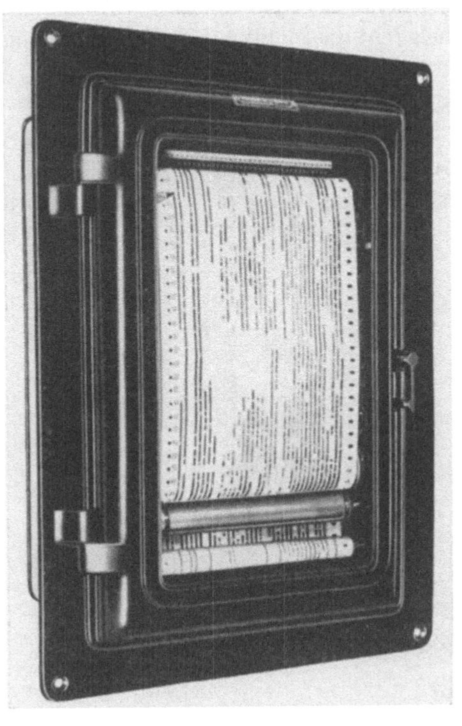

Abb. 138. Zentralregistrierapparat für Einbaumontage (Fa. Hasler)

Zur genauen Messung kleiner Zeitdifferenzen wird vielfach von Instrumenten der zweitgenannten Gruppe von Zeitregistriergeräten, den *Chronographen*, Gebrauch gemacht. Diese Apparate haben, wenn sie nur mit wenigen Registriermagneten ausgerüstet sind, äußerlich eine entfernte Ähnlichkeit mit Morsetelegraphen. Die Registrierung bei Chronographen erfolgt entweder mit Tinte auf einem ablaufenden Papierstreifen oder mit Stahlstiften auf Wachspapierstreifen, wobei normalerweise Dauerstriche geschrieben werden. Die Zeichenmarkierung wird in der Regel in der oben beschriebenen Weise durch Auslenkung des Schreiborgans senkrecht zur Laufrichtung des Papiers vorgenommen. In Abb. 139 ist ein solches Gerät der Fa. Wetzer dargestellt.

In früherer Zeit wurde des öfteren auch mit Nadelstichregistrierung gearbeitet. Diese wird jedoch heute kaum noch verwendet, da die Diagramme mühsam mit der Lupe ausgewertet werden müssen und bei größeren Papiergeschwindigkeiten das Papier leicht reißt. Auch die Registrierung mit Stahlstiften auf berußtem Papier oder Glas kommt immer weniger zur Anwendung.

Neuerdings wird vielfach das MP-Registrierverfahren verwendet. Die Registrierelektrode ist hierbei im Gegensatz zu den früher beschriebenen elektrischen Registrierinstrumenten unbeweglich. Die Zeichenmarkierung geschieht einfach durch Anlegen oder Unterbrechen der Schreibspannung. Registrierungen auf Metallpapier ergeben morsezeichenähnliche Bilder. Da bei dieser Registrierart keine bewegten Massen vorhanden sind, ermöglicht das Metallpapier nahezu verzögerungsfreie Registrierungen.

Abb. 139. Chronograph mit Uhrwerksantrieb und 4 Winkelschreibern für sehr schnelle Registrierungen (Fa. Wetzer)

Am bequemsten lassen sich Registrierungen auswerten, die mit *Druckchronographen* hergestellt wurden, da hier die Meßwerte direkt abgelesen oder durch einfache Differenzbildung gefunden werden können. Die Druckchronographen besitzen als Schreiborgan ein Druckwerk, bestehend aus einer Anzahl von Typentrommeln. Jede von diesen trägt auf ihrem Umfang verteilt die Zahlen 0 bis 23, 0 bis 59 bzw. 0 bis 99 als Drucktypen. Die einzelnen Typentrommeln sind den Stunden-, Minuten-, Sekunden- und Hundertstelsekundenangaben zugeordnet. Sie werden von einem Uhrwerks- bzw. einem Motorgetriebe, das durch eine Synchronisiereinrichtung von einer Quarzuhr oder einer astronomischen Uhr gesteuert wird (Abweichungen $< \pm 5 \cdot 10^{-3}$ s), zeitgetreu angetrieben. Die Fortbewegung erfolgt ruckartig von einer Zahl zur nächsten. Oberhalb der Typentrommeln läuft der Papierstreifen, der die Drucktypen nicht berührt. Über dem Papierstreifen bewegt sich sehr langsam ein Farbband, meist als endloses Band, das ebenfalls die Papierbahn nicht berührt. Zur

Zeitmarkierung wird mechanisch oder elektrisch über ein verzögerungsarmes Relais ein Fallhammer ausgelöst. Dieser schlägt auf das Farbband und drückt es auf das Papier, das sich seinerseits auf die gerade unter ihm befindliche Typenreihe legt. Unmittelbar nach dem Druck wird der Fallhammer durch Federn wieder etwas gehoben, damit der Lauf der Typentrommeln und des Papierstreifens nicht gehemmt und der Druck nicht durch nachfolgende Typen verwischt wird. Anschließend wird der Fall-

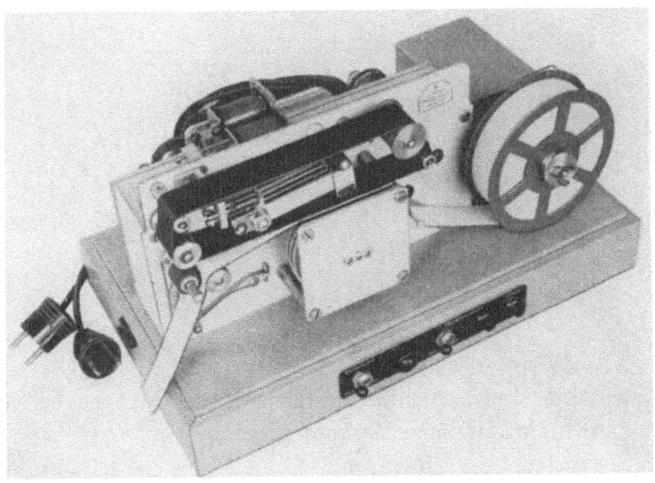

Abb. 140. Druckchronograph für wissenschaftliche Zwecke, insbesondere Sternwarten (Fa. Wetzer)

hammer durch einen Elektromagnet wieder in seine Ausgangslage gehoben. Nun ist das Gerät für die nächste Aufnahme bereit. Ein zusätzliches Typenrad dient zur Numerierung der Aufnahmen. Abb. 140 zeigt einen Druckchronographen der Fa. Wetzer, der für wissenschaftliche Zwecke, insbesondere zum Gebrauch in Sternwarten, bestimmt ist. Für Sportzeitmessungen werden ebenfalls Druckchronographen verwendet.

Gelegentlich verwendet man für wissenschaftliche Zwecke auch die *photographische Zeitregistrierung*. Bei einem Instrument von Lesay z. B. wird auf einer Registriertrommel mit 2 U/s in einer Schraubenlinie ein von einem Oszillographen kommender Lichtstrahl photographisch aufgezeichnet. Zur Markierung wird der Strahl mittels einer Oszillographenschleife kurzzeitig seitlich abgelenkt. Der Strahl kann ferner zur Zeitmarkierung durch eine Stimmgabel periodisch unterbrochen werden, wodurch man das Diagramm mit einer Genauigkeit von 10^{-4} s auswerten kann.

Wichtig für die genaue Zeitaufzeichnung ist die Frage des Antriebs für den Papiervorschub. Die Schreibfläche muß sich gleichförmig bewegen, weshalb nur bei langsam ablaufenden Registrierstreifen das ruckweise arbeitende, unruheregulierte Uhrwerk in Frage kommt. In allen anderen Fällen verwendet man Kreiskegelpendel, Fliehkraft- oder Windflügelregler. Bei Papiervorschüben von etwa 2 mm/s an aufwärts hat sich der Uhrwerksantrieb mit der sog. *Hippschen Hemmung* (*Sirenenfederregulierung*) bewährt. Dieser Antrieb gewährleistet einen außerordentlich gleichmäßigen Vorschub und hat außerdem den Vorteil, daß der Papiervorschub völlig unabhängig von Beschleunigungen des Registrierinstru-

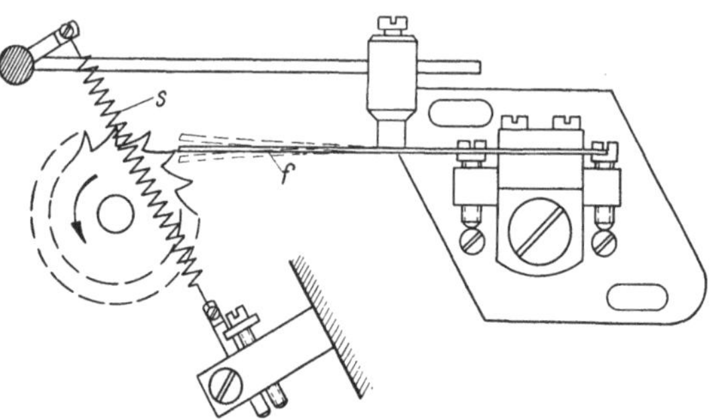

Abb. 141. Sirenenfederregulierung (Fa. Wetzer)

ments ist und deswegen auch in Fahrzeugen oder Flugzeugen eingesetzt werden kann. Die Hippsche Hemmung ist an Hand von Abb. 141 erläutert. Sie besitzt eine schwingende Lamelle aus gehärtetem Stahl, die mit ihrem freien Ende in ein kräftiges Hemmrad mit Sägeverzahnung eingreift. Die Lamelle wird bei Drehung des Zahnrades in Schwingung versetzt und läßt bei jeder Schwingung gerade einen Zahn des Hemmrades durchtreten. Die Umdrehungszahl des Sirenenrades ist nur von der Zahnzahl dieses Rades und der Schwingungsfrequenz der Sirenenfeder abhängig. Sie ist völlig unabhängig von Änderungen des Drehmoments am Sirenenrad und des Reibungsmoments. Solche Einflüsse ziehen lediglich eine Änderung der Schwingungsamplitude der Sirenenfeder nach sich, die ihrerseits aber die Schwingungsfrequenz unverändert läßt. Die Schwingungsfrequenz der Zunge wird durch ihre Stärke und Länge bestimmt und liegt zwischen 200 und 400 Hz. Sie läßt sich in geringem Maß durch eine Veränderung der Spannung der Feder s, in stärkerem Maß durch eine Veränderung der freien Länge der Zunge f verändern. Der Gangfehler beträgt bei Laufzeiten in der Größenordnung von 1 s weniger als 1%, bei langen Laufzeiten von etwa 30 min liegt die größte Abweichung bei etwa $\pm$ 0,2 bis 0,3 s. Bei Vorhandensein eines gut frequenzregulierten Wechselstromnetzes wird mehr und mehr der Synchronmotor als Antriebselement eingesetzt. Erwähnt sei weiter die Möglichkeit, Chronographen mit einem Batteriemotor zu betreiben, der durch eine Steueruhr mit Sekundenkontakt laufend synchronisiert wird.

Auch Chronographen werden nicht nur als Einkanalinstrumente hergestellt, sondern besitzen mitunter bis zu 30 Registriermagnete, Druckchronographen bis zu 15 Kanäle. Die Breite der Registrierstreifen dieser Instrumente ist von der Anzahl der Registrierkanäle abhängig. Einkanalinstrumente verwenden meist Morseapparat-Registrierstreifen von 10 mm Breite, Vielkanalinstrumente sind mit Papierbahnen bis zu 300 mm Breite ausgerüstet. Die Papiergeschwindigkeiten richten sich nach der Größe der zu messenden Zeitintervalle und der gewünschten Genauigkeit der Registrierung.

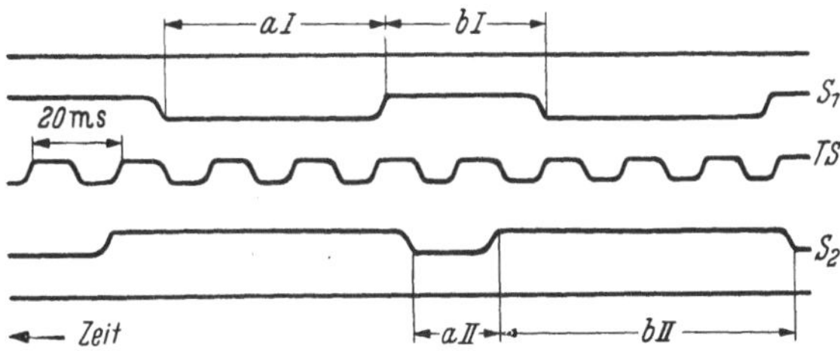

Abb. 142. Registrierstreifen eines Impulsschreibers in doppelter Größe (Fa. Hasler)

Sie liegen meist zwischen 10 und 200 mm/s und können in Grenzfällen, besonders bei Verwendung von Metallpapier, bis zu 1000 mm/s betragen. Registrierstreifen mit aufgedruckter Zeitteilung verwendet man nur bei kleinen Papiergeschwindigkeiten. Bei schnelleren Vorschüben zur Messung kleiner Zeitintervalle bringt man bisweilen einen besonderen Zeitmarkengeber an, der mit einer Zusatzfeder Zeitmarken mitschreibt. Der Geber hierfür ist, je nach der gewünschten Häufigkeit der Zeitmarken, eine Kontaktuhr, das Wechselstromnetz oder ein quarz- bzw. stimmgabelgesteuerter Röhrenoszillator. Ein durch eine Hippsche Sirenenfeder gesteuertes Kontaktwerk kann bis zu 20 Kontakte/s geben. Abb. 142 zeigt in doppelter Größe den Ausschnitt eines Wachspapierstreifens, der mit einem Impulsschreiber der Fa. Hasler aufgenommen wurde. Das Gerät besitzt drei Kanäle. Oben und unten auf dem Streifen sind Stromstöße a_{I} und a_{II} aufgezeichnet, b_{I} und b_{II} sind Pausen zwischen den Impulsen. Zur Auswertung ist zwischen den beiden Registrierungen die Netzfrequenz von 50 Hz aufgeschrieben, woraus man die einer Zeit von 20 ms entsprechende Strecke entnehmen kann. Die Elektromagnete können sehr empfindlich und derart trägheitsarm gebaut werden, daß ihre Ansprechzeit 2 bis 4 ms beträgt.

Ein von den bisher beschriebenen Instrumenten völlig abweichendes Zeitregistriergerät ist die für sportliche Wettbewerbe entwickelte *Zielzeitkamera*. Von den verschiedenen Ausführungen soll die von der Physikalisch-Technischen Reichsanstalt gemeinsam mit der Fa. Zeiß-Ikon entwickelte Kamera [*187*] kurz beschrieben werden. Zwei getrennte 16-mm-Schmalfilmkameras werden durch einen Synchronmotor über dieselbe Achse angetrieben. Die eine Kamera wird mit der optischen Achse in der Zielebene ausgerichtet, die zweite steht, um Stereobilder zu erhalten, in drei- bis vierfachem Augenabstand daneben und nimmt dementsprechend den Zielraum etwas mehr von vorn auf. Vor einer der Kameras ist ein Zeitzählwerk angebracht, dessen Stellung mitphotographiert wird. Seine 6 Ziffernrollen zeigen hundertstel, zehntel usw. bis tausend s an. Das Aufnahmegerät liefert 100 oder 50 Bilder/s. Diese Zielzeitkamera wurde bei der Olympiade 1936 verwendet und war auf einem 9 m hohen Turm 25 m seitlich von der Laufbahn in der Zielebene aufgestellt.

Die *Zeitwaagen* [*188*], die zum schnellen und sicheren Vergleich des Ganges von Uhren mit Normaluhren dienen, sind ebenfalls zu den Zeitschreibern zu rechnen. Ihre Arbeitsweise sei kurz erläutert: Man tastet von der zu prüfenden Uhr und von einer Normaluhr mit Mikrophonen oder Erschütterungsaufnehmern das Ticken ab und wandelt es durch Verstärker in Spannungsstöße um, mit denen man ein Thyratron ein- und ausschaltet. Hierbei schaltet die eine Uhr das Stromtor ein, die andere aus. Laufen die beiden Uhren synchron, so bleibt die Einschaltdauer und damit der Strommittelwert im angeschlossenen Registrierinstrument konstant, und die Feder schreibt eine gerade Linie parallel zum Papierrand. Geht die zu prüfende Uhr jedoch vor oder nach, so ändern sich die Stromflußintervalle und damit der Mittelwert des Stromes. Das Registrierinstrument schreibt eine schräge Linie, aus deren Neigung man in sehr kurzer Zeit die notwendige Gangkorrektur der Uhr ermitteln kann. Bei der üblichen Gangkorrektur von guten Uhren benötigt selbst der gewandte Uhrmacher einige Tage zur genauen Einregulierung, indem er bei ständiger Beobachtung und Notierung des Ganges den Gangregler entsprechend verstellt. Mit der beschriebenen registrierenden Zeitwaage ist es möglich, diese Arbeit in wenigen Minuten auszuführen, indem man unter Beobachtung des Diagramms den Gangregler derart einstellt, daß die Registrierlinie parallel zum Papierrand verläuft.

Bei einer anderen Zeitwaage dreht ein stimmgabelgesteuerter Synchronmotor als Normaluhr eine Schreibtrommel und gleichzeitig über ein Wechselgetriebe eine Leitspindel, die einen Schreibelektromagnet parallel zur Mantellinie der Trommel bewegt. Bei jedem Ticken der einzustellenden Uhr erhält der Elektromagnet einen Impuls und registriert einen Punkt auf dem Trommelblatt. Bei richtigem Gang der Uhr entsteht eine gerade Linie parallel zum Trommelrand, sonst eine Schraubenlinie, die eine ähnliche Regulierung der Uhr wie oben beschrieben ermöglicht.

Zwischen den Elektrizitätswerken und ihren Großabnehmern oder auch zwischen verschiedenen Elektrizitätswerken untereinander bestehen häufig Verrechnungsverträge, welche außer einer Grundgebühr eine

Leistungsgebühr entsprechend der maximalen, über Perioden von 15 oder 30 min gebildeten mittleren Leistung vorsehen. Der höchste dieser Leistungsmittelwerte wird als Maximum bezeichnet. Der normale *Leistungsschreiber* registriert die einem Netz entnommene Leistung in ihrem zeitlichen Verlauf bis in alle Einzelheiten, insbesondere auch kurzzeitige, stoßweise Änderungen. Man kann nachträglich durch Integration mit einem Planimeter feststellen, ob die vertraglichen Grenzen der Entnahme nicht überschritten wurden. Dies erfordert jedoch eine erhebliche

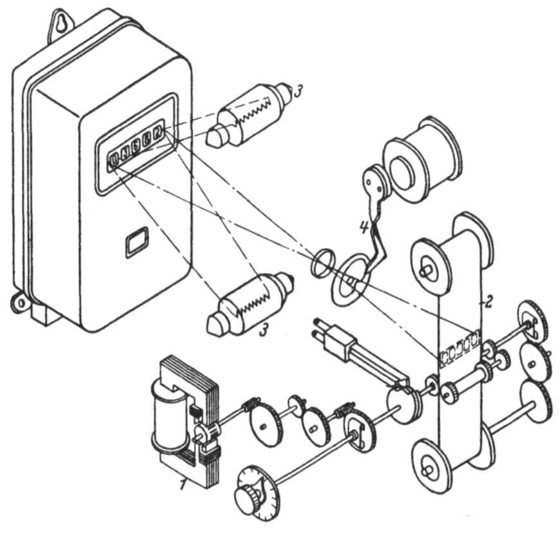

Abb.143. Photographische Registriereinrichtung „Fotomax" für Zähler (Siemens-Schuckert-Werke): *1* Synchronmotor, *2* ablaufender Film, *3* Lampen, *4* magnetischer Verschluß

Auswertungsarbeit. Außerdem ist eine amtliche Eichung, wie sie für Verrechnungszwecke vorgeschrieben ist, beim Leistungsschreiber nicht möglich. Zur Ermittlung des oben definierten Maximums hat man sog. *Maximumzähler* entwickelt. Sie besitzen Schleppzeiger und gestatten, das während eines längeren Zeitintervalls, z.B. Tag oder Monat, erreichte Leistungsmaximum abzulesen. Nicht dagegen kann aus der Ablesung auf die Uhrzeit geschlossen werden, zu der das Leistungsmaximum erreicht wurde. Diese Aufgabe löst der *schreibende Maximumzähler.* Aus dem von ihm aufgenommenen Diagramm läßt sich darüber hinaus auch die Größe der mittleren Leistung jeder Meßperiode und weiter der Belastungsverlauf während jeder Meßperiode ermitteln.

Der bis vor einigen Jahren von den Siemens-Schuckert-Werken [*189*] hergestellte „Fotomax" gestattet die Ermittlung des Leistungsmaximums und der Größe der mittleren Leistung jeder Meßperiode. Das Gerät (s. Abb. 143) enthält eine photographische Registriereinrichtung.

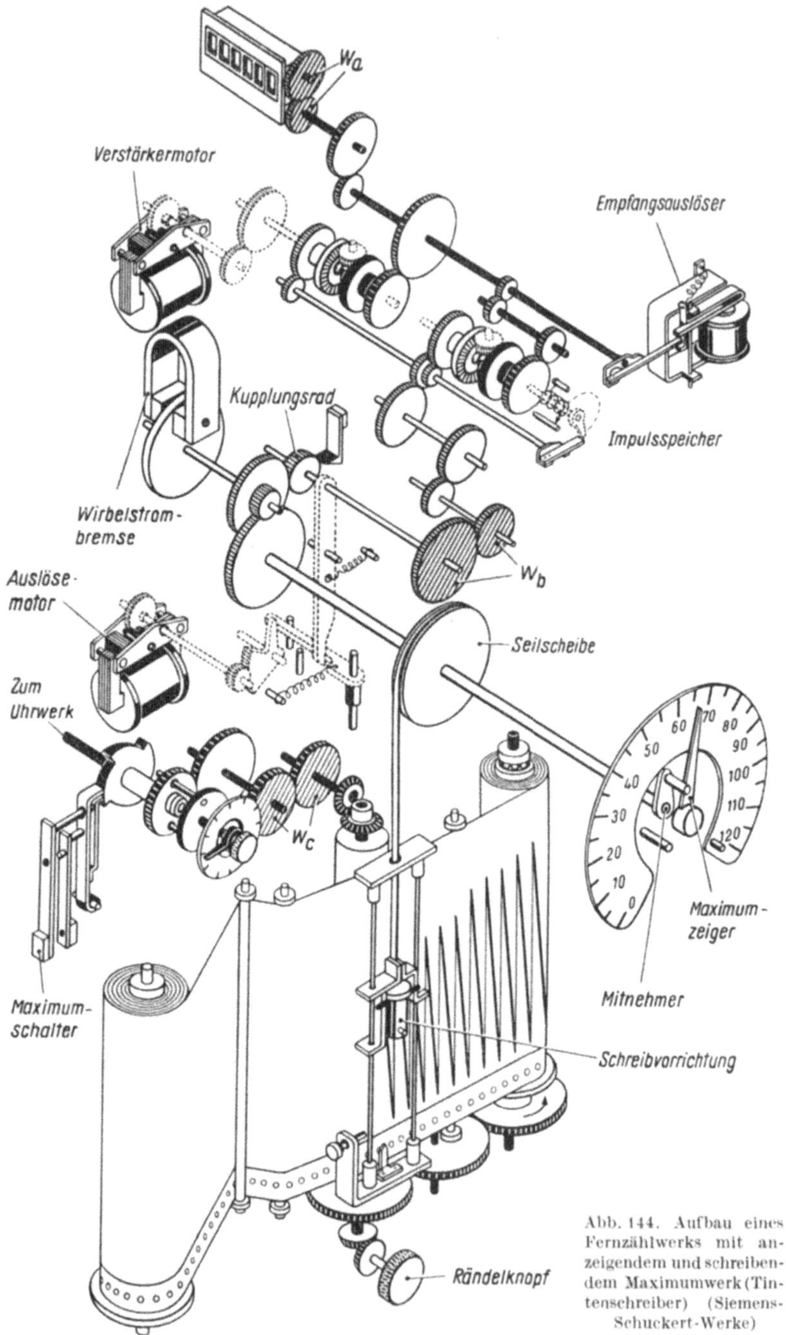

Abb. 144. Aufbau eines Fernzählwerks mit anzeigendem und schreibendem Maximumwerk (Tintenschreiber) (Siemens-Schuckert-Werke)

Es wird an den Zähler des Verbrauchers mit Riemen angeschnallt und führt automatisch, je nach den Abmachungen mit dem Elektrizitätswerk, alle 15 oder 30 min eine Momentaufnahme des Zählerstandes aus. Der Film *2* wird durch einen Synchronmotor *1* zeitgerecht von der Vorratsrolle oben abgewickelt und auf der Rolle unten wieder aufgespult. Die Lampen *3* beleuchten die Zahlenreihe des Zählwerks. Die Optik ist durch eine Linse angedeutet. Der Verschluß *4* wird elektromagnetisch durch zwei Kontaktfedern ausgelöst, die auch die Lampen *3* für die Aufnahme einschalten. Vor Beginn der Registrierung wird eine Karte mit Datum und Zählernummer aufgenommen. Die ganze Registriereinrichtung ist in einem plombierbaren Gehäuse eingebaut. Zur Auswertung müssen jeweils aufeinanderfolgende Zählerstände subtrahiert werden.

Die wohl modernste Ausführung eines *schreibenden Maximumzählers* haben vor wenigen Jahren die Siemens-Schuckert-Werke entwickelt. Das Gerät bildet einen Baustein einer Geräteserie. Die einzelnen Bauelemente dieser Serie gestatten je nach Kombination die Lösung mannigfaltiger Zähl- und Registrieraufgaben. Innerhalb der Gerätereihe sind das Zählermeßwerk und die Tarifeinrichtung vollkommen getrennt. Um einerseits den Zähler selbst mechanisch nicht zu belasten und ihm so seine gute Meßeigenschaft zu erhalten und andererseits für die Betätigung der komplizierten Tarifeinrichtungen genügend Kraftreserven zu besitzen, ist ausgiebig von Verstärkermotoren Gebrauch gemacht.

Der Zähler erfaßt die an der Übergabestelle fließende elektrische Energie und gibt der gezählten elektrischen Arbeit entsprechende Impulse über eine elektrische Leitung an die an einer beliebigen Stelle aufgestellte Empfangseinrichtung. Die Impulsgabe der Sendeeinrichtung erfolgt mit einem Kontaktgabewerk. Die Kontaktgabearbeit leistet ein Verstärkermotor. Die Impulse werden von der Empfangseinrichtung aufgenommen und als Drehbewegung an das Maximumwerk weitergegeben. Die Antriebsarbeit für das Maximumwerk leistet ebenfalls ein Verstärkermotor. Ein Uhrwerk besorgt den Transport des Registrierpapiers und die Maximumauslösung.

Das *Maximumwerk* (s. Abb. 144) wird vom Verstärkermotor der Empfangseinrichtung angetrieben. Die Drehbewegung wird über ein Vorgelege und eine Kupplung auf die Mitnehmerachse übertragen. Auf dieser sitzt eine Seilscheibe, über die ein Metallband läuft. An dem Band hängt der Schreibschlitten, der bei jedem Impuls um einen bestimmten Betrag angehoben wird, so daß ein schräger Aufstrich entsteht (Zackenschreiber). Zu Beginn jeder Meßperiode wird die Mitnehmerachse durch den Maximumauslösemotor entkuppelt und durch einen federbelasteten Rückstellrechen in die Ausgangslage zurückgedreht. Die Schreibvorrichtung gleitet auf die Nullinie des Registrierpapiers zurück und hinterläßt einen senkrechten Abstrich. Eine Wirbelstrombremse dämpft die Abwärtsbewegung. Während der Auslösezeit wird die Weitergabe der Impulse an das Maximumwerk gesperrt, die ankommenden Impulse werden von einer Impulsspeichereinrichtung aufgenommen. Diese besteht aus einem Differentialgetriebe, einer Sperrfeder und einer Nocke. Nach Ablauf der Auslösezeit gibt die Speichereinrichtung den Verstärkermotor so lange frei, bis alle gespeicherten Impulse an das Maximumwerk gegeben sind. Während dieser Nachlaufzeit ankommende Impulse werden ebenfalls an das Maximumwerk gegeben. Da kein Impuls verlorengehen kann, ist eine fehlerfreie Mittelwertbildung gewährleistet. Die jeweils erreichte Höhe des geschriebenen Zackens entspricht dem Leistungsmittelwert der abgelaufenen Meßperiode. Um eine möglichst hohe Ablesegenauigkeit zu erreichen, kann durch die Wechselräder W_b dem tatsächlich zu erwartenden Maximum ein möglichst großer Ausschlag des Maximumzeigers zugeordnet werden. Das Schreibgefäß ist im Schreibschlitten eingehängt (Schneidenlagerung) und kann zum Nachfüllen leicht herausgenommen werden. Die Schreibspitze, eine Düse mit 0,3 mm Durchmesser und 0,15 mm Bohrung, wird durch das Eigengewicht des Schreibgefäßes gegen das Registrierpapier gedrückt, wodurch ein kleiner, aber gleichmäßiger Schreibdruck erreicht wird. Eine Tintenfüllung reicht für etwa 5 Wochen. Das Uhrwerk hat einen temperaturkompensierten Gangregler und kann für Handaufzug mit 5 Wochen Gangdauer oder für elektrischen Aufzug mit 36 h Gangreserve ausgeführt werden. Das Uhrwerk treibt die Papiertransportwalze an und betätigt den Maximumschalter, der über ein Hilfsrelais den Auslösemotor während der Auslösezeit abschaltet. Die Papiervorschubgeschwindigkeit (5, 10 oder 20 mm/h) läßt sich durch das Zahnradpaar W_c ändern. Die Maximumauslösung kann auch durch eine getrennt angeordnete Schaltuhr erfolgen. Ein Türkontakt unterbricht den Stromkreis des Auslösemotors und entkuppelt die Schreibvorrichtung, sobald die Gehäusetür geöffnet wird. Das Registrierpapier ist 120 mm breit. Es besitzt einen Aufdruck geradliniger rechtwinkliger Koordinaten.

Ein anderer *Maximumschreiber* (s. Abb. 145) verwendet statt der Tintenschrift ein trockenes Schreibverfahren. Die Schreibvorrichtung wird vom Lenkergetriebe, das die Drehbewegung der Antriebswelle in eine gerade Bewegung umformt, von links nach rechts bewegt. Dabei wird auf dem von oben nach unten laufenden Registrierpapier ein schräger Aufstrich gestempelt. Dies geschieht durch einen Saphirstift, der bei jedem ankommenden Impuls eine Wippbewegung ausführt. Er wird dabei gegen ein über die ganze Skalenbreite reichendes Farbkissen gedrückt. Die gestempelten Punkte sind etwa 0,2 mm dick und liegen 0,15 mm auseinander. Nach Ablauf der Meßperiode oder bei Ausfall der Hilfsspannung wird das anzeigende und schreibende Maximumwerk entkuppelt, und die Schreibvorrichtung geht mit dem Mitnehmer nach links in die Ausgangslage zurück. Das eingebaute Uhrwerk treibt die Papiertransportwalze an und kann für Handaufzug mit 5 Wochen Gangdauer oder für elektrischen Aufzug mit 100 Stunden Gangreserve ausgeführt

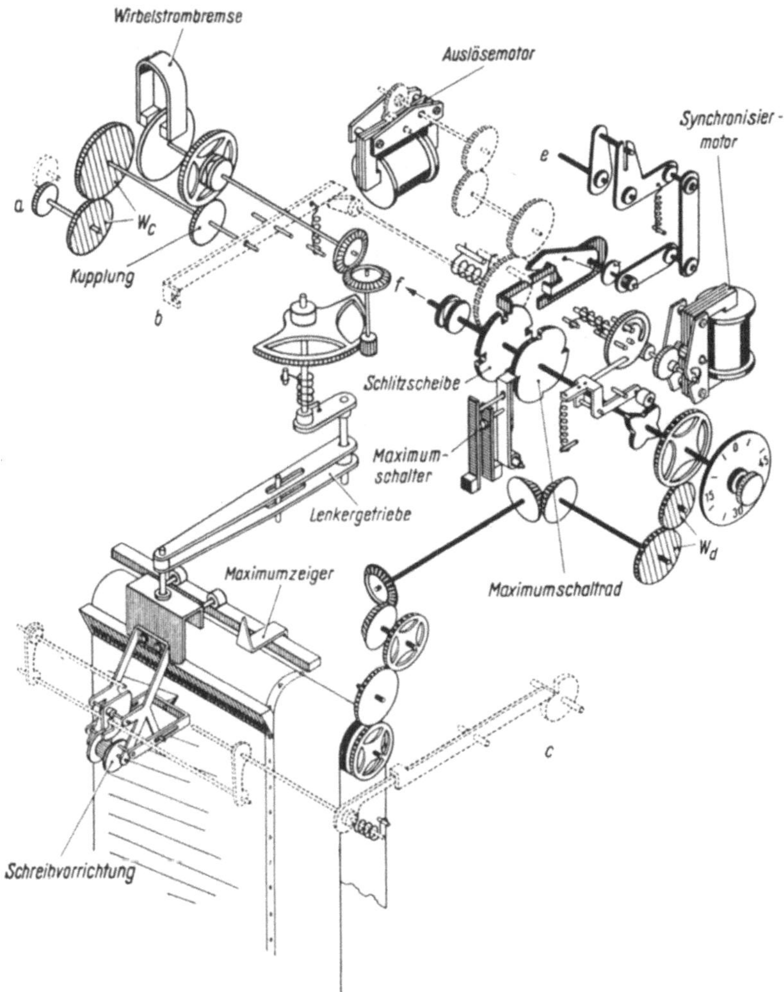

Abb. 145. Anzeigendes und schreibendes Maximumwerk mit Synchronisiereinrichtung (Trockenschreiber) (Siemens-Schuckert-Werke)

werden. Als Gangregler hat das Uhrwerk eine temperaturkompensierte Präzisionsunruhehemmung. Die Papiergeschwindigkeit läßt sich durch die Wechselräder W_d ändern. Die Papierbreite beträgt 140 mm, von der 120 mm ausgenützt werden. Das Papier ist nur einfach perforiert. Die Perforation verläuft im rechten Drittel der Papierbahn. Das Maximumwerk kann entweder durch das eingebaute Uhrwerk oder durch eine fremde Schaltuhr ausgelöst werden. Auf der Stundenachse des Uhrwerks sitzt hinter der Minutenzeitscheibe das Schaltrad des Maximumschalters. Der Maximumschalter schaltet den Auslösemotor während der Auslösezeit über ein Hilfsrelais ab; die dem Auslösemotor entgegenwirkende Feder entspannt sich, entkuppelt das anzeigende und schreibende Maximumwerk und sperrt die Impulsweitergabe hinter dem Impulsspeicher. Mit einem Zusatzgerät kann auf dem Rand des Registrierstreifens rechts neben der Perforierung außerdem die mittlere Leistung jeder Registrierperiode als ganze 3stellige Zahl gedruckt werden. Schreib- und Druckstreifen können durch Einreißen der Perforation voneinander getrennt werden, um jenen der Betriebsabteilung und diesen der Verrechnungsabteilung zuzuleiten. Der Druckstreifen dient als Verrechnungsgrundlage zwischen zwei Vertragspartnern. Bei dem Zusatzgerät werden die vom Sendegerät ankommenden Impulse von der Empfangseinrichtung aufgenommen und als Drehschritte über einen zweiten Verstärkermotor sowohl an das Maximumwerk als auch an das Druckwerk weitergegeben. Das eingebaute Uhrwerk transportiert das Registrierpapier und löst das Maximumwerk aus. Während der Auslösezeit wird der zweite Verstärkermotor durch einen Rastenhebel gesperrt. Impulse, die während der Auslösezeit und zu Beginn der Meßperiode ankommen, werden gespeichert und nach Ablauf der Auslösezeit dem anzeigenden und schreibenden Maximumwerk und dem Druckzählwerk zugeführt. Die Impulsspeichereinrichtung sitzt zwischen dem ersten und zweiten Verstärkermotor und besteht wie beim Fernzählwerk mit anzeigendem und schreibendem Maximumwerk aus einem Differentialgetriebe mit Sperrhebel und Nocke.

Das *Druckzählwerk* (s. Abb. 146) wird durch Stoßklinken eingestellt und zeigt nach Ablauf der Meßperiode die jeweils erreichte mittlere Leistung an. Der Druckvorgang wird zu Beginn jeder Meßperiode durch das Auslösewerk eingeleitet. Dann wird das Druckzählwerk von einer Kurvenwalze um eine Zählwerkbreite nach links geschoben, druckt den Wert und wird anschließend wieder auf Null gestellt. Anschließend wird der Nullstand gedruckt, um nachzuweisen, daß die Impulszählung der darauffolgenden Meßperiode von Null ausgegangen ist. Beim Drucken schlagen die Druckhämmer von rückwärts gegen das Registrierpapier, so daß sich die erhabenen Ziffern der Druckrollen abbilden. Das Farbband liegt zwischen Druckrollen und Papier. Es wird wie bei einer Schreibmaschine vor- und zurücktransportiert. Die für den Druckvorgang erforderliche Antriebskraft liefert ein Federwerk, das ein Aufzugmotor während der Meßperiode aufzieht.

Neuartig ist ebenfalls ein *lochendes Maximumwerk* (s. Abb. 147) [*190*]. Es stanzt fortwährend der mittleren Leistung entsprechende Lochbilder gleichzeitig in 4 übereinanderliegende Streifen. Der Zeitpunkt, an dem die höchste mittlere Leistung, das Maximum, aufgetreten ist, wird durch eine besondere seitliche Maximummarkierung gekennzeichnet. Diese Registrierstreifen lassen sich täglich, wöchentlich oder monatlich abtrennen und können den Vertragspartnern zur Verrechnung und Auswertung zugeleitet werden. Die Lochstreifen mehrerer Übergabestellen lassen sich durch spezielle Auswertmaschinen addieren oder nach einem vorgegebenen Zeit- oder Leistungsplan auswerten.

Die ankommenden Impulse werden von der Empfangseinrichtung aufgenommen und als Drehschritte über einen zweiten Verstärkermotor

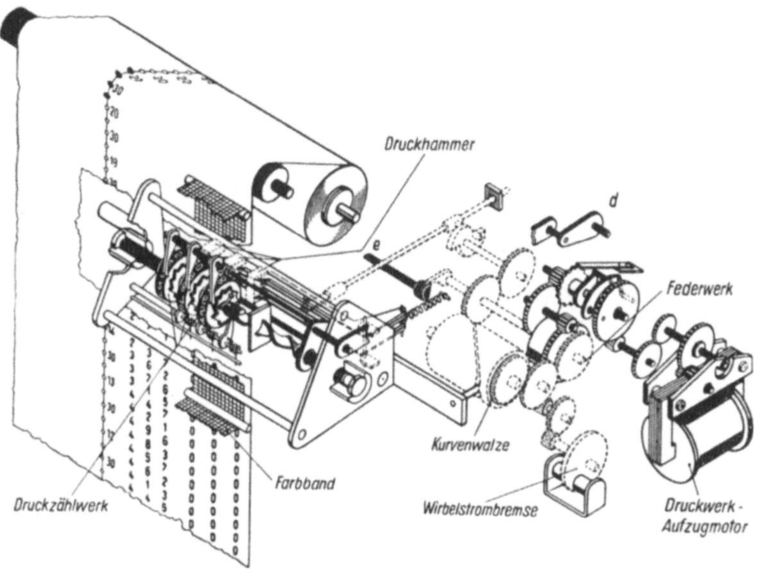

Abb. 146. Druckzählwerk mit Antriebswerk (Siemens-Schuckert-Werke)

an das Tetradengetriebe weitergegeben, das die Lochstempel für den Stanzvorgang auswählt. Zur Darstellung der Zahlenwerte wird das Tetradensystem, eine Kombination aus Dezimal- und Dualsystem, verwendet. Jede Stelle des Dezimalsystems wird dabei aus den Dualzahlen 1, 2, 4 und 8 zusammengesetzt. Durch vorgedruckte Linien wird der Registrierstreifen in Längsstreifen unterteilt, welche von links nach rechts den Zahlen 800, 400, 200, 100, 80, 40, 20, 10, 8, 4, 2, 1 zugeordnet sind. Mit 12 Lochstempeln läßt sich so jede beliebige Ziffernfolge von 1 bis 1599 als Lochreihe abbilden. Das Tetradengetriebe ist ähnlich wie ein Rollenzählwerk aufgebaut, nur daß es statt der Ziffernrollen je zwei Nockenrollen enthält, die aus 4 Nockenscheiben zusammengesetzt sind. Die Einer- und Zehnernockenrollen sind für 10 Schritte, die Hunderternockenrollen für 16 Schritte ausgebildet. Während der Auslösezeit wird

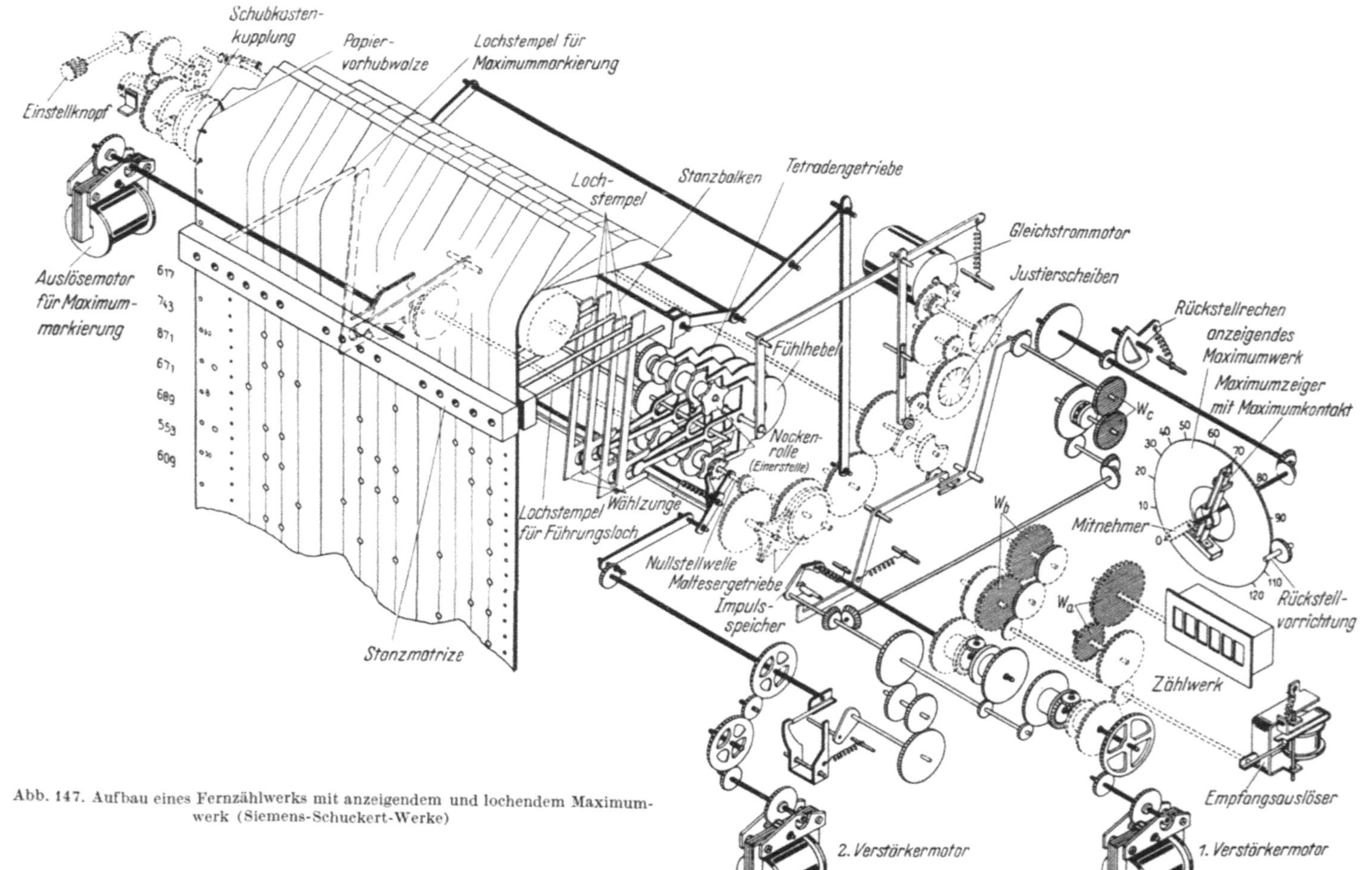

Abb. 147. Aufbau eines Fernzählwerks mit anzeigendem und lochendem Maximumwerk (Siemens-Schuckert-Werke)

das Tetradengetriebe zunächst blockiert, und die Nockenscheiben werden von 12 Fühlhebeln abgetastet. Trifft der schwenkbare Fühlhebel an der oberen Nockenrolle auf eine Nocke, so schiebt er eine Wählzunge vor einen Lochstempel. Daraufhin drückt der Lochbalken die ausgewählten Lochstempel durch den Registrierstreifen. Die Lochstempel und die Wählzungen werden dann wieder zurückgezogen, die 3 Nockenrollenpaare in die Nullstellung zurückgedreht und das Registrierpapier um einen Schritt weitertransportiert. Die Fühlhebel tasten nochmals die Nullstellung ab, ein zweiter Stanzvorgang, die Nullstellungskontrolle, wird ausgelöst und das Registrierpapier nochmals weitertransportiert. Das Gerät ist nun für die nächste Lochung bereit. Während des Stanzvorgangs wird in das Registrierpapier eine beiderseitige Perforierung eingestanzt. Sie dient als Führung im Auswertgerät und als Nullstellungskontrolle. Die Antriebskraft für die Stanzvorgänge und den schrittweisen Papiervorschub liefert ein kleiner Gleichstrommotor, der nach Ablauf jeder Meßperiode durch den Maximumschalter einer Schaltuhr eingeschaltet wird. Bevor sich der Maximumschalter wieder öffnet, schließt das Triebwerk einen Selbsthalteschalter, der den Gleichstrommotor erst nach Ablauf beider Stanzvorgänge mit dem darauffolgenden Papiertransport wieder abschaltet. Der Gleichstrommotor wird von einem Akkumulator mit 7,2 V gespeist. Die Lochstreifenrollen sind in Schubkästen untergebracht, um das Einlegen und Herausnehmen zu erleichtern. Wird der untere Schubkasten mit den Aufwickelrollen herausgezogen, so läßt sich jeder Lochstreifen einzeln und zu beliebiger Zeit abtrennen. Der im Gerät verbleibende Streifen wird mit einer Klemmfeder wieder an der Aufwickelrolle befestigt, so daß keine Lochreihe verlorengeht. Weiter können mehrere Lochstreifen zum täglichen Abschneiden durch die Gehäusevorderwand herausgeführt werden. Das anzeigende Maximumwerk zeigt das Leistungsmaximum des Ablesezeitraumes an und steuert die Maximumlochung. Sobald der Mitnehmer den Maximumzeiger erreicht oder weiterschiebt, schließt sich ein Stromkreis, und ein kleiner Asynchronmotor schiebt eine Wählzunge vor den Lochstempel für die Maximummarkierung. Bei der nächsten Wertlochung wird links neben der entsprechenden Lochreihe ein Markierungsloch gestanzt. Dieses kennzeichnet die Zeit des Maximums. Der Maximumzeiger kann am Ende des Ablesezeitraums vom Bedienungspersonal durch einen Vierkantschlüssel zurückgestellt werden. An die Stelle der Maximummarkierung kann auch eine Zeitmarkierung treten, die durch eine Schaltuhr zu bestimmten, vorgebbaren Zeiten betätigt wird. Bei einer größeren Anzahl von Übergabestellen kann dadurch kontrolliert werden, ob die Lochstreifen aller Übergabestellen zeitgerecht eingelegt worden sind.

Der *Mittelwertschreiber* der Fa. Siemens & Halske (s. Abb. 148) zeichnet den Mittelwert von Meßgrößen auf, die sich in einer proportionalen

Impulsfrequenz ausdrücken lassen. Im einfachsten Fall ist das z.B. die Wiedergabe einer Drehzahl durch eine proportionale Frequenz, die durch einen Wellennockenkontakt erzeugt wird. Der Mittelwert über Zeiten, die länger sind als etwa 1 min, hat vielfach in der Technik unmittelbare Bedeutung. Er wird dadurch erfaßt, daß man die während einer fest vorgegebenen Zeit anfallenden Impulse zählt. Die Impulssumme ist dann proportional dem Mittelwert der Meßgröße während dieser Meßzeit. Damit ein der Impulssumme entsprechender Ausschlag eines Meßgeräts erzeugt werden kann, wird die Impulssumme als Widerstandsverhältnis oder als Widerstand dargestellt. Am Ende einer jeden Meßperiode wird das Meßgerät durch eine Kontaktuhr für kurze Zeit an das gebildete Widerstandsverhältnis angeschlossen. Das in diesem Fall richtkraftlose Meßgerät stellt sich ein und bleibt, wenn es wieder abgeschaltet ist, bis zum Ende der nächsten Meßperiode auf dem jeweiligen Wert stehen. Zu Beginn der neuen Meßperiode wird der Impulszähler, ebenso der Widerstand, automatisch auf den Wert Null zurückgestellt, und die Impulssummierung beginnt von neuem. Die Impulse werden durch ein Netzwerk von Relais summiert. Die einzelnen Relais schalten Widerstände ein oder aus. Die Anordnung arbeitet im dualen Zahlensystem und wird normalerweise für eine maximale Impulssumme von 127 Impulsen gebaut. Die Relais schalten Widerstände mit den Werten 1, 2, 4, 8, 16, 32, 64 Einheiten. Die Meßzeit ist entsprechend der zu erwartenden Impulszahl zu wählen, sie soll aber nicht unter 60 s liegen. Die am Ende jeder Meßzeit erfolgende Einstellung des Schreibers erfordert 0,5 s und der Rücklauf der Relaiskette 0,01 s. Diese Zeiten sind so klein, daß die Impulssummierung praktisch nicht unterbrochen wird. Das Mittelwertrelais kann einen Maximalkontakt besitzen, weiter kann ein Zählwerk mit 5 Dezimalstellen, das laufend aufsummiert, eingebaut werden. Außerdem besteht die Möglichkeit, die Mittelwerte verschiedener Meßstellen zu addieren oder voneinander abzuziehen. Der Meßbereich des Schreibers kann mit unterdrücktem Nullpunkt ausgeführt werden.

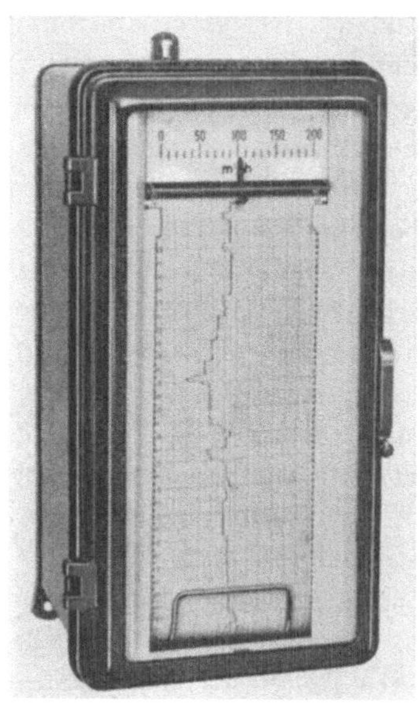

Abb. 148. Mittelwertschreiber (Fa. Siemens & Halske)

3. Kompensationsschreiber

Bei den Kompensationsschreibern wird das Schreiborgan, wie bereits erläutert, durch eine Hilfskraft, meist einen Elektromotor, über die Registrierfläche geführt, und das empfindliche Meßwerk hat lediglich die Einstellung des Schreiborgans zu steuern. Durch dieses Prinzip wird es möglich, auch kleine Meßgrößen, zu deren Erfassung im allgemeinen sehr empfindliche Instrumente benötigt werden, mit einem robusten Schreiborgan, wie z. B. einer Tintenfeder, auf einem sehr breiten Registrierstreifen oder auf einem Kreisblatt aufzuzeichnen. Die zu registrierende elektromotorische Kraft der Meßstelle wird durch eine gleich große, aber entgegengesetzt gerichtete elektrische Spannung kompensiert. Im Augenblick der Kompensation wird der Meßstelle dann keine Energie entnommen. Der zur Durchführung der Kompensation erforderliche Einstellweg des Kompensationsorgans ist ein Maß für die zu messende Größe.

Der erste Kompensationsschreiber für elektrische Messungen wurde von CALLENDAR angegeben und von der Fa. Cambridge Ende des 19. Jahrhunderts gebaut. Er war auf der Weltausstellung im Jahre 1900 in Paris ausgestellt [*191*]. Um die Jahrhundertwende hat ebenfalls OLIVETTI einen Kompensograph für elektrische Messungen entwickelt.

Der erste Kompensationsschreiber von technischer Bedeutung, „*Micromax*", wurde um 1909 von der Fa. Leeds & Northrup [*192*] entwickelt. Dieses Instrument hat sehr große Verbreitung gefunden, insbesondere als hochempfindlicher Temperaturschreiber. Das Schaltschema dieses Gerätes ist in Abb. 149a dargestellt. Die Batterie B speist über den regelbaren Vorwiderstand R_1 eine WHEATSTONEsche Brücke, die aus den Widerständen R_2 bis R_5 und dem Spannungsteiler S besteht. Mit der Welle des Schleifkontaktes S ist eine Scheibe verbunden, über die ein feines Drahtseil läuft, welches über Rollen die auf einem Schlitten befestigte Schreibfeder über den Papierstreifen führt. In der Brückendiagonalen liegt in Reihe mit dem als Nullinstrument verwendeten Galvanometer G (Kontakt *1* in der Zuleitung zum Galvanometer) das Thermoelement ThE, dessen EMK registriert werden soll. Wenn das Galvanometer stromlos ist, ist die Kompensationsschaltung abgeglichen, und die Stellung des Schleifers ist ein Maß für die EMK des Thermoelements. Ist die Galvanometerzuleitung mit dem Kontakt *2* verbunden, so liegt am Galvanometer die Differenz der Spannung eines Normalelements NE und des Spannungsabfalls am Widerstand R_5. Dieser ist derart bemessen, daß die Brückenspannung gerade dann ihren richtigen Wert besitzt, wenn das Galvanometer stromlos ist. Diese Einstellung der Brückenspeisespannung führt das Gerät von Zeit zu Zeit automatisch aus. Der Widerstand R_4 ist zum Teil aus temperaturabhängigem Material hergestellt und so bemessen, daß er den Einfluß der Außentemperatur auf das Instrument ausgleicht.

Die Veränderung des Abgriffs am Schleifwiderstand *S* erfolgt automatisch schrittweise in Intervallen von 2 bis 5 s durch eine mechanische Abgleichvorrichtung, deren Funktion an Hand von Abb. 149b und c

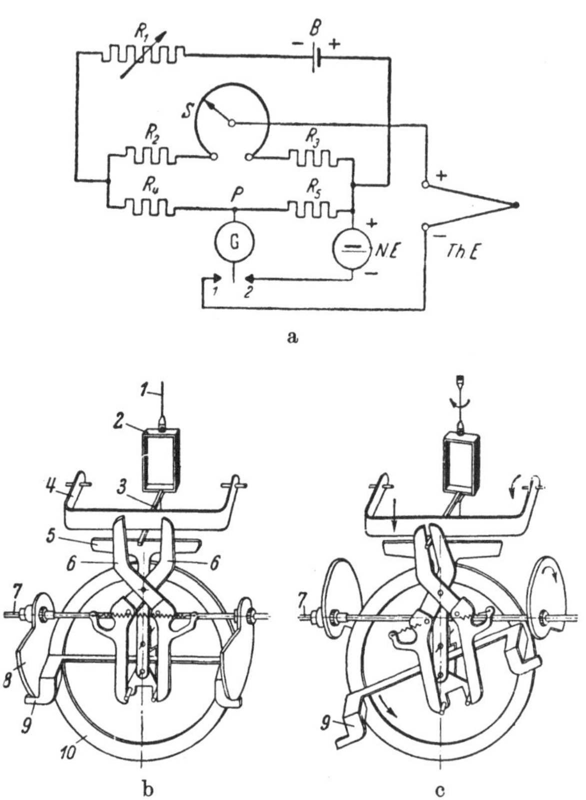

Abb. 149a–c. Schaltschema und Abgleichvorrichtung des „Micromax" (Fa. Leeds & Northrup): a) Schaltung, *ThE* Thermoelement, *NE* Normalelement, *G* Galvanometer, *B* Batterie, R_1 Regelwiderstand, *S* Schleifdraht-Spannungsteiler, $R_2 - R_5$ Widerstände, b) und c) Abgleichvorrichtung, *1* Spannfaden, *2* Drehspule, *3* Zeiger des Nullinstruments, *4* Fallbügel, *5* Gegenlager, *6* Abtasthebel, *7* Antriebswelle, *8* Kurvenscheibe, *9* Kupplungshebel, *10* Kupplungsrad, fest verbunden mit dem Schleifdrahtspannungsteiler *S* in a)

erläutert wird. Bei b wird derjenige Zustand gezeigt, in dem sich der Zeiger *3* des Drehspulgalvanometers in der Gleichgewichtslage befindet und gerade von der aus Fallbügel *4* und Gegenlager *5* gebildeten Abtastvorrichtung freigegeben ist. Ändert sich nun der Ausschlag des Galvanometers, hervorgerufen durch eine Änderung der EMK des Thermoelements, so spielt sich bei der nächsten Abtastung der folgende Vorgang ab: Durch einen Motor angetrieben, senkt sich der Fallbügel und klemmt den Zeiger in seiner jeweiligen Lage fest (s. Abb. 149c). Nun werden die

Abtasthebel *6* freigegeben und erfassen wie eine Zange mit ihren oberen Enden den festgeklemmten Zeiger. Dabei drehen sie mit ihren unteren Enden den Kupplungshebel *9* in eine dem Zeigerausschlag entsprechende Lage. Der Zeiger wird nun wieder durch Heben des Fallbügels freigegeben, und die Abtasthebel *6* gehen in ihre Ausgangslage zurück. Die ebenfalls von dem Motor angetriebene Welle *7* macht eine Umdrehung und mit ihr die beiden Kurvenscheiben *8*. Dabei drehen sie den Kupplungshebel *9*, der inzwischen gegen das Kupplungsrad *10* gedrückt wurde, in seine ursprüngliche waagerechte Lage zurück, wodurch das Kupplungsrad *10* um einen dem Ausschlag des Zeigers entsprechenden Betrag verdreht wird. Das Kupplungsrad ist, in der Abbildung nicht sichtbar, sowohl mit dem Schleifwiderstandsabgriff *S* als auch mit der Schreibfeder verbunden. Durch seine Verstellung wird also nach jedem Abgleichschritt das elektrische Gleichgewicht wieder hergestellt und gleichzeitig der Meßwert fortlaufend registriert. Da das Galvanometer lediglich als Nullinstrument verwandt wird, braucht es nicht geeicht zu sein. Der Anzeigefehler des Registriergeräts wird mit nur 0,5% des Skalenendwertes angegeben. Die Drehzahl des Motors wird durch einen Fliehkraftregler, der einen Widerstand im Motorstromkreis abwechselnd kurzschließt und einschaltet, auf 0,1% konstant gehalten. Der Motor dient gleichzeitig als Triebwerk für den ablaufenden Streifen. Dieser ist 250 mm breit und besitzt einen Aufdruck geradliniger rechtwinkliger Koordinaten. Der „Micromax" mit ablaufendem Streifen ist in einem Gußgehäuse von etwa 500 mm Höhe, 460 mm Breite und 320 mm Tiefe eingebaut. Ein Fenster in der Tür gibt den Blick auf die Skala und den ablaufenden Streifen in ganzer Breite und etwa 250 mm Länge frei. Der Apparat wurde auch für Mehrfachregistrierung von bis zu 16 Meßstellen als Punktschreiber ausgeführt. Zur Unterscheidung der Meßstellen wurden die Punkte in verschiedenen Farben (bis zu sechs) gedruckt und außerdem durch neben die Meßpunkte gedruckte Zahlen kenntlich gemacht.

Eine andere Ausführung des „Micromax" war statt mit einem ablaufenden Registrierstreifen mit einem in den USA bevorzugten Kreisblatt ausgeführt. Das in Abb. 150 wiedergegebene Gerät ist zur Registrierung von CO_2-Konzentrationen bestimmt. Der Apparat wurde jedoch ebenfalls als Temperaturschreiber ausgeführt. Ein kräftiger, weithin sichtbarer Zeiger spielt über einer fast den ganzen Umfang des runden Gehäuses von etwa 420 mm Durchmesser einnehmenden Skala. Der Zeiger ist auf dem von links kommenden Hebel drehbar gelagert. Diesen Hebel und seine Lagerung veranschaulicht die dick ausgezogene Linie *1* in der schematischen Darstellung Abb. 151. Er wird mit seinem senkrecht geführten Teil und seiner Lagerung *3* sichtbar, wenn man den runden, gasdicht abschließenden Deckel des Geräts mitsamt der Skala nach rechts herausklappt (s. Abb. 150). Rechts in Abb. 151 ist der Mechanismus in Seitenansicht zu sehen. Im Inneren des Instruments sind die Rollen *7* und die Scheibe *8* fest gelagert. Über die Rollen *2*, *7* und *8* läuft ein feines Drahtseil *4*, welches den Wagen *5* mit dem Schreiborgan und

Abb. 150. Kompensograph „Micromax R" mit Kreisblatt (Fa. Leeds & Northrup)

den Zeiger *6* entsprechend der Lage der Scheibe *8* einstellt. Diese Einstellung wird beim Herausschwenken des Hebels *1* nicht beeinflußt, da das Stahlseil *4* zwischen den festen Rollen *7* und den schwenkbaren

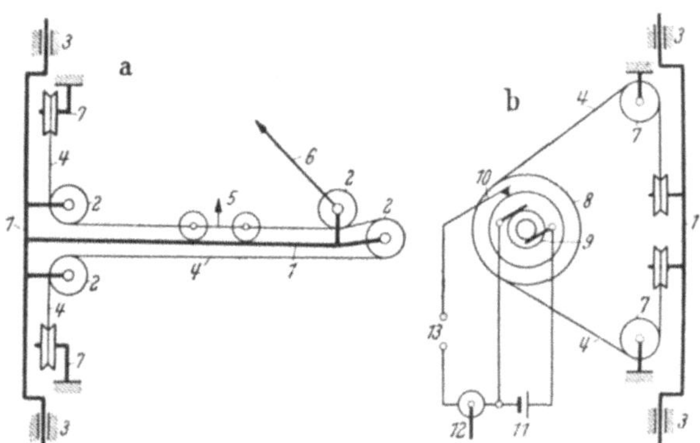

Abb. 151. Schema des Schreibwerks des „Micromax R" (Fa. Leeds & Northrup): *1* Traghebel für Zeiger und Schreiborgan, *2* Rollen, *3* Lagerung, *4* Drahtseil, *5* Wagen mit Schreibfeder, *6* Zeiger, *7* Rollen, *8* Seilscheibe mit Schleifdraht, *9* Schleifringe, *10* Schleifer, *11* Batterie, *12* Galvanometer, *13* Meßstelle

Rollen *2* genau in der Achse der Lager *3* verläuft. Das Kreisblatt mit 88 mm Schreibbreite läßt sich zum Auswechseln mit einem Handgriff von Zeiger und Schreiborgan befreien. Auf der Scheibe *8* ist der Schleifdraht kreisförmig angeordnet. Seine Enden sind über Schleifringe *9* zur Batterie *11* geführt. Vom Schleifer *10* führt eine Verbindung über die Meßstelle *13* zum Galvanometer *12*, dessen Zeiger von dem bereits an Hand von Abb. 149 erläuterten Mechanismus abgetastet wird, der die Scheibe *8* und damit auch den Zeiger und das Schreiborgan entsprechend der Meßgröße einstellt.

Während der „Micromax" ein Kompensograph mit schrittweisem Abgleich ist, besitzt der „*Speedomax*", der ebenfalls von der Fa. Leeds & Northrup hergestellt wird, einen stetigen Abgleich [*193*]. Er arbeitet, z. B. bei einer Temperaturregistrierung mittels Thermoelementen, nach der in Abb. 152 schematisch dargestellten selbstabgleichenden Brückenschaltung [*194*]. Die Brücke wird von einer Batterie *2* gespeist und an dem Schleifdraht *6* abgeglichen. Die Speisespannung der Brücke wird automatisch konstant gehalten. Die Abgleicheinrichtung zur Steuerung des Schleifkontaktes besteht aus zwei Teilen: aus einer Zerhacker-Übertrager-Verstärker-Einheit *3*, *4* und *5* und aus dem Zweiphasenabgleichmotor *M*. Der Zerhacker *3* liegt in der waagerechten Brückendiagonalen in Reihe mit dem Thermoelement. Bei abgeglichener Brücke fließt in der Brückendiagonalen kein Strom, auf der Sekundärseite des Transformators *4* wird also keine Wechselspannung induziert, und der Motor *M* bleibt stehen. Steigt die EMK des Thermoelements, so fließt in der Brückendiagonalen ein Gleichstrom, der durch den Zerhacker und den Transformator in Wechselstrom von Netzfrequenz umgewandelt wird. Dieser wird von dem Verstärker *5* verstärkt und setzt den Motor *M*, z.B. mit Rechtslauf, in Bewegung. Ist der Abgleich der Brücke erreicht, so bleibt der Motor stehen. Sinkt die EMK des Thermoelements, so wird in gleicher Weise ein um 180° gegen den ersten verschobener Wechselstrom erzeugt, der den Motor *M* so lange in Linkslauf versetzt, bis die Brücke abgeglichen ist. Vom Motor *M* wird auch die Schreibfeder durch einen nicht gezeichneten Mechanismus mit einem Seilzug über den 272 mm breiten ablaufenden Streifen geführt, den ein zweiter Motor oder ein Uhrwerk mit einem Vorschub von 150 mm/h bewegt. Die Abgleichung der Brücke und damit die Einstellung der Schreibfeder erfolgt schnell

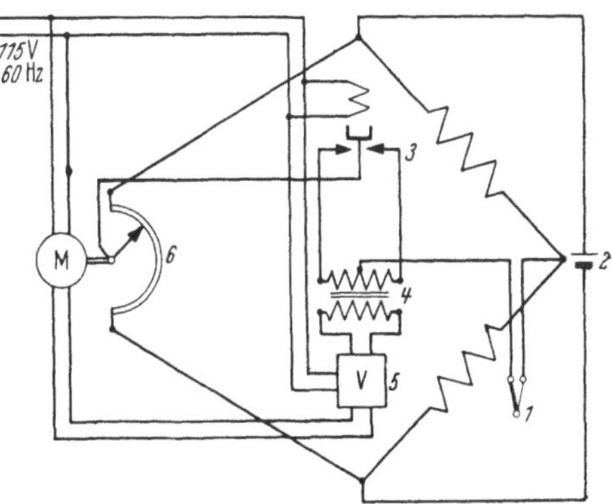

Abb. 152. Schaltschema des „Speedomax" (Fa. Leeds & Northrup): *1* Thermoelement, *2* Batterie, *3* Zerhacker, *4* Transformator, *5* Verstärker, *6* Schleifdraht, *M* Verstellmotor

und kontinuierlich. Das Schreiborgan läßt sich in 2 s über die gesamte Papierbreite bewegen. Der „Speedomax“ ist deshalb besonders zur Aufzeichnung schnell veränderlicher Vorgänge, z. B. zur Temperaturregistrierung in Verbindung mit Gesamtstrahlungspyrometern, geeignet. Er wird auch für die gleichzeitige Aufzeichnung von Temperaturen an mehreren, bis 16 Meßstellen ausgeführt; die Registrierdauer für eine Meßstelle beträgt dann normalerweise 1 s. Hierbei wird eine Sechsfarben-Punktregistrierung mit Typenrad und einem vom Antriebsmotor betätigten Mechanismus angewendet. Der Anzeigefehler des Gerätes wird mit 0,3% vom Skalenendwert angegeben. Das Gußgehäuse des Apparates hat dieselben Abmessungen wie das des „Micromax“.

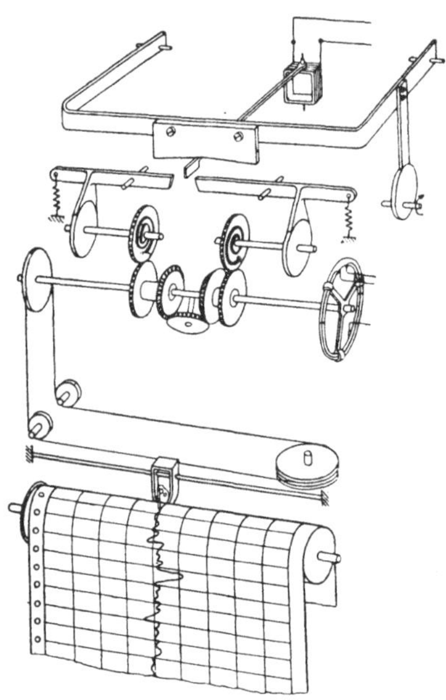

Abb. 153. Kompensograph mit Fallbügelabgleichung (Fa. Siemens & Halske)

Abb. 153 zeigt einen früher von der Fa. Siemens & Halske hergestellten *Kompensograph mit Fallbügelabgleichung.* Durch einen kleinen Synchronmotor, der auch den Papiervorschub besorgt, wird die rechts gezeichnete Exzenterscheibe gedreht. Hierdurch legt sich der Fallbügel periodisch auf den Zeiger des hochempfindlichen Drehspulinstruments. Fließt durch dieses kein Strom, so steht der Zeiger frei zwischen den beiden unter ihm angeordneten Hebeln, die in horizontalen Achsen drehbar gelagert sind. Unter diesen Hebeln befinden sich zwei durch Spiralfedern angedeutete Federlaufwerke, die durch ein Differentialgetriebe mit der langen waagerechten Welle gekuppelt sind. Die beiden Federlaufwerke werden durch einen kleinen Synchronmotor ständig unter Spannung gehalten. Die Welle trägt an ihrem rechten Ende den als Kompensationswiderstand dienenden Ringrohrwiderstand. Die Scheibe am linken Ende der Welle bewegt über ein feines Drahtseil und eine Rollenführung die Schreibfeder in einer waagerechten Bahn. Schlägt der Zeiger des Drehspulinstruments nach rechts oder links aus, so gibt der Fallbügel über den Zeiger die rechte oder linke Bremse frei. Das Druckblech ist derart geformt, daß die Freigabezeit um so länger ist, je größer der Meßwerkausschlag ist. Das freigegebene der beiden Federwerke verstellt über das Differentialgetriebe den Ringrohrwiderstand und die Schreibfeder so lange, bis der Ausschlag des Meßwerks Null ist. Bei größeren Abweichungen vom Kompensationsgleichgewicht sind unter Umständen mehrere Abgleichschritte notwendig.

Bei einem anderen, ebenfalls früher von der Firma Siemens & Halske hergestellten *Kompensograph mit stetigem Abgleich* wird an Stelle des Meßwerks ein sog. *Nullmotor* verwendet [*195*]. Das Gerät ist an Hand

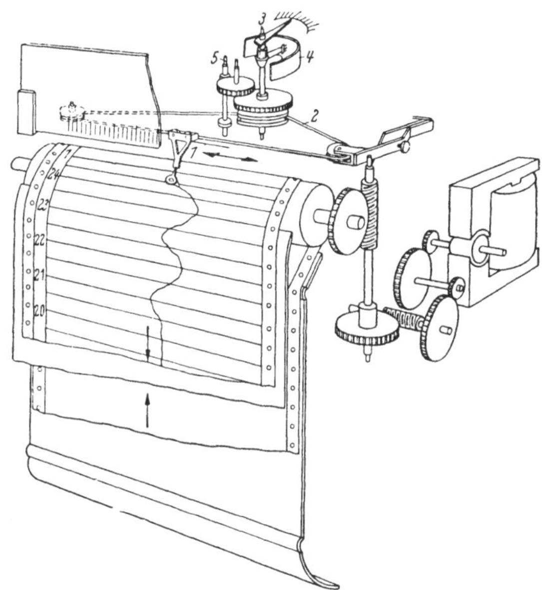

Abb. 154. Kompensograph mit Nullmotor (Fa. Siemens & Halske): *1* Leitdraht, *2* Übertragungsband, *3* Achse, *4* Schleifdraht, *5* Achse des Nullmotors

von Abb. 154 erläutert. Die Schreibfeder ist mit zwei Röllchen auf einem Leitdraht *1* gelagert und wird durch das Band *2* eingestellt. Dieses ist um eine Scheibe geschlungen, die mit einer Schleifbürste als Widerstandabgriff zusammen auf einer gemeinsamen Achse *3* sitzt. Die Schleifbürste bildet den Abgriff eines Schleifdrahtwiderstandes *4*. Mit der Achse ist über Zahnräder die Welle *5* eines nicht gezeichneten Nullmotors gekoppelt. Dies ist ein Induktionszähler-Meßwerk mit einem scheibenförmigen Läufer, der sich im Luftspalt zweier Triebsysteme bewegen kann. Solange ein Strom durch den Nullmotor fließt, dreht sich dieser im Links- bzw. Rechtslauf und verstellt die Schleifbürste *4* bis zum Abgleich der Brücke. Die zu registrierende Größe kann je nach der Schaltung des Nullmotors ein Strom, eine Spannung, Leistung oder Phasenverschiebung sein. Der Nullmotor läuft um so schneller, je größer die Abweichung vom Brückengleichgewicht ist. Hierdurch ergeben sich wesentlich geringere Einstellzeiten als bei den Kompensographen mit schrittweisem Abgleich. Die Kompensatoren mit Nullmotor sind zunächst zur Registrierung von Wechselstrom, -spannung, Wechselstromleistung oder

Phasenverschiebung geeignet. Sie lassen sich jedoch auch für Gleichstrommessungen verwenden. Hierbei muß allerdings der in der Brückendiagonalen fließende Gleichstrom durch einen Wechselrichter in einen Wechselstrom verwandelt und verstärkt werden, bevor er dem Nullmotor zugeführt wird.

Bei dem *Photozellenkompensograph* findet ein Spiegelgalvanometer als Nullindikator Verwendung. Das von einer Drehspule gesteuerte Lichtbündel fällt auf eine Photozelle, die über einen Verstärker, zwei Relais und einen Motor die Abgleichung der Meßbrücke mit Hilfe eines Schleifkontakt-Potentiometers bewirkt. Das Schaltschema eines solchen Kompensographen der Fa. Tagliabue ist in Abb. 155 wiedergegeben. Das hochempfindliche Spiegelgalvanometer *2* befindet sich im Strahlengang der Beleuchtungseinrichtung *1*. Das Lichtbündel wird von dem Galvanometerspiegel *3* auf eine Blende *4* gelenkt. Diese ist derart ausgebildet, daß sie das Licht teilweise auf die hinter der Blende angeordnete Photozelle *5* gelangen läßt, zum andern Teil aber von dieser fernhält. Die Photozelle steuert über einen Verstärker *6* und zwei empfindliche Relais *7*, eins für Rechtslauf, das andere für Linkslauf, den Motor *8*. Dieser betätigt den Schleifkontakt des Abgleich-Potentiometers *9* der Meßbrücke, in der das Galvanometer *2* als Nullinstrument geschaltet ist. Gleichzeitig stellt der Motor *8* über ein Seil *10* und Rollen *11* die Schreibfeder *12* ein. Bei abgeglichener Brücke ist das Galvanometer stromlos, und das Lichtbündel fällt etwa zur Hälfte auf die Photozelle *5*, wird aber zur anderen Hälfte von der Blende *4* zurückgehalten. Der Verstärker ist nun derart eingestellt, daß in diesem Zustand der Verstellmotor in Ruhe verharrt. Wird das Lichtbündel etwas nach oben oder unten ausgelenkt, so spendet die Photozelle mehr bzw. weniger Strom, der Verstärker liefert eine positive bzw. negative Ausgangsspannung und veranlaßt über eins der

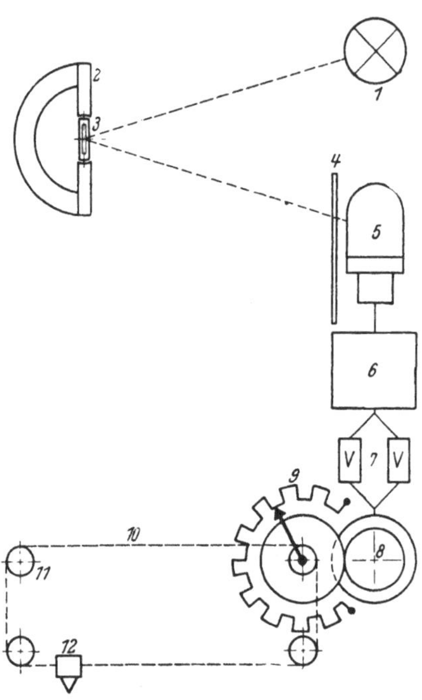

Abb. 155. Photoelektrischer Kompensationsschreiber (Fa. Tagliabue): *1* Lampe, *2* Spiegelgalvanometer, *3* Galvanometerspiegel, *4* Blende, *5* Photozelle, *6* Verstärker, *7* Relais, *8* Motor, *9* Kompensationswiderstand, *10* Seil, *11* Rollen, *12* Schreibfeder

beiden Relais den Motor zum Rechts- bzw. Linkslauf. Die ganze Meßeinrichtung ist in einem verhältnismäßig kleinen Gehäuse eingebaut. Der Apparat wird ebenfalls als Mehrfachschreiber ausgeführt, wobei die verschiedenen Meßstellen nacheinander abgetastet werden.

Einen mit *induktiver Übertragung* arbeitenden Kompensationsschreiber baut die Fa. Hays. Das Gerät (s. Abb. 156) wird hauptsächlich als Durchfluß- bzw. Differenzdruckschreiber in Verbindung mit einem

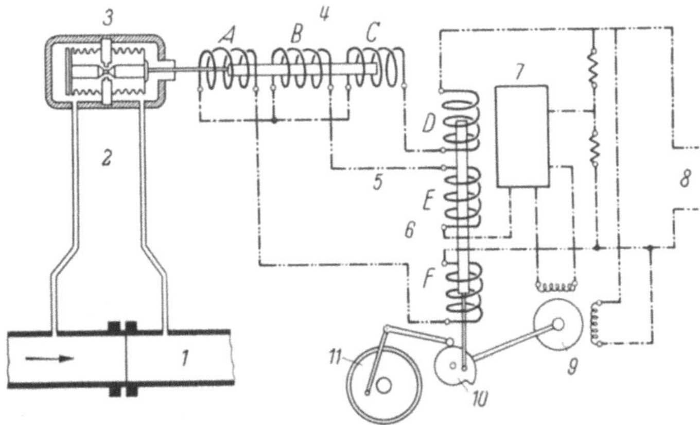

Abb. 156. Schema eines Kompensationsdurchflußschreibers mit induktivem Folgesystem (Fa. Hays): *1* Normblende im Meßrohr, *2* Differenzdruckleitungen, *3* Differenzdruckbalgmanometer, *4* verschiebbarer Induktionskern mit Erregerspulen *A* und *C* und der Suchspule *B*, *5* Fernleitungen, *6* Induktionsfolgekern mit Erregerspulen *D* und *F* und der Suchspule *E*, *7* Verstärker, *8* Wechselspannungsversorgung, *9* Folgemotor, *10* Kurvenscheibe, *11* Übertragungsgestänge, Schreiborgan und Schreibblatt

Differenzdruckbalgmanometer (Transmitter) *3* verwendet. Dieses verstellt einen Induktionskern *4*, der von den Spulen *A*, *B* und *C* umgeben ist. Das Folgesystem enthält den Induktionskern *6*, der von den Spulen *D*, *E* und *F* umgeben ist und von dem Motor *9* verstellt wird. Die Spulen *A*, *C*, *D* und *F* liegen als Erregerspulen in Reihe und werden von der Spannungsquelle *S* gespeist. Die Erregerspulen haben jeweils entgegengesetzten Wicklungssinn. Die Suchspulen *B* und *E* sind gegeneinandergeschaltet und liegen in Reihe am Eingang des Verstärkers *7*, dessen Ausgangsspannung den Stellmotor *9* antreibt. Stimmt die Stellung des Induktionskerns des Transmitters mit derjenigen des Folgesystems überein, so ist die Eingangsspannung am Verstärker Null, und der Motor bleibt stehen. Weichen sie jedoch voneinander ab, so führt der Kompensationsmechanismus den Abgleich herbei. Der Stellmotor bedient gleichzeitig über die Kurvenscheibe *10* den Schreibzeiger *11* des Kreisblattschreibers. Der kleinste Meßbereich des Gerätes beträgt 50 mm WS.

Von allen Kompensographen genießt heute der *elektronische Kompensationsschreiber* das größte Ansehen. Sein Aufbau und seine Arbeitsweise wurden im Prinzip bereits auf S. 54 erläutert. Elektronische Kompensographen stellen Spitzenerzeugnisse der Meßgerätefabrikation dar. Sie werden in den mannigfaltigsten Varianten und Bauarten heute von vielen Herstellerfirmen in großen Stückzahlen produziert und in Technik und Wissenschaft für die verschiedensten Registrieraufgaben eingesetzt [*196* bis *200*]. Beispielsweise sei die Aufzeichnung folgender Größen aufgezählt: Temperatur in Verbindung mit Thermoelementen, Widerstandsthermometern oder Strahlungspyrometern; elektrische Leitfähigkeit mit

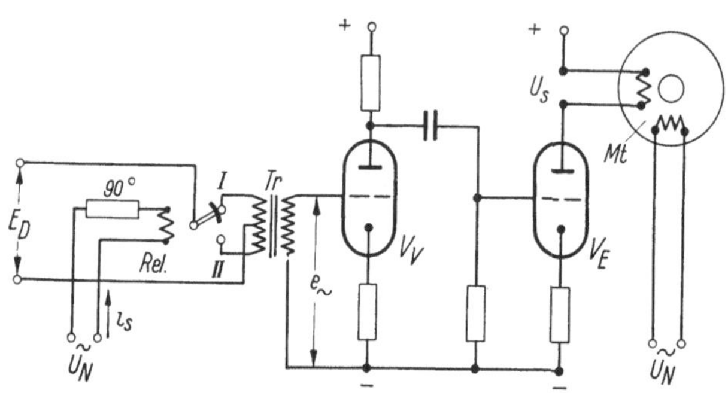

Abb. 157. Prinzipschaltbild eines Nullmotorkreises: *Rel* polarisiertes Relais als Wechselrichter mit dem Steuerstrom i_s, 90° gegen U_N phasenverschoben, U_N Netzspannung (50 Hz), T_r Übertrager, V_v Vorverstärker, V_E Endstufe, *Mt* Nullmotor. Die Diagonalspannung E_D wird in die Wechselspannung $e_\sim$ umgewandelt, verstärkt und der Steuerwicklung des Motors zugeführt

Leitfähigkeitsmeßzellen; absolute Feuchtigkeit mit LiCl-Feuchtigkeitsgebern; pH-Wert mit Glas- oder Kalomelelektrodenketten; Gas- oder Flüssigkeitsdruck mit Druckgebern; Gas- oder Flüssigkeitsdurchfluß mit Normblenden und Differenzdruckgebern; Gewicht, Druck- oder Zugkraft mit Druck- oder Zugkraftmessern; mechanische Dehnung mit Dehnungsmeßstreifen; mechanische Schwingungen mit elektrodynamischen Gebern; α-, β- oder γ-Strahlintensitäten mit Zählrohren oder Ionisationskammern; O_2-Konzentration mit paramagnetischen Meßzellen; CO_2- oder SO_2-Konzentrationen mit Wärmeleitfähigkeitsmeßzellen; Lichtstrom mit Photozellen, -elementen oder -widerständen, z.B. in Verbindung mit UR-Spektrographen; Rauchdichte oder Flüssigkeitstrübung mit lichtelektrischen Wandlern; Netzfrequenz mit nicht-ohmschen Netzwerken u.a.m. Elektronische Kompensationsschreiber sind überall dort angebracht, wo Messungen höchster Genauigkeit verlangt werden und wo der Meßwertfühler nur eine geringe Leistung zur Verfügung stellt. Werden sie als Betriebsmeßgeräte eingesetzt, so genügen sie höchsten Anforderungen, da sie zuverlässig und störungsfrei sind. Vor allen Dingen sind die Geräte gegen Erschütterungen unempfindlich, weshalb sie auch des öfteren als „Meßmaschinen“ bezeichnet werden. Die Wartung beschränkt sich auf das Auswechseln des Papiers und das Nachfüllen der Schreibfarbe sowie auf ein gelegentliches Schmieren des Getriebes.

Die Fa. Leeds & Northrup verwandte bei ihren ersten Geräten als Wechselrichter Kohlemikrophone und zum Potentiometerabgleich Hauptschlußmotoren mit je einer Wicklung für Links- und Rechtslauf, die durch Thyratrons gesteuert wurden. KRÖNERT und MIETHING gaben als erste den Zerhackerverstärker an, der von GEYGER mit einem Induktionsmotor für den Nullabgleich kombiniert wurde.

Sämtliche Bauelemente müssen zuverlässig arbeiten und auch rauhe Betriebsverhältnisse vertragen. Ein *Wechselrichter* moderner Bauart (Fa. Hartmann & Braun — Siemens & Halske, s. Abb. 157) [*201*, *202*] besteht aus einem polarisierten Relais, das eine schwingende Zunge geringer Masse bei guter Dämpfung besitzt und so ein symmetrisches und prellfreies Schalten gewährleistet. Der Wechselrichter wird vom Netz angetrieben und wandelt die Gleichspannung der Brückendiagonalen in eine Wechselspannung von Netzfrequenz um. Das geschieht in der Weise, daß die Kontaktzunge den einen Pol der Meßspannung abwechselnd mit den beiden Enden der Primärwicklung eines Transformators verbindet, während dessen Mittelanzapfung an dem anderen Pol der Meßspannung liegt. Während des Umschaltens wird die Primärwicklung kurzzeitig kurzgeschlossen. Bei modernen Instrumenten werden als Wechselrichter bisweilen auch Schwingkondensatoren oder magnetische Modulatoren verwandt.

Die vom Wechselrichter erzeugte Spannung wird dem *Röhrenverstärker* zugeführt. Dieser besteht im allgemeinen aus einem zweistufigen Vorverstärker und einer kräftigen Leistungsendstufe. Der Spannungsverstärkungsgrad beträgt etwa 10^7. Der Verstärkerteil wird meist als geschlossene Baueinheit ausgeführt, die mit Steckerkontakten versehen ist und im Schreiber leicht ausgetauscht werden kann. Oft findet man den Verstärkerteil mit Federn im Schreiber aufgehängt, um mechanische Erschütterungen zu dämpfen. Mitunter sind im Verstärker ausschließlich Röhren eines einzigen Typs verwendet, um das Auswechseln zu erleichtern. Auf jeden Fall werden handelsübliche technische Röhren langer Lebensdauer verwendet.

Der *Nullmotor* soll ein hohes Drehmoment und ein kleines Trägheitsmoment besitzen. Er ist meist ein zweiphasiger Induktionsmotor (s. Abb. 158), dessen eine Phase vom Netz gespeist wird, während die andere Phase am Verstärkerausgang liegt und infolge eines Phasendrehgliedes, das vor dem Wechselrichter liegt, eine Phasenverschiebung von 90° gegenüber der Netzphase besitzt. Der Verstärker ist derart bemessen, daß der Motor bei einer Spannung von wenigen μV am Verstärkereingang anläuft. Bei höherer Eingangsspannung ist das Motordrehmoment dieser etwa proportional. Bei hoher Eingangsspannung verhindert eine Begrenzung die Übersteuerung von Verstärker und Motor. Zur schwingungsfreien Einstellung des Schreiborgans reicht die Wirbelstromdämpfung des Motors nicht aus. Es müssen deshalb besondere Dämpfungsorgane vorgesehen sein. Meist sitzt auf der Welle des Stellmotors ein kleiner Tachogenerator, dessen drehzahlproportionale Spannung zum Teil als Gegenspannung auf den Verstärkereingang zurückgeführt wird. Die Firmen Hartmann & Braun — Siemens & Halske machen statt dessen Gebrauch von einer sog. Dämpfungsreflexschaltung. Diese besteht aus einem elektrischen Netzwerk, das eine der Motordrehzahl proportionale Spannung auf den Verstärkereingang gegenkoppelt.

Das *Abgleichpotentiometer*, der wichtigste Baustein des Kompensators, ist in der Regel aus einer harten Edelmetallegierung gefertigt, um hohe

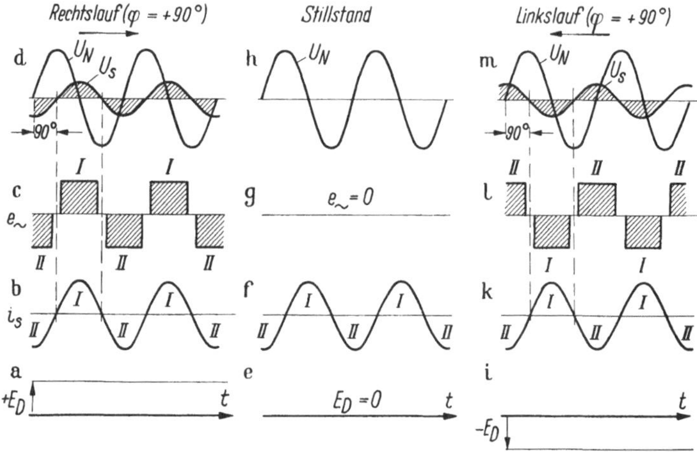

Abb. 158. Wirkungsweise einer phasenabhängigen Motorsteuerung: a, e, i: Diagonalspannung E_D; b, f, k: Relaissteuerstrom i_S. Den Halbwellen *I* und *II* entsprechen die Kontaktlagen *I* und *II* des Relais in Abb. 157. c, g, l: Wechselspannung $e_\sim$ am Verstärkereingang. d, h, m: Spannung U_N an der Netzwicklung und U_S an der Steuerwicklung

Verschleißfestigkeit und Korrosionsbeständigkeit zu erreichen. Das Material soll ferner eine sehr niedrige Thermospannung gegen Kupfer, keinen merklichen Übergangswiderstand zum Schleifer aus ähnlichem Werkstoff und einen kleinen Temperaturbeiwert besitzen. Das Potentiometer ist auf den zylindrischen Mantel eines Isolierkörpers gespannt. Zur Verminderung des Abriebs befindet sich das Meßpotentiometer mitunter in einer mit Öl gefüllten Dose. An die Linearität des Potentiometers werden hohe Anforderungen gestellt (Abweichungen $< 1\%$). Auf der Potentiometerachse können bei den meisten Ausführungen noch Folgepotentiometer für andere Meßbereiche oder zur Steuerung bzw. Regelung gewisser Vorgänge angebracht werden.

Die *Gleichspannungsspeisung* der Meßbrücke kann prinzipiell durch eine Trockenbatterie vorgenommen werden. Der geringeren Wartung wegen werden jedoch fast in der Regel Konstantspannungsquellen mit

Netzanschluß vorgesehen. Hier finden magnetische Wechselspannungskonstanthalter mit anschließender Gleichrichtung, besser jedoch hochwertige elektronische Konstantspannungsquellen oder Glimmröhrenstabilisatoren Verwendung. Durch eine Umschaltautomatik wird dafür gesorgt, daß die Speisespannung automatisch in bestimmten Zeitintervallen (etwa jede Stunde) auf den Sollwert eingestellt wird. Dies geschieht mit Hilfe der Abgleicheinrichtung selbst, indem die Speisespannung mit der EMK eines Normalelements verglichen wird. Der innere Aufbau und die Schaltung des Schreibers müssen, um eine ausreichende Störungsfreiheit zu erzielen, sehr sorgfältig durchgebildet sein. Auf gute elektrische und magnetische Abschirmung des Meßkreises muß großer Wert gelegt werden.

Das gesamte *Schreibwerk* ist auf einem Chassis montiert, das aus dem Gehäuse herausgeschwenkt werden kann. Alle Teile sind dann gut zugänglich. Das Gehäuse aus starkem Stahlblech ist entweder für Tafeleinbau oder für Wandbefestigung eingerichtet. Die Tür wird durch eine Gummiwulst gegen den Gehäuserand abgedichtet, um das Innere gegen Staub und Spritzwasser zu schützen. Die Schreib- bzw. Druckwerke wurden bereits auf S. 23 beschrieben. Von den verschiedensten Herstellerfirmen werden elektronische Kompensationsschreiber als Linienschreiber, als 2-, 3-, 6-, 8-, 12- oder 24fach-Punktschreiber, ausgerüstet mit Registrierstreifen von 250 mm nutzbarer Breite (im Ausland sind auch andere Streifenbreiten zwischen 180 und 310 mm gebräuchlich), oder als 1-, 2- und 4fach-Linienschreiber und 4fach-Punktschreiber, ausgerüstet mit Kreisblättern von 100 mm Schreibbreite, angeboten. Die Papierführung ist derart ausgebildet, daß das geschriebene Diagramm durch das Frontfenster noch ein etwa 300 mm langes Stück verfolgt werden kann. Der Papiervorschub wird durch Synchronmotoren oder Uhrwerke mit elektrischem Aufzug über umschaltbare oder auswechselbare Stufengetriebe besorgt. Die Papiergeschwindigkeiten liegen bei Bandschreibern zwischen 5 und 19000 mm/h bzw. 1 U/24h bei Kreisblattschreibern.

Der kleinste erreichbare Meßbereich liegt bei 1 mV, der geringste Meßfehler bei $\pm$ 0,2% des Skalenendwertes und die geringste Einstellunsicherheit bei $\pm$ 0,1% des Skalenendwertes. Die Meßbereiche können durch Austausch des Meßpotentiometers oder durch Auswechseln von Widerstandsspulen nahezu beliebig erweitert werden [*203*]. Ebenso läßt sich der Nullpunkt unterdrücken oder beliebig verschieben. Vielfach ist das Anzeigeorgan mit Regeleinrichtungen (2-Punkt- bzw. Proportionalregelung) gekoppelt, oder der Anbau solcher ist vorgesehen. Bei Bandlinienschreibern beträgt die Zeit, während der das Schreiborgan die gesamte Schreibbreite überstreicht, günstigstenfalls 1 s, bei Kreisblattlinienschreibern einige s. Bei Mehrpunktdruckern mit Registrierstreifen werden die einzelnen Punkte in Zeitabständen von 2 s oder mehr aufgezeichnet, bei Kreisblattdruckern alle 5 s.

Abb. 159 zeigt die Ansicht des elektronischen 12-Punkt-Kompensationsschreibers der Firmen Hartmann & Braun — Siemens & Halske, Abb. 160 einen amerikanischen Band- und einen Kreisblattschreiber.

Abb. 159. Zwölfkurvenkompensationspunktdrucker (Fa. Hartmann & Braun-Siemens & Halske)

In Amerika, neuerdings auch in Europa [204], werden *X-Y-Schreiber* gebaut, deren Schreiborgan in beiden Koordinatenrichtungen durch elektronische Kompensationseinrichtungen gesteuert wird. Die feststehende Papierbahn hat z. B. die Abmessungen 450 × 750 mm. Die maximale Schreibgeschwindigkeit beträgt 375 mm/s, und die Aufzeichnungsfehler betragen maximal ± 0,2% der Skalenendwerte.

Die zeitliche Punktfolge der elektronischen Mehrfachpunktdrucker wird nicht zuletzt durch die Trägheit der mechanisch zu bewegenden Teile der Kompensations- und Schreibeinrichtung begrenzt. Die untere Grenze liegt prinzipiell bei etwa einigen Zehntel s. Keinath hat einen Kompensationsschreiber angegeben, bei dem die Punktfolge erheblich schneller ist. Mit einem solchen Gerät lassen sich selbst rasch veränderliche Größen nahezu lückenlos registrieren. Auch ist es möglich, eine Vielzahl von Meßgrößen mit einem einzigen derartigen Gerät auf einem gemeinsamen großen Diagrammblatt zu notieren. Der Keinath-*Kompensograph* oder „*Sweep Balance Recorder*", wie ihn Keinath bezeichnet [*205, 206*], soll an Hand von Abb. 161 beschrieben werden. Im Prinzip stellt das Gerät eine Wheatstonesche Brücke dar, die von einer Batterie über einen Vorwiderstand gespeist wird. Die Brückenwiderstände werden aus den beiden durch den Schleifkontakt *5* gebildeten Teilen des Schleifdrahtes *6*, dem rechten oberen Festwiderstand und, z.B. im Fall der Temperaturmessung mittels eines Widerstandsthermometers, aus dem Meßwiderstand *1* gebildet. In der senkrechten Brückendiagonalen liegt ein Galvanometerrelais mit den beiden Kontakten *2* und *3*. Das Schreiborgan *7* ist mit dem Schleifkontakt *5* mechanisch verbunden. Der Schleifkontakt wird periodisch mittels einer Spindel oder dergleichen sehr rasch

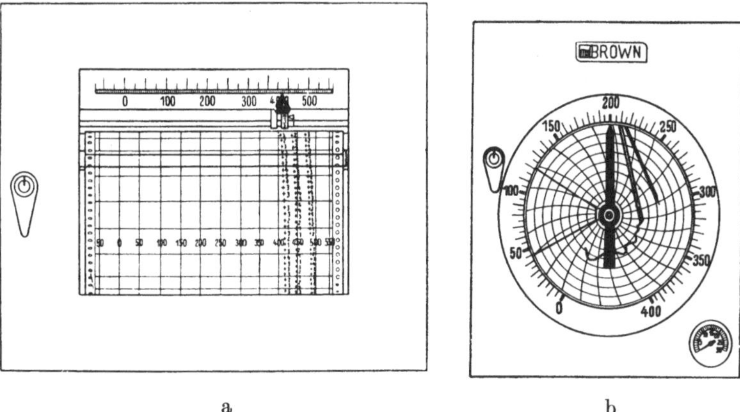

Abb. 160a u. b. Elektronischer Kompensationsschreiber (Fa. Brown): a) mit ablaufendem Streifen, b) mit Kreisblatt

durch den Motor *8* entlang dem Schleifdraht *6* hin- und herbewegt. Das mit einer Metallspitze *7* versehene Schreiborgan überstreicht dabei ständig in geringer Entfernung den ablaufenden, 250 mm breiten Registrierstreifen *9*. Steht der Schleifkontakt ganz links, dann liegt die Relaisfahne am Kontakt *2*, und der Kondensator *4* wird von der 300-V-Batterie aufgeladen. Bei der Bewegung des Schleifers nach rechts nimmt der Galvanometerstrom ab und wird im Abgleichpunkt der Brücke Null. Dann legt sich die Relaisfahne plötzlich an den Kontakt *3*, wodurch sich der Kondensator *4* über den Schreibstift *7* entlädt, da die Gegenelektrode des Kondensators *4* mit der Papiertransportwalze verbunden ist. Als Registrierpapier findet ein Funkenregistrierpapier, ein Elektrolytpapier oder das Teledeltospapier Verwendung. Das Spiel wiederholt sich sehr

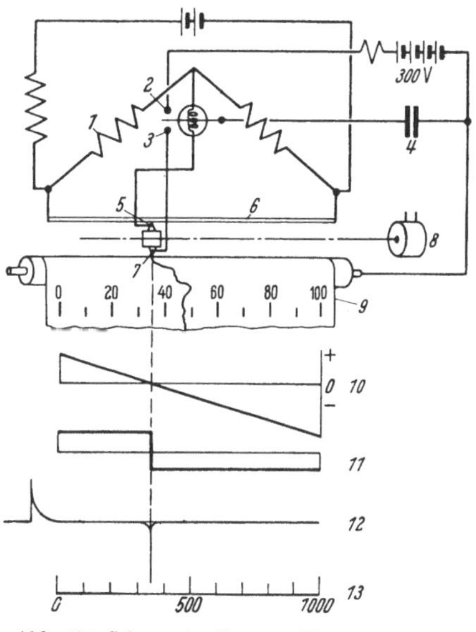

Abb. 161. Schema des KEINATH-Kompensationsschreibers: *1* Meßwiderstand, *2*, *3* Kontakte, *4* Kondensator, *5* Schleifkontakt, *6* Schleifdraht, *7* Schreiborgan, *8* Motor, *9* Registrierstreifen, *10* Strom im Nullrelais, *11* Relaisstellung, *12* Lade- und Entladestrom von *4*, *13* Zeitmaßstab in ms

rasch, und es entsteht auf diese Weise auf dem ablaufenden Streifen in Form einer Brandspur ein nahezu lückenloser Linienzug als Schaubild der Meßgröße. In *10* ist der Spulenstrom des Galvanometerrelais und in *11* dessen Stellung aufgetragen. In *12* ist links der Ladestrom, in der Mitte der Entladestrom des Kondensators *4* dargestellt, und *13* gibt den Zeitmaßstab in ms an. Diese Registriermethode, die der zeilenweisen Abtastung eines Fernsehbildes oder der Faksimileübertragung ähnlich ist, läßt sich zur Registrierung der verschiedensten Meßgrößen verwenden. Bei Temperaturregistrierung mit einem Thermoelement z. B. tritt an Stelle des Meßwiderstandes *1* ein weiterer Festwiderstand, während die zu registrierende Spannung in Reihe mit dem Galvanometerrelais in die senkrechte Brückendiagonale gelegt wird. Durch Einbau von automatisch bestätigten Schaltern, ähnlich wie bei den bereits beschriebenen Mehrfachschreibern, kann man z. B. bis zu 144 Meßstellen in 72 Diagrammen von je 63 × 28 mm teils neben-, teils untereinander auf einem endlosen Band gleichzeitig registrieren. Hierbei treibt ein Motor sowohl das endlose Registrierpapier als auch die Potentiometer, und ein zweiter bewegt den Schreibstift quer zur Ablaufrichtung des Papiers. Als Registrierfläche findet entweder ein Trommelblatt auf einem größeren Zylinder oder ein endloses Band, das mit einer Geschwindigkeit von z. B. 100 mm/s über zwei Walzen läuft, Verwendung. Man kann mit einem solchen Instrument z. B. 72 Quarzkristalle gleichzeitig untersuchen und Frequenz und Leistung als Funktion der Temperatur registrieren. Das endlose Registrierband ist hierzu in seiner Querrichtung in 4 und in seiner Längsrichtung in 18 Felder eingeteilt. Durch Verwendung von verzögerungsarmen elektronischen Relais an Stelle der Galvanometerrelais wurde die Anordnung gelegentlich derart verbessert, daß 48 Aufzeichnungen in 48 Einzeldiagrammen bei einer Abtastperiode von 5 s für das gesamte Feld registriert werden konnten. Bezüglich der Grenze der Registriergeschwindigkeit ist Keinath der Meinung, daß es gelingen müsse, 100 Messungen/s auszuführen. Es ist nämlich ohne weiteres möglich, innerhalb von 0,1 ms den einzelnen Nullabgleich zu notieren. Darf die Messung mit 1% Fehler behaftet sein, so beträgt die Meßzeit also 10 ms. Die sich so ergebende Registriergeschwindigkeit beträgt etwa das 100fache der Registriergeschwindigkeit moderner Linienschreiber und das 1000fache der Registriergeschwindigkeit von Fallbügelschreibern.

4. Schreiber mit Verstärker

Sehr kleine, insbesondere rasch veränderliche Spannungen und Ströme können meist nicht ohne weiteres von einem Registrierinstrument aufgezeichnet werden, da dessen Empfindlichkeit bei genügend geringer Einstellzeit nicht ausreicht. Die während der letzten Jahrzehnte erzielten außerordentlichen Fortschritte der Verstärkertechnik sind hier den Forderungen der Registriertechnik zu Hilfe gekommen und haben sich vorteilhaft ausgewirkt. Die Elektronenröhre hat als Verstärkerelement breiteste Verwendung gefunden. Es wurde eine ganze Reihe von Röhrenverstärkertypen entwickelt, die gestatten, Gleich- oder Wechselströme bzw. -spannungen derart zu verstärken, daß sie von robusten elektrischen Registrierinstrumenten aufgezeichnet werden können. Die Verstärker werden oft als Geräteeinheiten gebaut, die unter Berücksichtigung gewisser Anpassungsbedingungen einfach zwischen Meßelement und Schreiber geschaltet werden können. Bisweilen findet man Röhrenverstärker zusammen mit Schreibern in gemeinsamen Gehäusen. Bei der Besprechung der direktschreibenden Schnellregistrierinstrumente wurden bereits solche Geräte beschrieben. Es bleibt im Rahmen dieses Buches leider kein Raum, um die verschiedenen Arten von *elektronischen Verstärkern*, insbesondere der *Vorsatzverstärker*, zu besprechen und an Hand von Beispielen zu erläutern. Ebensowenig können alle Aufgaben aufgezählt werden, bei denen Registrierungen mit Vorverstärkung erfolgreich durchgeführt werden konnten; es seien z. B. genannt: Messungen geringer Temperaturänderungen mit Thermoelementen oder Widerstandsthermometern, pH-Messungen, polarographische Analysen [*207* bis *209*], Messung kleiner Leitfähigkeitsänderungen [*210*], Strahlungsmessungen mittels Ionisationskammern oder Zählrohren, massenspektrographische Analysen, Dehnungsmessungen mittels Widerstandsdehnungsmeßstreifen [*211*], Erschütterungsmessungen mittels geeigneter Aufnehmer, Messungen mittels Radiometern und Photometern [*212*], Wägungen [*213* bis *217*] usw. [*218* bis *220*]. Wir wollen jedoch nicht darauf verzichten, diejenigen Verstärker zu beschreiben, bei denen die Schreibeinrichtung einen Teil des Verstärkers darstellt bzw. bei denen das Registrierorgan derart mit dem Verstärker verbunden ist, daß jedes der beiden Teile für sich nicht funktionsfähig wäre. Zu diesen Geräten zählen die Nachlauf- oder auch Folgeschreiber und die Kompensationsverstärker [*221*, *222*] im Gegensatz zu den zuvor erwähnten Vorverstärkern.

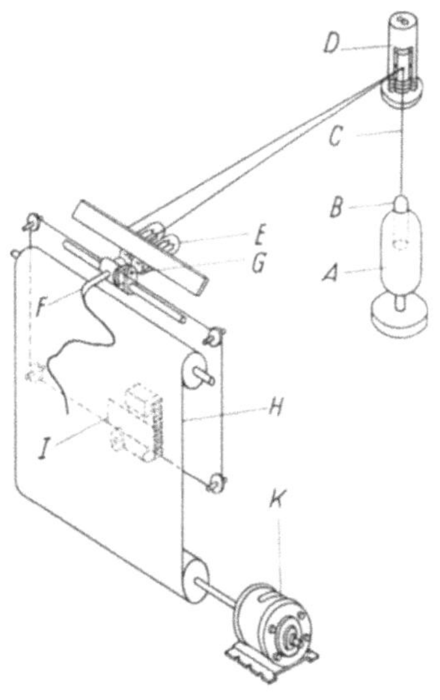

Abb. 162. Lichtnachlaufschreiber (Fa. Beckman): *A* Lichtquelle, *B* Linse, *C* Lichtstrahl, *D* Galvanometer, *E* Photozellen, *F* Schreibfeder, *G* Schlitten, *H* Schreibstreifen, *I* Servomotor, *K* Motor

Der *Lichtnachlaufschreiber („Photopen Recorder")* wurde von der Fa. Beckman entwickelt [*223*]. Seine Wirkungsweise soll an Hand von Abb. 162 erläutert werden. Zwei Photozellen E sind nebeneinander auf einem Schlitten G angebracht, der auch gleichzeitig die Schreibfeder F trägt. Der Schlitten kann auf einer Führungsstange gleiten und wird von einem Motor J, der für Rechts- und Linkslauf eingerichtet ist, mit einem Seilzug verstellt. Die Feder schreibt auf einem etwa 250 mm breiten ablaufenden Papierstreifen H, der vom Motor K mit einer Geschwindigkeit zwischen 800 und 3200 mm/h angetrieben wird. Ein Lichtbündel C fällt von einer Beleuchtungseinrichtung über die Projektionsoptik B auf den Spiegel eines Galvanometers D und wird von dort zu den Photozellen E reflektiert. Diese vermögen über eine Röhrenschaltung und Relais den Steuermotor in Rechtslauf oder Linkslauf zu schalten, je nachdem, ob die eine oder andere Photozelle stärker beleuchtet wird. Werden die Photozellen symmetrisch angestrahlt, so bleibt der Steuermotor in Ruhe. In dieser Stellung entspricht die Lage der Schreibfeder dem Ausschlag des Galvanometers. Ändert sich dieser, so folgt die Schreibfeder verhältnismäßig rasch. Der Schlitten benötigt etwa 2 s, um die gesamte Papierbahn zu überqueren. Der Verstärker besitzt Schaltelemente, die sowohl Pendelungen des Ausschlags als auch Übersteuerungen verhindern. Die Anordnung ist so empfindlich, daß noch Ausschlagsänderungen von 0,1 mm zur Anzeige gebracht werden. Das Gerät überträgt, wie beschrieben, den Lichtzeigerausschlag eines empfindlichen Spiegelgalvanometers in den Weg einer robusten Tintenfederschreibanordnung. Die dazu nötige Hilfsenergie wird durch die Nachlaufeinrichtung gesteuert. Das Gerät besitzt also sowohl hohe Empfindlichkeit als auch die Vorteile eines direkten Linienschreibverfahrens.

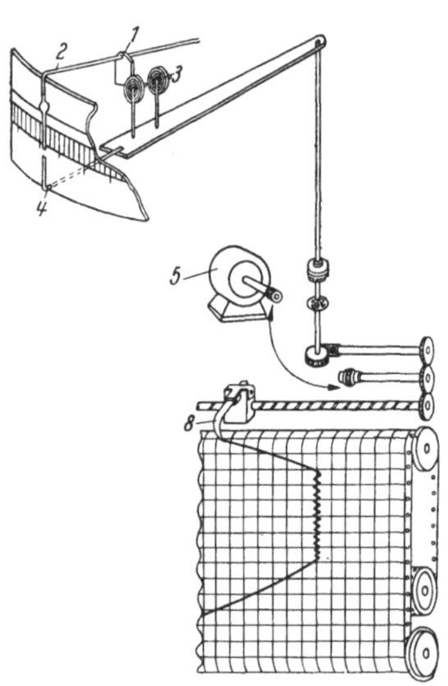

Abb. 163. Nachlaufschreiber mit induktiver Zeigerabtastung (Fa. Barber-Colman): *1* Aluminiumfahne, *2* Zeiger, *3* Induktionsspulen, *4* Folgezeiger, *5* Antrieb zu *4*, *8* Schreibfeder

In ähnlicher Weise arbeitet ein Gerät der Fa. Barber-Colman *(„Capacilog")*. An Stelle der photoelektrischen Abtastung des Galvanometerausschlags besitzt dieses Instrument jedoch eine *induktive Abtastung*. Die Wirkungsweise sei an Hand von Abb. 163 erläutert. Der Zeiger *2* des Registriermeßwerks, eines empfindlichen Zeigergalvanometers, trägt eine Aluminiumfahne *1*. *4* ist der Folgezeiger, der von einem Motor *5* mit Rechts-

und Linkslauf über ein Getriebe verstellt wird. Gleichzeitig stellt das Getriebe über eine Spindel den Schreibfederschlitten *8* ein, unter dem die 250 mm breite Papierbahn geführt wird. Der Folgezeiger trägt zwei Induktionsspulen *3* mit parallel zueinander stehenden Spulenflächen, deren eine von einem Röhrenoszillator mit konstanter Frequenz und Spannungsamplitude gespeist wird. Diese Spule induziert in der zweiten eine Spannung, deren Amplitude von der Stellung der Aluminiumfahne *1*, die sich zwischen den beiden Spulen hindurchbewegen kann, abhängt. Die induzierte Spannung wird verstärkt und über Relais dem Stellmotor zugeleitet. Der Folgemechanismus ist derart eingestellt, daß der Stellmotor stillsteht, wenn die Fahne zur Hälfte zwischen den beiden Spulen steht. Bewegt sich die Fahne nach rechts (Verringerung der Gegeninduktivität) bzw. nach links (Erhöhung der Gegeninduktivität), so wird der Motor auf Rechts- bzw. Linkslauf geschaltet. Die Ansprechempfindlichkeit liegt bei 0,1 mm Zeigerausschlag; das Schreiborgan kann in 20 s über die gesamte Papierbreite geführt werden. Das Gerät wird als 2-, 3- oder 6fach-Punktdrucker ausgeführt.

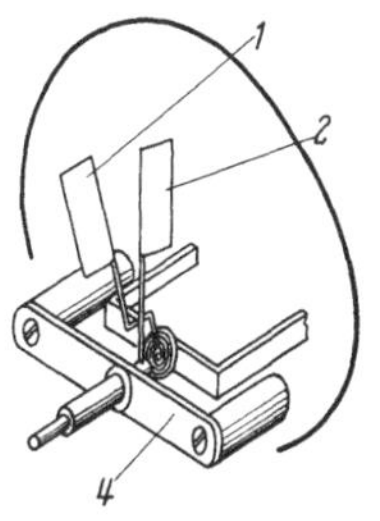

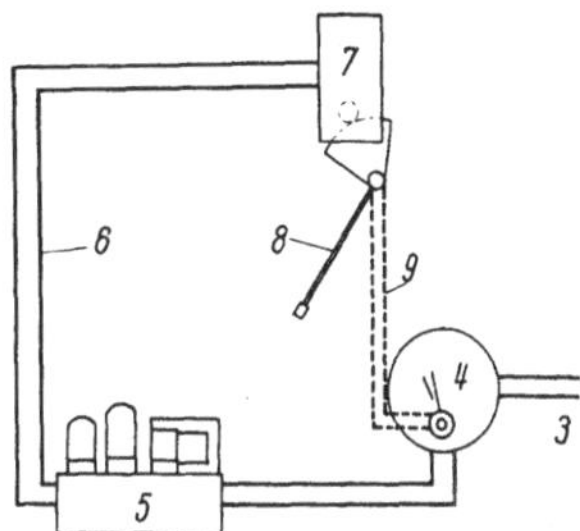

Abb. 164. Schematischer Aufbau des „Servograph" (Fa. Fielden): *1* Galvanometerfahne, *2* Folgefahne, *3* Eingangsgröße, *4* kapazitives Abtastorgan, *5* elektrisches Relais, *6* Verstärkerausgang, *7* Stellmotor, *8* Schreibzeiger, *9* mechanisches Koppelorgan

Der *Folgeschreiber „Servograph"* der Fa. Fielden (s. Abb. 164) arbeitet ebenfalls mit einem Galvanometer als Primärinstrument. Sein Zeiger trägt eine Leichtmetallfahne, die Elektrode eines veränderlichen Kondensators ist. Als Gegenelektrode wird eine ähnliche Fahne verwendet, die vom Stellmotor über ein Getriebe um dieselbe Drehachse wie die erste geschwenkt werden kann. Die beiden Kondensatorplatten werden vom Stellmotor auf konstantem Abstand gehalten. Der Stellmotor empfängt seine Befehle von einem elektronisch arbeitenden Relais und betätigt gleichzeitig den Schreibzeiger.

Das als Kreisblattschreiber (1 U/24 h; 275 mm ∅) gebaute Gerät wird als Linien- und 4fach-Punktschreiber ausgeführt, besitzt eine Einstellgeschwindigkeit von 5 bzw. 25 mm/s und hat einen kleinsten Meßbereich von 1 mA. Der maximale Anzeigefehler beträgt 1% vom Skalenendwert.

Die *Schreiber mit Kompensationsverstärker* werden mitunter fälschlicherweise zu den Kompensationsschreibern gezählt. Dies ist insofern unzutreffend, als die zu registrierende Größe im Augenblick der Aufzeichnung nicht vollständig kompensiert wird. Die Bezeichnung Kompensationsverstärker ist jedoch dadurch gerechtfertigt, daß die Geräte ausnahmslos stark gegengekoppelte Verstärker aufweisen und insofern deren Verstärkungsgrad relativ unabhängig von Alterungserscheinungen bzw. von Änderungen der Betriebsbedingungen ist. Den Meßfühlern wird nur eine geringe Energie entzogen.

In Abb. 165 ist der sog. *elektrodynamische Kompensograph* der Fa. C.G.S. Istrumenti di Misura, Monza, zur Registrierung der von einem Drehstromnetz mit ungleich belasteten Phasen abgegebenen Leistung dargestellt. An den Enden eines bei *4* drehbar gelagerten Waagebalkens sind zwei Spulen *5* befestigt, die über Widerstände oder Wandler an zwei verketteten Spannungen des Drehstromnetzes liegen. Dicht über und unter jeder der Spulen stehen zwei in Reihe geschaltete feste Spulen, die direkt oder über zwei Stromwandler in je eine Netzphase geschaltet sind. Das Drehmoment am Waagebalken ist proportional der dem Drehstromnetz entnommenen Leistung. Die Waage kann sich gerade so weit um ihre Achse *4* drehen, bis der mit dem Waagebalken durch einen Hebel verbundene Kontaktstift *2* einen der festen Kontakte *1* oder *3* berührt. Hierdurch kommt der Motor *11* mit seinem Triebwerk *12* in Rechts- oder Linkslauf und verschiebt mit der Spindel *9* den Federhalter *10* nach rechts oder links. In den Schlitz *7* des Federhalters greift mit einem gelagerten Röllchen *6* ein Winkelhebel *13* ein, der die mit dem Waagebalken verbundene Feder *8* spannt oder entspannt bis zum Gleichgewicht der Waage. Dann ist der Kontaktstift *2* wieder frei, und der Motor bleibt stehen; die Stellung der Schreibfeder *10* ist ein Maß für die dem Netz entnommene Leistung. Bei jeder Leistungsänderung wird durch die Betätigung des Motors über die Kontakte *1*, *2* und *3* der Schlitten *10* durch die Spindel *9* erneut so eingestellt, daß die Waage wieder ins Gleichgewicht kommt. Der ablaufende Registrierstreifen ist 190 mm breit, davon sind 150 mm nutzbar. Das Gerät wird auch als Phasenwinkelschreiber ausgeführt.

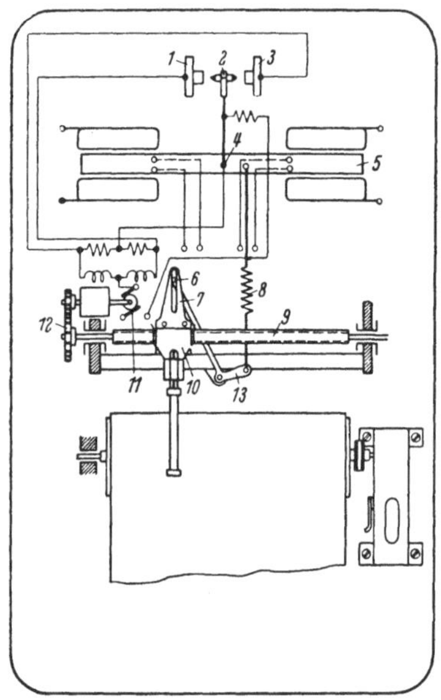

Abb. 165. Elektrodynamischer Kompensograph (Fa. C.G.S.): *1*, *2*, *3* Kontakteinrichtung, *4* Lagerung, *5* Spulen am Waagebalken, *6* Gleitrolle, *7* Gleitschlitz, *8* Spannfeder, *9* Spindel, *10* Schlitten mit Schreibfeder, *11* Motor, *12* Triebwerk, *13* Winkelhebel

Zur Aufzeichnung von Strömen und Spannungen bis hinab zu 0,25 μA bzw. 25 μV, die man früher nur mit Spiegelgalvanometern photographisch registrieren konnte, verwendet man häufig *lichtelektrische Verstärker* [*224* bis *226*]. Zur Erklärung ihrer Wirkungsweise sei eine Ausführung der Fa. Siemens & Halske beschrieben (s. Abb. 166). Die aufzuzeichnende Größe wird einem hochempfindlichen Spiegelgalvanometer zugeführt,

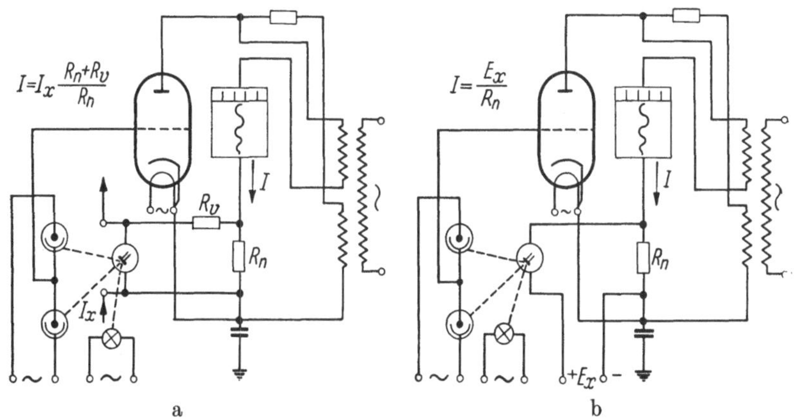

Abb. 166a u. b. Prinzip eines lichtelektrischen Verstärkers (Fa. Siemens & Halske): a) stromempfindliche (Saug-)Schaltung, b) spannungsempfindliche (Kompensations-)Schaltung

dessen System richtkraftarm spannbandgelagert ist. Der Spiegel wird von einer Glühlampe angestrahlt und reflektiert das Lichtbündel auf zwei dicht nebeneinander angeordnete Photozellen, die in einer Spannungsteilerschaltung liegen. Jede Änderung der Lage des Lichtbündels bewirkt, daß die eine Photozelle stärker, die andere schwächer beleuchtet wird, wodurch beide ihren Widerstand in entgegengesetztem Sinne ändern. Der Spannungsabgriff zwischen den beiden Photozellen liegt am Steuergitter einer Verstärkerröhre, die einen entsprechend verstärkten Strom in den angeschlossenen Schreiber und die Meßschaltung schickt. Bei der *stromempfindlichen Saugschaltung* (s. Abb. 166a) wird das Galvanometer stromlos, wenn die Bedingung $(I - I_x)\, R_n = I_x\, R_v$ erfüllt ist. Bei der *spannungsempfindlichen Kompensationsschaltung* (s. Abb. 166b) ruft der gleichgerichtete Schreiberstrom I am Widerstand R_v einen Spannungsabfall hervor, welcher der zu messenden Spannung entgegenwirkt und sie bei stromlosem Galvanometer kompensiert. Lichtelektrische Verstärker werden in stromempfindlicher und in spannungsempfindlicher Bauart hergestellt, in Sonderausführung auch umschaltbar für mehrere Meßbereiche. Der Eigenverbrauch der Instrumente liegt in der Größenordnung von $2 \cdot 10^{-13}$ W. Der maximale Anzeigefehler liegt bei 1,5% des Skalenendwertes. Obwohl die lichtelektrischen Verstärker empfindliche Geräte sind, haben sie sich als zuverlässige Betriebsgeräte bewährt. Ihr Stahlblechgehäuse ist zum Aufbau und Einbau eingerichtet. Verstärker und Schreiber werden in verschiedene Gehäuse eingebaut und können daher getrennt voneinander aufgestellt werden. Andere Firmen bauen lichtelektrische Verstärker, die lediglich mit einer Photozelle ausgerüstet sind. Die zweite Photozelle ist durch einen Festwiderstand ersetzt. In ihrer Funktion unterscheiden sich diese Geräte nicht von der beschriebenen Ausführung.

Ebenfalls mit einer Photozelle arbeitet der *lichtelektrische Gleichstromverstärker* der Fa. Tinsley (s. Abb. 167). Bei diesem Gerät kommt jedoch die Verstärkung auf eine andere Weise zustande. Es arbeitet mit einem Thyratron D als Verstärkerröhre. Die Photozelle Z, die je nach der Stellung des Spiegels des richtkraftarmen Galvanometers G von mehr oder weniger Licht getroffen wird, beeinflußt die Phasenlage der Gitterwechselspannung. Dies wird dadurch erreicht, daß die Photozelle, die einen von der Belichtung abhängigen ohmschen Widerstand repräsentiert, in Reihe mit einem Kondensator geschaltet ist und von einem Transformator gespeist wird. Der Spannungsabgriff zwischen Photozelle und Kondensator ist dann in der Phase von der Belichtung der Photozelle abhängig und steuert das Thyratron. Bei unbelichteter Photozelle ist, wie in Abb. 168a dargestellt, die Gitterspannung *3* um 180° gegenüber der Anodenspannung *1* verschoben, von der nur die positive Halbwelle gezeichnet ist. Die Gitterspannung bleibt bei dieser Phasenlage dauernd negativer als die kritische Gitterspannung *2*, bei der die Zündung erfolgen würde. Erhält jedoch die Photozelle mehr Licht (s. Abb. 168b), so wird ihr Widerstand kleiner, die Gitterspannung wird um den Betrag *6* gegen die Anodenspannung verschoben und dadurch im Punkt *5* positiver als die kri-

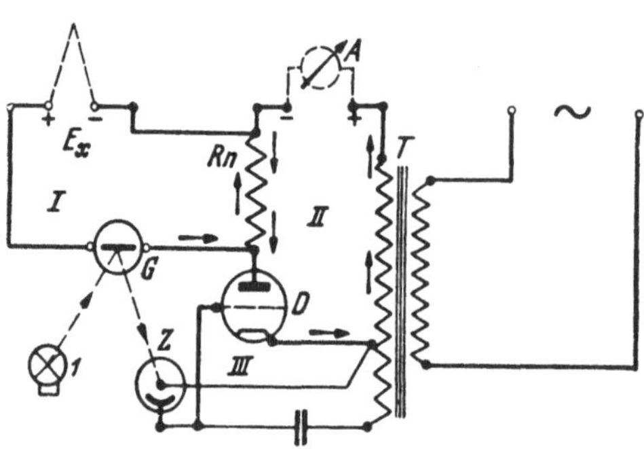

Abb. 167. Schaltung eines lichtelektrischen Gleichstromverstärkers (Fa. Tinsley): A Registrierinstrument, D Thyratron, G Galvanometer, E_x Thermoelement, R_N Normalwiderstand, T Transformator, 1 Lichtquelle

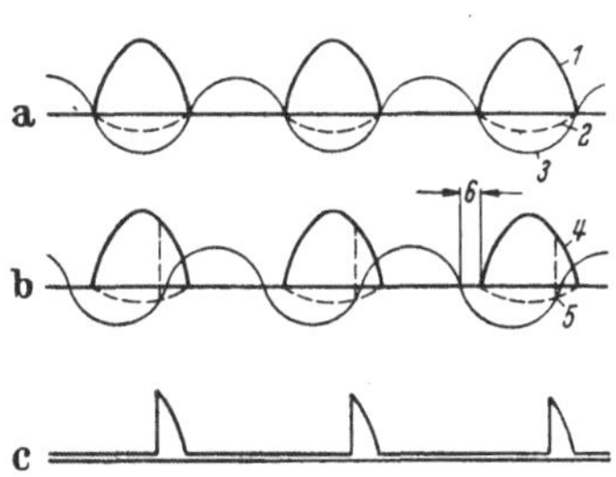

Abb. 168a–c. Spannungsverhältnisse bei dem in Abb. 167 dargestellten Gleichstromverstärker (Fa. Tinsley): a) *1* Anodenspannung, *2* kritische Gitterspannung, *3* Gitterspannung; b) *4* Anodenspannung, *5* Zündpunkt, *6* Phasenverschiebung zwischen Anodenspannung und Gitterspannung, c) Anodenstrom

tische Gitterspannung. Die Röhre zündet mit der Anodenspannung *4*, erlischt jedoch wieder, wenn diese am Ende der Halbperiode durch Null geht. Der Zündvorgang wiederholt sich bei jeder positiven Halbwelle der Anodenspannung, und es entsteht die unter c) dargestellte Impulsfolge des Anodenstroms, deren arithmetischer Mittelwert von dem elektrischen Tintenschreiber A in Abb. 167 registriert wird. Durch die Verwendung eines Thyratrons stehen Ausgangsleistungen von einigen Watt zur Verfügung, und man kann sehr robuste Schreiber verwenden. Die Empfindlichkeit der Instrumente wird mit 0,1 μA bzw. 200 μV für volle Ausgangsleistung bei Einstellzeiten von 0,1 s angegeben.

Der Schreiber mit *HF-Schwingkreisverstärker* der Fa. Siemens & Halske hat bezüglich seiner Arbeitsweise in gewisser Beziehung Ähnlichkeit mit dem Nachlaufschreiber mit induktiver Abtastung der Fa. Barber-Colman (s. S. 192). Seine Wirkungsweise sei an Hand von Abb. 169 beschrieben. Die wesentlichen Teile sind ein Drehspulzeigergalvanometer und eine HF-Oszillatorröhre, die zusammen mit einer Anodenspule, zwei Gitterspulen und einem HF-Transformator einen Röhrengenerator bilden. Das bewegliche Organ des Galvanometers schwenkt ein leichtes Abschirmblech zwischen der Anodenspule und den Gitterspulen. Dadurch kann der Rückkopplungsgrad von Null bis zu einem Maximum verändert und die Amplitude der HF-Schwingung stetig gesteuert werden. Die Energie des Anodenschwingkreises wird auf der Sekundärseite des HF-Transformators über einen Gleichrichter dem Schreiber und einem Kompensationswiderstand R_n zugeführt.

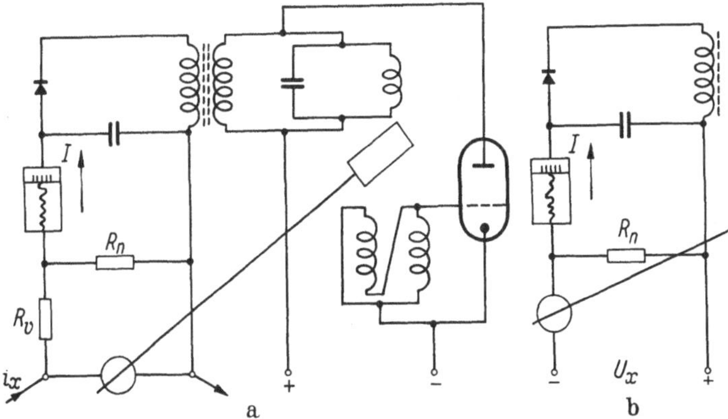

Abb. 169a u. b. Schreiber mit HF-Schwingkreisverstärker (Fa. Siemens & Halske): a) in Saugschaltung zum Aufzeichnen schwacher Ströme, b) in Kompensationsschaltung zum Aufzeichnen kleiner Spannungen

Als *Stromverstärker* muß die Einrichtung zwischen ihren Eingangsklemmen einen derart kleinen Betriebswiderstand haben, daß sie, in einen Stromkreis eingeschaltet, keinen zusätzlichen Spannungsabfall erzeugt. Man verwendet hierfür die Saugschaltung (Abb. 169a). Fließt durch die Einrichtung ein Meßstrom i_x, so erhält das Galvanometer einen Teilstrom und bewegt seine Abschirmfahne derart, daß der HF-Generator zu Schwingungen angeregt wird. Der HF-Strom steigt ständig an, wird gleichgerichtet und ruft als Schreiberstrom I am Widerstand R_n einen Spannungsabfall $(I - i_x)\, R_n$ hervor. Ist dieser gleich dem Spannungsabfall $i_x\, R_v$, so wird das Galvanometer praktisch stromlos, und es herrscht Gleichgewicht; es gilt dann: $I = i_x\, (\mathrm{R}_n + R_v)/R_n$.

Als *Spannungsverstärker* muß die Einrichtung an ihren Klemmen einen so hohen Betriebswiderstand haben, daß die angelegte Meßspannung keinen das Meßergebnis beeinflussenden Strom verbraucht. Es wird die Kompensationsschaltung (Abb. 169b) verwendet. Bei dieser ruft der gleichgerichtete Schreiberstrom I am Widerstand R_n einen Spannungsabfall hervor, welcher der zu messenden Spannung entgegengerichtet und ihr im kompensierten Zustand gleich ist. Das Galvanometer ist also dann praktisch stromlos. Die Spannung u_x braucht nur den überaus kleinen Strom i_g aufzubringen, der nötig ist, um das Galvanometer auszulenken. Die Leistungsaufnahme $i_x\, u_g$ bei der Stromaufzeichnung bzw. $u_x\, i_g$ bei der Spannungsaufzeichnung liegt in der Größenordnung von 10^{-7} bis 10^{-9} W. Es wird also nahezu leistungslos registriert. Der kleinste Meßbereich des Instruments beträgt 40 μA bzw. 6 mV. Die Aufzeichnung ist praktisch unabhängig von Schwankungen der für die Röhre benötigten Hilfsspannungen und der Zuleitungswiderstände. Der Schwingkreisverstärker hat so kleine Abmessungen, daß er samt dem dazugehörigen Netztransformator neben einem Linienschreiber in einem normalen Gehäuse Platz findet. Bei Mehrfachschreibern werden die Verstärker mit dem Netztransformator in einem getrennten Gehäuse angeordnet.

In ähnlicher Weise wie der zuvor beschriebene Verstärker arbeitet der *Kompensatorschreiber „Elnik“* der Fa. Joens [*227*]. Dieses Gerät ist als Fallbügelpunktschreiber ausgeführt und gestattet es, auf einem 250 mm breiten Schreibstreifen 6 bzw. 12 verschiedene Vorgänge gleichzeitig zu registrieren. Die große Schreibbreite bewältigt das Gerät durch eine Zeigergeradführung mittels Ellipsenlenker. Die Punktfolge beträgt 2 bzw. 4 s, der schnellste Papiervorschub 1200 mm/h. Das ausschließlich für Spannungsmessungen bestimmte, temperaturfehlerfreie Gerät macht von der LINDECK-ROTHE-Schaltung Gebrauch und besitzt einen kleinsten Meßbereich von 5 mV bei einem Fehler von $\pm$ 1,5% des Meßbereichendwertes. Bemerkenswert ist die Art der Kurvenunterscheidung bei dem 12fach-Schreiber. Da nur 6 Farben zur Kennzeichnung zur Verfügung stehen, die für die ersten 6 Spuren verwendet werden, werden die Spuren 7 bis 12 durch Farbkombinationen gekennzeichnet. Dies geschieht in der Weise, daß z.B. die Spur 8 abwechselnd durch 7 blaue und 3 rote Punkte geschrieben wird usw. Als 2-, 4- und 6-Farbenschreiber besitzt das Gerät eine schnellste Punktfolge von 1 s und kann mit 120 mm breiter Schreibbahn ausgerüstet werden.

Die Fa. AEG hat zur Kompensationsspannungsverstärkung den sog. *Schwenkspulkompensator* entwickelt, dessen prinzipieller Aufbau in Abb. 170 wiedergegeben ist [*228*]. Es ist mit diesem Verstärker möglich, einen Drehspullinienschreiber mit 5 mA Vollausschlag und 1 s Einstellzeit mit einer Eingangsspannung von z. B. 10 mV auszusteuern. Das Gerät ist als LINDECK-ROTHE-Kompensator geschaltet. Als Nullinstrument wird ein richtkraftloses Kernmagnetgalvanometer *D* benutzt, dessen Zeiger eine Schwenkspule *S* trägt. Sie kann sich im Wechselfeld eines elektromagnetischen Erregersystems *E* bewegen. Dieses ist E-förmig ausgebildet mit der Erregerwicklung auf dem mittleren Schenkel. Die seitlichen Schenkel sind zungenartig gebogen und tauchen von beiden Seiten in die Bahn der Schwenkspule hinein. In der Schwenkspule wird eine Spannung induziert, die über Goldbänder *G* abgeleitet wird. Steht die Schwenkspule symmetrisch zum Erregersystem, so ist die induzierte Spannung Null. Wird sie jedoch aus dieser Nullage herausgedreht, so steigt die induzierte Spannung gleichmäßig mit dem Drehwinkel an. Die Phase der induzierten Spannung dreht sich beim Nulldurchgang um 180°. Die induzierte Spannung liegt am Eingang eines Verstärkers, dessen Ausgangsstrom *I* sowohl den Linienschreiber betreibt als auch über den Kompensationswiderstand *R* nahezu Kompensation der Eingangsspannung U_x bewirkt. Die Gegenkopplung und die Verstärkung sind derart bemessen, daß zur vollen Aussteuerung des Linienschreibers eine Verdrehung der Schwenkspule von weniger als 1° genügt.

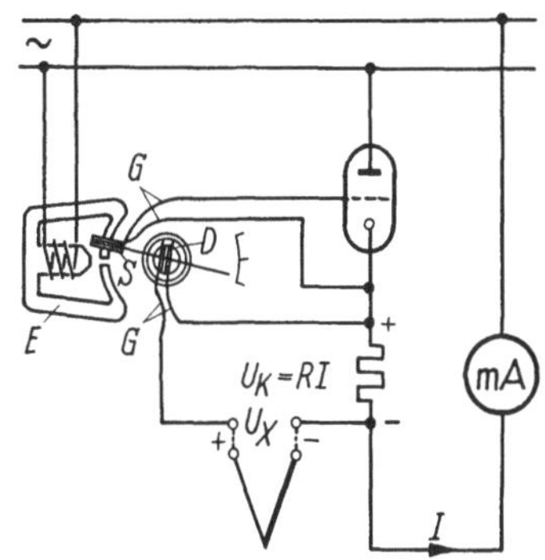

Abb. 170. Schwenkspulkompensator (Fa. AEG): *D* Drehspule des Kernmagnetsystems, *S* Schwenkspule, *E* Erregersystem, *G* nahezu richtkraftlose Goldbänder

Auch der *Magnetverstärker* wird als Bauelement für einen Kompensationslinienschreiber verwandt (Fa. Eckardt). Auch hier ist es so, daß die zu registrierende Spannung verstärkt und als Strom über den Linienschreiber und einen Gegenkopplungswiderstand im Eingangskreis des Verstärkers geführt wird. Hierdurch wird nahezu völlige Kompensation der Eingangsspannung erreicht.

Der *pneumatische Verstärker* der Fa. Askania (s. Abb. 171) ist als mechanischer Kompensationsverstärker anzusprechen. Der zu messende Strom wird der Spule eines Drehspulmeßwerks oder Kreuzspulmeßwerks zugeleitet, die sich in der Spannbandaufhängung *a*—*a′* drehen kann. Fest mit der Spule *1* ist die Luftdüse *2* verbunden, durch die über den feststehenden Kern des Drehspulmeßwerks Druckluft von etwa 40 mm WS von der elektromagnetischen, ventillosen Pumpe *3* gedrückt wird. Aus der Düse *2* tritt ein Luftstrahl radial zur Achse *a—a′* schräg nach oben und trifft auf zwei Aufnahmedüsen *14*, deren Zuleitungen *15* fest an dem drehbaren System *b—b′*, das koaxial zu der Drehspullagerung *a—a′* verläuft, angeordnet sind. Der Druck in den beiden Leitungen *15*

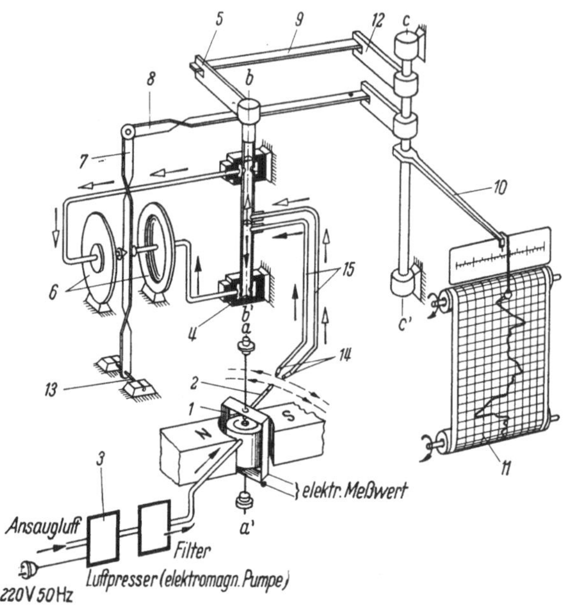

Abb. 171. Schema eines Linienschreibers mit pneumatischem Verstärker (Fa. Askania)

überträgt sich über die Lagerstellen *4* auf je eine Membrandose. Wenn die Membrandosen *6* unter demselben Druck stehen, also die beiden Düsen *14* symmetrisch zur Strahlrichtung stehen, ist das System in Ruhe. Dreht sich die Drehspule, hervorgerufen durch eine Änderung des Meßstroms, so tritt in den Membrandosen *6* ein Druckunterschied auf. Es wird dann der Hebel *7* um die Achse *13* gekippt. Ferner wird über die Stange *8* die Achse *c—c′* des Schreibhebelsystems eingestellt und damit auch der Schreibhebel *10* mit der Schreibfeder, die sich auf dem Registrierstreifen *11* bewegt. Die Schreibfeder wird über eine Geradführung bewegt, so daß ein Diagramm in rechtwinkligen Koordinaten entsteht. Mit der Verdrehung des Schreibhebels werden durch die Hebel *12* und *5* sowie die Stoßstange *9* die Düsen *14* verstellt, bis der Druckunterschied der Membrandosen *6* Null ist.

5. Funkenregistrierung

Läßt man zwischen einer mit einem dünnen Papier belegten Metallplatte und einer dicht darüber geführten Metallspitze elektrische Funken überschlagen, so hinterlassen diese auf dem Papier eine deutlich sichtbare Brandspur. Der Effekt wird bei den älteren *Funkenregistriergeräten* zur Aufzeichnung von Meßgrößen verwandt. Bei diesem Schreibverfahren braucht das Papier nicht besonders präpariert zu sein. Als Schreibspannung kann eine Wechselspannung von einigen Tausend V dienen. Es wird jedoch nur eine verhältnismäßig kleine Stromstärke benötigt. Ver-

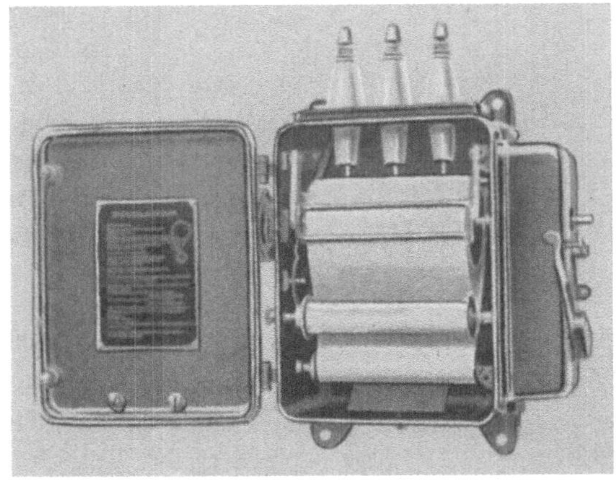

Abb. 172. Klydonograph (Siemens-Schuckert-Werke)

wendet man ein imprägniertes oder besser ein lichtempfindliches Papier, so bleibt bei genügend hoher Schreibspannung auch ohne Durchschlag infolge einer Büschelentladung, die von der Metallspitze ausgeht, auf der Unterlage eine Spur zurück (LICHTENBERG-Figuren). Mit diesem Schreibverfahren arbeiten die sog. *Klydonographen.*

Bei einem älteren *Funkenregistrierapparat* erfolgt die Aufzeichnung durch Funkenüberschlag zwischen dem isoliert am Meßwerk befestigten Messerzeiger und einem scharfkantigen Metallsteg, über den der ablaufende Streifen geführt wird. Den Funkenkreis speist ein kleiner Unterbrecherinduktor mit 20 bis 70 Funken/s und einer Spannung zwischen 3000 und 5000 V. Da der Meßwerkzeiger frei über der Schreibbahn spielt, ist keine Reibung vorhanden, und es können verhältnismäßig schnell verlaufende Vorgänge aufgezeichnet werden. Solche Apparate werden jedoch trotz mancher Vorzüge seit etwa 1920 nicht mehr hergestellt, da durch die Vervollkommnung der Tintenschreiber und Oszillographen die früher dem Funkenschreiber vorbehaltenen Aufgaben in bequemerer Weise gelöst werden können. Die relativ hohe Schreibspannung ist außerdem nicht ohne Rückwirkung auf die Einstellung des Meßwerks, ganz abgesehen davon, daß die Verwendung der hohen Spannungen bezüglich Isolation und Berührungsschutz besondere konstruktive Maßnahmen erfordert.

Bei einem anderen *Klydonograph* [*229*] wird ein photographischer Film von einem Triebwerk über eine geerdete Metallwalze geführt. Dicht über der lichtempfindlichen Schicht ist eine feststehende Metallspitze angebracht, an welche die zu registrierende Spannung gelegt wird. Abb. 172 zeigt einen Klydonograph mit drei Metallspitzen, die über elektrostatische Spannungsteiler (z.B. Hängeisolatoren) mit den drei Leitungen eines Drehstromhochspannungsnetzes verbunden werden können. Die Spannungsteile bilden Teilspannungen (etwa 2,5 kV) der Hochspannung und sind derart eingestellt, daß die an ihnen abgegriffenen Spannungen bei normaler Betriebsspannung der Hochspannungsleitung etwas unterhalb der Ansprechspannung (etwa 3 kV) der Entladungsstrecken im Schreiber liegen. Bei Überschreitung der normalen Betriebsspannungen durch Schaltstöße oder Blitzschläge sprechen die Entladungsstrecken an, und es entstehen Büschelentladungen, die auf dem Film Spuren hinterlassen. Nach der Entwicklung des Films werden sie sichtbar; Abb. 173 zeigt ein Beispiel. Der Durchmesser dieser Büschel wächst mit der Überspannung an, und man kann auf diese Weise Spannungen von etwa 3 bis 30 kV Scheitelwert messen. Durch Verwendung eines entsprechend bemessenen Spannungsteilers lassen sich auch höhere Spannungsscheitelwerte aufzeichnen. Die Struktur des Entladungsbildes hängt weiter von der Polarität der Schreibspitze ab. In Abb. 173 war diese positiv. Bei negativer Schreibspitze liegen die Äste des Büschels wesentlich dichter, und außerdem hat der innere dunkle Fleck Einkerbungen. Man kann also aus Größe und Form der Büschelentladung auf die Höhe der Spannung und ihre Polarität schließen, bei besonderer Übung auch auf die Stirnlänge der Spannungswelle. Der Meßfehler ist bei dieser Registriermethode groß. Er beträgt bis zu 30% und kann in vielen Fällen in Kauf genommen werden, insbesondere dann, wenn lediglich die Vorgänge zeitlich erfaßt und ihre Zusammenhänge erforscht werden sollen. Bei amerikanischen Klydonographen sind die Zeitmarken und die Apparatenummer in die Vorschubwalze eingraviert und mit einer radioaktiven Masse ausgefüllt, so daß sie auf dem Film mit abgebildet werden. Auch der Klydonograph wurde trotz seiner Einfachheit in den letzten Jahrzehnten durch den

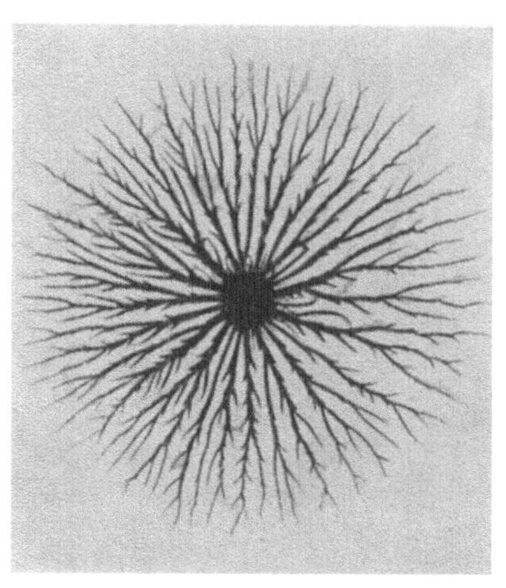

Abb. 173. Klydonogramm: positive Büschelentladung

Kathodenstrahloszillograph weitgehend verdrängt. Dieser gestattet die exakte Registrierung eines nahezu beliebigen Kurvenverlaufs auch bei sehr hohen Spannungen. In elektrischen Fernleitungssystemen ist bisweilen der Klydonograph noch heute anzutreffen.

6. Strahlschreiber

Der Strahlschreiber ist noch verhältnismäßig jung. Er ist dadurch gekennzeichnet, daß er zwar einen sofort sichtbaren Linienschrieb liefert, daß jedoch sein körperlicher Schreibarm nicht zum Trägheitsmoment des beweglichen Systems beiträgt [*230*]. Abb. 174 erläutert den Aufbau eines

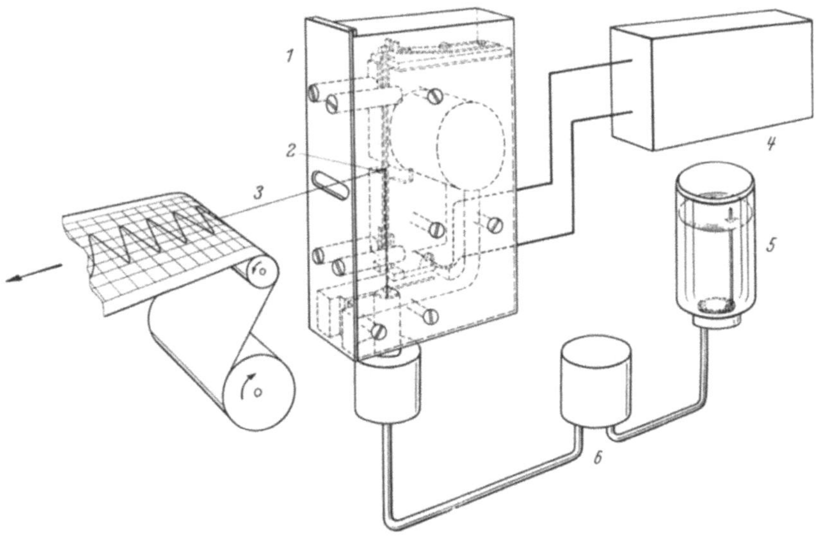

Abb. 174. Aufbau eines Strahlschreibers (Fa. Elema-Schönander): *1* Galvanometer, *2* Düse, *3* Strahl, *4* Verstärker, *5* Schreibflüssigkeit, *6* Pumpe

solchen Gerätes. Es handelt sich hier um den Strahlschreiber „Mingograph" (System Elmquist) der Fa. Elema-Schönander. Eine kurze Düse *2* mit einer Öffnung von größenordnungsmäßig nur 10 μ und einem Gewicht von Bruchteilen eines mg ist zwischen den Drähten eines Schleifengalvanometers *1* befestigt. Die Düse sitzt an der senkrecht abgewinkelten Spitze einer Kapillaren, die in der Drehachse des Schleifengalvanometers geführt ist. Wenn das Galvanometer ausgelenkt wird, so wird die Kapillare tordiert, und die Düse zielt in einer anderen Richtung. Eine Membranpumpe *6* saugt aus einer Vorratsflasche *5* eine gefärbte Schreibflüssigkeit und preßt sie unter hohem Druck über ein Ultrafilter in die Kapillare. Aus der Düse schießt mit großer Geschwindigkeit ein feiner, nahezu geradliniger Strahl *3* heraus, der auf die Schreibbahn trifft. Der Antrieb der Pumpe und der Papiervorschub sind miteinander gekoppelt, um eine von der Papiervorschubgeschwindigkeit annähernd unabhängige Strichstärke zu erhalten. Da die Schreibbahn eben ist und die Aufzeichnung in einem geradlinigen rechtwinkligen Koordinatensystem geschieht, wäre das Diagramm normalerweise mit einem tg-Fehler behaftet. Dieser wird jedoch zum Teil durch den cos-proportionalen Ausschlag des Galvano-

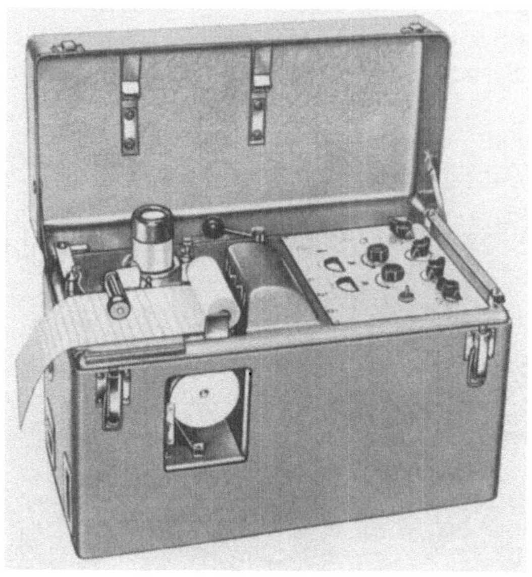

Abb. 175. Strahlschreiber (Fa. Elema-Schönander)

meters, das ebene Polschuhe besitzt, kompensiert. Der resultierende Fehler ($1 - \sin \alpha/\alpha \approx \alpha^2/3$) wird bis zu Ausschlagswinkeln von $\pm 32°$ durch eine nicht ganz ausschlagproportionale Verstärkung des Verstärkers *4* ausgeglichen. Die Eigenfrequenz des Meßsystems beträgt 650 Hz. Die Dämpfung geschieht durch ein elektrisches Netzwerk im Verstärker. Dieser hebt außerdem die höheren Frequenzen an, so daß der Frequenzgang der Registrieranordnung bis etwa 1000 Hz amplituden- und phasenrichtig ist. Die Strahllänge beträgt 20, 40 oder 60 mm, je nachdem, welche Frequenz maximal noch aufgelöst werden soll. Dem Strahl steht nämlich der Luftwiderstand entgegen, und dieser begrenzt die Schreibgeschwindigkeit. Je kleiner die Strahllänge ist, desto geringer wird die Empfindlichkeit, aber um so höher ist die maximale Schreibgeschwindigkeit. Die Papiervorschubgeschwindigkeiten liegen normalerweise zwischen 5 und 200 (maximal 2000) mm/s, die Papierbreiten zwischen 60 und 100 mm. Die Empfindlichkeit des Schreibers mit vorgeschaltetem Trägerfrequenzverstärker beträgt bei 60 mm Strahllänge 0,2 mm/mV. Strahlschreiber werden nicht nur als Einkanalinstrumente gebaut, sondern verfügen je nach Bauart über bis zu 4 Kanäle, von denen einer auch zur Zeitmarkierung verwendet werden kann. Abb. 175 zeigt die Ansicht des beschriebenen Gerätes. Strahlschreiber werden jetzt auch von Siemens & Halske hergestellt.

7. Lichtstrahlregistrierung

Die Aufzeichnung von Meßwerten mit einem Lichtstrahl auf einer photographischen Schicht hat sowohl in der Wissenschaft als auch in der Technik sehr große Verbreitung gefunden. Das Prinzip der Lichtstrahlregistrierung wurde bereits auf S. 18 erläutert, ebenfalls die gebräuchlichste Methode der Lichtstrahlführung. Eine Ausnahmestellung nehmen die registrierenden Fadenelektrometer ein. Bei diesen wird der Faden auf eine lichtempfindliche Schicht projiziert und als Schatten registriert. In diesem Abschnitt sollen einige Lichtstrahlregistriergeräte beschrieben und technische und optische Besonderheiten aufgeführt werden. Die Meßwertübertragung ist recht verschiedenartig, vorwiegend finden elektrische [*231*], seltener mechanische Meßwerke Verwendung.

Abb. 176. Photokymographion (Fa. Kipp & Zonen)

Bei den vielfach für wissenschaftliche Zwecke eingesetzten photographischen Registrierinstrumenten, den sog. *Photokymographen*, ist häufig das Meßwerk von der eigentlichen Registriereinrichtung räumlich getrennt. Abb. 176 zeigt ein Kymographion der Fa. Kipp & Zonen. Es handelt sich um eine Filmkamera, die sowohl zur Registrierung langsamer, lang andauernder als auch kurzer, schnell veränderlicher Vorgänge verwandt werden kann. Das Kameragehäuse besitzt einen horizontalen Spalt, hinter dem eine Zylinderlinse angeordnet ist. Diese bildet die senkrechte Lichtlinie, die von einem Registrierinstrument auf den Spalt projiziert wird, als hellen Punkt auf dem Registrierpapier ab. Eine eingebaute, justierbare Spaltblende gestattet ausschließlich dem in der Ebene Eintrittsspalt-Spaltblende einfallenden Licht den Durchtritt, so daß bereits in halbdunklen Räumen registriert werden kann, ohne eine Schwärzung des Photopapiers durch die Raumbeleuchtung befürchten zu müssen. Mit Hilfe einer separaten Lampe kann die mm-Teilung einer Glasskala gleichzeitig mit der Registrierung auf das Photopapier projiziert werden. Die Teilung befindet sich oberhalb des Kameraspaltes und entspricht der Teilung einer zweiten Skala, die als Verschluß vor den Spalt geschoben werden kann. Mit Hilfe dieser Skala läßt sich der zu registrierende Galvanometerausschlag vor der Aufnahme kontrollieren. Die Filmkassette befindet sich hinter dem Kameragehäuse. Sie ist abnehmbar und kann in der Dunkelkammer mit einer Filmrolle beladen oder entladen werden. Auch zur Justierung des Lichtstrahls wird sie abgenommen. Die Vorratsrolle befindet sich im oberen Teil der Kassette und faßt einen Bromsilberpapierstreifen von 40 m Länge und 120 mm Breite. Das Papier wird mit Gummiwalzen transportiert und im unteren Teil der Kassette auf der Aufwickeltrommel aufgerollt. Diese faßt 20 m Papier. Mittels eines eingebauten Messers kann ein belichteter Streifen beliebiger Länge abgetrennt werden. Der Vorschub wird durch einen Synchronmotor besorgt. Das Motorgetriebegehäuse befindet sich links neben dem Kameragehäuse. Ein Schaltgetriebe gestattet die Einstellung einer gewünschten Vorschubgeschwindigkeit bis maximal 50 mm/s. Eine Kontrollampe zeigt die Funktion des Motors an, und ein Zeiger an der Seite der Kassette läßt den Papiervorrat erkennen.

Ausführungen anderer Herstellerfirmen sind ähnlich aufgebaut und unterscheiden sich in ihren Eigenschaften von der vorstehend beschriebenen lediglich geringfügig. So besitzt eine Kamera der Fa. Zimmermann einen Asynchronantriebsmotor mit Fliehkraftregelung, ein 12-Stufengetriebe für Papiergeschwindigkeiten zwischen 0,2 und 200 mm/s, ein elektromechanisches Zeitmarkierwerk für 1/5-, 1-, 5-, 10- und 60-s-Intervalle und außer dem Papiervorratsanzeiger ein Zählwerk, das die Länge der jeweiligen Aufnahme anzeigt. Die Vorratskassette besitzt einen verschiebbaren Kern, der es gestattet, Papiere verschiedener Breite (120, 60 oder 35 mm) zu verwenden. Oberhalb des Spaltes befinden sich ein Prisma und ein Mattglasfenster, wodurch der Lichtzeigerausschlag auch während der Aufnahme beobachtet werden kann. Zur Numerierung der einzelnen Aufnahmen ist ein Zählwerk vorgesehen, mit dem man Zahlen auf das Papier projizieren kann. Durch kurzzeitiges Drücken einer Taste kann man ferner ein Zeichen photographisch am Rande des Papiers festhalten. Auf diese Weise lassen sich bemerkenswerte Phasen der Registrierung zeitgerecht markieren. Anstatt eines ablaufenden Papierstreifens verwenden andere Photokymographen Trommelblätter von z.B. 920 $\times$ 300 mm oder 297 $\times$ 210 mm Größe. Diese Geräte sind meist für kleine Papiergeschwindigkeiten (0,25 bis 2 mm/s) bestimmt und sind oft mit Uhrwerksantrieben ausgerüstet.

Im Gegensatz zu den Photokymographen sind bei den *Lichtstrahloszillographen* die Meßwerke und die Registriereinrichtung in einem Gerät untergebracht. Der Strahlengang und die optische Einrichtung sind im wesentlichen die gleichen wie bei den Photokymographen. Als Meßwerke werden vorwiegend kleine Drehspul- und Schleifenspiegelgalvanometer verwendet, mitunter auch elektrodynamische und elektrostatische Schwinger.

Ein *Schleifenschwinger* moderner Bauart der Fa. Siemens & Halske ist in Abb. 177 dargestellt. Die Schleifenschwinger besitzen ein bifilares bewegliches System *a*, das im Feld eines Permanentmagnets *d* oder bei Leistungsschwingern im Feld einer Erregerspule sitzt. Die Saitenschwinger arbeiten im Prinzip genau wie Drehspulschwinger. Die geringen Drehungen der Schleife, hervorgerufen durch Änderungen des Meßstroms, bewirken über den Spiegel *c* Ausschlagsänderungen des Lichtzeigers. Die Schleifenschwinger haben, da sie sehr leicht gebaut sind und der kleine Spiegel sehr nahe der Drehachse sitzt, sehr geringe Trägheitsmomente und demzufolge hohe Eigenfrequenzen (25 bis 17000 Hz). Oszillographenschleifen eignen sich daher hervorragend zur Registrierung rasch veränderlicher Vorgänge. Bezüglich der Empfindlichkeit werden sie jedoch übertroffen durch die *Spulenschwinger*, die allerdings in ihren Eigenfrequenzen zwischen 1 und 5000 Hz wesentlich niedriger liegen. Zur Registrierung sehr kleiner elektrischer Spannungen und Ströme mit Oszillographenschleifen sind meist Vorsatzverstärker notwendig, auf die bei Verwendung von Spulenschwingern häufig verzichtet werden kann. Weiter sei hingewiesen auf den ohmschen Widerstand der Meßwerke. Dieser ist bekanntlich im Hinblick auf die Anpassung eines Meßwerks an die Meßaufgabe von Bedeutung. Der Widerstand von Schleifenschwingern ist sehr niedrig und liegt je nach der Eigenfrequenz der Schleifen zwischen 5 und 0,5 Ω. Bei Spulenschwingern ist der Innenwiderstand höher und kann bis zu mehreren Tausend Ω betragen. Entscheidend für die getreue Aufzeichnung ist die richtige Dämpfung der Meßwerke. Spulenschwinger niedriger Eigenfrequenz werden im allgemeinen elektrodynamisch gedämpft, d.h. durch Parallel- oder In-Reihe-Schalten geeignet bemessener Widerstände. Spulenschwinger hoher Eigenfrequenz werden teils durch Parallelschalten von elektrischen Schwingungskreisen, teils, ebenso wie fast alle Schleifenschwinger, mit Öl gedämpft.

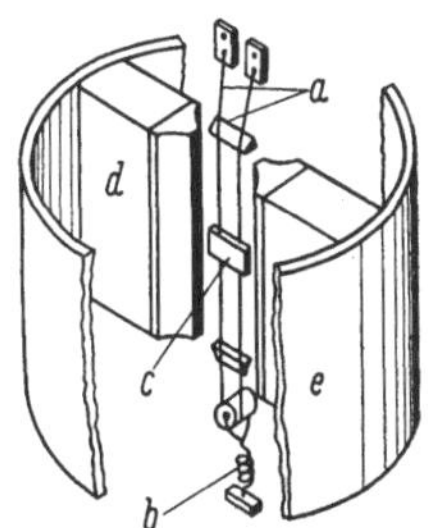

Abb. 177. Aufbau eines Schleifenschwingers (Fa. Siemens & Halske): *a* schwingende Saiten, *b* Spannfeder, *c* Meßwerkspiegel, *d* Magnet, *e* magnetischer Rückschluß

Fast immer besteht der Wunsch, gleichzeitig mit mehreren, oft sogar sehr vielen Meßwerken neben- bzw. übereinander auf einem gemeinsamen

Filmstreifen zu registrieren. Diese Forderung führte zu der konstruktiven Maßnahme, das einzelne Meßwerk so klein bzw. so schmal wie nur möglich zu bauen. Die Forderung wird unterstützt durch das Bestreben, das Trägheitsmoment des Schwingers so gering wie möglich zu halten und

Abb. 178. Galvanometerblock mit 14 Stiftgalvanometern (Fa. Century)

auf diese Weise eine möglichst große Eigenfrequenz zu erreichen. Während der letzten Jahre wurden von den verschiedensten Herstellerfirmen Miniaturspulenschwinger auf den Markt gebracht, die nur wenige mm

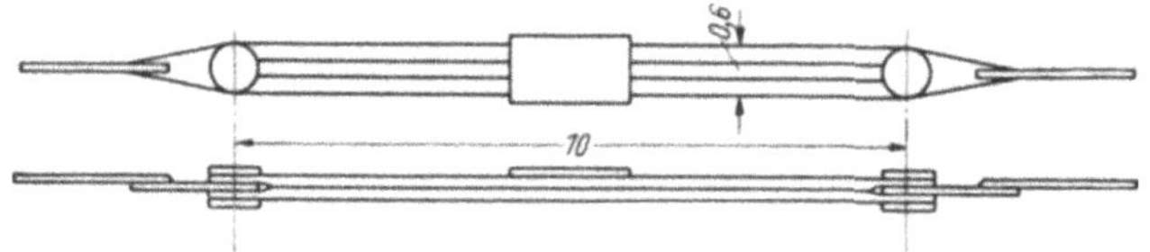

Abb. 179. Schwingspule eines Stiftgalvanometers (Fa. Hathaway)

Durchmesser bei wenigen cm Höhe besitzen. Diese sog. *Stiftgalvanometer* werden nebeneinander in einen gemeinsamen Magnetblock eingesetzt und besitzen bei beträchtlicher Empfindlichkeit hohe Eigenfrequenzen. Auf diese Weise gelingt es beispielsweise, 14 Meßwerke nebeneinander auf einer Breite von wenigen cm unterzubringen (s. Abb. 178). Abb. 179 zeigt in etwa 5facher Vergrößerung die Schwingspule eines Stiftgalvanometers der Fa. Hathaway. Die Spannbänder dienen gleichzeitig zur Stromzuführung. Während das obere Spannband starr an dem Rahmen befestigt ist, enthält das untere eine Spannfeder. Die Spule befindet sich zwischen den Polschuhen des Magnetblocks. Der Polschuhabstand beträgt nur 0,8 mm. Das Spiegelchen hat eine Dicke von nur 0,1 mm und eine Oberflächenverspiegelung.

Zur Illustrierung des Aufbaus eines Lichtstrahloszillographen sei ein moderner *Hochleistungslichtstrahloszillograph*, das Gerät „Oscillo-

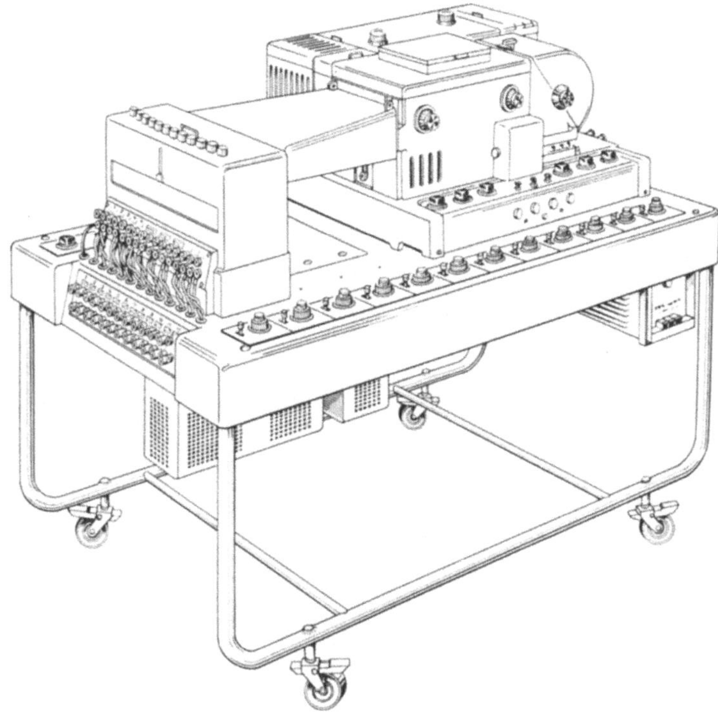

Abb. 180. Hochleistungslichtstrahloszillograph „Oscillogrand“ (Fa. Siemens & Halske)

grand“ der Fa. Siemens & Halske (s. Abb. 180), beschrieben [*232* bis *235*]. Seine Teile sind auf einem fahrbaren Stahlrohrtisch aufgebaut. Das Schwingergestell (links) und die Kamera (rechts) sind durch einen Lichttubus miteinander verbunden. Die Kamera enthält die optischen Teile und ist von dem Lampenhaus, der Filmkassette, dem Motor und dem Getriebe umgeben. Die elektrischen Schaltorgane der Kamera befinden sich auf ihrer Grundplatte. Die Anschlußklemmen, Empfindlichkeitsregler und Schalter der Meßwerke sind auf der Tischplatte verteilt. Im Stahlrohrrahmen hängen das Vorschaltgerät für die Lampe, der Spannungsteiler für den Motor und der Zeitskalengeber mit seinen Tastschaltern.

Das Schwingergestell kann bis zu 12 Oszillographenschleifen aufnehmen. Sie werden in ihre Halter mit Steckerstiften eingesetzt und mit Rändelschrauben festgeklemmt. Die Halter sind mit Triebschrauben neig- und schwenkbar. Durch Neigen wird die Höhenlage des von einem Schwinger ausgehenden Lichtzeigers eingestellt. Dazu ist die Schiebetür

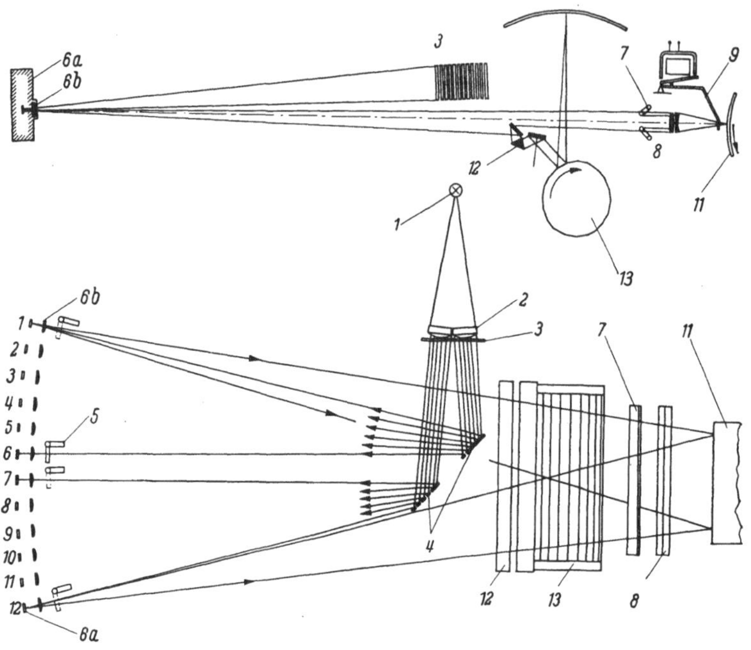

Abb. 181. Anordnung der Schwinger im „Oscillogrand" (Fa. Siemens & Halske): *1* Lichtquelle, *2* Kondensor, *3* Spaltblende, *4* Einstellspiegel, *5* Drehblende, *6a* Schwingerspiegel, *6b* Schwingerlinse, *7* Schlitzblende, *8* Zylinderobjektiv, *9* Verschlußblende, *11* Photopapier, *12* Linsenprisma mit Umlenkspiegel, *13* Polygonspiegel

an der Kamera mit einer horizontalen Markierungslinie versehen. Durch Schwenken der Schwinger stellt man deren Nullagen ein. Die dazu notwendigen Drehknöpfe liegen auf der Deckelfläche des Schwingergehäuses. Vor jeden Schwinger läßt sich eine Blende klappen, die den betreffenden Lichtstrahl unterbricht. Dies ist z. B. vorteilhaft, wenn mit einem Gerät nacheinander verschiedenartige Registrierungen ausgeführt werden, denen jeweils bestimmte Schwingergruppen zugeteilt sind. Zum Aufzeichnen von Nullinien lassen sich bis zu 6 Nullspiegel zusätzlich in das Schwingergestell einsetzen. Mit einer im Schwingergestell eingebauten Lampe können Marken auf das Oszillogramm aufgebracht werden. Das Licht dieser Lampe wird von der Zylinderlinse als Strich abgebildet, der bei einer kurzen, von einem Relais bestimmten Belichtungszeit eine Ordinatenlinie auf dem Oszillogramm erzeugt. Jedem Schwinger ist ein Empfindlichkeitseinsteller zugeordnet, mit dessen Hilfe der Meßbereich des Schwingers bis auf 500 V bzw. 10 A stetig erweitert werden kann. In dem freien Raum vor der Kamera kann eine mechanische Spiegelmeßanordnung Platz finden. Für den Fall, daß der Platz nicht ausreicht, läßt sich die Tischfläche öffnen. Die Schwinger sind in einem Bogen so

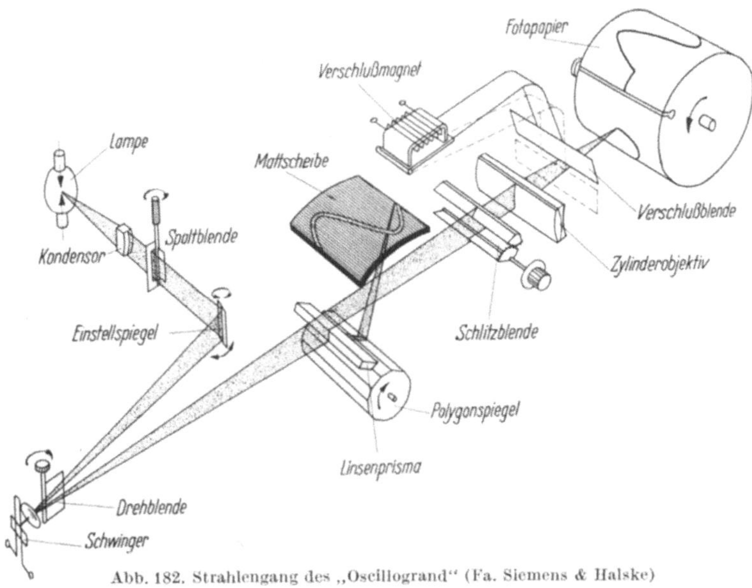

Abb. 182. Strahlengang des „Oscillogrand" (Fa. Siemens & Halske)

angeordnet (s. Abb. 181), daß sie unter gleichen geometrisch-optischen Bedingungen arbeiten. Abb. 182 zeigt den Strahlenverlauf. Als Lichtquelle dient bei Schreibgeschwindigkeiten unter 100 cm/s eine Autoscheinwerferlampe, bei höheren Schreibgeschwindigkeiten bis über 1000 cm/s eine Quecksilberdampfhöchstdrucklampe. Zwei achromatische Kondensorlinsen bilden über verstellbare Spaltblenden und Einstellspiegel die Lichtquelle auf den Spiegeln der Schwinger ab. Beim Einstellen der Lichtbündel auf die Schwinger macht man Gebrauch von Marken, die auf der Schiebetür, mit der das Strahlaustrittsfenster des Schwingergehäuses verschlossen werden kann, angebracht sind. Das Linsenfenster des Schwingers bildet die von der Lichtquelle beleuchtete Spaltblende auf dem Photopapier ab. Das Lichtbündel durchläuft eine Schlitzblende und eine achromatische Zylinderlinse. Diese zieht das strichförmige Bild zu einem Punkt auf dem Photopapier zusammen. Der Strahl kann durch eine Verschlußblende freigegeben werden, die durch einen äußerst rasch ansprechenden Elektromagnet geöffnet wird.

Ein abgezweigter Teil des Lichtbündels gelangt über Umlenkspiegel, ein Linsenprisma und einen 20teiligen Polygonspiegel auf die Beobachtungsmattscheibe. Diese hat in der Mitte eine mm-Teilung zum Messen der Ausschläge und am rechten Rand Marken zum Einstellen der Nulllinien. Ist der zu beobachtende Vorgang periodisch, so gelingt es, durch geeignete Wahl der Umdrehungsgeschwindigkeit des Polygonspiegels auf der Mattscheibe ein stehendes Bild zu erzeugen. Zum Antrieb des Polygonspiegels und der Aufnahmekassetten ist ein Doppelmotor vorgesehen, der aus einem Gleichstromnebenschlußmotor und einem Drehstromsynchronmotor besteht. Das Getriebe kann daher sowohl mit stetig einstellbarer als auch mit synchroner Drehzahl angetrieben werden. Letztere liefert bei Untersuchungen an technischen Wechselstromnetzen stehende Mattscheibenbilder, ferner völlig konstante Papiergeschwindigkeiten und einen phasengetreuen Lauf der Aufnahmetrommel. Bei Gleichstrombetrieb wird die Drehzahl über einen Ankerspannungsteiler eingestellt. Damit beim Einkuppeln des Papiertransports die Drehzahl nicht kleiner wird, werden über Relais Ballastwiderstände abgeschaltet. Das 4stufige Schaltgetriebe, dessen Übersetzungen sich wie 1:4:16:64 verhalten, läßt sich während des Laufes mittels einer elektromagnetischen Getriebekupplung umschalten. Das Schaltgetriebe gestattet in Verbindung mit einem Wechselradgetriebe die mannigfaltigsten Papiergeschwindigkeiten. Ein Wellenstumpf am Getriebe bietet weiter die Möglichkeit, Kontakteinrichtungen anzubringen, einen zweiten Oszillographen anzukuppeln oder das Gerät fremd anzutreiben (z. B. mit wegsynchronem Papiervorschub). Der Oszillograph kann mit einer Ablaufkassette oder einer Trommelkassette ausgestattet werden. Die nutzbare Papierbreite beträgt 120 mm. Der Zeitmaßstab des Mattscheibenbildes ist stets halb so groß wie die Umdrehungsgeschwindigkeit der Trommelkassette und doppelt so groß wie der Papiervorschub der Ablaufkassette. Mit der Ablaufkassette können bis zu 30 m Papier bei Geschwindigkeiten zwischen 8 mm/s und 2,5 m/s belichtet werden. Die Transportwalze und die Aufwickelvorrichtung werden jede für sich angetrieben. Beim Einsetzen einer Vorratsbüchse schiebt sich das Papier zur Transportwalze vor und wird nach Umlegen eines Knebels von einer Anpreßwalze erfaßt. Beim Start rückt eine elektromagnetische Schnellkupplung ein, und 5 ms später beginnt die Aufzeichnung. Die Aufnahme wird beendet durch Drücken einer Stopptaste oder automatisch nach der am Zeitrelais zwischen 40 ms und 2 s einstellbaren Zeit. An Stelle der Zeitbegrenzung ist auch eine Längenbegrenzung möglich. Der Anfang jeder Aufnahme wird durch eine aufbelichtete Nummer, die auch außen sichtbar ist, und das Ende durch eine in das Papier geprägte Marke gekennzeichnet. Ein Rotfenster läßt den Papiervorrat erkennen, ein Schauzeichen das Ablaufen des Papiers. Die Einlaufbüchse erfaßt das Papier selbsttätig. Beim Herausziehen der Büchse wird ihr

Inhalt abgeschnitten und kann nach jeder Aufnahme herausgenommen werden.

Die Trommelkassette ist für 200, 400 und 600 mm lange Papierstreifen eingerichtet. Sie läßt Papiergeschwindigkeiten bis zu 10 m/s zu und besitzt eine völlig konstante zeitliche Auflösung, weil die Trommel schon vor der Aufnahme mit der gewünschten Geschwindigkeit umläuft. Der Verschluß öffnet sich bei Momentaufnahmen periodischer Vorgänge

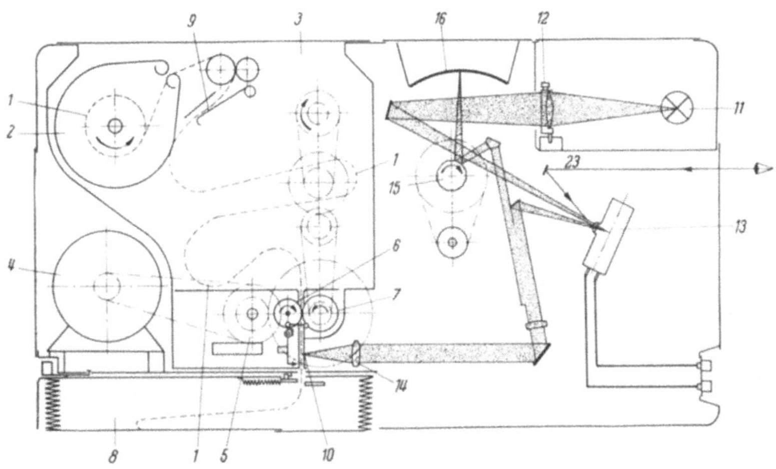

Abb. 183. Schnitt durch den Lichtstrahloszillograph „Oscillomat" (Fa. Siemens & Halske)

und gesteuerten Aufnahmen erst dann, wenn die Papiereinspannstelle die Lichteintrittsöffnung passiert hat. Hierzu ist es notwendig, daß das Startsignal kurzzeitig gespeichert wird. Nach einer vollen Trommeldrehung wird der Verschluß wieder automatisch geschlossen. Die Schaltautomatik besteht aus Schaltwalzen, einem geschwindigkeitsabhängigen Verzögerungsausgleich und einer Stromtorschaltung für den Verschlußmagnet. Der Verschluß läßt sich auch beliebig lange offenhalten, wenn einmalige Vorgänge ohne zusätzliche Steuereinrichtung eingefangen werden. Mit der Trommelkassette kann dann ein Vorgang auf demselben Papierstreifen wiederholt aufgenommen werden.

Mit einem der Schleifenschwinger können Zeitmarken geschrieben werden, die ein Impulsgeber liefert. Er besteht aus zwei synchronisierten Multivibratoren, deren Frequenzen im Verhältnis 1:10 stehen und überlagert werden. Infolgedessen entsteht eine Zeitskala, bei der jeder zehnte Teilstrich länger ist. Mit zwei Tasten kann der Zeitskalengeber entweder auf 1000 Hz Grundfrequenz und 100 Hz Überlagerungsfrequenz oder auf 100 Hz Grundfrequenz und 10 Hz Überlagerungsfrequenz eingestellt werden.

Der *Schleifenoszillograph* „Oscillomat“ der Fa. Siemens & Halske ist gekennzeichnet durch die besondere Art, in der das Papier für die Aufnahme bereitgestellt wird, um eine große Papiergeschwindigkeit zu erreichen (Abb. 183). Das Papier *1* wird in eine Vorratskassette *2*, die 35 m faßt, eingelegt. Aus dieser wird es jeweils in der für die Aufnahme gewünschten Länge (bis zu 2 m) herausgezogen und, lose Falten bildend, in der Wanne *3* bereitgelegt. Der Transport des Papiers am Belichtungsschlitz vorbei kommt dadurch zustande, daß der Motor *4* bereits vor Beginn der Aufnahme läuft und über ein vierstufiges Schaltgetriebe *5* eine Transportwalze antreibt. Beim Auslösen der Aufnahme wird das Papier von der Andrückwalze *6* gegen die bereits umlaufende Transportwalze *7* gedrückt, dadurch jäh beschleunigt und in die Einlaufkassette *8* hineingeschossen, in deren vom Faltenbalg gebildeten Raum es sich lose schichtet. Sobald das in der Wanne bereitgestellte Papier durchgelaufen ist, strafft sich die Papierbahn und hebt die Schwinge *9* an. Dadurch setzt diese den Papiertransport still. Sollen Oszillogramme, die länger als 2 m sind, aufgenommen werden, so führt man das Papier unmittelbar in den Führungsschacht ein. In diesem Fall wird der Papiertransport durch die Stopptaste stillgesetzt.

Im Registrierteil sind ebenfalls untergebracht: der Verschluß *10*, die Zylinderlinse *4* und der Frequenzgenerator für die Zeitmarken mit dem Zeitmarkenschwinger nebst Optik, Amplitudensteller und Umschalter. Die Lichtquelle *11*, eine Glühlampe 15 V, 60 W, kann in ihrer Helligkeit automatisch gesteuert werden. Für sehr große Schreibgeschwindigkeiten kann eine Quecksilberdampfhöchstdrucklampe verwendet werden. Mit den Spaltblenden *12*, die sich hinter den Kondensorlinsen befinden, läßt sich die Strichbreite jedes Kurvenzuges einstellen. Das Licht fällt über einen Umlenkspiegel auf die Spiegel der Schwinger *13* und gelangt von dort über Umlenksysteme und die Zylinderlinse *14* auf die Papierebene. Ein abgezweigter Teil eines jeden Lichtbündels wird über einen 12teiligen Polygonspiegel *15* gesandt und kann ein stehendes Bild auf der Mattscheibe *16* erzeugen. Ein um 45° geneigter Spiegel oberhalb der Mattscheibe macht es möglich, das Mattscheibenbild auch im Sitzen zu beobachten. Mit einem Kontrollspiegel läßt sich die Ausleuchtung der Schwingerfenster prüfen. Vor die Zylinderlinse kann zum Einstellen der Schwinger ein Justierstreifen geklappt werden.

Die Ablaufgeschwindigkeit kann mit Getriebeumschaltung und Motorsteller mit Hilfe eines Tachometers stetig von 0,1 bis 10 m/s eingestellt werden, mit Zusatzvorgelege von 0,001 m/s an. Die Aufnahmen können auch aus großer Entfernung elektrisch ausgelöst werden, und zwar auch durch das Experiment selbst (gezielte Aufnahme). Es kann aber auch der Oszillograph mit einstellbarem Anlaufzeitpunkt (− 30 bis + 100 ms) das Experiment auslösen (gesteuerte Aufnahme). Jede Aufnahme wird optisch von einem vierstelligen Zählwerk auf dem Papier numeriert und von einem zweiten auf der Frontplatte sichtbaren gleichlautend angegeben. Das Ende jeder Aufnahme wird automatisch auf dem Papier markiert. Ein rückstellbares Zahlenrollenwerk zeigt den Papierverbrauch an, und eine Signallampe leuchtet, solange Papier in der Vorratskassette ist. Die eingelegte Papierlänge kann auf einer Skala eingestellt werden;

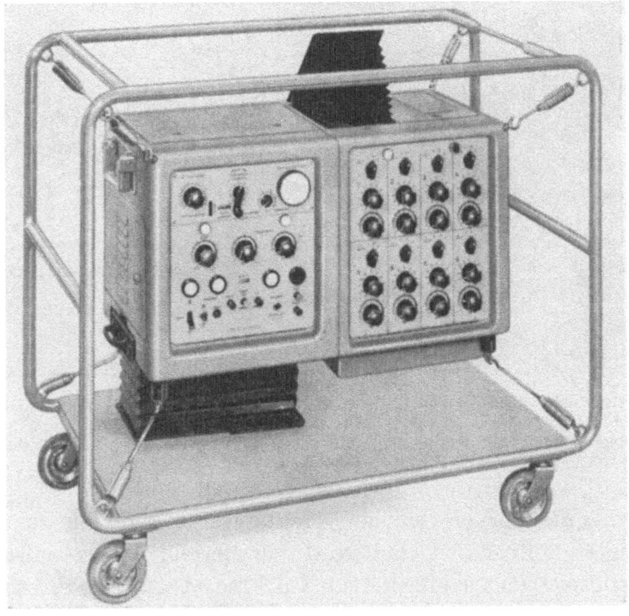

Abb. 184. Achtschleifenoszillograph „Oscillomat“ (Fa. Siemens & Halske)

der Einkurbelmotor wird dann automatisch abgeschaltet, sobald diese Länge verbraucht ist. Die Einlaufkassette schneidet beim Herausziehen das eingelaufene Papier selbsttätig ab. Die Auslösung ist gesperrt, solange die Einlaufkassette nicht eingesetzt ist. Die Zeitmarkengebung geschieht in der gleichen Weise wie bei dem Zwölfschleifenoszillograph „Oscillogrand“. Abb. 184 zeigt die Ansicht des 8-Schleifenoszillographen „Oscillomat“. An der rechten Hälfte der Frontwand sind die Bedienungsknöpfe für die Oszillographenschleifen, an der linken Hälfte die Bedienungs- und Kontrollorgane für die Kassette zu erkennen.

Ein drittes Modell der Fa. Siemens & Halske, „Oscilloport“, ist als tragbares Gerät ausgeführt. Es besteht aus zwei Tragkoffern, von denen der eine den mit 4 Schleifen ausgestatteten Registrierteil, der andere die Empfindlichkeitssteller und Zubehör wie Reserveschwinger, Reservepapier, Zuleitungen usw. enthält. Das Gerät benötigt keinen Netzanschluß, da es für Batteriebetrieb 24 V, 10 A ausgelegt ist. Da die Koffer staub- und wasserdicht und sehr widerstandsfähig gebaut sind, kann das Gerät auch im Gelände eingesetzt werden. Der „Oscilloport" ähnelt in seinem Aufbau dem „Oscillomat".

Den Aufbau eines Lichtstrahloszillographen, der mit Stiftgalvanometern ausgerüstet ist, zeigt Abb. 185. Dieses von der Fa. Consolidated

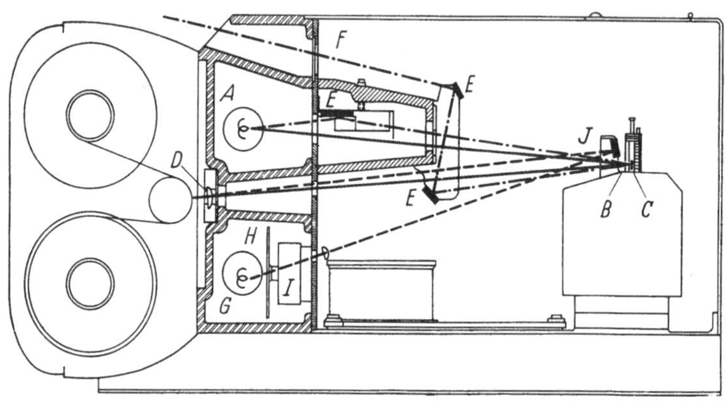

Abb. 185. Lichtstrahloszillograph mit Stiftgalvanometern (Fa. Consolidated Electrodynamics Corporation): *A* Registrierlampe, *B* Galvanometerlinse, *C* Galvanometerspiegel, *D* Zylinderlinse, *E* Spiegelsystem zur Schirmprojektion, *F* Einblicktubus, *G* Zeitmarkierlampe, *H* Zeitmarkierblende, *I* Zeitmarkiermotor, *J* Zeitmarkierspiegel

Electrodynamics Corporation hergestellte Gerät kann bis zu 50 Stiftgalvanometer aufnehmen und wird vorwiegend für seismische und Schwingungsmessungen eingesetzt. Auf eine eingehende Beschreibung dieses Gerätes oder ähnlich gebauter Geräte kann nach dem Vorausgegangenen verzichtet werden.

Für kurzzeitige Aufnahmen mit großer Zeitauflösung wird mitunter die Zeitablenkung des Lichtstrahls durch einen Kippspiegel bewerkstelligt, der den Lichtstrahl senkrecht zum Meßwerkausschlag ablenkt und über eine stehende Aufnahmefläche zieht [*236*].

Der *Lichtpunktlinienschreiber* „Lumiscript" nach Stabe der Fa. Hartmann & Braun ist ein kleiner, tragbarer Lichtstrahloszillograph [*237*, *238*]. Die verschiedenen Modelle sind mit 1, 2 oder 4 kleinen Drehspulspiegelgalvanometern ausgerüstet. Das Gerät (s. Abb. 186) besitzt jedoch die Besonderheit, daß es mit einem Spezialphotopapier arbeitet, das durch Tages- oder Glühlampenlicht kaum belichtet wird. Bei Belichtung mit stark UV-haltigem Licht wird es jedoch direkt geschwärzt, ohne daß zuvor eine Entwicklung in der Dunkelkammer erforderlich ist. Das Gerät arbeitet mit einer Quecksilberdampfhöchstdrucklampe *1* als Lichtquelle, die von einem separaten Netzgerät mit 25 V, 4 A Gleichstrom gespeist wird. Dank ihrem extrem kleinen Elektrodenabstand von nur etwa 0,3 mm kann die Lichtquelle nahezu als punktförmig angesehen werden und besitzt eine sehr große Leuchtdichte von über 100000 Stilb. Die Lebensdauer der Lampe hängt von der Zahl der Zündungen ab und beträgt etwa 100 h. Ihr Quarzkolben läßt den größten Teil der für die Belichtung wesentlichen UV-Strahlung hindurchtreten.

Über einen ebenen Umlenkspiegel *2* und den Hohlspiegel *3* des Galvanometers wird die Lichtquelle ohne Verwendung von Blenden, Kondensorlinsen und Zylinderlinsen direkt auf den Registrierstreifen *4* verkleinert abgebildet. Der Registrierstreifen ist 35,45 oder 60 mm breit, besitzt keine Perforation, sondern wird mittels Friktionsrädern von einem Synchronmotor gefördert. Die Registrierung erscheint als sofort sichtbare Linie von etwa 0,3 mm Breite und tiefgraublauer Tönung auf gelblichweißem Hintergrund. Das Diagramm entsteht auf der dem Beobachter abgekehrten Seite des Streifens. Da das Papier jedoch durchscheinend ist, kann der zu registrierende Vorgang während der Aufnahme verfolgt werden. Bleibt der Streifen dem Tageslicht ausgesetzt, so dunkelt zwar der unbelichtete Teil nach, der Kontrast zwischen Schrift und Untergrund bleibt aber erhalten und verlöscht erst nach sehr langer Zeit. Werden die Diagramme lichtgeschützt in Spezialtaschen aufbewahrt oder in Versuchsberichte eingeklebt, so sind sie unbegrenzt haltbar. Sie lassen sich außerdem photographisch reproduzieren und auch auf nassem Wege fixieren. Die maximale Schreibgeschwindigkeit beträgt etwa 10 m/s.

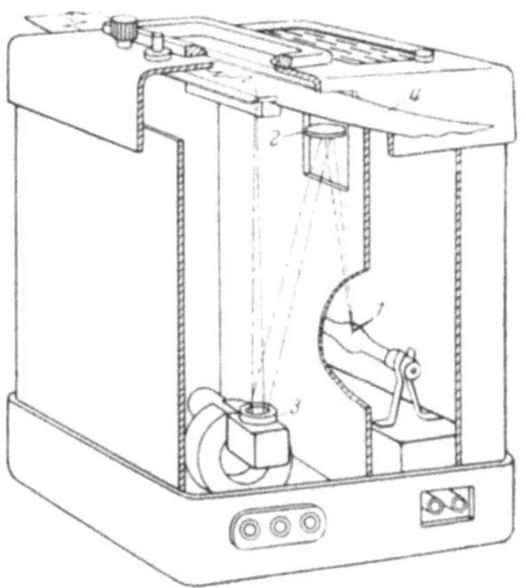

Abb. 186. Einfachlichtpunktlinienschreiber „Lumiscript“ nach STABE (Fa. Hartmann & Braun): *1* Quecksilberhochdrucklampe, *2* Planspiegel, *3* Spannbandgalvanometer mit Hohlspiegel, *4* lichtempfindlicher Registrierstreifen

Es stehen auswechselbare Meßwerke verhältnismäßig hoher Empfindlichkeit mit Eigenfrequenzen zwischen 1 und 600 Hz und Widerständen zwischen 10 und 5000 Ω zur Verfügung. Bei Mehrfachschreibern kann eines der Meßwerke als Zeitmarkengeber verwendet werden. Die Registriereinrichtung ist in einem kleinen Blechgehäuse untergebracht, das mit den notwendigen Bedienungsorganen, einem umschaltbaren Mehrstufengetriebe für Papiervorschübe bis maximal 100 mm/s, Anschlüssen usw. versehen ist.

Bei den bisher beschriebenen Lichtstrahlregistrierinstrumenten wird, mit Ausnahme des auf S. 216 erwähnten Gerätes, die Schreibfläche bewegt und das Schreiborgan in der dazu senkrechten Richtung ausgelenkt. Bei den *Koordinatenoszillographen* steht die Schreibfläche still, und der Lichtstrahl wird durch zwei Spiegelmeßwerke in zwei zueinander senkrechten Richtungen ausgelenkt. Das älteste dieser Geräte wurde von SALADIN und LE CHATELIER 1904 zur Aufnahme von Haltepunktskurven von Stählen angegeben (s. Abb. 187). Dieses Instrument enthält zwei bandaufgehängte Spiegelgalvanometer. Der Ausschlag des einen ist proportional der Temperaturdifferenz zwischen dem Versuchskörper und einem Vergleichskörper, der Ausschlag des anderen entspricht der Temperatur des Vergleichskörpers. Um die beiden Ausschläge als Kurve in einem rechtwinkligen Koordinatensystem eintragen zu können, muß der von der Lichtquelle L ausgehende und von dem Spiegel des ersten Meßwerks $G\,1$ reflektierte und abgelenkte Lichtstrahl durch ein Aufrichtprisma P in seiner Bewegungsrichtung um 90° gedreht werden. Dann fällt der Lichtstrahl auf den Spiegel des zweiten Meßwerks $G2$ und wird von dort auf eine Mattscheibe oder zur Registrierung auf eine feststehende photographische Platte E reflektiert. Unter Verwendung geeigneter Meßwerke lassen sich mit dieser Anordnung zahlreiche Aufgaben lösen, bei welchen es sich darum handelt, die Abhängigkeit zweier, mit elektrischen Meßwerken erfaßbarer Größen in einem rechtwinkligen Koordinatensystem aufzuzeichnen.

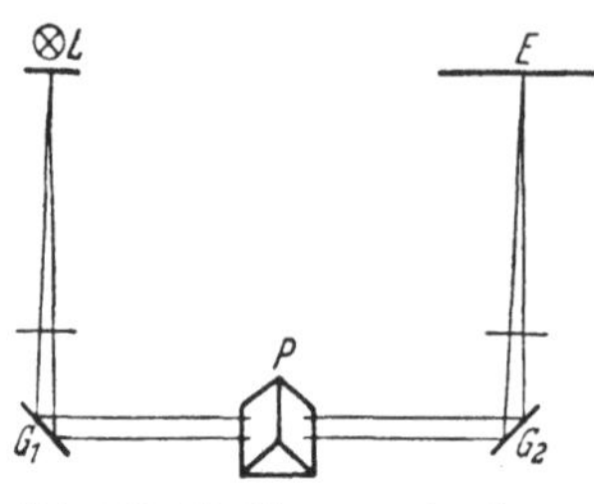

Abb. 187. Strahlengang der SALADIN-Galvanometeranordnung: E Projektionsschirm, G_1, G_2 Galvanometerspiegel, L Lichtquelle, P Aufrichtprisma

Man kann den Lichtstrahl auch ohne Aufrichtoptik in zwei zueinander senkrechten Richtungen auslenken, wenn man zwei Spiegelmeßwerke verwendet, deren Drehachsen um 90° gegeneinander versetzt sind. Mindestens das horizontal angeordnete Meßwerk muß allerdings hierbei Spannband- oder Spitzenlagerung besitzen. Auf diesem Prinzip beruht der in Abb. 188 dargestellte und früher von der Fa. Siemens & Halske hergestellte *Koordinatenoszillograph* [*239*]. An Stelle der Spiegelgalvanometer wurden mitunter auch Oszillographenschleifen verwendet. Der Weg vom Galvanometerspiegel zur 13 × 18 cm großen Mattscheibe bzw. Kassette mit Photoplatte beträgt 50 cm. Die in einiger Entfernung vor der Mattscheibe angeordnete geneigte Glasplatte reflektiert einen Teil der Strahlung nach oben auf eine im Deckel des Instruments sitzende Beobachtungsplatte aus rotem Filterglas. Hierdurch ist es möglich, während der Aufnahme den Vorgang zu überwachen. Der Spiegel des zweiten Meßwerks muß in jedem Fall so groß sein, daß er den vom Spiegel des ersten Meßwerks kommenden Lichtstrahl auch noch bei größeren Ausschlagswinkeln erfaßt. Dieser Umstand erfordert ein kräftiges

Meßwerk, das in der Lage ist, einen schweren Spiegel zu tragen, was natürlich auf Kosten der Empfindlichkeit oder Einstellzeit geht. Außerdem treten bei größeren Meßwerkausschlägen erhebliche Verzeichnungsfehler auf. Diese Schwierigkeiten umgeht BADER [*240*] durch eine kompliziertere Optik.

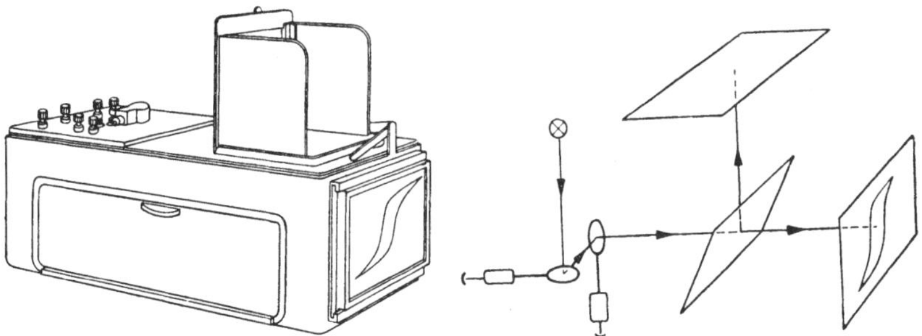

Abb. 188. Koordinatenoszillograph (Fa. Siemens & Halske): links Ansicht, rechts Strahlengang

8. Registrierung mit Elektronenstrahloszillographen

Der Elektronen- oder Kathodenstrahloszillograph ist heute in der Meßtechnik ein außerordentlich beliebtes und verbreitetes Meß- und Beobachtungsinstrument [*241*]. Wir können hier nicht näher auf die große, schier unübersehbare Zahl der Einsatzmöglichkeiten eingehen, die der Elektronenstrahloszillograph besitzt, ebenfalls nicht auf die Mannigfaltigkeit der Bauarten. Weiter ist es auch nicht möglich, im Rahmen dieses Buches auf Einzelheiten der Wirkungsweise der Elektronenstrahloszillographen einzugehen, denn diese Instrumente gehören im Prinzip zu den anzeigenden und nicht zu den registrierenden Meßgeräten [*242* bis *245*]. Der in zwei Koordinatenrichtungen ablenkbare Elektronenstrahl trifft auf einen Leuchtschirm und hinterläßt dort eine je nach der verwendeten Leuchtsubstanz mehr oder weniger nachleuchtende Spur. Es wäre also richtig, diese Instrumente als Oszilloskope zu bezeichnen.

Zu einem Registrierinstrument wird der Elektronenstrahloszillograph erst dann, wenn durch photographische oder anderweitige Verfahren die Spur des Elektronenstrahls festgehalten wird [*246*]. Dies gelingt, von Ausnahmen abgesehen, in zweierlei Weise. Die gebräuchlichste Methode besteht darin, daß vor den Leuchtschirm eines Oszillographen eine photographische Aufnahmeeinrichtung gesetzt wird, in der das Leuchtschirmbild als Zwischenbild mittels Linsensysteme auf eine lichtempfindliche Schicht übertragen und dort gespeichert wird. Die zweite, in der Handhabung umständlichere, aber in gewissen Fällen leistungsfähigere Methode umgeht die Zwischenabbildung auf dem Leuchtschirm. Da ein Elektronenstrahl in der Lage ist, eine lichtempfindliche Schicht zu belichten, kann diese im Inneren der Strahlröhre angebracht werden. Da jedoch im Inneren der Röhre Hochvakuum bestehen muß, sind bei diesem Registrierverfahren komplizierte Schleusensysteme notwendig, um den Film oder die Photoplatte in das Rohrinnere zu bringen. Diese Schwierigkeit ist bisweilen umgangen worden, indem man das Rohr mit einem hochvakuumdichten, aber elektronenstrahldurchlässigen Abschlußfenster (LENARD-Fenster) versah, über dem sich unmittelbar der Film befand.

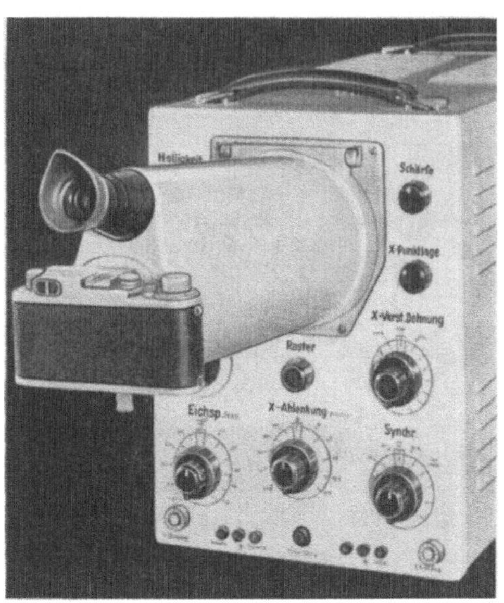

Abb. 189. Photovorsatz zum Elektronenstrahloszillograph (Fa. Siemens & Halske)

Der Elektronenstrahloszillograph ist in erster Linie geeignet zur Sichtbarmachung bzw. Registrierung rein periodischer Vorgänge, LISSAJOUS-Figuren, Hystereseschleifen und nahezu periodischer Vorgänge. Unter letzteren sollen Vorgänge verstanden werden, die aus einer großen Zahl aufeinanderfolgender Einzelschwingungen aufgebaut sind, wobei sich aber die Kurvenform, möglicherweise auch die Schwingungsdauer der Einzelschwingungen, im Laufe der Zeit langsam, meist auch stetig, ändert. Die Eigenschaft „langsam" bedeutet, daß sich Änderungen des Bildes der Einzelschwingungen erst über viele Einzelschwingungen hin bemerkbar machen. Eine Anzahl benachbarter Einzelschwingungen besitzt also einen nahezu identischen Kurvenverlauf. Bei der Registrierung solcher Vorgänge verfährt man in der Weise, daß man zunächst auf dem Leuchtschirm des Elektronenstrahloszillographen durch geeignete Einstellung der Zeitablenkung eine oder mehrere Perioden des Vorganges sichtbar macht. Das Bild kann sich dann im Laufe der Zeit langsam ändern, und man kann dies mit dem Auge verfolgen. Oberhalb des Leuchtschirms haben die meisten Oszillographen Halteklammern, in die ein Vorsatztubus mit einer Kleinbildkamera eingehängt werden kann. Eine Ausführung dieser Art der Fa. Siemens & Halske ist in Abb. 189 wiedergegeben. Mit der Kamera kann das stehende Bild auf dem Leuchtschirm photographiert werden [*247*]. Es können sowohl Einzelaufnahmen als auch Aufnahmenfolgen gemacht werden. Will man zwischendurch das Leuchtschirmbild betrachten, so wird die Kamera samt Vorsatztubus nach oben geklappt. Nach dem Herunterklappen ist die Photographiereinrichtung wieder lichtdicht abgeschlossen und sofort betriebsbereit. Das Schirmbild kann gegebenenfalls auch vor der Aufnahme durch ein verschließbares Einblickfenster bzw. während der Aufnahme durch eine zusätzlich angebrachte Beobachtungslupe oder ein Projektionsfenster betrachtet werden. Diese Beobachtungseinrichtungen besitzen oft Augenmuscheln, bei deren Niederdrücken der Durchblick freigegeben wird. Zur Auslösung der Aufnahme wird der Verschluß der Kamera verwendet. Die Belichtungszeit ist von der Helligkeit des Elektronenstrahls, von der Filmempfindlichkeit und der Farbe des Leuchtschirms abhängig.

Unter Anwendung zusätzlicher Schalteinrichtungen lassen sich auch einmalige Vorgänge registrieren. Hierzu wird der Verschluß der Kamera voll geöffnet. Der Elektronenstrahl ist jedoch durch Anlegung einer negativen Spannung an den Wehnelt-Zylinder der Röhre gesperrt. In dem Augenblick, wo der zu registrierende Vorgang einsetzt, wird der Elektronenstrahl durch Wegnehmen der Sperrspannung freigegeben. Gleichzeitig beginnt die Zeitablenkspannung, den Elektronenstrahl mit konstanter Geschwindigkeit vom linken Rande aus in horizontaler Richtung über den Bildschirm zu ziehen, während der zu registrierende Vorgang den Strahl vertikal ablenkt. Erreicht der Strahl den rechten Rand des Bildschirms, so wird der Elektronenstrahl wieder automatisch gesperrt, und die Aufnahme ist beendet. In besonderen Fällen kann der zu registrierende Vorgang selbst die Auslösung der Aufnahme bewerkstelligen. Besitzt dieser nämlich einen impulsähnlichen Vorläufer oder eine steile Wellenfront, so kann damit über ein elektronisches Relais mit kleiner Ansprechzeit die Aufnahme ausgelöst werden. Oszillographen mit Glühkathode und normaler Anodenspannung (etwa 1,5 kV) gestatten auf diese Weise, einmalige Vorgänge bis zu einer Schreibgeschwindigkeit von 10 km/s aufzunehmen. Für höhere Schreibgeschwindigkeiten bis etwa 50 km/s ist die Verwendung einer Nachbeschleunigungsröhre erforderlich [248 bis 251]. Nach Verlassen der Ablenksysteme erfährt der Elektronenstrahl in einer Nachbeschleunigungsröhre eine nochmalige Beschleunigung und trifft mit erhöhter Geschwindigkeit auf den Leuchtschirm, wodurch eine bedeutend höhere Fleckhelligkeit erzielt wird. Mit Nachbeschleunigungsröhren hat man im Extremfalle Schreibgeschwindigkeiten bis zu mehreren Tausend km/s erreicht. Strahlröhren mit kalter Kathode, welche mit Anodenspannungen betrieben werden, die wesentlich über dem Normalwert von etwa 10 kV liegen, ließen Schreibgeschwindigkeiten bis zu $^3/_4$ Lichtgeschwindigkeit erreichen [*252*].

Die Elektronenstrahloszillographen sind den Lichtstrahloszillographen bezüglich der Anzeigeschnelligkeit weit überlegen, da der Elektronenstrahl als praktisch trägheitslos und seine Ablenkung als verzögerungsfrei angesehen werden kann. Der Schreibgeschwindigkeit werden durch die Strahlleistung und durch die Empfindlichkeit der Photoschicht Grenzen gesetzt. Die Ansprechschnelligkeit der Oszillographenröhre

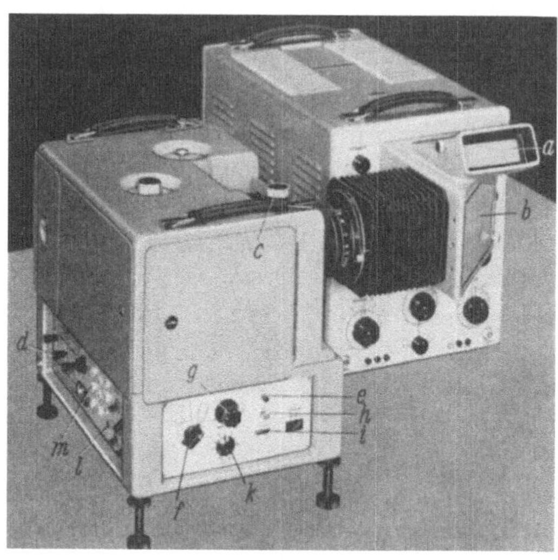

Abb. 190. Registrierkamera (Fa. Siemens & Halske): *a* Einblicktubus zum Beobachten der Aufnahme, *b* Klappspiegel zum Einstellen der Aufnahme, *c* Knopf zum Einstellen der Optik, *d* Getriebeschalthebel, *e* Starttaste, *f* Wahlschalter für Aufnahmeart, *g* Schalter für Längenvorwahl, *h* Stopptaste, *i* Zählwerk, *k* Papiervorratsanzeige, *l* Funktionsschalter, *m* Fernsteuerkontakte

hängt von der Eigenkapazität ihrer Ablenkplatten und der Laufzeit der Elektronen innerhalb des Ablenksystems ab. Handelsübliche Oszillographenröhren besitzen eine maximale auflösbare Frequenz von einigen 10^7 Hz. Da jedoch in vielen Fällen die zu registrierenden Spannungen nicht direkt an die Oszillographenröhre gelegt, sondern ihr zur Erhöhung der Empfindlichkeit über Vorverstärker zugeführt werden, sind deren Frequenzeigenschaften zu beachten. Sie können die maximal auflösbare Frequenz erheblich einschränken. Bezüglich der Empfindlichkeit sind die Elektronenstrahloszillographen allerdings den Lichtstrahloszillographen unterlegen. Zur Auslenkung des Elektronenstrahls werden bei direkter Anlegung einer Spannung an die Ablenkplatten etwa 10 V/cm benötigt. Es muß jedoch hervorgehoben werden, daß hierzu keine nennenswerte elektrische Leistung erforderlich ist, da die Ablenkung kapazitiv erfolgt. Unter Verwendung von Vorverstärkern gelingt es jedoch, die Empfindlichkeit erheblich zu steigern. Es genügen meist Eingangsspannungen von einigen 10^{-2} V/cm.

Ist der zu registrierende Vorgang nicht periodisch und wird auch nicht von der zuvor beschriebenen Methode zur Aufnahme einmaliger Vorgänge Gebrauch gemacht, so muß man eine Registrierkamera verwenden. Selbstverständlich kann man mit einem solchen Gerät auch periodische oder nahezu periodische Vorgänge aufnehmen. Die Registrierkamera arbeitet mit einem bewegten Film oder Photopapier, auf den das Leuchtschirmbild projiziert wird. Da der Filmvorschub proportional der Zeit ist, muß die Zeitablenkung des Oszillographen abgeschaltet werden. Der Elektronenstrahl wird dann lediglich proportional dem zu registrierenden Vorgang in der Y-Richtung ausgelenkt.

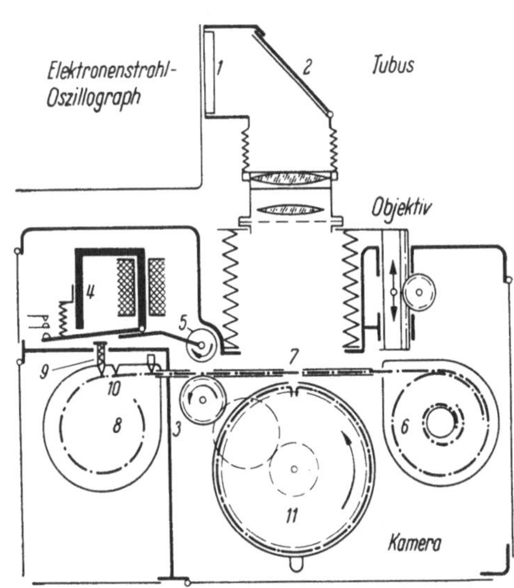

Abb. 191. Grundriß einer Registrierkamera (Fa. Siemens & Halske): *1* Bildschirm, *2* Klappspiegel, *3* Transportwalze, *4* Elektromagnet, *5* Andrückwalze, *6* Vorratskassette, *7* Belichtungsschlitz, *8* Einlaufkassette, *9* Riegel für Einlaufkassette, *10* Papiermesser, *11* Trommel

Als Beispiel sei eine *Registrierkamera* der Fa. Siemens & Halske (Bauart Siemens-Sörensen) beschrieben (s. Abb. 190 und 191). Das Gerät ermöglicht Stand-, Ablauf- und Trommelaufnahmen, und zwar sowohl auf 100 mm breitem lichtempfindlichen Papier als auch auf 35-mm-Film. Auf Papier wird das Oszillogramm im Verhältnis 1:1 geschrieben. Auf hochlichtempfindlichem Film können noch Vorgänge registriert werden, die so rasch verlaufen, daß sie mit Papier nicht mehr erfaßbar sind. Dies ist besonders dadurch möglich, daß bei Registrierung auf Film die Verkleinerung 3:1 beträgt und somit die Lichtintensität gesteigert wird. Die Auswertung der Filmstreifen erfordert gegebenenfalls eine Vergrößerung. Bei Ablauf- und Trommelaufnahmen entstehen die Kurven unter Ab- oder Umlaufen des Belichtungsstreifens. Bei Ablaufaufnahmen können Papiergeschwindigkeiten bis zu 10 m/s erzielt und Streifen bis zu 2 m einstellbarer Länge, bei niedrigeren Geschwindigkeiten bis zu 5 m in einem Zug geschrieben werden. Trommelaufnahmen lassen Papiergeschwindigkeiten bis 30 m/s zu bei nutzbaren Streifenlängen von 40 cm. Es ist allerdings auch möglich, auf demselben Streifen periodische Vorgänge mehrmals zu schreiben.

Die Verbindung zwischen dem Bildschirm *1* und dem Objektiv wird zur Erzielung eines höhen- und seitenrichtigen Bildes über den Klappspiegel *2* hergestellt. Die seitliche Aufstellung der Kamera ermöglicht ein bequemes Bedienen des Oszillographen und ein gutes Beobachten des Schirmbildes durch die Öffnung *b* vor der Aufnahme und durch die Öffnung *a* während der Aufnahme, jedoch kann die Kamera auch ohne Winkeltubus frontal zum Oszillographen aufgestellt werden. Am Knopf *c* wird die Optik eingestellt. Hierzu beobachtet man die Schärfe des Bildes am Belichtungsschlitz *7* bei geöffneter Tür. Ein Synchronmotor treibt über ein achtstufiges, mit den Hebeln *d* einstellbares Schaltgetriebe die Transportwalze *3* an. Beim Drücken der Starttaste *e* preßt der Anker des Elektromagnets *4* die Walze *5* gegen die Transportwalze, und der Registrierstreifen wird aus der Vorratskassette *6* am Belichtungsschlitz *7* vorbei in die Einlaufkassette *8* befördert. Bei Einstellung des Wahlschalters *f* auf „Vorwahl" kann mit dem Schalter *g* die gewünschte Oszillogrammlänge vor der Aufnahme eingestellt werden, jedoch läßt sich der Transport auch ohne Vorwahl durch Betätigen der entsprechenden Tasten oder durch Fernsteuerung auslösen und beenden. Nach der Aufnahme wird die Kassette so weit gedreht, daß mit dem Messer *10* das Papier zwischen Führungsschacht und Kassette durchschnitten werden kann. Nach Entriegelung *9* kann die Kassette herausgezogen werden. Die Trommel *11* wird ebenfalls über das Schaltgetriebe von der Transportrolle *3* angetrieben. Anfang und Ende der Belichtung werden von magnetischen Kontakten über ein Steuergerät ferngesteuert. Bei Standaufnahmen erfolgt der gewünschte Papiervorschub zwischen je zwei Aufnahmen um 4 oder 12 cm je nach der Stellung des Wahlschalters automatisch, so daß eine Doppelbelichtung ausgeschlossen ist. Bei Ablaufaufnahmen werden Zeitmarken am Rand des Oszillogramms im 10-, 100- oder 1000-Hz-Rhythmus geschrieben. Der Zeitmarkengeber wird an Stelle der Trommel in die Kamera eingesetzt. Er besteht aus einer von einem kleinen Synchronmotor angetriebenen Scheibe mit 100 Schlitzen verschiedener Länge und Stärke, die von einer Lampe beleuchtet wird. Für 35 und 100 mm breite Streifen ist je eine Lochscheibe vorhanden. Ablauf- und Standaufnahmen werden durch fünfstellige Belichtungszählwerke numeriert, ein zweites Zählwerk *i* zeigt die Nummer nach außen an.

Als weiteres Beispiel sei die Voigtländer-Philips-*Registrierkamera* beschrieben (s. Abb. 192). Sie dient zur Lauffilmregistrierung und für Einzelbildaufnahmen. Die Kamera arbeitet in Verbindung mit einer Oszillographenröhre von 10 cm Leuchtschirmdurchmesser und ist mit 35 mm breitem Kinofilm ausgerüstet. Der Abbildungsmaßstab wurde entsprechend einer noch abzubildenden Auslenkung des Leuchtflecks von 80 mm auf 24 mm Filmbreite mit etwa 3,4:1 festgelegt. Bei Verwendung von normalem Registrierpapier ist in den Oszillographen eine blau leuchtende Elektronenstrahlröhre einzusetzen; bei Verwendung von ortho- oder panchromatischem Aufnahmematerial eignen sich auch grün leuchtende Röhren. Da die Nachleuchtdauer letzterer etwas größer ist als die der blau leuchtenden Röhren, ist bei der Registrierung sehr rasch verlaufender Vorgänge blau leuchtenden Röhren der Vorzug zu geben, andernfalls ist in der Aufnahme hinter dem Kurvenzug ein Schleier erkennbar. Die Registrierkamera wird am Oszillographen mittels eines Steckscharniers oberhalb des Leuchtschirms befestigt. Der über den Oszillographen

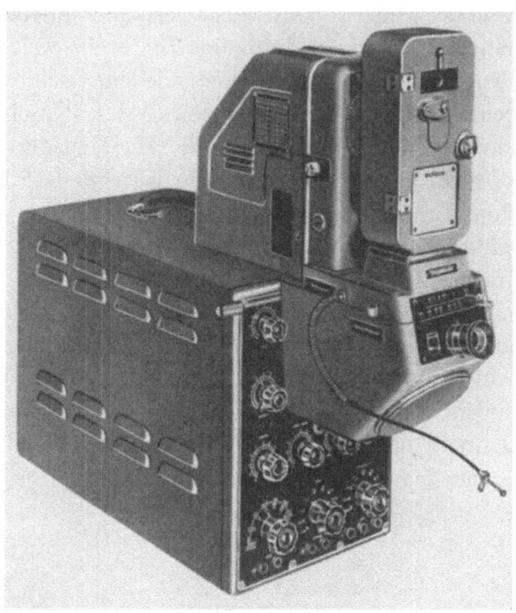

Abb. 192. Registrierkamera (Fa. Voigtländer-Philips)

herübergreifende Teil der Registrierkamera wird gegen die Gehäuseoberfläche des Oszillographen durch eine Stellschraube abgestützt. Die Registrierkamera besteht aus der Aufnahmeeinrichtung und dem Antriebsteil. Ein Umlenkspiegel wirft das Leuchtschirmbild auf das horizontal liegende Objektiv. Auf der Oberseite des Spiegelkastens befindet sich über dem Objektiv das abnehmbare Filmmagazin. Der Film wird durch einen erschütterungsfreien und selbstanlaufenden Synchronmotor bewegt. Dieser wird aus dem Netz gespeist und läuft mit 3000 U/min. Die Geschwindigkeit des 15 m langen Registrierstreifens kann in zehn Stufen zwischen etwa 1 cm/s und etwa 200 cm/s mittels eines umschaltbaren Vorgeleges und durch Austausch von Wechselrädern geändert werden. Eine Zeitmarkierung ist im allgemeinen nicht erforderlich. Es besteht die Möglichkeit, die Papiergeschwindigkeit in zwei weiteren Stufen bis etwa 475 cm/s zu steigern, doch läuft der Motor bei Geschwindigkeiten über

200 cm/s nicht mehr synchron. Es ist zweckmäßig, dann Zeitmarken mitzuschreiben. Zwischen dem Getriebe und dem Motor ist eine elektromagnetische Kupplung eingefügt, die bei laufendem Motor mit Hilfe eines Drahtauslösers zu betätigen ist.

Zur Belichtung von Standaufnahmen wird ein Prontor S-Verschluß verwendet, dessen Öffnungszeiten zwischen 1 und 1/300 s einstellbar sind. Die Blende ist zwischen 2,6 und 16 einstellbar. Nach Aufnahme eines Einzelbildes kann der Film oder das Registrierpapier mittels einer an dem Magazin befindlichen Handkurbel um eine Bildbreite weiterbewegt werden. Man kann jedoch auch mehrere, verschiedene Oszillogramme übereinander aufnehmen, z.B. zur Untersuchung der Phasenverschiebung oder Amplitudenänderung einer Meßgröße. Im Magazin ist ein Film- bzw. Papiervorratsanzeiger eingebaut. Die Kamera besitzt ferner eine Beobachtungslupe für den Leuchtschirm.

Selbstverständlich können unter Verwendung von Mehrstrahloszillographen auch mehrere Vorgänge gleichzeitig von einer Registrierkamera erfaßt werden. Insbesondere in den USA werden Registrierkameras gebaut, in denen die Leuchtschirmbilder mehrerer Oszillographenröhren übereinander auf einen gemeinsamen Filmstreifen projiziert werden. Es gibt Ausführungen mit bis zu 12 Kanälen. Die Oszillographenschirme sind hierbei teilweise nebeneinander, teilweise übereinander oder über- und nebeneinander angeordnet.

V. Anwendung von Registrierinstrumenten

A. Allgemeines

Es läßt sich heute kaum noch feststellen, wann und wo die selbsttätige Registrierung eines Meßwertes erstmalig zur Anwendung kam. Sehr früh bereits wurden Registriermethoden in der Meteorologie verwandt. Während es sich hier um die Aufzeichnung langsam veränderlicher Vorgänge handelte, bediente man sich zur Erfassung rasch verlaufender Vorgänge schon frühzeitig in der Physiologie besonderer Registriergeräte. Heute ist die Registrierung von weittragender Bedeutung für fast alle Gebiete der Wissenschaft und Technik. Die Zahl der für gewisse Aufgaben eingesetzten Registrierinstrumente ist zuweilen außerordentlich groß und beträgt in manchen Werken Tausende. Die enorme Kriegsproduktion brachte natürlich auch einen großen Bedarf an Meßinstrumenten mit sich. Es erscheint unglaublich, wie viele Instrumente allein im Atomzentrum Oak Ridge, Tennessee, benutzt wurden. Nach einem Bericht der

Taylor Instrument Companies sollen dort 200000 Instrumente in Benutzung sein, die Gesamtlänge der Schalttafeln mit den Anzeige- und Regelinstrumenten soll 17 km betragen! (KEINATH [*253*]).

Neben den in der Einleitung dieses Buches angeführten technischen Gesichtspunkten spielen bei der Anwendung der Registrierinstrumente auch wirtschaftliche Gründe eine Rolle. CZERNY [*254*] hat in treffender Weise die Geldfrage als die trivialste Grenze der Meßtechnik bezeichnet. Der Anschaffungspreis eines Registrierinstruments liegt etwa beim Zehnfachen eines Anzeigeinstruments gleicher Genauigkeit und Empfindlichkeit, der früher drei- bis sechsfache Platzbedarf ist durch die raumsparenden Schreiber (s. S. 135) erheblich herabgesetzt worden. Außerdem treten laufende Kosten für Papierbeschaffung und Wartung der Registrierinstrumente auf, die bei großen Registrieranlagen erheblich ins Gewicht fallen können. Es empfiehlt sich deshalb, Registrierinstrumente an Stelle von Anzeigeinstrumenten nur dort einzusetzen, wo ihre Vorteile den höheren Aufwand rechtfertigen und die Diagramme auch wirklich zur Auswertung kommen. Es ist weiter zweckmäßig, zur Wartung großer Registrieranlagen besonders geschultes Personal einzusetzen. Zur Auswertung der Diagramme findet man z.B. in großen Werken der chemischen Industrie oder in Hüttenwerken besondere Arbeitsgruppen. Die Personalkosten für die Auswertung der Diagramme rechtfertigen in vielen Fällen den Übergang zu einer zentralen Meßwerterfassung mit unmittelbarer Datenverarbeitung mittels Lochkarten.

B. Elektrokardiographen

In der modernen medizinischen Forschung und ärztlichen Praxis sind die Elektrokardiographen unentbehrliche Helfer geworden [*255* bis *257*]. Sie dienen dazu, die Herzfunktion zu untersuchen und zu überwachen. Dies ist mit elektrischen Methoden insofern möglich, als durch die Herztätigkeit elektrische Spannungsdifferenzen erzeugt werden, die als Aktionspotentiale an verschiedenen Stellen der Körperoberfläche des Patienten abgetastet werden können. Der zeitliche Verlauf der Aktionspotentiale ist erheblich vom jeweiligen Zustand des Herzens abhängig und läßt Erkrankungen oder Schäden durch charakteristische Merkmale erkennen. Da die Elektrokardiographie als medizinische Untersuchungsmethode eine hervorragende Bedeutung besitzt, ist es verständlich, daß seit etlichen Jahrzehnten von verschiedenen Herstellerfirmen Elektrokardiographen in den mannigfaltigsten Ausführungen gebaut werden. Früher besaßen die Elektrokardiographen als Meßwerke Nadel-, Saiten- oder Schleifengalvanometer, und es wurde photographisch registriert. Heute werden neben Elektronenstrahloszillographen mit photographischer Registrierung vorwiegend direktschreibende Schnellregistriersysteme verwendet. Der zu registrierende Vorgang erstreckt sich zeitlich über einige Herzschläge; um jedoch im Elektrokardiogramm (EKG) (s. Abb. 193) Feinheiten der Struktur erkennen zu können, muß die Eigen-

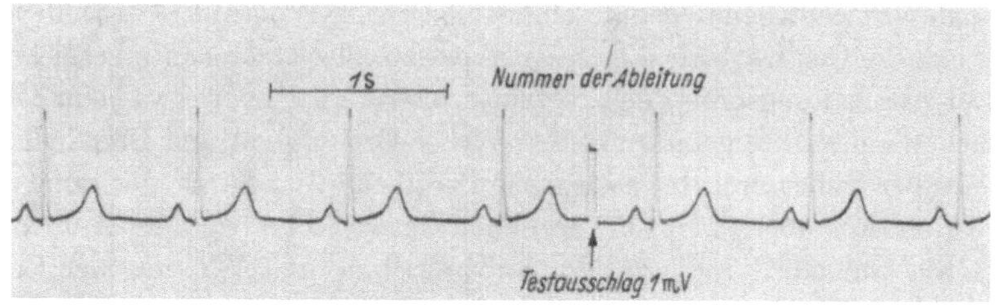

Abb. 193. Elektrokardiogramm (Fa. Hellige)

frequenz der Registriermeßwerke in der Größenordnung von 100 Hz liegen. Auch Herzgeräusche können registriert werden und dienen der ärztlichen Diagnose. Als Aufnehmer werden sog. Herztonmikrophone verwendet. Damit die Geräusche mit all ihren Feinheiten getreu wiedergegeben werden, müssen die Registriergeräte Eigenfrequenzen bis zu 1000 Hz aufweisen. Das gleiche gilt für die Encephalographen, Geräte, mit denen die Gehirnaktionspotentiale registriert werden.

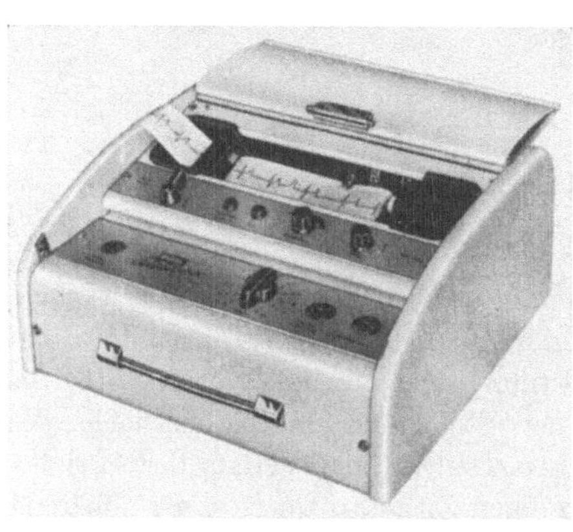

Abb. 194. Elektrokardiograph „Simpliscriptor" (Fa. Hellige)

Die modernen, direktschreibenden Elektrokardiographen besitzen ausnahmslos Röhrenverstärker, die als Wechselspannungsverstärker den Frequenzbereich 0,1 bis etwa 100 Hz verstärken. Die am Patienten abgetasteten Aktionspotentiale liegen in der Größenordnung 1 mV und sind viel zu gering, um die kräftigen Registriermeßwerke direkt zu betätigen. Außerdem muß die Abtastung mit verhältnismäßig hochohmigen Organen erfolgen, damit die zu messenden Spannungen nicht kurzgeschlossen werden. Wechselspannungsverstärker genügen insofern allen Anforderungen, als statische Spannungskomponenten in der Elektrokardiographie nicht interessieren. Die Abtastung der Aktionspotentiale erfolgt mit Elektroden aus rostfreiem Stahl, die dem Patienten mit Gummibändern am rechten und linken Unterarm, am linken Unterschenkel und an der Brustwand befestigt werden. Um einen einwandfreien Kontakt zu erzielen, werden die Elektroden vor dem Anlegen mit einer schwach alkalischen Lösung angefeuchtet. Während der Aufnahme muß der Patient sehr ruhig und entspannt liegen, damit das EKG nicht durch Muskelspannungen verfälscht wird. Es wird normalerweise, um ein vollständiges Bild der Herztätigkeit zu gewinnen, eine Aufnahmeserie gemacht, in der nacheinander die Potentialverläufe zwischen den verschiedenen oben angegebenen Körperteilen registriert werden (Ableitungen). Das Umschalten braucht jedoch meist nicht von Hand vorgenommen zu werden, sondern geschieht automatisch durch Betätigen eines Wählschalters. Diese Apparate sind außerdem mit einem automatisch arbeitenden Drucker ausgerüstet, der in regelmäßigen Abständen die Nummer der jeweils gewählten Ableitung auf den Rand des Registrierstreifens druckt.

Abb. 194 zeigt einen Elektrokardiographen dieser Art der Fa. Hellige. Das tragbare, in Kofferform gebaute Gerät besitzt ein weißlackiertes Metallgehäuse mit den Abmessungen 380 × 380 × 178 mm und hat ein Gewicht von 12 kg. Der Apparat hat Netzanschluß und registriert auf Wachsschichtpapier. Ein eingebauter Verstärker lenkt ein Vierpol-Drehmagnet-Registriersystem aus, dessen geheizte Schreibschneide die weiße Schicht des Wachspapiers wegschmilzt. Das Papier ist 50 mm breit, der Papiervorschub läßt sich wahlweise auf 25 oder 50 mm/s einstellen. Eine Abart dieses Geräts wird auch als technischer Universalschreiber ausgeführt.

Große Stationselektrokardiographen oder Encephalographen besitzen mehrere, häufig sogar viele Kanäle, um die verschiedenen Ableitungen gleichzeitig aufnehmen zu können. Selbstverständlich muß hier jeder Kanal mit einem eigenen Verstärker ausgerüstet sein.

C. Technische Registrieranlagen

In großen Kraftwerken und Produktionsstätten, insbesondere in der chemischen und Eisenhüttenindustrie, ist die Überwachung ausgedehnter Maschinenanlagen und Einrichtungen ohne Registrierinstrumente heute undenkbar [*258, 259*]. Eine Kontrolle der Anlagen ausschließlich durch Beobachtung von Anzeigeinstrumenten würde bei der Vielzahl der Vorgänge eine unwirtschaftlich große Zahl von Beobachtern erfordern. Außerdem wäre es für einen Betriebsleiter nahezu unmöglich, sich in kürzester Zeit einen Überblick über die Funktion der Anlage zu verschaffen, d.h. Stand und Entwicklungstendenz aller Betriebswerte zu überblicken. Gerade dies ist aber erforderlich, um die optimale Ausnutzung einer Anlage zu erreichen. Es hat sich daher als zweckmäßig erwiesen, die wichtigsten Meßwerte einer Registrierwarte zuzuleiten, wo sie von Registrierinstrumenten erfaßt werden. Hierbei ist es oft unumgänglich, daß die Meßwerte von

Abb. 195. Warte einer Hochspannungsschaltanlage

der Meßstelle zur Registrieranlage über größere Entfernungen übertragen werden müssen. Bei den mechanischen Meßgrößen bereitet dies zuweilen Schwierigkeiten und Kosten. So gestatten Gestänge und Seilzüge zur Übertragung von Wegen (z.B. bei Indikatoren) die Überbrückung von nur einigen Metern. Rohrleitungen zur Übertragung von Drucken (z.B. bei Druckmessern, Druckflußmessern oder Ausdehnungsthermometern) können bis zu einigen zehn Metern verwendet werden. In beiden Fällen wird die Grenze durch die Masse und Reibung des Übertragungsmittels bestimmt. Wesentlich zweckmäßiger sind die Methoden der *elektrischen*

Meßwertübertragung. Mit ihnen lassen sich unter Verwendung von Gleich- oder Wechselstrom technischer Frequenz Entfernungen von einigen hundert Metern bis zu einigen Kilometern überbrücken. Mit besonderen elektrischen Impuls-, Hochfrequenz- und besonders Kompensationsverfahren ist auch eine Übertragung über noch größere Entfernungen möglich [*260*]. Bei der Registrierung elektrischer Größen braucht zwischen Meß- und Registrierstelle lediglich eine elektrische Leitung verlegt zu werden. Der Widerstand dieser Leitungen läßt sich in den meisten Fällen ohne

Abb. 196. Registriertafel auf der Ofenbühne einer Crackanlage

allzu großen Aufwand gering halten bzw. eineichen, so daß er praktisch ohne Einfluß auf die Messung ist. Auch der Temperatureinfluß auf den Widerstand der Verbindungsleitungen läßt sich in erträglichen Grenzen halten. Die Vorteile der elektrischen Übertragungsmethoden haben dazu geführt, daß sie in steigendem Maße auch für mechanische Messungen verwandt werden. Hierzu bedarf es besonderer Meßwandler, welche die betreffende mechanische Meßgröße an der Meßstelle in eine ihr äquivalente elektrische umformen, die dann übertragen werden kann. Von Meßwandlern macht man bisweilen ebenfalls Gebrauch bei rein elektrischen Messungen, wenn die Übertragung der Meßgröße Schwierigkeiten bereitet, wie z. B. bei starken Strömen, hohen Spannungen, hohen Frequenzen usw.

Registrierwarten in Energie- und Hüttenbetrieben. Abb. 195 zeigt eine Warte mit Anwahlsteuerung für eine Hochspannungsschaltanlage. Das Bedienungspult enthält das Schaltwerk mit Mutterfeldern und Anwahlschaltern. Die schreibenden und anzeigenden Instrumente sind auf dem im Hintergrund sichtbaren Rückmeldefries untergebracht. Die Leistungsschreiber haben Drehspulmeßwerke und arbeiten in Verbindung mit Meßwertumformern.

Während auf den Schalttafeln in Abb. 195 ausschließlich elektrische Instrumente zu sehen sind, befinden sich auf der Registriertafel der Ofen-

Abb. 197. Registriertafel an einem Turbogenerator

bühne einer Crackanlage (Abb. 196) neben den elektrischen (links) auch eine Anzahl mechanischer Registrierinstrumente (rechts) zur Über-

Abb. 198. Hochofenwarte mit Blindschaltbild

wachung der Gaserzeugung, der Luftmenge und andererer Betriebsgrößen. In Abb. 197 ist eine Dampfturbine zum Antrieb eines Drehstromgenerators zu sehen. Die Registrierinstrumente auf der Schalttafel rechts zeichnen Frisch- und Abdampftemperatur und -druck, Frischdampfmenge und Lagertemperatur auf.

Die Funktion einer Anlage läßt sich besonders leicht überblicken, und die Auswirkungen von Steuerbefehlen werden besonders anschaulich, wenn man die Steuerorgane, Meßgeräte, Registrierinstrumente und Regler auf der Schalttafel in Form eines *Blindschaltbildes* anordnet. Dies ist ein Blockbild der gesamten Anlage, in das an den entsprechenden Stellen die Meß- und Schaltstellen eingefügt sind. Die in Abb. 198 wiedergegebene Registrier- und Steuertafel mit Blindschaltbild dient zur vollautomatischen Umsteuerung zweier Winderhitzer eines Hochofens. Die Umsteuerung besorgen die Regler in Abhängigkeit von der Temperatur in der Kuppel der Winderhitzer. Zur Erleichterung der Übersicht ist symbolisch die Leitungsführung für Hochofengas, Brenngas, Verbrennungsluft, Hochofenwind und Abgas in verschiedenen Farben auf der Tafel eingetragen. Die Winderhitzer sind auf den beiden linken Feldern, der Hochofen auf dem Feld ganz rechts symbolisch dargestellt. In die Leitungsstränge sind die Klappenstellungszeiger eingebaut, die erkennen lassen, ob der Winderhitzer aufgeheizt wird oder auf Wind steht.

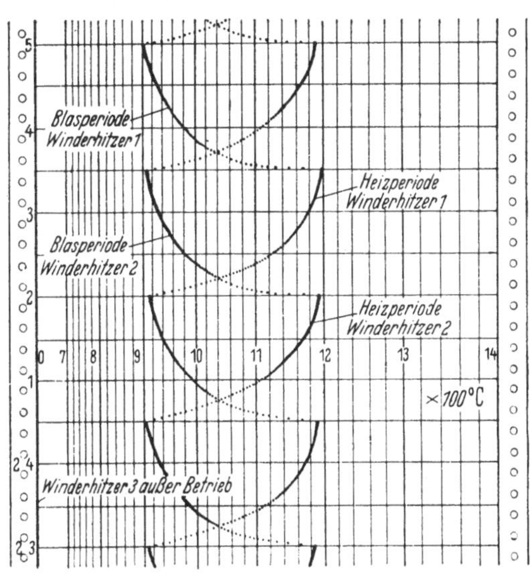

Abb. 199. Diagramm der Kuppeltemperaturen zweier Winderhitzer

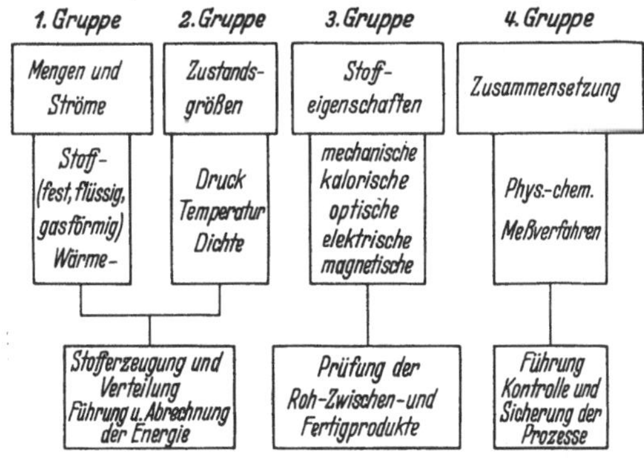

Abb. 200. Meßtechnische Aufgaben in der chemischen Industrie

Das in Abb. 199 wiedergegebene Diagramm ist in einer ähnlichen Anlage mit einem Dreifachpunktschreiber aufgenommen. Man erkennt den periodischen Wechsel zwischen Blasperiode

Tabelle 3. *Einsatz von Registrierinstrumenten in Hochofen-Betrieben*

Anzahl	Meßwert	Meßstelle	Meßwert-Fühler	Registrierinstrument
1	Gasverbrauch der Winderhitzer	Gasleitung	Blende	Ringwaagen-Mengenschreiber
2	Kaltwind-Menge	Kaltwind-Leitung	Blende	Ringwaagen-Mengenschreiber
1	Rohgas-Druck	Rohgas-Leitung vor Staubsack	—	Ringwaagen-Druckschreiber
1	Reingas-Druck	Reingas-Leitung vor Winderhitzer	—	Ringwaagen-Druckschreiber
1	Überschuß-Gasmenge	Abblase-Klappe	Staudruck am Ausblasetrichter	Ringwaagen-Druckschreiber
1	Kaltwind-Druck	Kaltwind-Verteilungsleitung	—	Federdruckschreiber
1	Heißwind-Druck	Ringleitung	—	Federdruckschreiber
1	Gicht-Temperatur	Rohgas-Leitung vor Staubsack	Ni-Ni Cr-Element	Mehrfarbenschreiber
1	H_2-Gehalt des Gichtgases	Zwischen Staubsack und Rohgas-Sammelleitung	H_2-Geber	Mehrfarbenschreiber
1	Gasometer-Füllung	Gasometer-Scheibe	Widerstand	Mehrfarbenschreiber
2	Temperatur vor Heißwindschieber	Heißwind-Stutzen der Winderhitzer	Ni-Ni Cr-Element	Mehrfarbenschreiber
2	Heißwind-Temperatur	Ringleitung	Ni-Ni Cr-Element	Mehrfarbenschreiber
2	Kuppel-Temperatur der Winderhitzer	Kuppel-Gewölbe	Strahlungs-Pyrometer	Mehrfarbenschreiber
2	Abgas-Temperatur der Winderhitzer	Abgas-Stutzen der Winderhitzer	Ni-Ni Cr-Element	Mehrfarbenschreiber
2	CO-, H_2-Gehalt der Abgase	Abgas-Stutzen bzw. Abgas-Kanal	CO-, H_2-Geber	Mehrfarbenschreiber
2	O_2-Gehalt der Abgase	Abgas-Stutzen bzw. Abgas-Kanal	O_2-Geber	Mehrfarbenschreiber

und Heizperiode der beiden Winderhitzer *1* und *2*. Der Winderhitzer *3* ist außer Betrieb. Die Anlage wird so gesteuert, daß die Kuppeltemperatur während der Heizperiode 1200 °C nicht überschreitet und in der

Tabelle 4. *Meßtechnische Ausrüstung einer Stickstoff-Erzeugungs- und Verarbeitungsanlage mit Energie- und Hilfsbetrieben*

Betrieb	Registrierende Meßgeräte			Registrierende Analysengeräte	Summe
	Menge	Druck	Temperatur		
Energieerzeugung	600	80	90	35	805
Produktion	280	150	430	45	905
Summe	880	230	520	80	1710

Außerdem 2170 anzeigende Temperaturmeßstellen

Meßverfahren der registrierenden Analysengeräte (zu Tabelle 4):

Gas-Analysenschreiber

Dichte
Wärmetönung
Wärmeleitfähigkeit
Volumenabnahme durch Absorption

Flüssigkeits-Analysenschreiber

Lichtabsorption
Automatische Titration
Elektrische Leitfähigkeit
Wasserstoffionenkonzentration

Blasperiode 900 °C nicht unterschreitet. Tab. 3, die einer Arbeit von HINRICHS [*261*] entnommen ist, gibt einen Überblick über den Einsatz von Registrierinstrumenten in *Hochofenbetrieben*.

In der *chemischen Industrie* hat die vielseitige Anwendung der Registrierung in Verbindung mit den verschiedensten physikalisch-chemischen Meßmethoden außerordentliche Erfolge gebracht. Abb. 200 und Tab. 4 sind einer Arbeit von GMELIN [*262*] entnommen. Sie geben einen

Abb. 201. Apparatetisch des Dynamometerwagens des Nationalen Netzes der Spanischen Eisenbahnen (Fa. Amsler)

Überblick über die vielseitigen Einsatzmöglichkeiten von Registrierinstrumenten in der chemischen Industrie und vermitteln einen Eindruck von der Vielzahl der z.B. in einer Stickstofferzeugungs- und Verarbeitungsanlage Verwendung findenden Registrierinstrumente.

In *explosionsgefährdeten Räumen*, besonders in chemischen Betrieben und in Bergwerken, sind bei Anwendung elektrischer Registrierinstrumente die Vorschriften des VDE 0170/171 für explosionssichere Meßgeräte zu beachten. HUMANN [*263*] hat die für Registrierinstrumente erforderlichen Maßnahmen eingehend untersucht. Da eine druckfeste

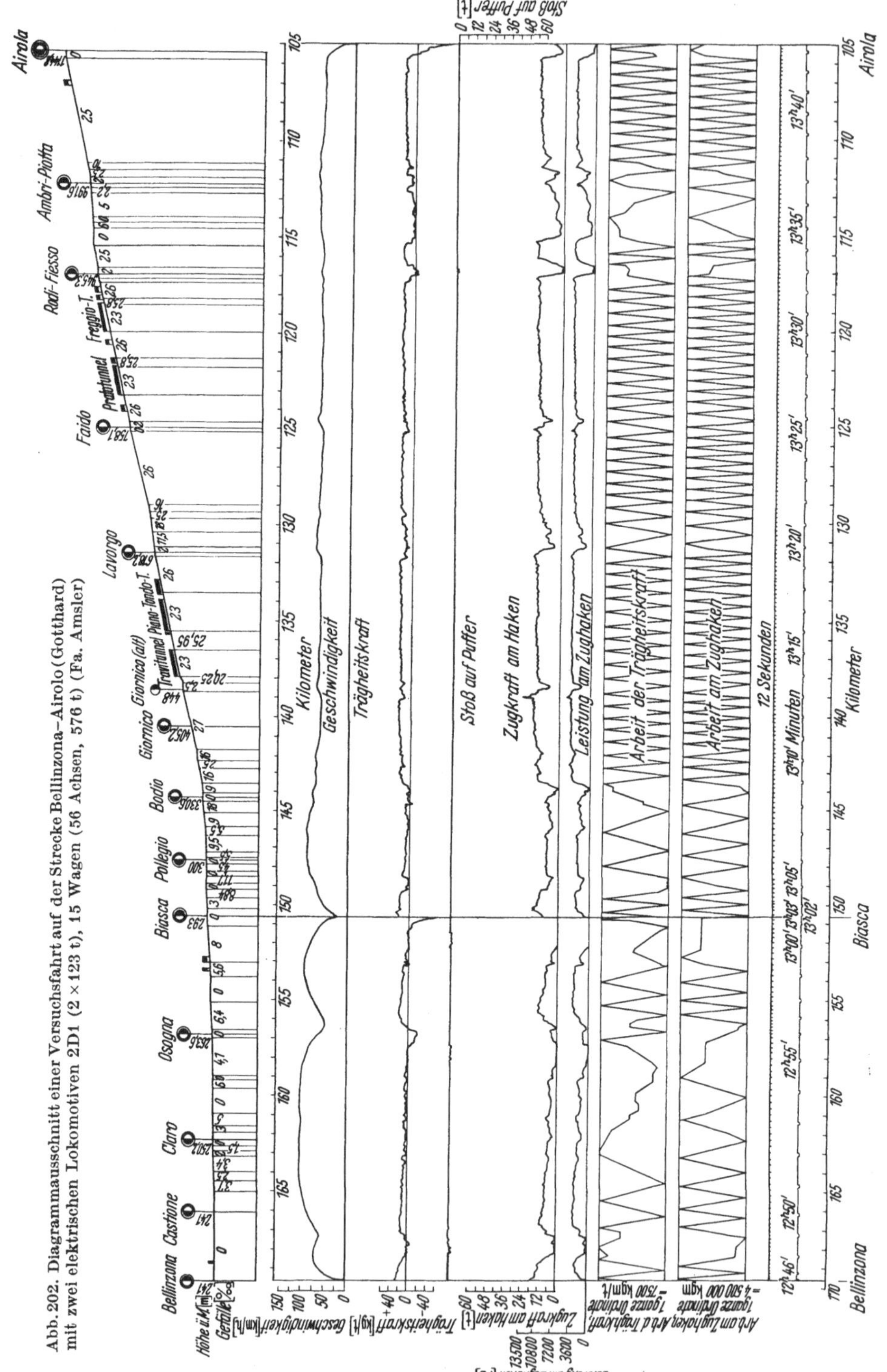

Abb. 202. Diagrammausschnitt einer Versuchsfahrt auf der Strecke Bellinzona–Airolo (Gotthard) mit zwei elektrischen Lokomotiven 2D1 (2 × 123 t), 15 Wagen (56 Achsen, 576 t) (Fa. Amsler)

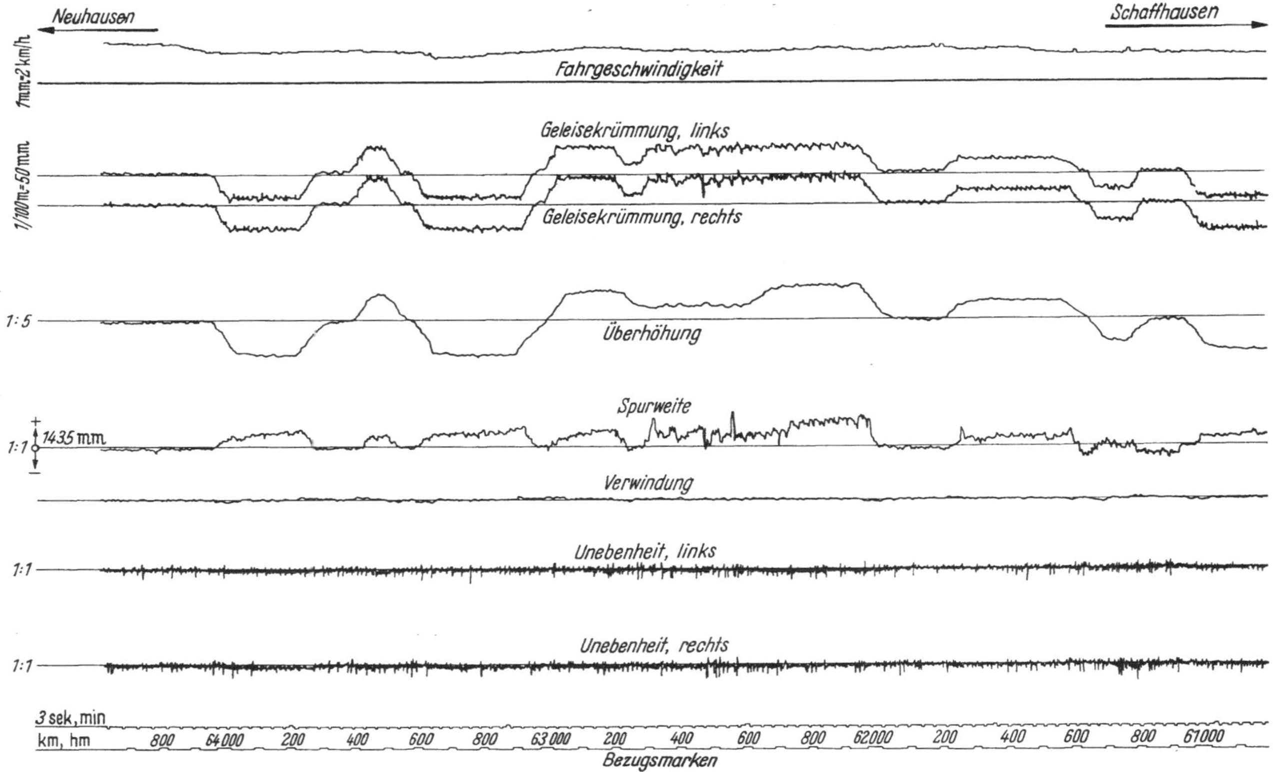

Abb. 203. Diagrammausschnitt einer Versuchsfahrt mit einem Meßwagen der Tschechoslowakischen Staatsbahnen auf der Strecke Neuhausen–Schaffhausen (Fa. Amsler)

Kapselung der Schreiber im Gegensatz zu Anzeigeinstrumenten nicht möglich ist, müssen vor dem Öffnen der Instrumente Spannungen, die eine Zündung hervorrufen können, abgeschaltet werden. Durch Anwendung niedriger Meßspannungen (unter 1 Volt) und unter Vermeidung

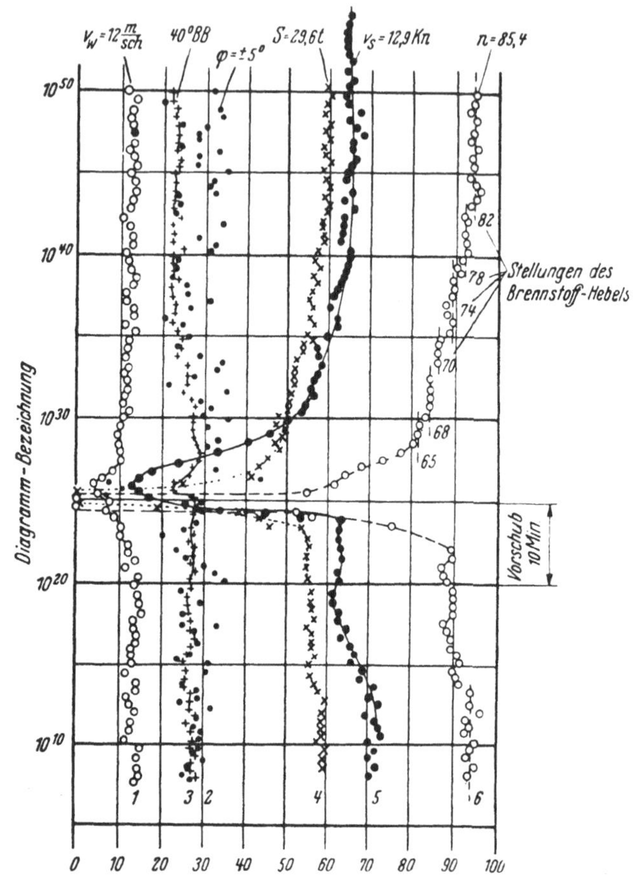

Abb. 204. Diagrammausschnitt einer Versuchsfahrt mit einem Schiff (Stoppversuch):
1 Windgeschwindigkeit ○, *4* Propellerschub ×,
2 Windrichtung +, *5* Schiffsgeschwindigkeit ●,
3 Ruderlage ., *6* Propellerdrehzahl ○

elektrischer Triebwerke ist es möglich, registrierende Meßeinrichtungen in normaler Ausführung in explosionsgefährdeten Räumen zu verwenden.

Registrierung im Eisenbahnbetrieb. Im normalen Bahnbetrieb werden nur selten Registrierinstrumente gebraucht. Zur Untersuchung von Lokomotiven und zur laufenden Überwachung von Eisenbahnlinien werden sie dagegen häufig verwendet, vom Einzelinstrument bis zu dem mit allen Mitteln der modernen Meßtechnik ausgerüsteten Meßwagen. Diese sind vielfach mit umfangreichen Registriereinrichtungen ausgerüstet, um zahlreiche Meßgrößen gleichzeitig erfassen zu können. Zur Aufzeichnung elektrischer Größen bei elektrischen Bahnen [*264*] lassen sich normale elektrische Registrierinstrumente in stoßsicherer Ausführung und mit erhöhtem Drehmoment verwenden. Der Papiervorschub erfolgt meist proportional dem zurückgelegten Weg und wird durch eine Laufachse mit mechanischer oder elektrischer Übertragung bewerkstelligt. Bei

Abb. 205. Schiffsmeßzentrale

Dampflokomotiven sind die Meßwagen außer mit elektrischen und wärmetechnischen auch mit dynamometrischen Schreibgeräten ausgerüstet [*265*]. Abb. 201 zeigt die Ansicht des Apparatetisches eines Dynamometermeßwagens der Fa. Amsler, Abb. 202 ein mit diesem Apparat aufgenommenes Diagramm. Die Papierbahn ist 650 mm breit. Der Vorschub wird durch ein Schienenlaufrad mit 100, 200 oder 500 mm/km zurückgelegten Weges besorgt.

Die Oberbauten der Eisenbahnen vieler Länder werden fortlaufend mit besonders hierfür entwickelten Meßwagen überwacht [*266*, *267*]. Abb. 203 zeigt ein Diagramm, das mit einem Oberbaumeßwagen der Fa. Amsler aufgenommen wurde. Die Diagramme lassen Fehler der Strecken erkennen. Durch Vergleich von zu verschiedenen Zeiten aufgenommenen Diagrammen können weiter Veränderungen der Strecken festgestellt werden.

Registrierinstrumente im Schiffsbetrieb. Auch in *Schiffahrt* und *Luftfahrt* werden für Untersuchungen und laufende Überwachung zahlreiche Registrierinstrumente verwendet. Registrierinstrumente auf Schiffen dienen hauptsächlich zur Überwachung der Antriebsanlagen und der Fahreigenschaften. Ihr Einsatz war bisher auf große Passagierschiffe beschränkt, abgesehen von besonderen Meßfahrten zur Erprobung von neuartigen Schiffsformen oder Antriebsanlagen [*268*]. Zur Erhöhung der Wirtschaftlichkeit wird man aber sicher im Laufe der Zeit in wachsendem Umfang auch bei kleineren Schiffen von Registrierinstrumenten Gebrauch

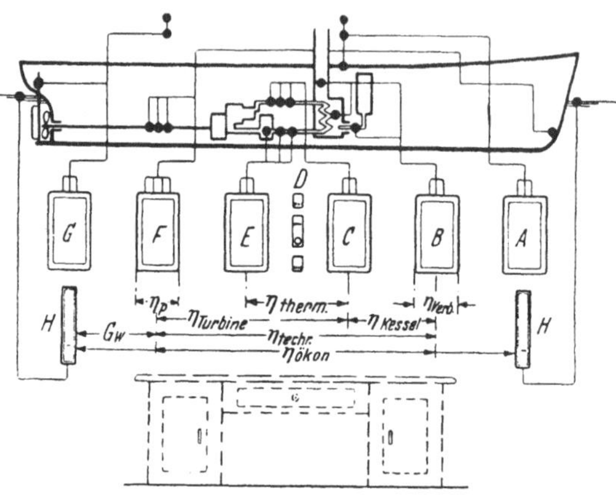

Abb. 206. Schaltschema einer Schiffsmeßzentrale

machen. Abb. 204 gibt das Diagramm einer Probefahrt wieder, an Hand dessen sich das Ineinandergreifen von verschiedenen Meßgrößen bei gleichzeitiger Angabe einer Reihe mitbestimmender Faktoren studieren läßt.

Auch im normalen Bordbetrieb können mit Vorteil Registrierinstrumente eingesetzt werden. Sie müssen selbstverständlich den Bordverhältnissen angepaßt sein, also lageunabhängig, robust und unempfindlich gegen Temperaturschwankungen und salzhaltige Atmosphäre sein. Registrierinstrumente können zur Überwachung von Maschinenanlagen oder Betriebswerten, z.B. der Dampftemperatur, des Dampfdrucks, der Propellerdrehzahl oder der Schiffsgeschwindigkeit verwandt werden. Eine Kontrolle des gesamten Kräfteflusses des Antriebs, der äußeren auf das Schiff wirkenden Einflüsse und der Geschwindigkeit läßt sich am besten in einer Meßzentrale [*269*] (s. Abb. 205), deren Schaltung in Abb. 206 wiedergegeben ist, durchführen. Die Meßzentrale eines modernen Schiffes, die der Meßwarte eines Kraftwerkes ähnlich ist, liefert der Schiffsführung laufend Unterlagen für eine wirtschaftliche Schiffsführung und erhöht die Sicherheit von Schiff und Maschine.

Literaturverzeichnis

[*1*] VIEWEG, R.: Über die Aufzeichnung veränderlicher Vorgänge. Z. techn. Phys. **14** (1933) S. 441.

[*2*] DAMMERS, B. G., P. D. v. d. KNOOP und W. WITJENS: Die elektrische Aufzeichnung von Diagrammen mit geeichtem Koordinatensystem. Philips techn. Rdsch. **12** (1951) 10, 287/296.

[*3*] DRÄGERT, R., u. E. BAUMANN: Vorrichtung zum Einzeichnen einer Bezugslinie auf Registrierstreifen. Dtsch. Elektrotechn. **9** (1955) 11, 85/86.

[*4*] LINKE, F.: Meteorologisches Taschenbuch. Leipzig 1939.

[*5*] LORD, R. C., R. S. MCDONALD u. FOIL A. MILLER: Über die Praxis der Infrarot-Spektroskopie. J. opt. Soc. Amer. **42** (1952) 3, 149/159.

[*6*] IVES, R. L.: Elektrischer Oszillator zur Vermeidung des Reibungsfehlers an Linienschreibern. Electronics **25** (1952) 11, 161/163.

[*7*] HALL, F.: Verfahren zur Verbesserung des Ansprechens von Registriergeräten. J. Inst. Met. **6** (1949) 160/161.

[*8*] HAYNES, J. R.: Ein geheizter Schreibstift für Wachspapier. Rev. sci. Instrum. **7** (1936) 108.

[*9*] ORTLIEB, A.: Das Metallpapier-Registrierverfahren. ETZ **71** (1950) 23, 653/656.

[*10*] Registriergeräte mit tintenloser Aufzeichnung. Industriekurier **5** (1952) 127, 265.

[*11*] OESINGHAUS: Registriergeräte mit tintenloser Aufzeichnung. AEG-Mitt. **42** (1952), 188; ETZ **5** (1953) 2, 53.

[*12*] BARK, R. S.: Registriergerät mit festliegenden Schreibstiften. Electronics **24** (1951) 3, 162, 166, 170, 174, 178,182.

[*13*] KAISER, H.: Theorie der photographischen Registrierung. Z. techn. Phys. **16** (1935) 303.

[*14*] KAISER, H.: Photographische Aufzeichnung veränderlicher Vorgänge. ATM J 031–2 (1936).

[*15*] CHALKLEY, L.: Nur für kurzwelliges Ultraviolett empfindliche Photometerpapiere. J. opt. Soc. Amer. **42** (1952) 6, 387/392.

[*16*] MEIER, P.: Maßbeständiges photographisches Papier. Z. Instrumentenkde. **57** (1937) 1, 312.

[*17*] MANIKA, C.: Über die Registrierung mit Hilfe eines Gasstrahls bei Seismometern. Z. Instrumentenkde. (1920) 195.

[*18*] ZENNER, R. E.: Der Stand der magnetischen Aufzeichnung. Electr. Engng. **72** (1953) 11, 951/954.

[*19*] GUTTWEIN, G. K., u. J. M. LESLIC: Magnetisches Aufzeichnungsgerät zur Fahrzeuguntersuchung. Electronics **27** (1954) 2, 154/159.

[*20*] DREYFUS-GRAF, J.: Frequenzteilende Magnetophone für Tinten-Oszillographen. Microtecnic **7** (1953) 3, 149/152.

[*21*] PERRON, R. R.: Aufzeichnen von Kurvenformen mittels verhältnis-modulierter Magnetbänder. Electronics **23** (1950) 11, 104/108.

[*22*] FINK, L.: Photographische Registrierung schnell veränderlicher Instrumentanzeigen. ATM J 031–3 (1931).

[*23*] BARTELS, H., u. B. EISELT: Einfaches Verfahren zur kinematographischen Aufnahme schnell verlaufender Vorgänge. Optik **6** (1950) 1, 56/58.

[24] UNTERBERGER, R.: Zählwerke als Ablese- und Registriermittel bei Meßinstrumenten. ATM (1954) Lfg. 221, 133/134.

[25] FERRARI, F.: Registrierung von Zähl- und Meßgrößen und ihre Auswertung in der Elektrotechnik. ETZ **73** (1952) 5, 113/119.

[26] NETTELL, D. F.: Automatische Registrierung und Analyse von Meßwerten mit Hilfe des Fernschreibers. Instr. Pract. 8 (1954) 12, 1078/1082.

[27] DIJK, C. v., u. C. J. D. M. VERHAGEN: Registrieren in Ziffern. Ingenieur **68** (1956) 17, 029/039.

[28] ROTHE, E.: Regulierung der Papierbewegung von Registriergeräten durch Drehpendel. Ann. France de Chronomètrie **3** (1937) 193.

[29] BACKHAUS, H.: Über Geigenklänge. Z. techn. Phys. 8 (1927) 509.

[30] BALTZER, J.: Antriebswerke schreibender Meßgeräte. ETZ **54** (1933) 337.

[31] PFISTER, P. F.: Die Betriebsanforderungen der Registrieruhrwerke. Microtecnic 8 (1954) 3, 154.

[32] DAWSON, HAYNES u. COYLE: Ein Antrieb für logarithmischen Papiervorschub. J. sci. Instrum. **31** (1954) 3, 97.

[33] SEQUENS, H.: Sonderbauart von Kleinmotoren. E. u. M. **62** (1934) 317.

[34] BRASCH, H. D.: Mechanische Indikatoren. ATM J 137–1, –2 (1931).

[35] VOGEL, FR. O., u. P. RICHTER: Der Dämpfungsschreiber nach NEUMANN und seine vielseitigen Anwendungsmöglichkeiten. Veröff. a. d. Geb. d. Nachr. Techn. **7** (1937) 647.

[36] HOFFMANN, H., u. H. G. THILO: Der neue Pegelschreiber. Veröff. a. d. Geb. d. Nachr. Techn. **7** (1937) 307.

[37] DIETRICH, W.: Ein Ortskurvenschreiber für Tonfrequenz. Funk u. Ton **7** (1953) 8, 405/413.

[38] LEHNER, H.: Eine Frequenzgangschreibanlage (Pegelschreiber) für den Trägerfrequenzbereich (300 Hz – 660 kHz). R. u. S. Mitt. (1953) 4, 191.

[39] THEWS, G., u. D. LÜBBERS: Ein schnellregistrierendes Absorptionsspektralphotometer. Z. angew. Phys. **7** (1955) 7, 325/331.

[40] PARSONS, S. L., A. E. MARTIN u. S. N. ROBERTS: Registrierender Spektralstrahlungsmesser für lumineszierende Stoffe. J. Electrochem. Soc. **97** (1950) 41/48.

[41] KRAMER, W.: Ein optisches Registrierphotometer. Z. Naturf. **6**a (1951) 11, 658/663.

[42] THAL, W.: Das Ferrometer. ATM J 60–2, –4 (1934).

[43] Siemens & Halske AG.: Das Siemens-Ferrometer. ATM J 60–3 (1937).

[44] STEINHAUS, W., u. E. SCHÖN: Selbsttätige Aufzeichnung von Magnetisierungskurven. Phys. Z. **38** (1937) 1.

[45] McG. ROSS, H.: Ein automatisches Schreibgerät für magnetische Hysteresisschleifen. Proc. Instn. electr. Engrs. **101** (1954) II, 82, 417/430.

[46] BERGE, R. I., u. CH. A. GUDERJAHN: Registrierender Flußmesser. Electronics (1954) 147.

[47] CIOFFI: Registrierender Flußmesser. Rev. sci. Instrum. **21** (1950) 624.

[48] TEABLE, R.S.: Registrierender Flußmesser. Journ. sci. Instrum. **30** (1953) 10, 369.

[49] HAWORTH: Registrierender FluSmesser. Bell. Syst. techn. J. **10** (1931) 20.

[50] BARZ, E.: Schreibgerät zum Prüfen des Richt- und Spannungszustandes von Kreissägeblättern. Werkstattechn. u. Maschinenb. **45** (1955) 5, 238/240.

[51] FREISE, H.: Neue Geräte zum optischen Aufzeichnen mechanischer Schwingungen. Z. VDI 9b (1954) 1, 22/26.

[52] KEINATH, G.: Geradführung für Registrierapparate. ATM 033–1 (1933).

[53] ZSCHOKKE, M.: Geradführung für Tintenschreiber. Schweiz. techn. Z. 9 (1945) 106/109.

[54] JÄGER, L.: Ein lichtelektrisch gesteuerter Fallbügelschreiber. Acta Phys. Austr. **4** (1950) 2/3, 213/217.

[55] ECHTERHOFF, H.: Schreibendes Gerät zur Bestimmung des Entgasungsverlaufes von festen Brennstoffen. Glückauf **90** (1954) 11/12, 318/321.

[56] OEHME, F.: Registrierende Messungen von DK s und Leitfähigkeiten. Chem. Techn. **6** (1954) 8, 434/435 u. 455.

[57] ZÖLLICH, H.: Aufzeichnung schnell veränderlicher Vorgänge. ATM V 365–1, –3, –4, –5, –7 (1934).

[58] BUNGERS, R.: Über die Auswertgenauigkeit von Aufzeichnungen harmonischer Schwingungen. Z. techn. Phys. **23** (1941) 136.

[59] HÄRTEL, W.: Theorie und Beurteilung der Verzerrung von Lichtstrahl-Oszillogrammen. Z. Frequenz **4** (1950) 10, 271.

[60] FRANK, O.: Z. Biol. **53** (1910) 429/456.

[61] ZÖLLICH, H.: Dämpfungsbeeinflussung durch Kondensatoren bei Zeiger- und Registrierinstrumenten. ATM J 014–6 (1934).

[62] LÜDTKE, H.: Ein Hilfsgerät zum Ausmessen von Oszillogrammen. Naturwiss. (1953) 11, 313.

[63] KRUG, W., u. K. BÁSZEL: Ein Präzisions-Zeitskalenschreiber für Schleifenoszillographen. Siemens-Z. **21** (1941) 5.

[64] PERRIER, M. F.: Oszillogramme ohne Zeitachse. Rev. gén. Électr. **59** (1950) 8, 345/351.

[65] HÄRTEL, W.: Zur Frage der Auswertgenauigkeit von Oszillogrammen. Frequenz **9** (1955) 8, 264/273.

[66] HÄRTEL, W.: Die Schreibgenauigkeit bei Lichtstrahl-Oszillographen. Frequenz **9** (1955) 9, 319/324.

[67] PFLIER, P. M.: Forderungen des praktischen Betriebes an die selbsttätige Aufzeichnung von Meßgrößen durch elektrische Schreibgeräte. Elektrizitätswirtsch. **41** (1942) 135.

[68] KLEMSCH, H.: Einführung in die biologische Registriertechnik. Stuttgart: Thieme 1954.

[69] DITTLER, R.: Allgemeine Registriertechnik; in: ABDERHALDEN: Handbuch d. physiolog. Arbeitsmethoden V_1. Berlin–Wien 1930, S. 1.

[70] MURALT, A. v.: Einführung in die praktische Physiologie. 3. Aufl. Berlin/Göttingen/Heidelberg: Springer 1948.

[71] HYDE, G. H.: Ein empfindlicher, registrierender Dehnungsmesser. J. sci. Instrum. **31** (1954) 9, 313/314.

[72] REICHARDT, C. H., H. SCHAEVIK u. J. H. DILLON: Spannungs-Dehnungs-Zeitschreiber für Faserprüfung. Rev. sci. Instrum. **20** (1949) 7, 509/516.

[73] WEGENER, W.: Garnprüfgerät für die gleichzeitige Registrierung der Zeit-Dehnungs- bzw. Belastungs-Dehnungskurve und ihrer ersten Ableitung. ATM (1952) Lfg. 195, 87/88 (V 8261/8267).

[74] LEHR, E.: Meßgeräte für den Zerreißversuch. ATM V 91122–2 (1941).

[75] NIELSEN, L. E.: Ein registrierendes Torsionspendel zur Messung der dynamisch-mechanischen Eigenschaften von Kunststoffen und Gummi. Rev. sci. Instrum. **22** (1951) 9, 690/693.

[76] CHEVENARD, P.: Dilatometrische Analyse von Materialien. Paris: Dunod 1929.

[77] ESSER, A., u. P. OBERHOFFER: Über ein neues Universal-Differential-Dilatometer. Stahl u. Eisen **46** (1926) 142.

[78] BOLLENRATH, F.: Ein neues optisches Dilatometer. Metallkde. **25** (1933) 7 u. **26** (1934) 3.

[79] APBLETT, W. R., u. W. S. PELLINI: Registrierendes Dilatometer für hohe Temperaturen. Trans. Amer. Soc. Met. **44** (1952) 1200/1214.

[*80*] FREISE, H.: Grundlagen mechanischer Verfahren zur Aufzeichnung mechanischer Größen. ATM J 031–14 (1943).

[*81*] FREISE, H: Aufzeichnung kleiner Wege mit Diamant auf harte Stoffe. ATM J 031–10 (1938).

[*82*] FREISE, H.: Anwendung des Diamantritzverfahrens in der Luftfahrt. ATM V 8293–1 (1938).

[*83*] FREISE, H.: Ritzgeräte zum Aufzeichnen schnell wechselnder Spannungen, Drucke und Kräfte. Z. VDI **82** (1938) 457.

[*84*] HAMMOND, R.: Schwingungsmeßgeräte. Mach. Lloyd **20** (1948) 17A, 52/63.

[*85*] BEHRMANN, H.: Ein neuartiger, als Tastgerät ausgebildeter Drehschwingungsschreiber. Frequenz **7** (1953) 9, 256/267.

[*86*] MEDHURST, C. W.: Instrument zur automatischen Registrierung der Welligkeit in Oberflächen. J. sci. Instrum. **28** (1951) 7, 211/214

[*87*] FORSTER, A.: Oberflächenmessung durch Profiltastung. Werkstattechn. u. Masch. Bau **39** (1949) 6, 161/166

[*88*] FREISE, H.: Zugkraftschreiber mit Meßwertaufzeichnung auf Wachspapier. ATM Lfg. 197 (1952) V 131–121/122

[*89*] OERTEL, F.: Elektrischer Fadenzugschreiber für Spinnmaschinen. ATM (1951) 180 T 8.

[*90*] GRAF, A.: Neues Meß- und Schreibgerät für mikro-barometrische Untersuchungen, insbesondere Höhenmessungen. Z. angew. Phys. **3** (1951) 3/4, 107/110.

[*91*] KLEIN, M.: Registrier-Vielfachmanometer. Feinwerktechn. **55** (1951) 7, 157/162.

[*92*] FIELDS, R. F.: Handhabung von Druck-Registriergeräten. Instruments **25** (1952) 8, 1090, 1161/1162.

[*93*] SOEC, H. J., u. D. S. GIBBS: Quecksilbermanometer mit Registrierung für Drucke von 0 . . . 760 Torr. Rev. sci. Instr. **24** (1953) 3, 202/204.

[*94*] MARGERSON, S. N. A., u. H. ROBINSON: Ein registrierendes Manometer auf der Grundlage des piezo-elektrischen Effektes. Safety Mines Res. Establ. Res. Rep. (1953) 82, 33.

[*95*] HURD, D. T., u. M. L. CORRIN: Ein registrierendes Vakuummeter. Rev. sci. Instrum. **25** (1954) 11, 1126/1128.

[*96*] Fa. Beckman u. Whitley: Druckregistriereinrichtung. Rev. sci. Instrum. **26** (1955) 6, 634.

[*97*] INTRAS, J. R., E. G. LÉGER u. C. QUELLET: Doppelte Registrierung von schnell verlaufenden Reaktionen in der Gasphase mit Sekundärelektronenvervielfacher und Mikrometer. Canad. J. Technol. **34** (1956) 1, 29/38.

[*98*] KOEPPE, H.: Dampfdruckschreiber nach LAMBRECHT-WENK. Z. techn. Phys. **14** (1933) 429.

[*99*] DENYES, R. O., u. C. L. FOX: Wichteschreiber mit Luftblasen. Chem. Engng. **56** (1949) 12, 92/93.

[*100*] PRESSEY, D. C.: Ein registrierender und integrierender Strömungsmesser. Electronic Engng. **24** (1952) 112/116.

[*101*] LARSON, E. V., u. R. MAYER: Registrier- und Meßinstrumente zur Temperaturmessung bis herab zu 10° K auf der Basis der Kupfer-Konstantan-Thermoelemente. Rev. sci. Instrum. **23** (1952) 12, 692/694.

[*102*] ILYUKHIN, N. V., u. L. N. NAURITS: Messung der Strömungsverhältnisse in einem Gasstrom hoher Geschwindigkeit mit einem Temperaturschreiber. J. f. techn. Phys. **22** (1952) 12, 2014/2025 (russ.).

[*103*] Selbsttätiges Thermoanalysengerät. ETZ **71** (1950) 13, 353.

[*104*] ROBITZSCH, M.: Über den Bimetall-Aktiniograph Fueß-Robitzsch. Gerlands Beitr. Geophys. **35** (1932) 387.

[105] WITHACKER, A.: Anemometer mit Registrierung der Windstärken aus den verschiedenen Richtungen. J. sci. Instrum. **26** (1941) 11, 377/378.

[106] HARTLEY, G. E. W.: Die Entwicklung elektrischer Anemometer. Inst. Electr. Engrs. Paper 1063, 8pp.

[107] Anemometer mit elektrischer Registrierung. Engineering **173** (1952) 4499, 490.

[108] STACK, S. S.: Taupunkt-Schreiber. Gen. Electr. Rev. **52** (1949) 4, 42/45.

[109] ILFELD, M.: Automatisches Taupunkt-Registriergerät. Anal. Chem. **23** (1951) 1086.

[110] Werbenotiz der Fa. Minneapolis-Honeywell Regulator Co.: Gerät zur Messung, Registrierung und Regelung der relativen Feuchte. Chem. Processing **14** (1951) 1, 41.

[111] WEBB, P., u. M. K. NEUGEBAUER: Registrierendes dielektrisches Hygrometer für Atemluft. Rev. sci. Instrum. **25** (1954) 12, 1212/1217.

[112] v. RIPKA, L.: Registriergerät zur Bestimmung der Gasfeuchtigkeit. Chem.-Ing.-Techn. **26** (1954) 8/9, 440.

[113] KLENSCH, H.: Einführung in die biologische Registriertechnik.

[114] DIJKSTRA, H., u. B. S. SIESWERDA: Ein automatisches Kolorimeter. Appl. Sci. Res. **2** (1952) 6, 429/452.

[115] Gerät für fortlaufende Gasanalysen (Ultrarotabsorptionsschreiber). Better Analysis **2** (1951) 2 (Hauszeitschr. Fa. Baird Ass., Cambridge/Mass.).

[116] WATERS, J. L., u. N. W. HARK: Ein verbesserter Ultrarotschreiber für Gase und Flüssigkeiten nach dem Verfahren von Luft. Instruments **25** (1952) 5, 622/627.

[117] HALES, J. L.: Optisches System und Verstärker für Thermoelemente für Zweifach-Registrierungen im infraroten Gebiet. J. sci. Instrum. **30** (1953) 2, 52/57.

[118] SMITH, V. N.: Ein Registrier-Analysator für Infrarot. Instruments **26** (1953) 3, 421/427.

[119] SMITH, B. O., u. S. S. CARLISLE: Ein registrierender Staubmesser. J. Iron Steel Inst. **71** (1952) 3, 273/276.

[120] DAIMLER, B. H.: Optische Registriermethode für veränderliche Konzentrationsgradienten in Flüssigkeiten. Chem.-Ing.-Techn. **22** (1950) 23/24, 546.

[121] JONES, H. E., L. E. ASHMAN und E. E. STAHLEY: Registrierendes Refraktometer. Anal. Chem. **21** (1949) 1470/1474.

[122] SEIFLOW, G. H. F.: Ein einfaches registrierendes Differential-Refraktometer. J. sci. Instrum. **30** (1953) 11, 407/408.

[123] BARSTOW, O. E.: Neues registrierendes Refraktometer. Instruments **23** (1950) 4, 396/399.

[124] JOHNSEN, S. E. J., u. P. D. SCHNELLE: Ein registrierendes Präzisions-Refraktometer. Rev. sci. Instrum. **24** (1953) 1, 26/35.

[125] CLAMANN, H. G.: Das pneumatische Refraktometer, ein kontinuierlich arbeitendes Registriergerät für Gasanalysen. Instruments **26** (1953) 5, 740/742.

[126] FINK, A.: Registrierende Refraktometer als Analysen- und Betriebskontrollgeräte. Öst. Chem.-Ztg. **55** (1954) 7/8, 93/102.

[127] Refraktometer für laufende Fabrikationsüberwachung. Am. Dyestuff Rep. **38** (1949) 22, 795/796.

[128] THOMAS, G. R., C. T. O'KONSKI u. C. D. HURD: Automatisches kontinuierlich registrierendes Refraktometer. Anal. Chem. **22** (1950) 9, 1221/1223.

[129] GRASSIC, N., u. H. W. MELVILLE: Refraktometermethode zur Verfolgung nicht-stationärer Vorgänge bei chemischen Reaktionen. Proc. roy. Soc. A **207** (1951) 7, 285/301.

[130] HARDY, A. C.: Ein neues registrierendes Spektralphotometer. J. opt. Soc. Am. **25** (1935) 305.

[131] COOR, T., u. D. C. SMITH: Ein registrierendes Spektralphotometer. Rev. sci. Instrum. **18** (1947) 173.

[132] HALES, J. L.: Aufbau und Arbeitsweise eines objektiven Registrier-Spektrometers mit doppeltem Strahlengang. J. Sci. Instr. Phys. Ind. **26** (1949) 359/365.

[133] KAYE, W., CHAM CANON u. R. G. DEVANEY: Registrierendes Beckman-Spektralphotometer. J. opt. Soc. Amer. **41** (1951) 10, 658/664.

[134] KOCH, G. P., W. J. TAYLOR u. H. L. JOHNSON: Ein Gitterspektrometer mit linearer Wellenlängenskala und Registrierung. J. opt. Soc. Amer. **41** (1951) 2, 125/130. Auszug: Phys. Ber. **32** (1953) 4, 555.

[135] STADLINGER, H.: Fortschritte auf dem Gebiet der Spektralanalyse durch photoelektrische Registrierung. Chem. Z. **77** (1953) 8, 244/247 und 9, 287/289.

[136] NELSON, R. C., u. J. JENKINSON: Eine einfache Registrieranordnung für Spektralphotometer. J. opt. Soc. Amer. **43** (1953) 12, 1181/1183.

[137] TARRANZ, A. W. S.: Das registrierende CARY-Spektralphotometer. Photoelectric spectrometry group Bulletin **6** (1953) 143.

[138] SCHULMAN, J. H., u. C. C. KLICK: Registrierendes Spektralphotometer für Remissionsspektren. J. opt. Soc. Amer. **43** (1953) 6, 516/519.

[139] WERNER, G. K.: Halbautomatische Registrierung von Wellenlängen. J. opt. Soc. Amer. **43** (1953) 7, 620/621.

[140] Registrierendes Spektralphotometer mit reduzierter Bandbreite. Design News 10 (1955) 13, 26/27.

[141] LEHRER, E.: Ein UR-Spektrograph mit neuartiger Registrierung der Wärmestrahlung. Z. techn. Phys. **18** (1937) 393.

[142] SAVITZKY, H., u. R. S. HALFORD: Ein Zweistrahl-Infrarot-Spektralphotometer zur Verhältnisregistrierung mit Phasendiskriminator und Einfachempfänger. Rev. sci. Instrum. **21** (1950) 203.

[143] WHITE, J. U., u. M. D. LISTON: Verbesserung an einem Registrier-Spektralphotometer für Infrarot. J. opt. Soc. Amer. **40** (1950) 2, 93/101.

[144] WHITE, J. U., u. M. D. LISTON: Infrarot-Registrierphotometer mit Vergleichsstrahlengang. J. opt. Soc. Amer. **40** (1950) 1, 29/35.

[145] MIGEOTTE, M.: Registrierendes Infrarotspektrometer. Mem. Soc. Roy. Sci. Liège **1** (1945) 3, 525/634.

[146] KING, W. H.: Ein Zweistrahl-Ultraviolett-Spektralphotometer mit Verhältnisregistrierung. J. opt. Soc. Amer. **43** (1953) 866.

[147] LÜSCHER, E.: Ein neuer Gitterspektrograph mit photoelektrischer Registrierung für das Schumann-Gebiet. Helv. phys. Acta **28** (1955) 5/6, 492/494.

[148] BRANDMÜLLER, J., u. H. MOSER: Selbstregistrierung von Raman-Spektren. Naturwiss. **39** (1952) 14, 325.

[149] LUTHER, H., u. G. BERGMANN: Apparatur zur Selbstregistrierung von Raman-Spektren. Chem.-Ing.-Techn. **25** (1953) 8/9, 499/504.

[150] BOBOVICH, YA. S., u. D. B. GUREVICH: Photoelektrische Registrierung von Raman-Spektren in polarisiertem Licht. Phys. Abstr. **56** (1953) 671, 975, 7593. Auszug aus: Dokl. Akad. Nauk SSSR **85** (1952) 3, 521/524 (russ.).

[151] WOOSTER, W. A.: Ein automatisch registrierendes Mikrodensitometer. J. sci. Instrum. **32** (1955) 12, 457/460.

[152] PLESSE, H.: Neue registrierende optische Meßgeräte. Optik **12** (1955) 1, 29/40.

[153] WESP, A.: Elektrische Rotationsviskosimeter für selbsttätiges Messen, Registrieren und Regeln der Zähigkeit flüssiger Produkte. Erdöl u. Kohle **5** (1952) 5, 296/299.

[*154*] Ein schreibendes und regelndes Klebstoffviskosimeter. Fibre Containers and Paperboard Mills **37** (1952) 10, 72/74.

[*155*] HELMES, E.: Ein registrierendes Viskosimeter zur Aufnahme von Fließkurven. Chem.-Ing.-Techn. **25** (1953) 7, 390/394.

[*156*] JUNKINS, J. H.: Registrierendes Kapillarviskosimeter für Gase. Rev. sci. Instrum. **26** (1955) 5, 467/470.

[*157*] HAHN, G.: Kontinuierliche Messung und Registrierung der Viskosität von fließfähigen Materialien in geschlossenen Systemen. Förderung d. angew. Forschung d. dt. Fraunhofer-Ges. (1953) 60/61.

[*158*] HOARE, W. E.: Registrierendes Volumometer für kleine Gasmengen. J. sci. Instrum. **32** (1955) 1, 1/2.

[*159*] ARNOLD, W., E. W. BURDETTE u. J. B. DAVIDSON: Automatisch registrierender Warburg-Apparat. Science **114** (1951) 2962, 364/367.

[*160*] FREIER, R., F. TÖDT u. K. WICKERT: Selbstschreibende Sauerstoff-Meßanlage zur Sauerstoffbestimmung in Wasser, insbesondere für Hochdruckkraftwerke. Chem.-Ing.-Techn. **23** (1951) 13, 325/327.

[*161*] RIGGS, O. W.: Typen und Anwendung von Sauerstoffschreibern. Instruments **26** (1953) 2, 248/251, 280, 282, 284, 286, 288.

[*162*] BUTTON, J. C. E., u. A. J. DAVIES: Apparatur zur automatischen Registrierung der Absorption von Sauerstoff. J. sci. Instrum. **30** (1953) 9, 307/310.

[*163*] PFLIER, P. M.: Elektrische Messung mechanischer Größen. 4. Aufl. Berlin/Göttingen/Heidelberg: Springer 1956.

[*164*] MALL, K.: Schreibverfahren in der Meßtechnik. Feinwerktechnik **59** (1955) 5, 154/159.

[*165*] SCHNEIDER, E.: Elektrische Meßwertaufzeichnung in Betrieb und Laboratorium. Die Elektropost **7** (1954) 36, 621.

[*166*] WERCHOLAT, M. E.: Registriergeräte für kreisförmige und geradlinige Bewegungen. Feingerätetechnik **3** (1954) 10, 423/425.

[*167*] McINTOSH, C. H.: Spezielle Schreiber und Regler für Modellstrecken. Ind. Engng. Chem. **45** (1953) 9, 1849/1852.

[*168*] BORDEN, P. A., u. M. F. BEHAR: Registrierende elektrische Geräte. Instruments **8** (1935) 34.

[*169*] BÖHNKE, G: Über einen neuen selbstschreibenden Strommesser. Ann. d. Hydrographie u. Mar. Meteorologie, Beiheft z. Sept.-Heft (1937) 14.

[*170*] GROSSKREUZ, W.: Fortschritte im Bau von Tintenschreibern. Ingenieur **65** (1953) 5, E 23/27.

[*171*] BLUMENTHAL, J. S., u. A. R. ECKELS: Ein Tintenschnellschreiber. Electr. Engng. **71** (1952) 5, 440.

[*172*] WINTERLING: Schnellschwinger I u. II. ATM Nr. 254 (1957) J 721–18 und Nr. 255 (1957) J 721–19.

[*173*] Mitteilung der AEG: Schreibende AEG-Meßgeräte. Regelungstechn. **2** (1954) 11, 270/271.

[*174*] GRAVE, H. F.: Tragbare Universalschreiber und ihre Anwendung zur Registrierung elektrischer Betriebsgrößen. Kälte **8** (1955) 8, 273/275.

[*175*] OESINGHAUS: Störungsschreiber. ATM Nr. 256 (1957) J 036–11.

[*176*] FEER, U. M.: Neuer Störungsschreiber. Bull. schweiz. elektrotechn. Ver. **42** (1951) 19, 761/764.

[*177*] DREYFUS-GRAF, J.: Universal-Registrierinstrumente für Frequenzen zwischen 0 und 500 Hz. Microtecnic **7** (1953) 1, 28/32.

[*178*] BROOMELL, G. L., u. L. E. EMERICH: Die jüngsten Entwicklungen an Meßsystemen für Registriergeräte und ihre Anwendungsformen. Microtecnic **7** (1953) 1, 3/16.

[*179*] Kübler, A., u. K. Boesel: Der neue Siemens-Schnellschreiber. Siemens-Z. **27** (1953) 5, 246/251.

[*180*] Schäfer, A., u. Ch. Gey: Ein neues direkt schreibendes Registriergerät hoher Schreibgeschwindigkeit. Feinwerktechnik **59** (1955) 4, 115/118.

[*181*] Nelting, H.: Ein neuer Direktschreiber mit hoher Grenzfrequenz. Industrie-Elektronik **5** (1955) 7.

[*182*] Benndorf, H.: Über ein mechanisch registrierendes Elektrometer für luftelektrische Messungen. Phys. Z. **7** (1906) 98.

[*183*] Favaf, Fabrik elektr. Apparate AG., Neuenburg/Schweiz: Schreibende Zeitmesser. ATM J 154–4 (1933).

[*184*] Wetzer, H.: Neuere Entwicklung auf dem Gebiet der Kurzzeitmessung mit Uhrwerken großer Genauigkeit. Die Meßtechnik (1938) 6.

[*185*] Peukmann, A.: Elektronischer Ultra-Chronograph. Ann. Franc. Chronom. **3** (1949) 2, 157/174.

[*186*] Rust, H.: Kurzzeitmesser, insbesondere für die akustische Echometrie. Z. angew. Phys. (1953) 6, 237.

[*187*] Rieckmann, E.: Bau und Einsatz des Zeitfilmgerätes bei den Olympischen Spielen 1936. Kinotechnik **18** (1936) 332.

[*188*] Bowman, H. A.: Meßgeräte für den Anzeigefehler von Zeitmessern. Techn. News Bull. Bur. Stand. **34** (1950) 10, 150/151.

[*189*] Beetz, W.: Maximumzähler. ATM J 075–2 (1940).

[*190*] Paschen, P.: Das lochende Fernzählwerk zur Messung von Durchschnittsleistungen (Maximumlocher). Siemens-Z. **28** (1954) 6, 268/277.

[*191*] Montpellier, J. A., u. M. Aliamet: Die Elektrizität auf der Weltausstellung 1900. Instruments de Mésure Électrique, Paris 1901.

[*192*] Eichler, F.: Kompensationsmeßgeräte mit selbsttätiger Abgleichung. I. Schrittweise Abgleichung. ATM J 034–1 (1936)

[*193*] Eichler, F.: Kompensationsmeßgeräte mit selbsttätiger Abgleichung. II. Stetige Abgleichung. ATM J 034–4 (1937).

[*194*] Clark, W. R.: Elektronische Registrierinstrumente. Electr. Engng. (1947) Jan.

[*195*] Geyger, W.: Ein neuer Kompensationsschnellschreiber für Gleichstrommessungen. Arch. f. Elektrotechn. **29** (1935) 850 und **30** (1936) 240.

[*196*] Nelting, H.: Direktanzeigende und registrierende Kompensatoren und Meßbrücken für die industrielle Anwendung. Radio Mentor **21** (1955) 10, 636/644.

[*197*] Langhärig, G.: Der elektronische Kompensograph, ein Registriergerät für die Betriebskontrolle. Chem.-Ing.-Techn. **27** (1955) 5, 313/316.

[*198*] Schneider, J.: Der Enograph-W. Ein robuster, streng logarithmischer Potentiometerschreiber für Wechselspannungen von 20 Hz ... 1 MHz. R. u. S. Mitt. (1955) 6, 390/398.

[*199*] Pearson, E. B., u. G. J. Lingwood: Ein Servomechanismus für Untersuchungszwecke. Instrum. Practice (1955) 540.

[*200*] Roosdorp, H. J.: Eine automatische Meßbrücke zum Gebrauch in der Industrie. Philips Techn. Rdsch. **15** (1954) 7, 193.

[*201*] Poleck, H., u. H. Wechsung: Kompensationsschreiber mit elektrischem Verstärker. ATM 7037–1 (1953).

[*202*] Poleck, H., u. K. Mall: Ein neuer Kompensograph. Siemens-Z. **27** (1953) 3, 142/145.

[*203*] Palmer, P. L.: Anordnung zur Vergrößerung des Meßbereichs eines Kompensationsschreibers. J. sci. Instrum. **31** (1954) 6, 197/19.

[*204*] Hoffmann, K.: Zwei-Koordinaten-Schreiber. Elektro-Anz. **6** (1953) 12/13, 114.

[205] KEINATH, G.: Der Keinath-Schreiber. Instruments **19** (1946) 200.

[206] EBERLE, H.: Ein Gerät zur automatischen photometrischen Auswertung von Papierchromatogrammen und Elektropherogrammen. Naturwiss. (1954) 20, 479.

[207] LIENEWEG, F.: Vollelektrischer Polarograph. Chem.,Ing.-Techn. **21** (1949) 5/6, 100/102.

[208] LEVY, G. B., P. SCHWED u. J. FERGUS: Registrier-Polarimeter. Rev. sci. Instrum. **21** (1950) 8, 693/698.

[209] FURNESS, W.: Messung des Diffusionsstromes mit einem Registrier-Polarographen. The Analyst **77** (1952) 914, 246/256.

[210] BARTSCH, E.: Registrierende Methode zur Feststellung der Kriechfestigkeit von Isolierstoffen. Elektrotechnik **7** (1953) 2, 60/62.

[211] MCLOUGHTIN, J. R.: Ein registrierendes Spannungsrelaxometer. Rev. sci. Instrum. **23** (1952) 9, 459/462.

[212] HETT, J. H., u. J. B. GILSTEIN: Pyrometer zum Registrieren des Temperatur- und Lichtemissionsverlaufes in Flammen. J. opt. Soc. Amer. **39** (1949) 11, 909/911.

[213] GAST, TH.: Wirkungsweise und Anwendungsergebnisse der registrierenden Staubwaage. Chem.-Ing.-Techn. **24** (1952) 9, 505/508.

[214] ROTH, O.: Eine neue elektrische Registrier- und Dosierwaage für rauhe Betriebe. Zement-Kalk-Gips **6** (1953) 8, 290/293.

[215] Neue selbstschreibende Waagen. Chem.-Ztg. **77** (1953) 14, 478/479.

[216] MAUER, F. A.: Analytische Waage zur Registrierung schneller Gewichtsänderungen. Rev. sci. Instrum. **25** (1954) 6, 598/602.

[217] CAULE, E. J., u. G. MCCULLY: Eine automatisch registrierende Analysenwaage. Canad. J. Technol. **33** (1955) 1, 1/11.

[218] EADES JR., CH. H., B. P. MCKAY, W. E. ROMANS u. C. P. RUFFIN: Schreibendes automatisches Titriergerät. Anal. Chem. **27** (1955) 1, 123/127.

[219] KATARSHIS, A. K., Ss. I. KOSTERIN u. B. I. SCHEININ: Eine elektrische Methode zur Registrierung der Entschichtung eines Dampf-Wasser-Gemisches. Nachr. Akad. Wiss. UdSSR, Abt. techn. Wiss. (1955) 2, 132/136 (russ.).

[220] BOELENS, W. W.: Instrument zur Registrierung der Frequenzwerfung eines Oszillators. Philips Techn. Rdsch. **12** (1951) 7, 197/204.

[221] SELL, H.: Über einige Anwendungen des mechanisch gesteuerten Düsenbolometers. Z. techn. Phys. **15** (1934) 112.

[222] GEYGER, W.: Verfahren zum Aufzeichnen kleiner Gleichspannungen mit Tintenschrift. Arch. el. Übertragg. **3** (1949) 5, 165/173.

[223] POMPEO, D. J., u. C. J. PENTHER: Direkte Registrierung von Spiegelgalvanometerausschlägen. Phys. Rev. **60** (1941) 161.

[224] HUNSINGER, W.: Der Photozellenkompensator. Helios **45** (1939) 184.

[225] BLECKWENN, H.: Der Photozellenkompensator in der Meßtechnik. ETZ **62** (1941) 292.

[226] HÜBNER: Der elektrometrische Photozellenkompensator. ETZ A **16** (1954) 529.

[227] KLISCH, R.: Elnik-Kompensatorschreiber. Elektrowärme-Techn. **6** (1955) 3, 59/62.

[228] SAMAL, E.: Schwenkspulkompensator zum Aufzeichnen kleiner Gleichspannugen. ETZ A (1953) 11, 20.

[229] NEUHAUS, H.: Überspannungsmessungen mit dem Klydonographen in deutschen Hochspannungsnetzen. Arch. Elektrotechn. **25** (1931) 357/358.

[230] MALL: Schreibverfahren in der Meßtechnik. Z. VDI **97** (1955) 28, 991.

[231] DEHLER, A.: Elektrische Meßelemente und Zubehör für die optische Aufzeichnung mehrerer Meßgrößen. Meßtechn. **14** (1938) 8.

[232] HÄRTEL, W., u. C. SÖRENSEN: Neuere Entwicklungen von Lichtstrahl-Oszillographen. ETZ B (1954) 4, 109/113.

[233] SÖRENSEN, C., u. A. KÜBLER: Ein neuer tragbarer Lichtstrahloszillograph. Siemens-Z. (1954) 10, 455/462.

[234] DEGENHARDT, J., u. W. HÄRTEL: Oszillogrand – ein neuer Hochleistungs-Lichtstrahloszillograph. Siemens-Z. **28** (1954) 3/4, 131/137.

[235] HÄRTEL, W.: Neuere Entwicklung von Lichtstrahloszillographen. Techn. Rdsch. (Bern) **47** (1955) 30, 3/5.

[236] PRIME, H. A., u. P. RAVENTRITT: Entwurf eines Oszillographen mit hohen Registriergeschwindigkeiten. J. sci. Instrum. **27** (1950) 7, 192/193.

[237] STABE, H.: Der photographische Direktschreiber (Lichtpunkt-Linienschreiber) als Mehrfachschreiber. ATM J 031–16 (1953).

[238] STABE, H.: Der Lichtpunktlinienschreiber, ein vielseitig verwendbares, tragbares Registriergerät mit sofort sichtbarer Photoschrift. Feinwerktechnik **57** (1953) 7, 198/203.

[239] Siemens & Halske AG.: Siemens-Koordinatenschreiber. ATM J 036–3 (1934).

[240] BADER, W.: Der Koordinatenoszillograph. Arch. Elektrotechn. XXXI (1937) 108/115.

[241] PIEPLOW, H.-W.: Meßgenauigkeit und Meßgrenzen technischer Elektronenstrahloszillographen I und II. ATM (1950) Lfg. 168 T 11/T 12 (J 8340–6).

[242] KLEIN, P. E.: Elektronenstrahl-Oszillographen. Berlin 1948.

[243] ARDENNE, M. v.: Der Elektronen-Mikrooszillograph. Hochfrequenztechn. **54** (1939) 181.

[244] ARDENNE, M. v.: Ein Sechsfach-Elektronen-Mikrooszillograph. Hochfrequenztechn. **58** (1941) 156.

[245] ARDENNE, M. v.: Ein Präzisions-Elektronenstrahloszillograph mit wenigen μ Schreibfleckdurchmesser. Nachrichtentechnik **5** (1955) 11, 481/489.

[246] KLEIN, P. E.: Über Registriereinrichtungen mit Braunschen Röhren. Elektronik (1954) 7, 53/56.

[247] ULBRICHT: Die Fotografie von Oszillogrammen. Die Elektropost (1953) 5, 75.

[248] KATZ, H., u. E. WESTENDORF: Erreichung hoher Schreibgeschwindigkeiten mit einer abgeschmolzenen, rein elektrostatisch arbeitenden Braunschen Röhre. Z. techn. Phys. **22** (1941) 121.

[249] DAVIS, N. L., u. R. E. WHITE: Oszillograph mit Zeitbasis für größte Aufzeichnungsgeschwindigkeiten. Electronics **23** (1950) 10, 107/109.

[250] Kathodenstrahl-Oszillograph hoher Leuchtdichte. Techn. News Bull. Bur. Stand. **35** (1951) 10, 148/150.

[251] PARK, J. H.: Strahlverstärkung beim Kathodenstrahloszillographen. Instruments **25** (1952) 4, 490.

[252] PARK, J. H.: Fünfzigfache kurzzeitige Strahlverstärkung für Kathodenstrahloszillographen mit kalter Kathode. J. Res. Nat. Bur. Stand. **47** (1951) 2, 87/93.

[253] KEINATH, G.: Entwicklung der Registrierapparate in den Vereinigten Staaten 1937 bis 1947. ATM J 030–2 (1947).

[254] CZERNY, M.: Grenzen der Meßtechnik. Z. techn. Phys. **14** (1933) 436.

[255] WEBER: Elektrokardiographie. Berlin 1937.

[256] HOLZMANN, M.: Klinische Elektrokardiographie. Bern 1945.

[257] MATHES, K.: Kreislaufuntersuchungen am Menschen mit fortlaufend registrierenden Methoden. Dtsch. med. Wschr. **72** (1947) 2830.

[258] KEINATH, G.: Vielfachmessung und -registrierung zur Betriebsüberwachung. ATM J 032–4 (1952) 199/202.

[259] JAHN, S.: Elektrische Registrierung von Meßwerten und Betriebsvorgängen. Elektro-Anz. (1954) 22/23, 15/17.
[260] BÖSCH, W.: Fernmeßverfahren. Microtecnic **8** (1954) 1, 27.
[261] HINRICHS, S.: Die Hochofen-Meßeinrichtung auf der Georgs-Marien-Hütte. ATM V 8221–3 (1936).
[262] GMELIN, P.: Physikalische Meßverfahren in chemischen Betrieben. Z. techn. Phys. **18** (1937) 349.
[263] HUMANN, H.: Elektrische registrierende Einrichtungen und Instrumente in explosionsgefährdeten Räumen. ETZ (1938) 1135.
[264] CURTIUS, E. W.: Meßgeräte auf elektrischen Lokomotiven. ATM V 8291–3 (1942).
[265] KOCH, K.: Messungen an fahrenden Wärmekraftlokomotiven. ATM V 8291–2 (1941).
[266] CURTIUS, E. W.: Der neue Meßwagen des elektrotechnischen Versuchsamtes der Deutschen Reichsbahn. Siemens-Z. **20** (1940) 89/92.
[267] WOLF, H.: Der Oberbaumeßwagen der Deutschen Reichsbahn in verbesserter Form. Org. Fortschr. Eisenbahnw. **97** (1942) 69/82.
[268] HOPPE, H.: Ergebnisse einer Hochseemeßfahrt („San Franzisko“). Werft, Reederei und Hafen **16** (1935) 22.
[269] HOPPE, H.: Zentralmeßzelle. Werft, Reederei und Hafen **19** (1938) 217/222.

Nachstehende Firmen haben in dankenswerter Weise Unterlagen für die Bearbeitung des Buches zur Verfügung gestellt

AEG, Berlin und Heiligenhaus
Alfred J. Amsler & Co., Schaffhausen
Askania-Werke, Berlin
Bailey Meters & Controls Ltd., London
Barber-Colman Comp., Rockford/Ill. USA
Beckman Instruments Inc., Fullerton/Cal. USA
Bopp & Reuther GmbH., Mannheim-Waldhof
Robert Bosch GmbH., Stuttgart
Brabender oH, Duisburg
Bristol's Instrument Co. Ltd., London
Brown Instrument Co, Philadelphia USA
Brush Development Comp., Cleveland USA
Cambridge Instrument Co Ltd., London
Century Electronics & Instruments Incorp., Tulsa/Okl. USA
C. G. S., Monza/Italien
Compagnie des Compteurs, Paris
Consolidated Electrodynamics Corp., Pasadena/Cal. USA
Debro-Werk Paul de Bruyn KG, Düsseldorf
Dreyer, Rosenkranz & Droop, Hannover
J. A. Dreyfus-Graf, Genf
J. C. Eckardt AG, Stuttgart–Bad Cannstatt
Electroflo Meters Co Ltd., London
Elektro Spezial GmbH., Hamburg
Elema-Schönander
Elliott Brothers Ltd., London
Esterline-Angus Comp., Indianopolis USA
Evershed & Vignoles Ltd., London
Fielden Electronics Ltd., Manchester
Foxboro Comp., Foxboro/Mass. USA
R. Fueß, Berlin-Steglitz
Gerätebau-AG
Hartmann & Braun AG, Frankfurt/Main
Hasler AG, Bern
Hathaway Instrument Comp., Denver
Hays Corp., Michigan City/Ind. USA
Fr. Hellige & Co. GmbH., Freiburg/Br.
Dr. Arnold U. Huggenberger, Zürich
W. H. Joens & Co. G. m. b. H., Düsseldorf
Kienzle Apparate G. m. b. H., Villingen
Kipp & Zonen, Delft
Wilh. Lambrecht, Göttingen
Leeds & Northrup Comp., Philadelphia USA
Ernst Leitz G. m. b. H., Wetzlar
H. Maihak AG, Hamburg
Metrawatt AG, Nürnberg
Nalder Bros. & Thompson Ltd., London
Polluy G. m. b. H. Ludwigshafen
Refinery Supply Co., Tulsa/Oklah. USA
Renker-Belipa G. m. b. H., Düren-Rhld.
Sadir-Carpentier, Issy-les-Moulineaux
J. Schlenker-Grusen, Schwenningen a. N.
Schott & Gen., Mainz
Schutte & Koerting Co., Cornwells Heights/Pa. USA
Fritz Schwarzer G. m. b. H., München
Siemens & Halske AG, Karlsruhe
Siemens-Schuckertwerke AG, Nürnberg
Standard Elektrik AG, Stuttgart-Z.
H. Tinsley & Co. Ltd., London
Union-Apparatebau-Gesellschaft, Karlsruhe
Voigtländer AG, Braunschweig
Westinghouse Electric Comp., New York USA
Weston Electrical Instr. Corp. Tagliabue Div., Newark/N. J. USA
Hermann Wetzer, Pfronten/Bay.
Carl Zeiß, Oberkochen/Württ.
E. Zimmermann, Leipzig

Sachverzeichnis

(721/41/58)